(a) 단결정 셀

(b) 다결정 셀

(c) 컬러 코팅된 다결정 셀

[그림 1] 단결정 셀과 다결정 셀

(a) 단결정 셀은 짙은 감청색의 무늬 없는 단색이다.
(b) 다결정은 다양하고 불규칙적인 비늘무늬를 띤다.
(c) 반사방지막으로 컬러 코팅한 다결정 솔라 셀

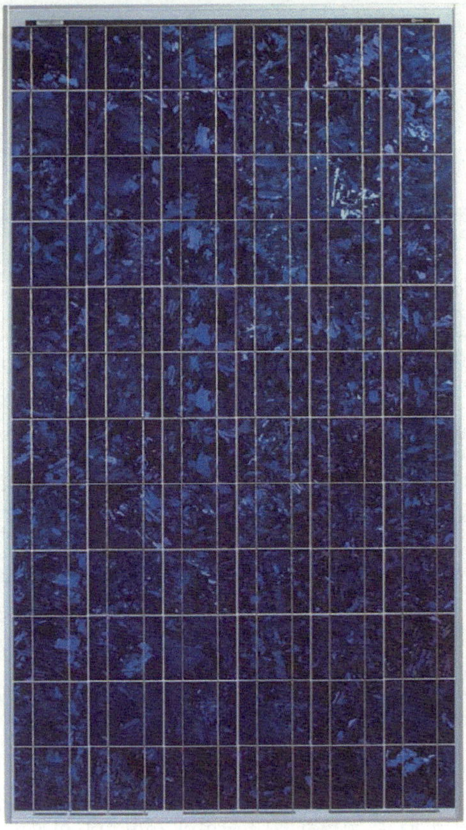

[그림 2] 단결정(좌) 및 다결정(우) 솔라 셀로 만든 PV 모듈

[그림 3] 3kWp PV Array의 전면과 후면 모습

80mm 규격의 알루미늄 프로파일로 조립된 고정식 설치대에 220Wp 모듈 14개를 2열로 부착하고 모두 직렬로 접속하였다.(2009년 완공)

[그림 4] 정부의 시범 보급사업의 일환으로 2004년 건설된 가정용 3kWp급 태양광발전소의 앞·뒤 모습(정부지원 : 70%, 설치가구 : 30% 부담)

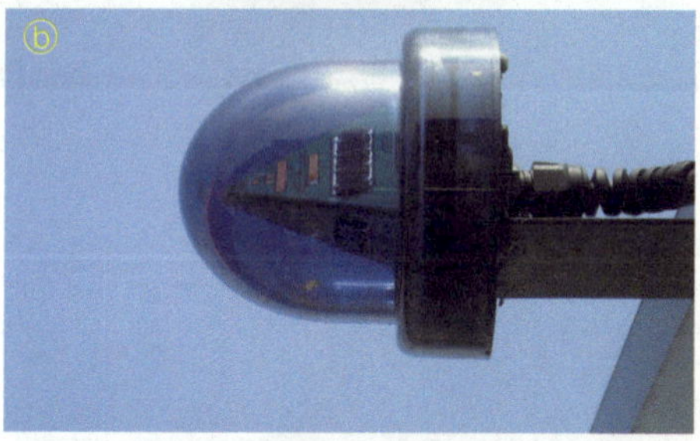

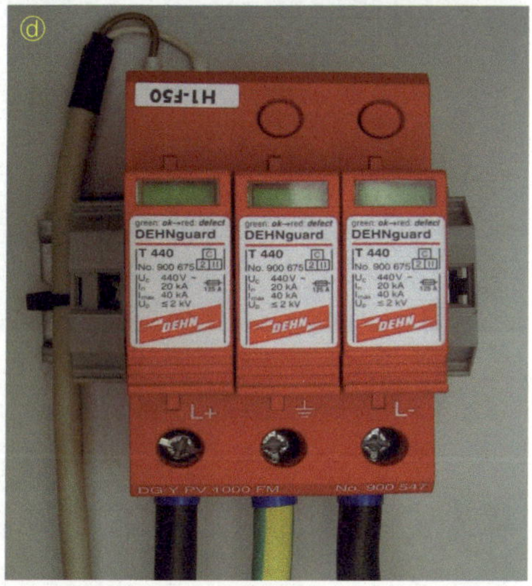

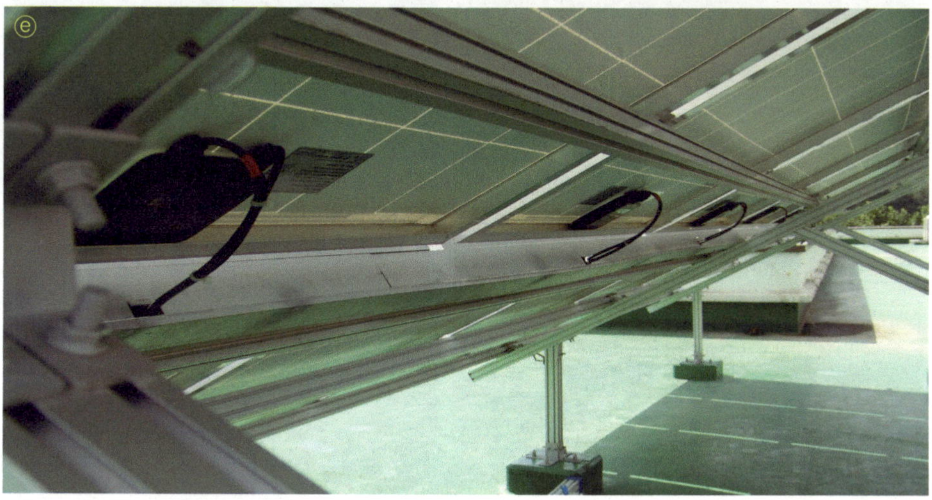

[그림 5] ⓐ 모듈 접속함 ⓑ 일사광 센서(태양광 추적에 필요함) ⓒ 일사 강도계 ⓓ 직류 차단기 ⓔ 설치대 뒷면의 배선처리법

[그림 6] 전남 무안군 소재 SDY 에너지의 태양광발전소

(위) 양축제어방식의 설치대, (아래) 단축제어방식의 설치대

[그림 7] 추적식 설치대의 후면 구동장치

(왼쪽) 양축식 설치대, (오른쪽) 단축식 설치대

[그림 8] 연동 구동장치(동양 태양광발전소)

세계최대 24MW급 단축 추적식 태양광발전소의 구동시스템 일부

[그림 9] 신안군에 위치한 동양 태양광발전소 (1)

평균 185W 모듈 13만 여 개가 사용되어 총 24MW의 발전용량을 가지며 2008년 11월 완공되었다. 인버터 90대와 3상 변압기 8대가 7동의 변전실 건물에 분산 수용되고 있다.

[그림 10] 신안군에 위치한 동양 태양광발전소 (2)

태양의 위치를 동서로 추적하면서 발전하기 때문에 고정식에 비하여 15% 정도 발전량이 증가한다. 어레이 사이 가로로 길게 뻗은 연동축이 구동력을 전달한다.

[그림 11] 동양 태양광발전소의 현장상황실

발전소의 모든 현황이 현지 및 서울 본사 상황실에서 동시에 표시된다.

[그림 12] 실험용 100W급 PV 설치대

53W 단결정 PV 모듈 2개를 병렬로 접속하였다.

제 4 판

알기쉬운 태양광발전

박종화 지음

모래에서 실리콘까지, Solar Cell에서 태양광 발전소까지

Photovoltaic Power Generation

문운당

머리말

이집트, 마야 그리고 잉카제국의 고대 지구인들은 태양을 최고의 신으로 추앙하였다. 그들은 식량이며 가축 등 모든 물자는 물론이고 인간사 길흉화복까지 태양이 관장한다고 믿었다.

현대인들은 그런 신앙을 미신이라고 치부하며 자기들의 신이 더 우월하다고 믿는다.

그러나 수천 년 전 과학과 거리가 멀 것 같은 그들이 어쩌면 그렇게도 태양의 역할을 정확히 꿰뚫어 보았는지 신통하기만 하다. 46억 년 전의 태양에서 분가한 지구, 잦아든 불덩어리 속에서 적당히 섞인 유기물질에 태양에너지가 작용하여 세포를 만들고 녹색식물을 번성하도록 북돋우다가 기어이 온갖 진화된 생명체와 문명들을 만들어 내지 않았는가!

지구 물리학이 이 사실을 뒷받침하고 있다. 우리가 입고(依) 먹고(食) 거주(住)하며 움직이는(通) 데 쓰이는 모든 물자는 태양에너지의 산물이라는 것. 무엇보다도 태양과 같은 행성이 가까이 없으면 생명체도 신(神)도 없다는 사실이다.

우리는 그동안 태양의 존재를 잊은 채 석유문명에 취하여 그 끝이 곧 다가온다는 사실을 잊고 살아왔다. 그렇게 중독되듯 애용하던 화석연료, 지구 온난화의 주범으로 밝혀져 미움의 대상이 되는 석유도 40년이 지나면 더 이상 경제성이 없어진다고 한다.

그다음에 올 세상은 어떤 에너지로 살아갈까? 그 해답은 태양이 가지고 있다. 태양이 뿌리는 직접 간접의 에너지, 예를 들면 태양광 에너지, 풍력, 수력, 그리고 바이오에너지 등이 있다. 예전의 인류가 경험하였던 것들, 그러나 석유 때문에 잠시 잊고 있던 것들.

이들은 화석연료처럼 손쉽게 쓸 수는 없지만 그 이용법을 잘 개발하기만 하면 우리 인류의 영원한 에너지원이 될 것이다. 고갈되지도 않고, 원료비용도 들지 않고 나라들 간에 싸움이 생길 일도 없으며, 무엇보다도 공해가 없는 이들 재생 에너지들은 지금이 기술개발의 시발점에 해당한다. 그중에서도 태양광 발전은 재생 에너지 그룹 중에서도 가장 유망한 분야이다. 특히 우리나라는 늦게 시작한 이 분야에서도 선두그룹으로 치고 나갈 수 있는 가능성을 가지고 있다. 반도체 가공기술이 뛰어나고 명석한 두뇌를 지닌 독자들과 같은 젊은이들이 있기 때문이다.

구체적인 산업전망도 있다. 해외에서 사업으로 성공한 한국기업인들이 대표적으로 꼽고 있는 투자 유망산업으로 태양광 발전 분야를 추천하면서 2005년을 기준할 때 2030년의 산업생산은 40배 성장할 것으로 전망하였다. 다른 하나의 사례는 세계에서 가장 태양광 발전 시장이 활성화되어 있는 독일을 주목해 보는 일이다. 2010년 현재의 시장규모는 36조원에 달하고 이 분야의 고용인원이 27만 명에 달한다고 한다. 독일은 3상 교류의 상업화를 가장 먼저 실현시킨 나라이다. 경제적 유혹이 강해도 핵발전소는 더 이상 짓지 않기로 하고, 대체에너지를 가장 먼저 주력 에너지로 만들어 영원히 안정된 에너지공급원으로 삼으려는 야심 찬 계획을 추진하고 있어 모든 나라가 선망의 눈으로 보고 있다.

내가 재생 에너지 불모지였던 한국에서 태양광 발전에 관해 책을 쓸 수 있게 된 것도 물심양면에서 독일의 도움을 많이 받았다. 특히 독일 로버트 보쉬 칼리지(Robert Bosch College : RBS)의 카러(G. Karrer) 교수는 나의 형이고 친구이며 '태양광 발전기술'의 스승이 되는 사이이다. 2000년 봄, 교환방문차 RBS를 방문한 우리 일행에게 그가 '에너지와 환경' 그리고 '태양광 발전 기술(PV Technic)'을 한국을 답방할 때 세미나 주제로 할 것을 제의했다. 우리 일행이 동의하자 가을까지 공부도 하고 번역도 하라면서 한 꾸러미의 책과 자료를 나에게 건네주었고, 그때부터 태양광 발전에 관한 공부가 한국과 독일을 오가며 이루어지게 되었다.

카러 형은 한국의 자연과 문화, 예를 들면 설악산에서 제주 바다 밑까지 온갖 풍광이며, 해인사의 대장경, 구텐베르크를 앞서는 직지심경까지 입이 닳도록 칭찬하면서 25명의 동료를 모아 한국관광의 인솔자를 자원하는 열의 있는 양반이다.

나는 반대로 독일의 태양광 발전 기술을 전수받았다. 우리는 2008년 가을, 해운대 달맞이고개에서 다시 만나 우리의 이런 교환들이 훌륭한 문화교류라며 잔을 높이 들었다.

본 교재는 태양광 에너지의 실체와 솔라 셀의 동작원리 및 제조방법에 이르기까지를 상세히 알아본 다음 태양광 발전 시스템에 관해서 하나하나 알기 쉽게 설명하고 있다.

태양광 발전의 전체 흐름은 계통연계형 방식이지만, PV 시스템을 직접 만들어보기를 원하는 아마추어들을 위해, 또는 전화(電化)되지 않은 지역에서 독립형 시스템을 건설하려는 이들을 위해서도 충분한 지면을 할애하였다. 전체적으로 어려운 설명을 피하고 가능한 그림과 도표를 이용하여 쉽게 이해할 수 있도록 배려하였다.

취재를 위해 편의를 제공해 주신 (주)동양태양광 발전, (주)파루, (주)SDY에너지, 한국폴리텍대학 성남캠퍼스, 부산에너지대안센터 관계자 여러분께 감사드리며 카러 형에게는 찾아가서 인사를 드리고 싶다.

이 책을 대하는 여러분은 아무쪼록 “태양광 발전”을 흥미와 목표의식, 그리고 지구를 구하는 마음을 가지고 정진해 주기를 간절히 바란다.

2024년 3월

저자 씀

목차

제 1 장 태양광 에너지

제 1 절 태양광 에너지의 잠재력 ········· 8
제 2 절 표준시험 조건(STC: Standard Test Condition) ········· 20
제 3 절 가용 태양광 에너지 ········· 24
제 4 절 앙각과 방위각 ········· 30
제 5 절 에너지의 근원 태양 ········· 42

제 2 장 솔라 셀과 PV 모듈

제 1 절 태양전지(Solar Cell) ········· 50
제 2 절 PV 모듈 ········· 65
제 3 절 PV 어레이(Array) ········· 70
제 4 절 태양전지의 전기적 특성 ········· 73

제 3 장 태양전지의 제조와 성능시험

제 1 절 솔라 셀의 제조과정 ········· 92
제 2 절 PV 모듈의 제조과정 ········· 104
제 3 절 PV 모듈의 검사 ········· 115

제 4 장 태양광 발전 시스템 일반

제 1 절 개 요 ········· 126
제 2 절 태양광 발전 시스템의 기본 요소 ········· 130
제 3 절 그림자의 영향 ········· 161
제 4 절 낙뢰 및 전기충격으로부터의 보호 ········· 172
제 5 절 수율 예상(Yield Forecast) ········· 188

제 5 장 계통연계형 태양광 발전 시스템

제 1 절 계통연계형의 개념과 이점 ······ 192
제 2 절 어레이와 인버터의 접속방식 ······ 196
제 3 절 인버터의 설치장소 ······ 206
제 4 절 인버터와 어레이의 규격 선정 ······ 209
제 5 절 전력배선과 전선의 규격 선정 ······ 217
제 6 절 PV 어레이 접속함과 DC 주회로 차단기 ······ 232
제 7 절 DC-AC 인버터 ······ 236

제 6 장 독립형 태양광 발전 시스템

제 1 절 독립형 PV 시스템의 구성 ······ 252
제 2 절 독립형 태양광 발전 시스템의 설계법 ······ 255
제 3 절 모듈선정 및 PV 어레이 구성 ······ 268
제 4 절 전선(PV 케이블)의 규격 선정 ······ 276
제 5 절 축전지 ······ 279
제 6 절 충전 조절기(Battery Charge Controller) ······ 300
제 7 절 독립형 시스템을 위한 인버터 ······ 307
제 8 절 직류 부하 ······ 311

부 록

1. 독립형 태양광 발전 시스템 ······ 324
2. 독립형 태양광 발전 시스템 ······ 325
3. 태양광 발전 기호, 약어 및 용어해설 ······ 326

1 장

Photovoltaic
Power Generation

태양광 에너지

제1절 태양광 에너지의 잠재력

1 태양에서는 무슨 일이 일어나는가?

태양은 약 50억 년 전에 형성될 때부터 계속해서 핵융합 반응을 일으키며 고열을 발생한다. 이 열에너지는 광에너지로 바뀌어 우주로 방출되고 우리는 그 중 극히 일부만을 받아들여서 지구의 모든 생명체들이 살아가는 데 필요로 하는 에너지로 사용하는 것이다. 그리고 이런 현상은 앞으로도 최소 50억 년 이상 지금처럼 계속될 것이라고 한다.

태양의 총 질량은 2×10^{27} t 이며 대부분 수소로 구성되어 있다. 그런데 이 중에서 매초 600 Mt 의 수소가 헬륨으로 바뀌는 핵융합 반응을 일으키면서 4.3 Mt 의 질량이 소실된다. 그리고 줄어드는 이 질량은 열과 빛으로 바뀌어 외부로 방출하게 되는 것이다.

태양의 내부온도는 핵융합 반응열로 인해 10만℃ 정도로 높지만, 빛의 형태로 우주공간으로 복사되면서 표면 온도는 5,700℃ 정도로 낮아진다.

아인슈타인의 에너지 전환방정식을 사용하면 소모된 질량을 에너지양으로 계산할 수 있다.

$$\Delta E = \Delta m \cdot C^2 \text{(단, 빛의 속도 } C = 3\times10^8 \text{ m/s)}$$

소모 질량 $\Delta m = 4.3\times10^9$ kg 을 위 식에 대입하면 초당 발생되는 태양 에너지는 다음과 같다.

$$\Delta E = 3.87 \times 10^{26} \text{ J/s} = 3.87 \times 10^{26} \text{ W}$$

이 크기는 '단위시간 동안의 발생에너지'이므로 1년간 총 방출하는 에너지양을 구해보면

$$W_{SUN} = \Delta E \times 365 \times 24 \times 3{,}600 = 1.22 \times 10^{34} \text{ W}\cdot\text{s}$$

가 된다. 또 실용단위인 전력량 kWh 로 환산하면

$$W_{SUN} = 3.39 \times 10^{27} \text{ kWh}$$

가 된다. 지구는 태양으로부터 1억 5천만 km 떨어져 있고, 지구의 반지름은 6,400 km이다.

따라서 지구가 반지름 1억 5천만 km되는 공(球)의 표면에 위치하고 있다고 가정하면 지구의 공전궤도에 도달하는 에너지(E_{Earth}), 즉 지구가 받는 단위시간당의 에너지는 태양이 방출하는 에너지(ΔE)를 이 공의 표면적으로 나누면 된다.

$$E_{Earth} = \frac{\Delta E}{4\pi R^2} = 1{,}370\ \mathrm{W/m^2}\ (\text{단, } R = \text{지구와 태양의 거리})$$

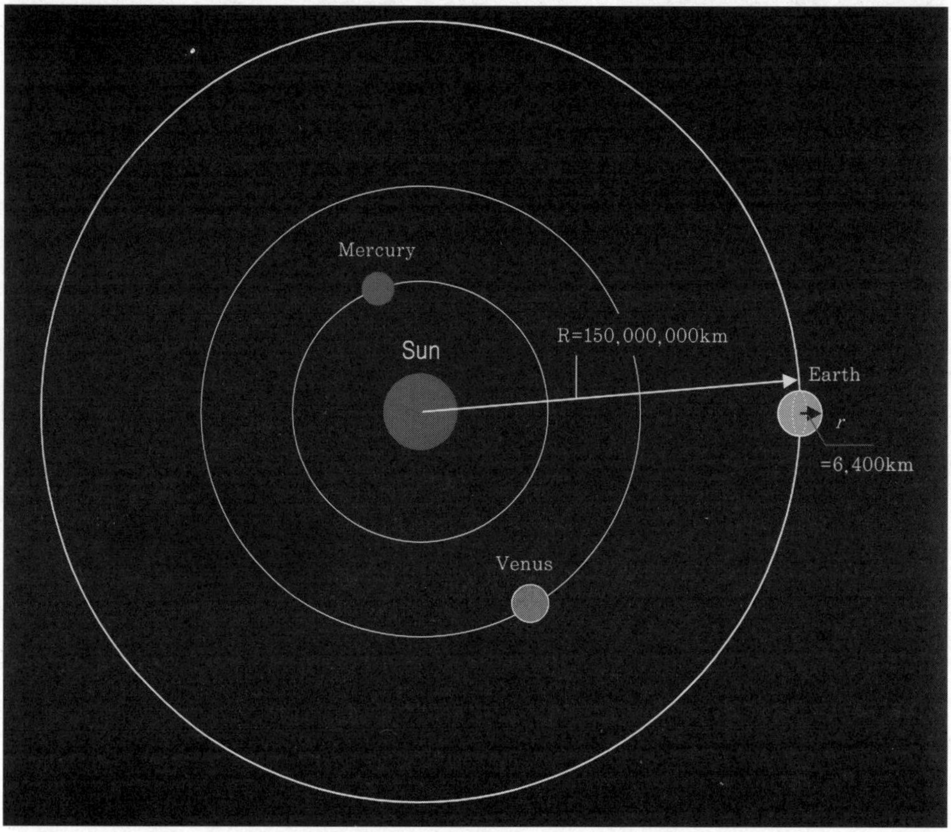

그림 1.1 태양과 지구

그리고 지구 전체가 1년간 받아들이는 에너지양은 앞에서 구한 '단위 면적당 에너지 크기(E_{Earth})'에다 '지구의 단면적'과 '1년간의 시간 수'를 곱하여 구할 수 있다.

$$W_{\mathrm{Earth}} = E_{\mathrm{Earth}} \cdot \pi r^2 \cdot T$$
$$= (1.75 \times 10^{17}\mathrm{kW}) \times 8{,}760\,\mathrm{h} = 1.53 \times 10^{18}\ \mathrm{kWh}$$

(단, $\pi \cdot r^2$ = 지구 단면적, T = 1년의 시간 수 =8,760h)

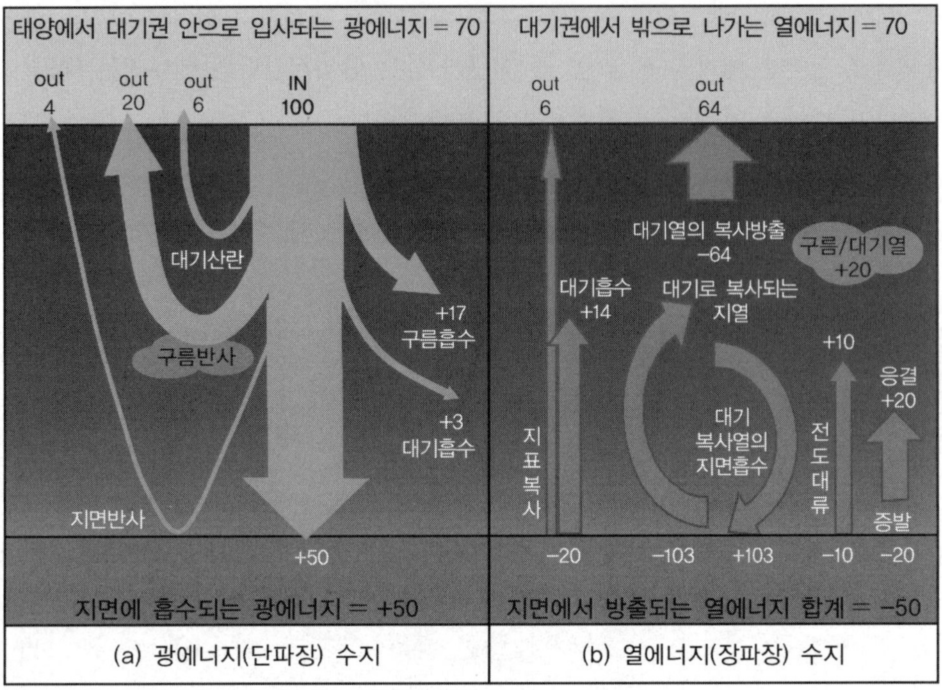

그림 1.2 지구의 에너지 평형관계

그런데 현재의 지구인들은 그들의 문명생활을 유지하기 위하여 1년에 약 1.6×10^{14} kWh의 에너지를 소비한다고 한다. 따라서 태양광으로 공급되는 에너지 1.53×10^{18} kWh는 지구인들이 필요로 하는 에너지 수요량의 약 10,000배에 달하는 것을 알 수 있다.

또한 이 태양광 에너지는 석탄이나 기름 또는 우라늄과 같이 공해를 유발하지도 않고 수명의 제한도 없다. 앞으로 최소 50억 년을 충분히 더 사용할 수 있는 무한 에너지원이기 때문에 'Renewable Energy', 우리말로 '재생 가능한 에너지' 또는 줄여서 '재생 에너지'라고 부른다.(세계 에너지 통계 참조)

https://yearbook.enerdata.net/total-energy/world-consumption-statistics.html

2 지구의 에너지 평형

지구에서 필요로 하는 모든 에너지의 공급원은 태양이다. 1억 5천만 km를 날아와서 대기권에 도달한 광에너지의 세기는 1,370 W/m^2이다. 이것을 100이라 하였을 때 대기권의 공기나 먼지 또는 구름에서 반사되어 외계로 되돌아 나가는 비율이 26% 정도, 4%는 지면까지 왔다가 다시 반사되어 최종적으로는 도래광의 70%만이 진입에 성공하게 된다. 그리고 이 중 20%는 산란광이 되거나 원적외선으로 바뀌고 나머지 50%만이 지표면에서 복사열로 바뀌어 흡수된다.〈그림 1.2 지구의 에너지 평형관계〉

그리고 열로서의 에너지 수지관계를 살펴보면, 지면에서 외계로 직접 방출되는 열량은 6, 대기에서 복사열로 방출되는 양은 64, 합계 70으로 광에너지의 진입량과 같아진다. 이것은 자연적인 상태에서, 즉 오늘날과 같은 이산화탄소 과잉이 되기 전까지는 지구의 에너지 수지가 평형을 이루고 있었음을 의미한다. 그러나 20세기에 들어서서는 산업생산이 폭발적으로 증가하고, 철도와 자동차, 그리고 비행기에 이르기까지 화석연료를 먹이로 하는 대형 수송수단들이 등장하면서 이산화탄소의 농도가 1만 년 동안 평균치의 1.5배 이상으로 증가하면서 에너지 평형상태가 깨져가고 있다. 지구온난화현상이 바로 그것이다.

3 태양광 에너지의 세기

겨울에 느끼는 태양빛의 세기는 따스한 정도이다. 그러나 여름철 한낮에 태양의 직사광을 10분만 쪼인다면 화상을 입을 정도로 강렬함을 느낀다. 그렇다면 단위 면적당 태양빛의 세기는 어느 정도일까? 대기권에 도달한 태양광의 세기는 단위 면적당 1,370 W/m^2이고 이 크기를 태양광 정수(Solar Constant)라 정의한다. 그리고 이 빛이 대기권을 뚫고 오면서 감쇄되어 지표면에 도달하였을 때의 에너지 강도는 1,060 W/m^2가 된다.

> 태양광 정수 Solar Constant = 1,370 W/m^2
> 지표면에 도달한 태양광 세기 E = 1,060 W/m^2

이 빛의 세기는 직사광과 반사광, 가시광과 자외선 그리고 적외선을 모두 망라한 빛의 세기이다. 그리고 이 세기는 지구의 평균 위도인 북위 48° 지방에서 측정한 세기를 말한다. 따라서 적도 지방은 이 평균값보다 약 10% 정도 세고, 위도가 높은 지방일수록 강도가 점점 약해진다.

태양광 발전 공학에서 태양광의 에너지 강도 1,000 W/m^2를 표준 에너지 강도라는 뜻으로 STC(Standard Test Condition/Constant)라 하며 태양전지나 측정 장비를 시험할 때 기준 일조 강도로 삼고 있다.

> 태양광의 기준 일조 강도(STC) = 1,000 W/m^2
> ∴ 0.8 STC = 800 W/m^2, 1.2STC = 1,200 W/m^2

4 발열체의 온도와 복사광의 파장

물체가 높은 온도를 가지게 되면 그 에너지를 빛으로 방출(복사)한다. 이때 방출되는 복사광 에너지 중 가장 많은 에너지를 가진 빛의 파장을 λ_{max}라 하고 물체의 온도를 T라 할 때 중심광의 파장은 온도에 반비례하면서 짧아진다는 것이 빈(Wien)의 법칙이다.

$$\lambda_{max} = \frac{2,897}{T}\mu m$$

태양의 표면 온도는 5,780 K이므로 최대 강도의 파장은

$$\lambda_{max} = 0.5\mu m$$

로 〈그림 1.3〉의 짙은 색 곡선의 피크부분이며, 표면 온도가 약 300°K인 지구 표면에서는 10μm로 적외선을 복사한다.

5 태양광 스펙트럼

빛은 우리가 흔히 알고 있는 가시광선 외에도 자외선(UV)과 적외선(IR)을 모두 포함하고 있다. 정확하게 말하면 태양광 속에는 파장이 0.38 μm에서 0.78 μm 사이인 가시광선의 강도가 세기는 하지만 적외선도 0.78 μm에서 2.5 μm범위에 걸쳐 가시광보다 많이 분포되어 있다. 투과성이 좋은 적외선은 흐린 날에 그 비중이 높은데 태양광 발전에 상당한 도움이 된다. 이에 비하여 0.38~0.25 μm사이의 자외선은 상대적으로 그 양이 적으며 태양광 발전에는 거의 도움이 되지 않는다.[1)]

빛이 발열체에서 나온 것처럼, 빛이 사물에 흡수되면 열로 바뀐다. 또 어려운 과정을 거치기는 하지만 전기나 다른 화학적 에너지로 변환되기도 한다. 우리가 이 교재에서 다루고자 하는 태양광 발전의 '광-전 변환' 효율은 빛의 주파수에 따라 크게 달라진다. 예를 들면 보통의 태양전지에서는 적색광과 근적외선 영역의 빛에서 광기전력 효과가 가장 크게 발생하고 자외선이나 원적외선으로 멀어지면 광기전력 효과가 거의 나타나지 않는다.

빛의 성분을 주파수에 따른 크기로 나타낸 도표를 태양광 스펙트럼이라고 하는데 〈그림 1.3〉에서 보듯이 태양광의 성분은 자외선이 약 1%, 가시광선 약 40%, 적외선 영역 약 59%로 구성되어 있다. 곡선 ⓐ는 대기권 바깥에 도달한 태양광 에너지이다. 이것이 대기권을

---

1) 0.38~0.25μm=380~250 nm, 1μm=1000 nm

통과하면서 공기입자와 수증기 등에 의해 흡수되거나 반사되어 지표면에는 상당히 줄어든 크기로 당도한다(곡선 ⓑ).

우리가 사용하는 일반적인 태양전지, 예를 들면 단결정이나 다결정 실리콘 솔라 셀들은 가시광선뿐만 아니라 적외선 영역에서도 광-전 변환을 할 수 있기 때문에 구름이 낀 날씨에도 적외선에 의한 전력생산이 가능하다.

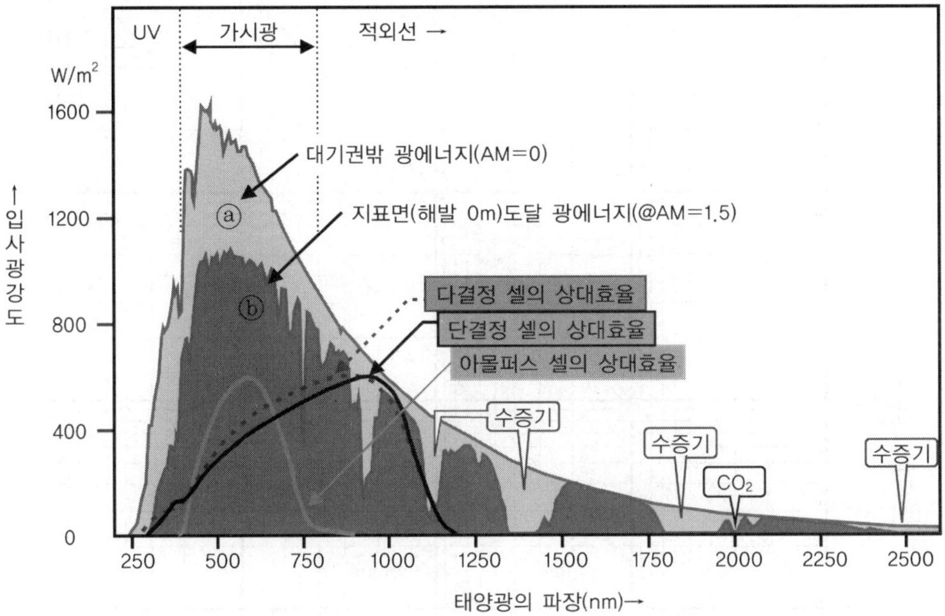

그림 1.3 태양광의 스펙트럼과 솔라 셀의 변환효율

6 빛의 에너지 강도와 조도

입사광의 강도(强度), 즉 빛의 세기[W/m^2]를 밝기(= 조도[lx]) 단위로 환산하는 관계식은 다소 복잡하다.

동일한 '빛의 세기'라도 발광 온도에 따라 '밝기'가 좌우된다. 여기서 발광 온도를 색온도라고도 말하는데, 대장간의 붉게 달구어진 쇳덩이는 800℃(1,073 K) 내외이고, 백열전등은 이보다 훨씬 밝은 주황-백색으로 색온도는 2,500 K 내외이다. 우리 눈에 가장 익숙한 태양광의 색온도는 5,500 K, 형광등이나 카메라용 플래시는 6,000 K 정도이다.

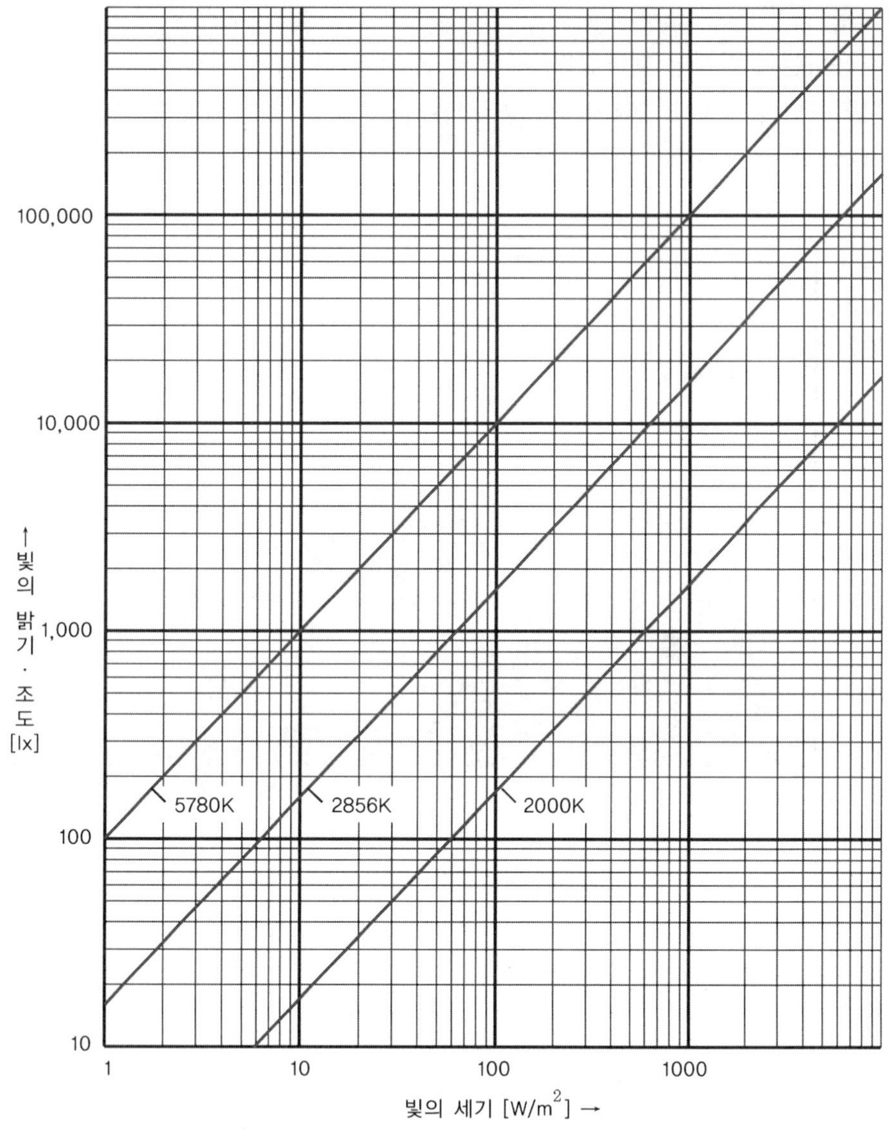

그림 1.4 입사광의 강도와 조도의 관계

이렇게 높은 온도가 되면 붉은 색조는 옅어지고 푸른 색조의 비중이 짙어지는데, 예를 들어 플래시 조명으로 사진을 찍으면 푸른 색조가 짙은 사진이 되기 때문에 필터를 사용해서 촬영하거나 촬영 후 색 보정을 해야 자연스러운 색상을 얻을 수 있는 것이다.

우리가 백열등 조명을 켜면 아무리 촉광이 높아도 누런빛의 어둑한 느낌이 들지만, 3파장 형광등 불빛은 화사하게 밝은 느낌이 드는 것도 이와 같은 이치 때문이다.

〈그림 1.4〉에서 세 개의 직선 중 5,780 K는 태양의 표면 온도를 의미하며 섭씨온도로 환

산하면 5,482℃가 된다. 태양과 같은 온도에서 복사되는 빛의 강도가 지면에 비추어졌을 때 그 빛의 세기가 1,000 W/m^2이라면 이 빛의 밝기(조도)는 그래프의 Y축에서 100,000 lx에 해당함을 알 수 있다.

두 번째 곡선, 색온도 2,859 K의 발광체인 경우는 가시광선보다 적외선의 비중이 높아서 우리가 느끼는 밝기(조도)는 태양광에 비해 1/6인 16,000 lx에 지나지 않는다.

7 빛의 세기(일조 강도) 측정

빛의 세기를 측정하는 장치에는 서모파일형 일조강도계[2)]와 광전센서형 일조강도계가 있다. 전자는 태양으로부터의 모든 방사 에너지를 측정할 수 있는 고성능 장치이다. 그래서 측정 환경도 까다롭고 가격도 비싸다. 후자는 전자소자를 이용하여 비교적 저렴한 가격으로 센서 회로를 구성하고 있어 정밀도는 ±5% 이내로 다소 떨어지는 대신 저렴한 가격 때문에 많이 사용한다. 그리고 이들 계기를 사용하여 지상에서 직접 측정하는 것이 대부분이지만, 인공위성으로부터의 영상을 이용하여 간접적으로 계측하는 방법도 있다.

서모파일형 일조강도계, 즉 서모파일형 일조계는 지표면에 복사되는 태양광 에너지를 측정하도록 고안된 매우 정밀한 측정 장치로서 중앙부에 두 개의 반구형 돔이 있고 그 안에 광에너지를 흡수하는 역할을 하는 검은색의 금속판이 놓여 있다. 그리고 서모파일 센서는 이 금속 수광판 아래에 결합되어 있다. 돔의 바깥에는 빛을 반사하는 흰색의 금속하우징이 설치되어 있다.

태양빛이 반구형 돔 안으로 수직 입사하여 수광판에 도달하면 검은색 금속판은 가열된다. 광 입사 이후의 온도상승은 입사광에너지에 비례한다. 초기 온도(또는 하우징 온도)와 가열된 이후의 온도 차이를 서모파일 센서가 '온도에 비례하는 전압출력'으로 변환하고 이것을 정밀한 전자회로가 처리하여 일조량 눈금으로 볼 수 있도록 해준다.

이 측정기는 원리상 광에너지를 열로 바꾼 다음 다시 전기로 변환하는 과정을 거치기 때문에 시간적으로 응답속도가 느리다. 그래서 변덕이 심한 일기에서 순간적인 정밀도를 기대하기는 곤란하다. 변동이 없는 기상 상태에서 측정하거나 장기간의 측정인 경우 정밀도 0.8%의 결과를 얻을 수 있다.

광전센서를 사용한 일조계는 서모파일을 사용하는 것보다 훨씬 가격이 저렴하다. 이것은 보통 단결정 솔라 셀을 센서로 사용한다. 솔라 셀의 특성상 광전류는 입사광 에너지에 비례하는 원리를 사용한다. 그러나 이것만으로는 정확한 측정을 하기에는 다소 부족한 면이 있다. 단결정 솔라 셀은 파장이 매우 긴 적외선 영역의 입사광에는 충분히 반응하지 못하기 때문이다. 솔라 셀 타입의 일조계는 연평균 2~5% 정도의 정밀도를 가진다.

---

2) 일조강도계=일조계, 피라노미터(Pyranometer)

솔라 셀 타입의 일조계에서는 흔히 시스템의 운전 상황을 모니터링하기 위해 대형 PV 모듈을 직접 사용하기도 한다. 이때 사용하는 셀의 종류는 정확도의 향상이나 용이한 평가를 위해서 PV 시스템에서 사용된 것과 동일한 셀을 사용하는 것이 원칙이다.

사용 가능한 셀의 종류에는 단결정형, 다결정형, 아몰퍼스형, 카드뮴-텔루라이드(CdTe), 셀렌인듐동(CIS) 등이 있다.

평가 장치 또는 인버터에 결합된 데이터 로거는 측정된 일조 강도와 시스템에서 발전된 전력을 비교할 수 있다. 이 방식은 태양광 발전시스템이 잘 운전되고 있는지 감시할 수 있고, 또한 고장이 발생하면 진단하는 것도 용이하다.

〈그림 1.5~1.7〉은 시중에 널리 사용되고 있는 일조계의 외관과 내부 구조이다.

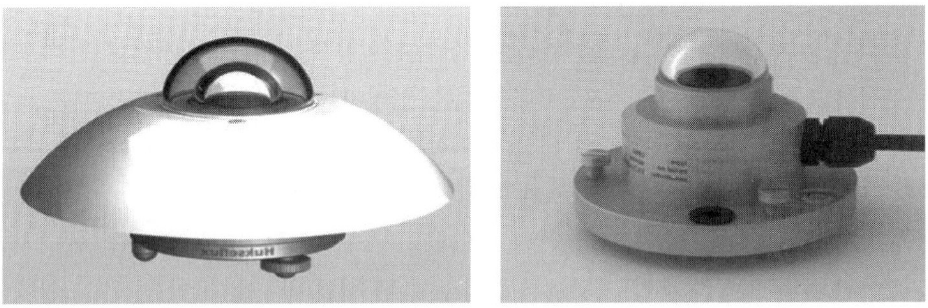

그림 1.5 정밀급 일조계(피라노미터)의 제품 예

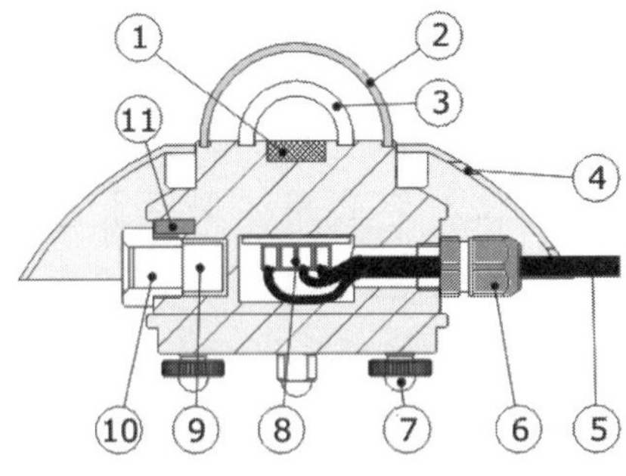

그림 설명
① 서모파일 센서 ② 돔(dome)덮개
③ 유리 돔 ④ 방사 막 ⑤ 신호 케이블
⑥ 패킹 마개 ⑦ 평형조절기
⑧ 회로기판(PCB) ⑨, ⑩ 방습장치
⑪ 수준계

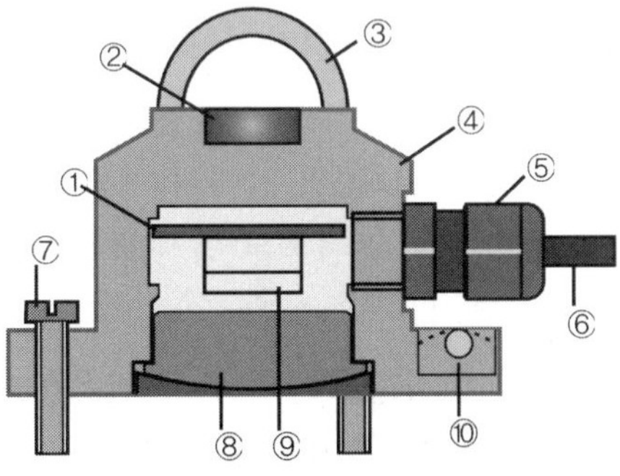

그림 설명
① 회로기판(PCB) ② 서모파일 센서
③ 유리 돔 ④ 바디 ⑤ 패킹 마개
⑥ 신호 케이블(5 m)
⑦ 고정용 나사
⑧ 케이블 접속 및 교환단자함
⑨ 케이블 접속용 단자 ⑩ 수준계

그림 1.6 일조계(피라노미터)의 구조

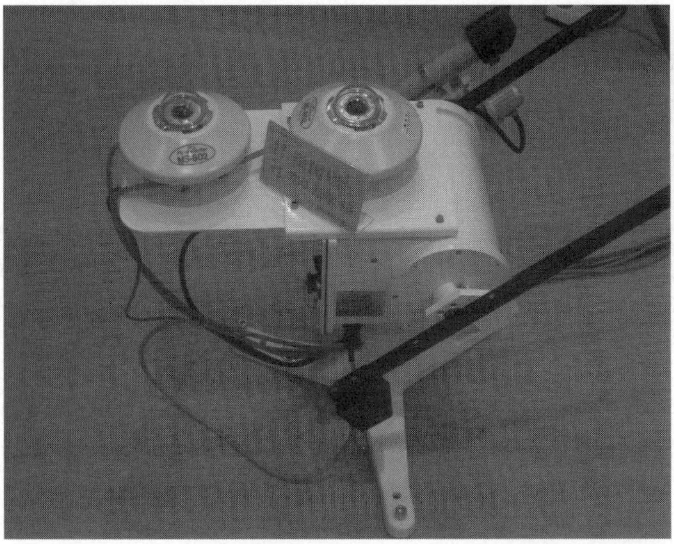

↑(a : 상) 광전센서형 일조계(일반형)
←(b : 좌) 서모파일형 일조계(정밀급)

그림 1.7 일조계(피라노미터)의 실물 외관

(상/우하)
수평각 및 앙각에 2개의 일조계를 설치한 모습

(좌하)
태양의 위치를 측정하기 위한 입체 광센서

그림 1.8 일조계 및 광센서 설치 예

참고로 〈표 1.1〉에서 일조계의 제작회사들을 소개한다.
(그룹A = 고정밀 서모파일 타입, 그룹B = 일반형 광전센서 타입)

표 1.1 일조계 제작회사 일람

구 분	제작 회사
A. 서모파일형 미터	Kipp & Zonen, Thies Clima, Uniklima Sensors, UMS, Hukseflux thermal sensors
B. 광전센서형 미터	ESTI, IKS, Mencke & Tegtmeyer, NES, Solarc, Solarwatt, Tritec

8 트래킹 방식과 에너지 획득효율

만약 태양이 돌지 않고 제자리에 정지해 있다면 태양전지는 최고의 효율로 전기를 생산할 수 있지 않을까? 이러한 가정은 실현이 불가능하지만 기술적으로 PV 모듈의 표면이 태양을 따라 움직이게 함으로써 비슷한 결과를 만들어 낼 수 있는데 이것이 바로 'PV 트래킹 시스템'이다. 적도 지방에서는 이 트래킹 시스템이 큰 효과를 발휘하지는 못한다. 그러나 위도가 높은 지방일수록 트래킹에 의한 효율 향상이 두드러진다. 위도 50° 부근의 북 유럽지방은 겨울철에 수평으로 설치하는 PV 모듈에 비해서 최대 300%까지 효율이 증가된다. 그러나 여름철의 효율증가는 50% 내외로 비교적 낮은 편이다. 위도 35~37°인 한국에서 앙각 35°로 설치된 고정식 PV 모듈에 비해서 추적식 PV 모듈이 30% 정도 더 많은 전력량을 생산한다.

추적식 어레이 시스템이 모두 좋은 점만 있는 것은 아니다. 우선 장치비가 많이 들고 유지관리비 또한 고정식에 비해서 훨씬 많이 지출된다. 그리고 고정식에 비해 덜 견고하기 때문에 태풍과 같은 기상 이변에 대해 취약하다.

이러한 이유로 실제로 설치된 대규모 상업용 태양광 발전 시스템은 대부분 고정식을 채택하였다. 기술적 문제와 예상되는 위험에 대한 대비책이 충분하지 않았기 때문이다. 그러나 중소규모 상업용 시스템에서부터 점차 추적식이 증가하고 있는 추세이다. 높은 에너지 확득률에 대한 유혹을 떨칠 수 없기 때문에 문제점들을 보완하고 제어 기술을 개발하고 있는 것이다.

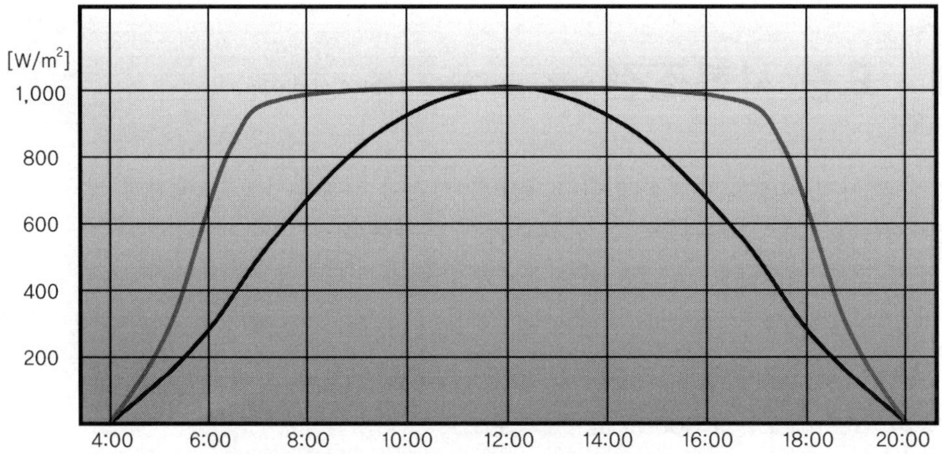

그림 1.9 고정식과 추적식의 에너지 획득량 비교

제2절 표준 시험조건 (STC : Standard Test Condition)

태양광 발전 공학에서 태양광에 관한 연구를 하거나 태양전지 또는 태양광 발전 시스템의 성능을 시험할 때 기준이 되는 국제적인 기준을 말한다.

이 표준 시험 기준에는 다음과 같은 3가지가 있다.

1) 수광 조건은 대기 질량 정수(AM) 1.5의 지역을 기준으로 한다.
2) 빛의 일조 강도는 1,000 W/m^2를 기준으로 한다.
3) 모든 시험의 기준 온도는 25℃로 한다.

1 대기 질량 정수(Air Mass, AM_{STC} = 1.5)

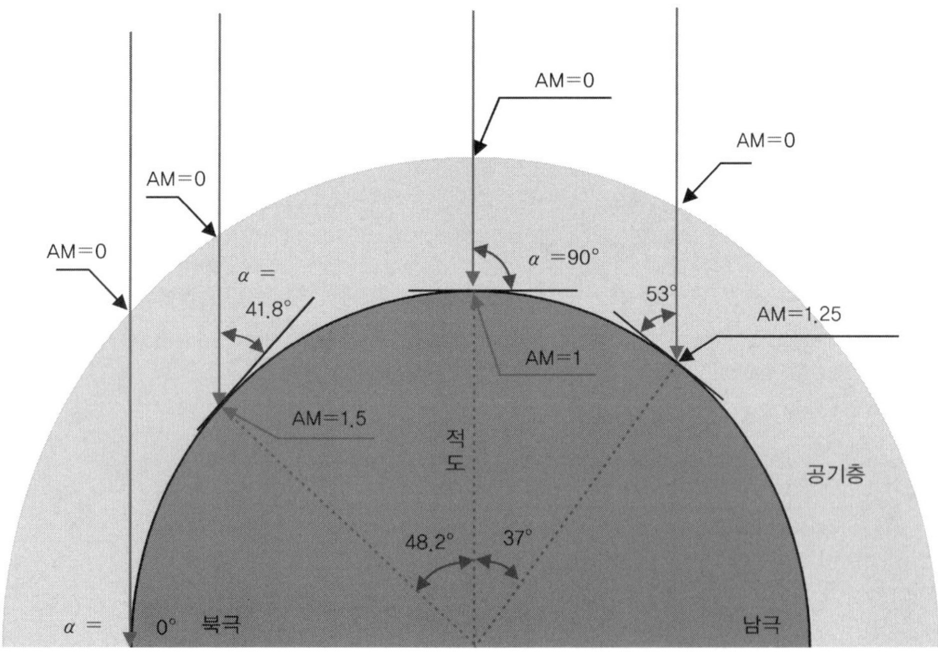

그림 1.10 공기 질량 정수(AM=Air Mass)의 설명도

앞 절에서 본 바와 같이 우주를 가로질러 대기권 바깥에 당도한 태양광 에너지 강도는 1,367 W/m^2이고 이 값을 태양 정수(Solar Constant : E_0)라 한다.

Solar Constant, $E_0 = 1{,}367\ \mathrm{W/m^2}$

그런데 지면에 도달하는 태양광의 세기는 두터운 공기층을 어떻게 통과하느냐에 따라 흡수 및 산란되는 정도가 크게 달라진다. 지구의 대기권은 약 1,000 Km에 달하는데 이 공기층을 수직으로 통과할 때 가장 흡수가 적고 산란비율도 낮다. 적도 부근의 나라들이 이에 해당한다. 여기서 태양광이 대기권 입구에서 적도 지방 해발 0 m 지점에 도달하기까지의 구간을 대기 질량 정수(AM) 1이라고 정의한다. 입사되는 태양광과 지면이 이루는 각도, 즉 입사각을 α라 할 때 대기 질량 정수를 구하는 식은 다음과 같다.

$$\mathrm{AM} = \frac{1}{\sin(\alpha)}$$

이 식을 아래 그림에서 기하학적으로 풀어보면,

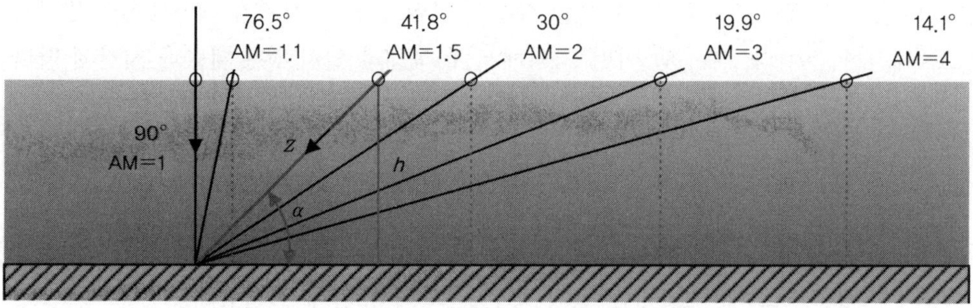

그림 1.11 태양의 입사각과 대기 질량 정수 관계

$$\text{대기질량정수[AM]} = \frac{1}{\sin(\alpha)} = \frac{1}{\frac{\text{높이}h}{\text{빗변}z}} = \frac{\text{빗변}(z)}{\text{높이}(h=1)} = \text{빗변}(z)$$

결국 직각 삼각형의 '높이(수직 통과길이)에 대한 빗변(실제 통과길이)의 비'라는 것을 알 수 있다.

입사각도가 30°일 때는 대기 질량 정수는 2, 입사각이 해 뜰 때와 해질 무렵과 같이 비스듬한 10°일 경우 대기 질량 정수는 5.76으로 증가하고, 그만큼 흡수와 산란이 증가하면서 일조강도는 크게 줄어든다. 실제로 대기 질량 정수 AM= 1.5인 지역에서 구름이나 먼지가 없고 습도도 낮은 청명한 날씨일 때 수직으로 복사되는 태양의 일조강도는 1,060 $\mathrm{W/m^2}$에 달한다. 이 세기는 대기권 밖의 일조 강도, 즉 '태양 정수'값에 비해서는 22.5%가 감쇄된 크기이다.

표 1.2 태양광의 입사각과 감쇄율의 관계

입사각	대기 질량 정수 AM	대기흡수율 [%]	레일리(Rayleigh) 산란율 [%]	미(Mie) 산란율 [%]	전체 감쇄율 [%]
90°	1	8.7	9.5	0~25.6	17.3~38.5
60°	1.15	9.2	10.5	0.7~29.5	19.4~42.8
41.8°	1.5	9.8	12.6	1.6~34.6	22.5~48.7
30°	2	11.2	16.3	4.1~44.9	28.8~59.1
10°	5.76	16.2	31.9	15.4~74.3	51.8~85.4
5°	11.5	19.5	42.5	24.6~86.5	65.1~93.8

주1) 레일리 산란 : 공기(산소/질소/이산화탄소 등)와 같은 미소입자에 의한 산란
주2) 미산란 : 먼지, 수증기 등과 같이 빛의 파장보다 큰 입자에 의한 산란

- 시시각각으로 변하는 태양의 입사각

앞에서 등장한 입사각 α와 대기 질량 정수 계산식 등은 지표면과 태양광선이 만나는 평균 각도로 계산한 것이다. 지구의 어떤 지역에서나 태양의 입사각은 계절과 시간에 따라 변한다. 예를 들면 북위 37°인 지역에서의 평균 입사각은 53°이지만 하지(夏至)에는 76.5°, 동지(冬至)에는 29.5°로 편차가 심하다. 그뿐만 아니라 하루 중에도 아침부터 저녁까지 태양의 입사각도는 수시로 변한다.

그래서 지구 전체적으로 봤을 때 중간 정도의 위도면서 최대효율의 입사각보다는 기울어진, 하루 중 평균 정도에 해당하는 입사 조건을 고려하여 대기 질량 정수 AM = 1.5를 태양광 장치의 시험 기준으로 정해두고 있다.

2 일조 강도 1,000 W/m^2

표준 시험조건에서 정하는 일조 강도는 1,000 W/m^{2}이다. 맑은 하늘 AM = 1.5인 지역의 일조 강도는 최대 1,060 W/m^{2}가 된다. 지역이 달라지면, 예를 들어 히말라야 고산지방이나 사하라사막 같이 적도와 가깝거나 해발고도가 높으면 일조 강도는 1,150 W/m^{2}까지 높아진다. 반면에 오슬로는 800 W/m^2 내외, 그리고 그린란드나 남부 칠레와 같이 극지방에 가까울수록 일조 강도는 점점 낮아진다.

가장 이상적인 시험환경은 실제로 AM = 1.5이고 빛의 강도가 1,000 W/m^{2}되는 지역에서 시험을 행하는 것이지만, 현실적으로는 불가능하기 때문에 지상에 투사되는 태양광의 스펙트럼과 유사한 인공광원으로 1,000 W/m^2 세기의 빛을 만들어서 시험을 한다.

3 기준 온도 25℃

표준 시험조건에서 정하는 온도는 25℃이다. 솔라 셀 또는 PV 모듈의 출력특성이 온도에 따라 민감하게 변하기 때문에 모든 태양광 발전 시스템을 25℃조건 하에서 시험하고 그 결과를 비교 판단하려는 것이다.

솔라 셀은 태양광에 노출되는 순간부터 전기가 생산됨과 동시에 열도 발생된다. 솔라 셀의 색상이 짙은 감청색이고 반사방지막까지 코팅되어 있기 때문에 복사열로 전환되는 에너지가 전기로 변환되는 에너지보다 더 크다. 실제로 PV 모듈을 직사광에 노출하고 5분이 지나면 20℃, 10분이면 35℃ 이상 온도가 상승하는 것을 볼 수 있다. PV 모듈의 온도가 1℃ 상승할 때마다 단자전압은 0.4%씩 낮아진다. 25℃에서 300V로 설계된 태양광 발전장치가 한낮 운전 시 70℃가 되었다면 이 PV 모듈의 전압은 18%가 감소한 246V의 출력전압이 될 것이다.

이처럼 솔라 셀의 온도특성은 중요한 시험 항목 중 하나이다. 그러나 야외에서 이러한 안정적인 시험조건을 유지하면서 시험할 수가 없기 때문에 시험실에서 항온조를 사용하여 기준온도를 유지하기도 하고 냉각장치나 가열장치를 사용해서 극한 상황의 온도를 인위적으로 만들어 온도특성을 시험하기도 한다.

제3절 가용 태양광 에너지

1 연간 일조량

PV 모듈 또는 태양광 발전소가 발전하는 전력량은 일조량에 비례한다. 그런데 일조량은 하루에도 시시각각으로 변하고 계절에 따라서도 변한다. 그래서 태양광 발전이 가능한 일조량은 1년 단위로 나타낸다.

그리고 일조량의 계산은 단위면적($1m^2$)의 '지표면에 복사되는 태양광의 세기(W/m^2)'와 '일조시간'의 곱을 1년 동안 누적한 값으로 나타내며 단위는 kWh/m^2Y를 사용한다.

$$\text{연간 가용 태양광 에너지} = \text{연간 일조량} = \Sigma\{(\text{태양광 세기}) \times (\text{단위시간})\}$$

일조량은 태양광 발전소가 위치한 지역의 기상 특성에 따라서 크게 영향받는다. 우기가 많은 적도 지역보다는 맑고 건조한 날씨가 많은 지역이 훨씬 일조량이 많은 것을 확인할 수 있다. 〈그림 1.12〉는 1990년부터 2000년까지 기상위성으로 관측한 자료를 토대로 스위스의 Meteonorm사에서 만든 아시아와 유럽 지역의 연평균 일조량 분포도이다.

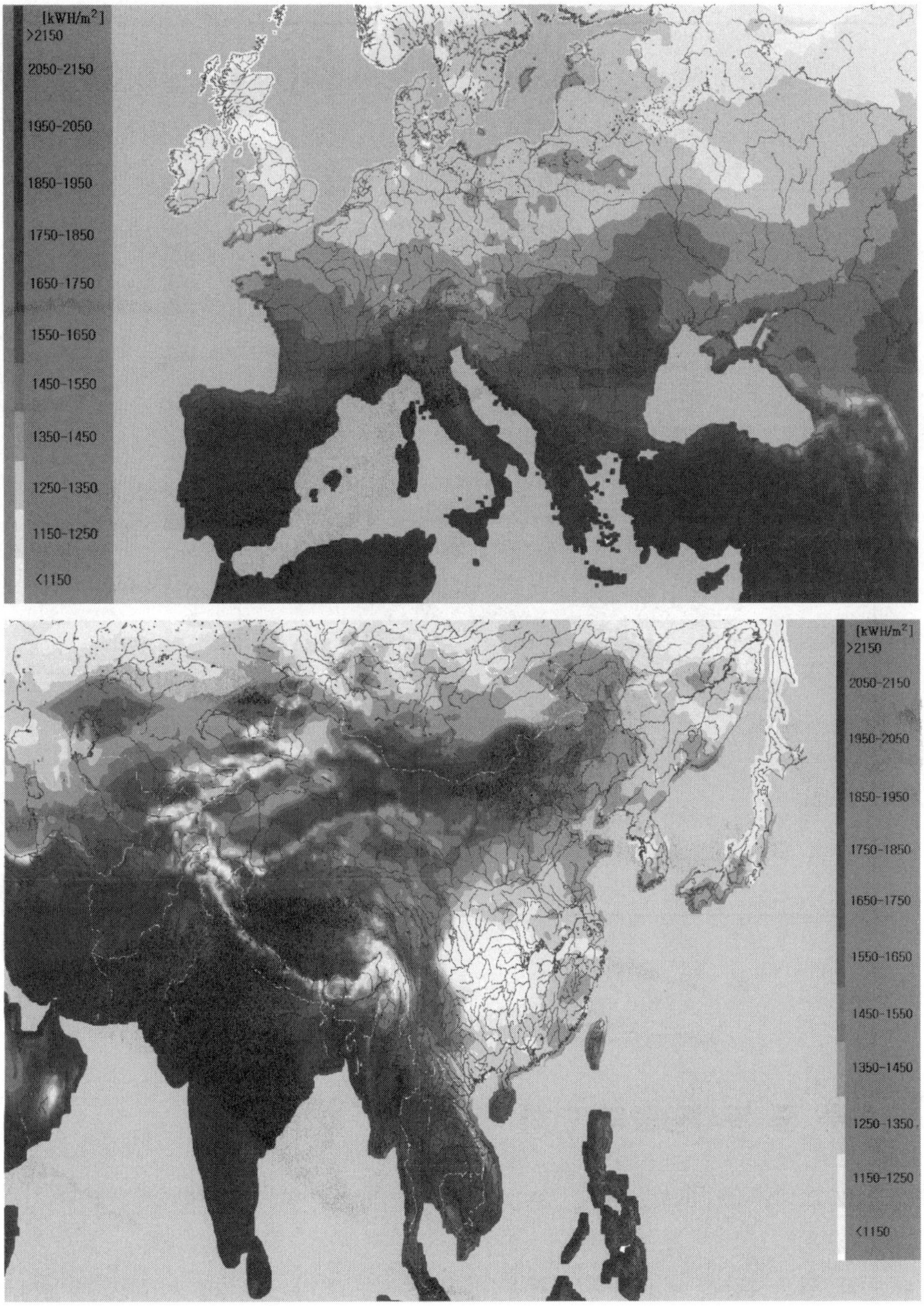

그림 1.12 아시아 및 유럽지역의 연평균 일조량 분포도(Meteonorm社 제공)

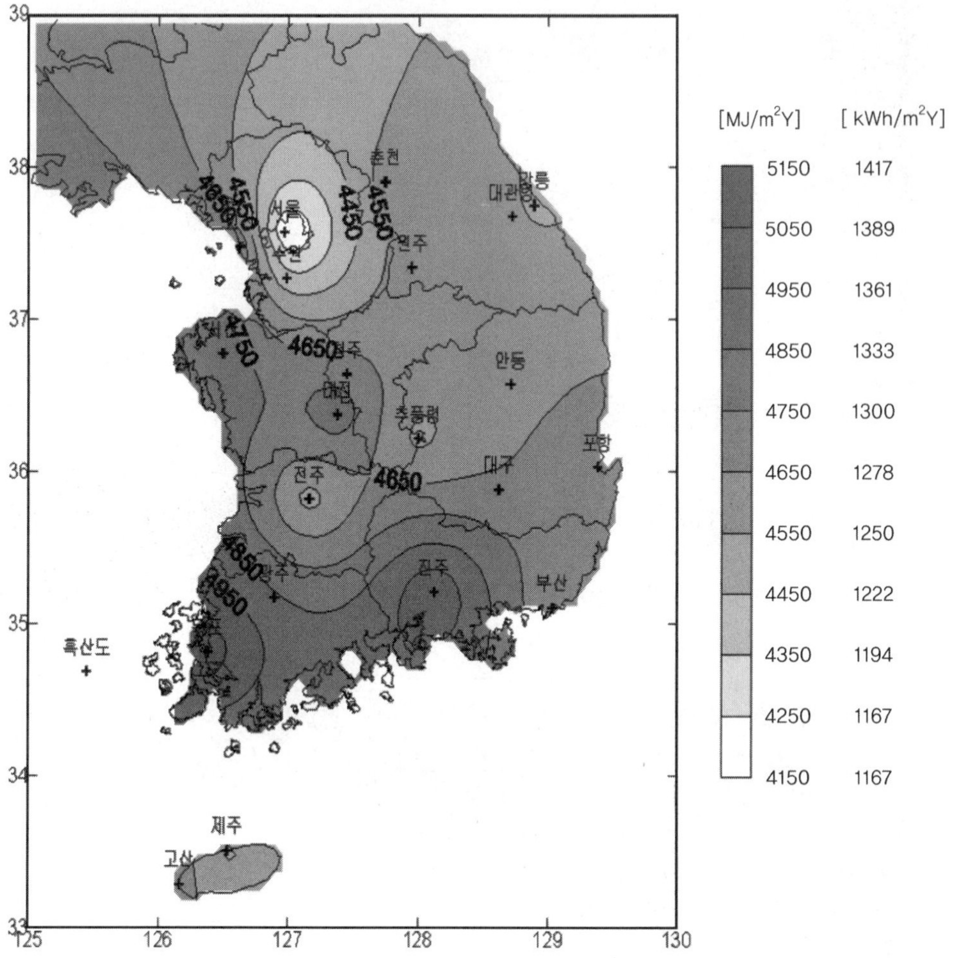

그림 1.13 한국의 평균 일조량 분포도(1991~2000/기상청 자료)

2 하루 중 복사광량의 변화

한국의 남부지방은 1제곱미터당 연간 약 1,200~1,400 kWh의 태양광 에너지가 복사된다.〈그림 1.13〉

하루 중의 일조시간을 비교하면 여름은 길고 겨울은 짧다. 그리고 그 하루 중에서도 아침과 저녁은 빛의 세기가 약하고 정오에 가장 세다. 〈그림 1.14〉는 6월의 하루 중 태양의 복사광량을 측정한 것이다. 적색은 맑은 날의 변화이고 흑색은 흐린 날의 복사광량 변화이다. 12 : 30에 가장 복사광의 강도가 높다. 또 〈그림 1.15〉는 12월의 맑은 날과 흐린 날에 각각 복사광량을 측정한 것이다.

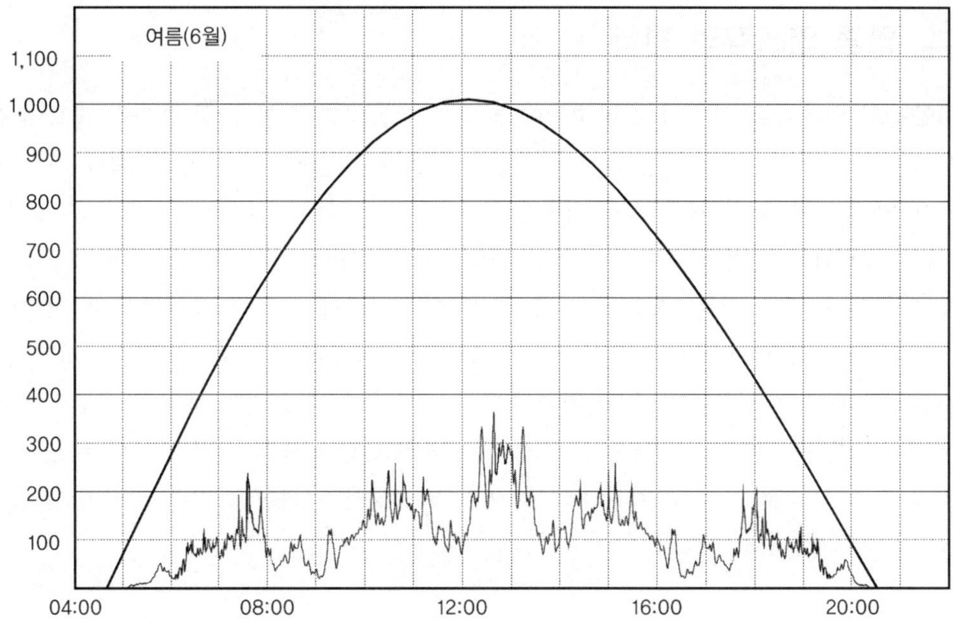

그림 1.14 여름철 하루 중의 일광 복사 강도(맑은 날과 흐린 날)

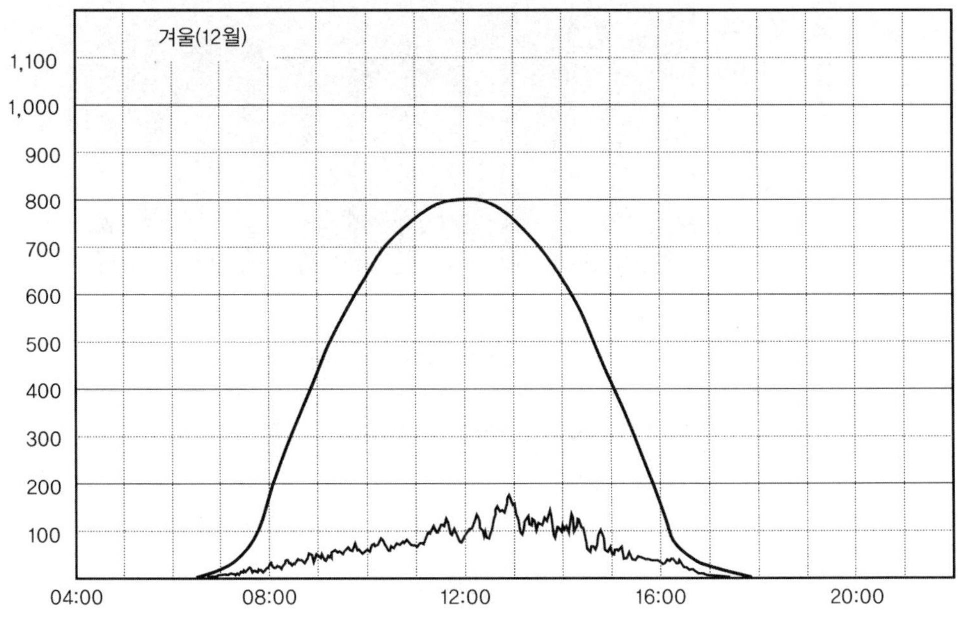

그림 1.15 겨울철 하루 중의 일광 복사 강도(맑은 날과 흐린 날)

3 연중 일조량의 변화

태양광의 일조량은 하지가 속한 6월이 최대이고 동지가 속한 12월이 가장 작으며 춘분과 추분 때는 평균 정도가 된다. 그러나 실제로 지면에 도달하는 복사량은 해당 지방의 기상 상태에 따라 크게 좌우된다. 적도 지방은 잦은 우기로 인해 일조량이 연간 1,500 kWh/m^{2}Y를 넘기기가 힘든 반면 적도에서 벗어난 지역이지만 건조한 기상특성을 가진 곳, 예를 들면 호주 내륙이나 인도 내륙, 중근동 지역, 북부 아프리카에서 유럽 남부지역, 남미 산간지방 등에서는 연간 2,100 kWh/m^{2}Y 이상의 일조량을 기록한다.

다음의 그래프 〈그림 1.16〉은 우리나라 전라남도 지역에 설치된 태양광 발전소에서 측정한 월별 발전량 통계인데, 여름에는 우기의 영향으로 실제 예상치(곡선)보다 낮은 발전량을 보이고 건조한 봄철(3, 4, 5월)과 10월은 높은 발전량을 기록하고 있다. 발전량은 일조량에 비례함을 감안한다면 일조량의 비교 통계로 활용할 수 있을 것이다.

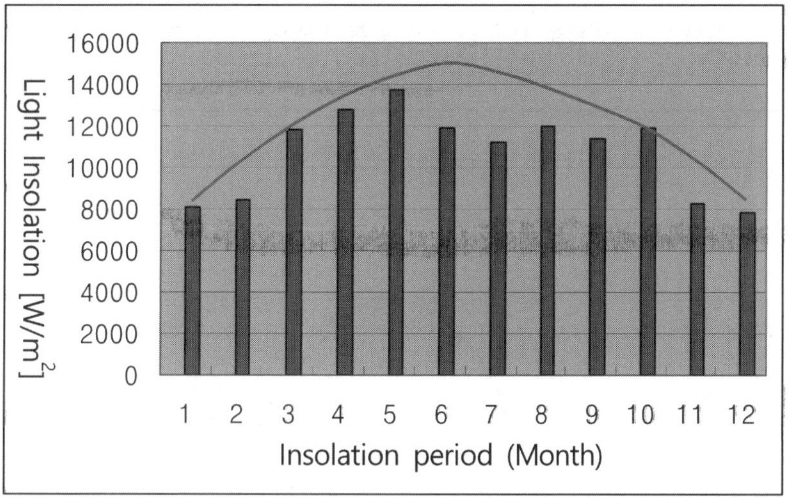

그림 1.16 2009년 전라남도의 월별 일조량 통계

4 직사광과 산란광

지상에 도달하는 일조광선 중에는 직사광과 산란광이 있다. 적도에 가까울수록 산란광의 비율은 낮고 위도가 높은 지역일수록 산란광의 비율이 높다. 예를 들면 위도 40°의 지역의 산란광 평균은 약 1/3이다. 또, 여름철의 산란광 비중은 25%에 지나지 않지만 겨울철의 산란광 비율은 약 45%에 달한다.

〈그림 1.17〉은 한국의 남해안, 위도 35°에 위치한 지역의 월별 산란광 비율을 나타낸 것이다.

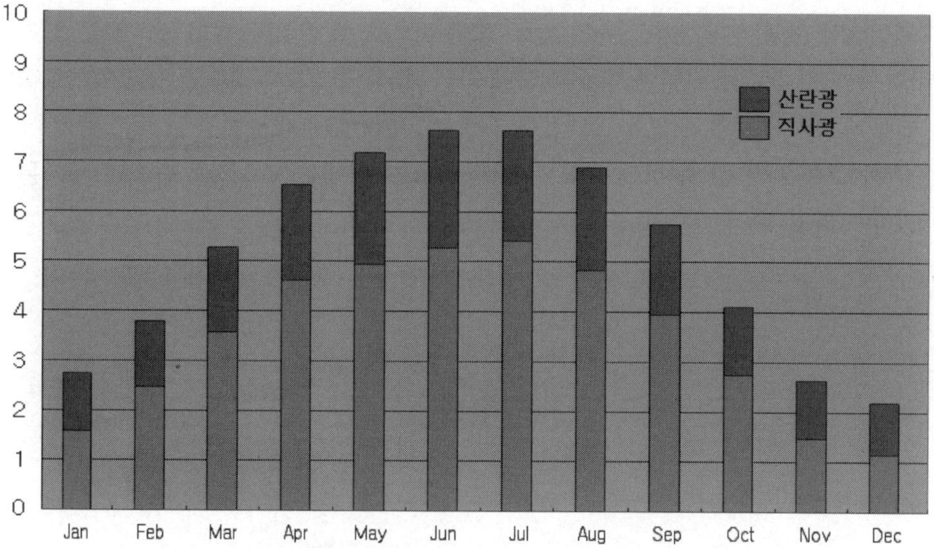

그림 1.17 직사광과 산란광 비율 그래프

제 4 절 앙각과 방위각

1 앙각(仰角)

앙각이란 설치된 PV 모듈과 수평선이 이루는 각도를 말한다.

적도 부근에 위치하고 있는 나라에서는 태양이 하늘 정중앙에서 비추기 때문에 PV 모듈을 지표면상에 평평하게 뉘어 두면 가장 효율적으로 태양빛을 받을 수 있을 것이다.

그러나 위도가 35°인 지역에서는 태양이 하늘의 정 중앙보다 35°만큼 남쪽으로 기울어져 있기 때문에 PV 모듈의 뒷면을 35°만큼 일으켜 세워야만 태양빛을 수직으로 받아들일 수 있다. 이와 같이 태양을 똑바로(수직으로) 바라보기 위해 PV 모듈을 일으켜 세우는 각도를 앙각(仰角)이라고 한다.

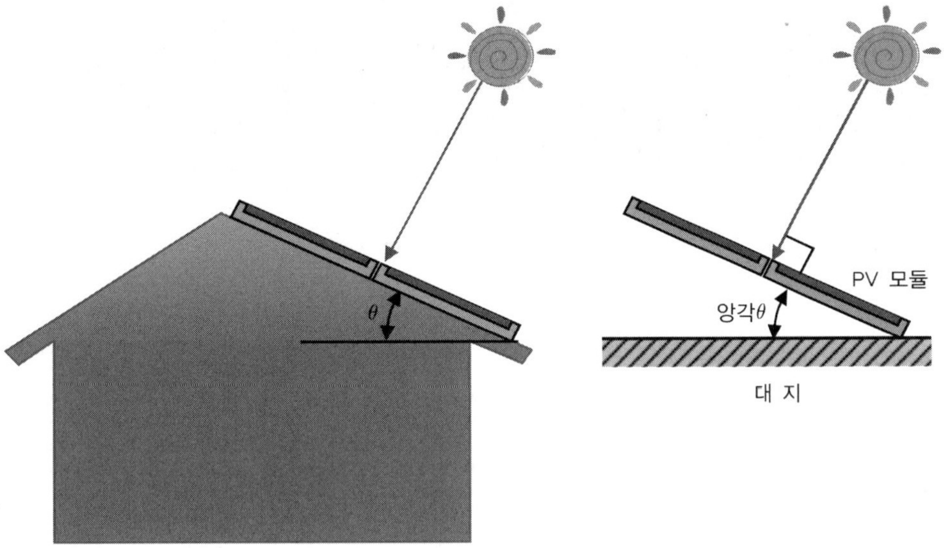

그림 1.18 앙각의 의미

최적의 앙각은 PV 모듈을 설치하려는 지역의 위도와 같은 값으로 하면 된다. 예를 들면 충주, 평택을 가로지르는 중부지방은 37°, 남부지방은 35°이므로 이곳에 태양광 발전소를 설치할 때 최적의 앙각은 각각 37°와 35°가 된다.

위도와 같은 앙각으로 PV 모듈을 설치하였을 때 1년간의 평균출력은 가장 크지만 계절별로는 최대효율이 아닐 수 있다. 춘분과 추분 시기에는 최적 앙각일 때 최대출력이 나오지만 동지(冬至)에는 위도 값보다 높은 앙각에서 최대출력이 나오고, 하지(夏至)에는 위도보다 낮은 앙각에서 최대출력이 발생한다.

이렇게 계절마다 달라지는 이유는 〈그림 1.19〉와 같이 지구의 회전축이 23.5° 기울어져 있기 때문이다. 여름(하지)에는 태양이 북반구 쪽으로 올라오기 때문에 태양광의 입사각은 그 지역의 위도(예를 들면 36°)보다 23.5°가 작은 12.5°이고, 반대로 겨울(동지)에는 태양이 남반구 쪽으로 멀리 내려가서 위도(36°)보다 23.5°가 더 기울어진 59.5°에서 비추어지게 되는 것이다.

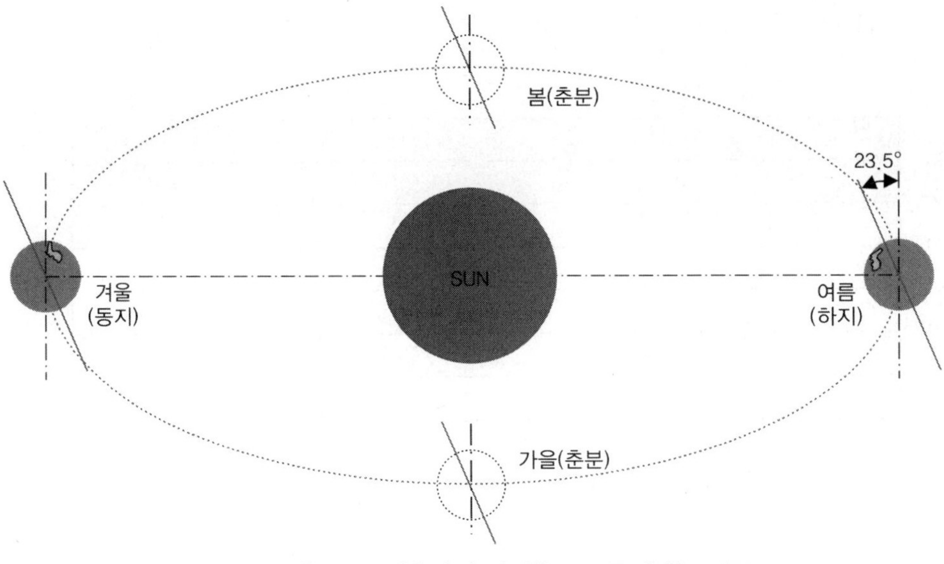

그림 1.19 기울어진 자전축으로 공전하는 지구

〈그림 1.20〉은 한국 중부지방에서 계절별로 앙각을 변화시키는 데 따라 태양광 에너지의 획득비율을 나타낸 것이다. 여름(6월)에는 앙각 10~15° 범위에서 최대효율을 가지고, 겨울(12월)에는 앙각 55~60° 범위에서 최대효율을 나타내고 있다. 그러나 거대한 태양전지 구조물을 그때그때 움직여 앙각을 변화시키는 것이 어렵기 때문에 '위도와 동일한 각도의 앙각'으로 고정 설치하였을 때는 평균값의 에너지 획득률을 나타낸다.

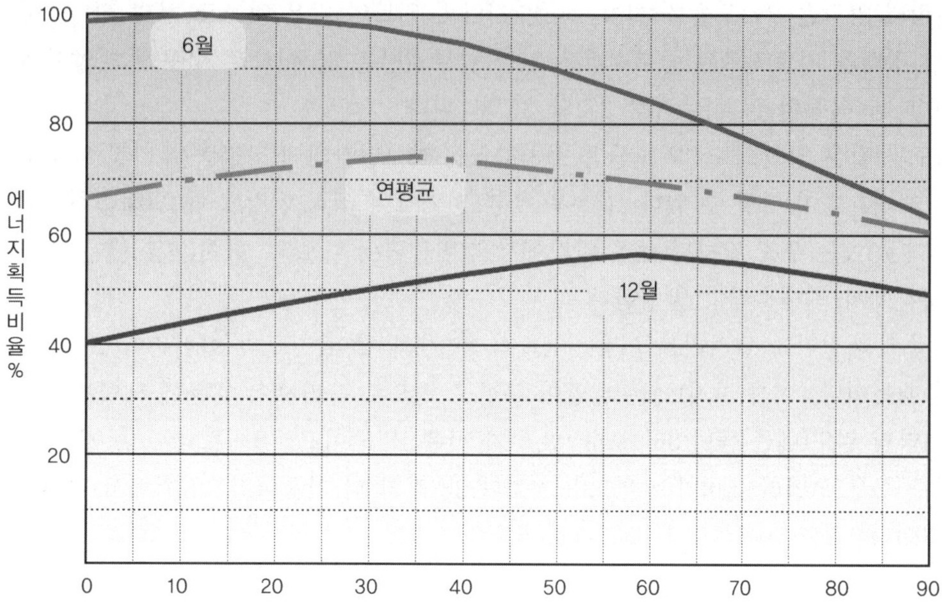

그림 1.20 앙각변동에 따른 태양광 에너지 획득량(각도에 따른 상대효율 %)

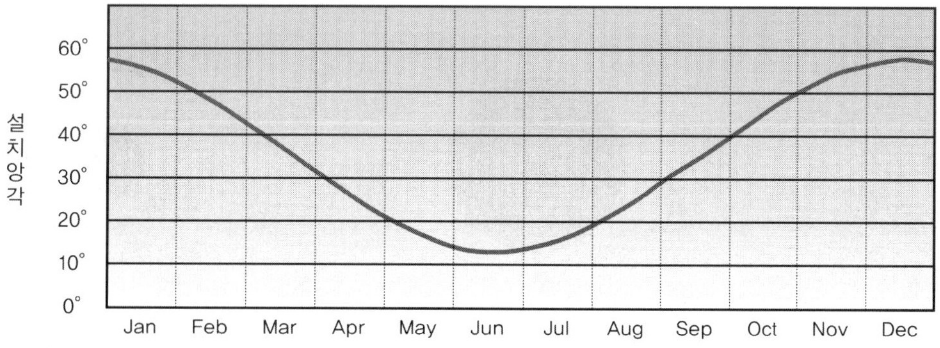

그림 1.21 월별 최적 설치 앙각 조견표

따라서 이동용 PV 모듈을 설치할 때는 계절을 고려하여 그때그때 태양광선과 PV 모듈이 직각이 되게 하는 것이 최대출력을 얻는 방법이다. 월별 최대 수광효율을 얻기 위한 앙각을 〈그림 1.21〉에 나타내었다.

하지(6월 22일)에는 앙각 13.5°에서 가장 출력이 높게 나오고, 동지(12월 22일)에는 앙각 58.5°에서 가장 큰 출력이 얻어진다.

만약, 앙각을 반 고정식으로 조절할 수 있는 방식이라면 월별 앙각을 〈그림 1.21〉을 참고하여 조절하면 연간 최고의 출력을 얻을 수 있을 것이다.

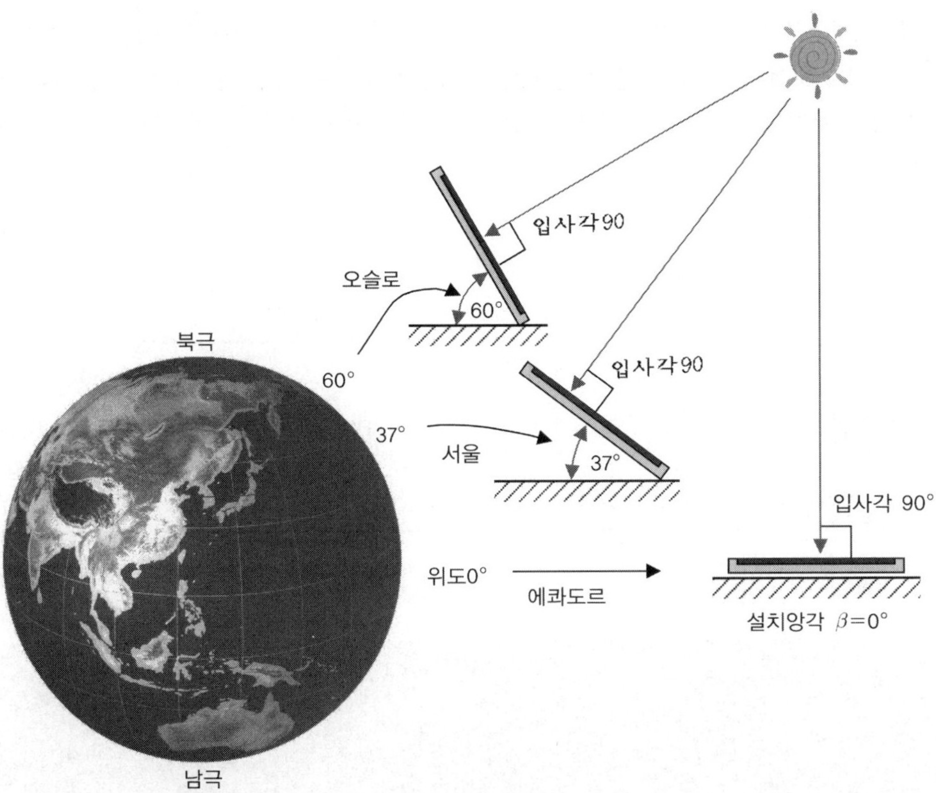

그림 1.21 위도에 따른 앙각

2 방위각(方位角 : Azimuth)

태양은 동쪽에서 떠올라 서쪽으로 진다. 아침저녁으로는 PV 모듈이 비스듬히 햇빛을 받게 되므로 발전효율이 낮지만 정오에 이르러서는 태양이 남쪽하늘 가장 높은 위치에서 비추어서 최대효율이 된다. 일반적으로 태양전지(PV 모듈)를 고정하여 설치할 때는 앙각만큼의 기울기를 유지하면서 남쪽을 향하게 하는 것이 원칙이다.

그런데 남북을 알아내는 데는 몇 가지 방법이 있다. 지도상에서 가리키는 남북(경도선이라고 부름)과 나침반에서 가리키는 남북, 그리고 실제로 태양이 비치는 남북이 있는데 약간의 차이가 있다.

나침반이 지시하는 자북선(磁北線)과 정오(12:00) 태양 입사광선이 이루는 각도를 방위각이라 한다. PV 모듈을 설치할 때는 자북보다 정오에 태양의 입사방향을 보고 설치하는 것이 좋다. 그런데 우리나라의 표준시는 태양이 한반도 중앙을 지나지 않고 동해를 지나는 동경 135°를 기준하기 때문에 서울(동경 127°)에서는 12시 32분에 해가 정남방 하늘에 위치하고, 부산(동경 129°)에서는 12시 24분에 해가 정남방에 위치하게 된다. 따라서 PV 어레이의 설치방향은 태양의 남중시간에 태양의 실제 방향을 보고 결정하여야만 최대효율을 확보할 수 있다.

〈그림 1.22〉에서 한국과 일본이 공통으로 표준시로 정한 경도는 동경 135°이다. 따라서 한일 간에 시차가 없어 편리한 점은 있으나 정확한 태양의 남중이 정오가 아니라는 점이다. 12시엔 태양이 동경 135° 상공에 있고, 경도 8° 만큼(시간으로는 32분) 더 자전이 이루어진 후에야 서울 상공(동경 127°)에 태양이 위치하게 된다.

표 1.3 경도와 남중시간의 관계

남중시간	12:40	12:36	12:32	12:28	12:24	12:16	12:08	12:00	11:52	11:36
경도	E125	E126	E127	E128	E129	E131	E133	E135	E137	E141
지역명	흑산도	목포 평양	서울 광주	원주 진주	부산 강릉	울릉도		표준시 경도	나고야	요코 하마

주1) 경도 1° 차이는 시간 4분에 해당함.
주2) 한국의 표준시는 동경 135°를 기준하며 영국 그리니치 자오선보다 9시간 앞선다.

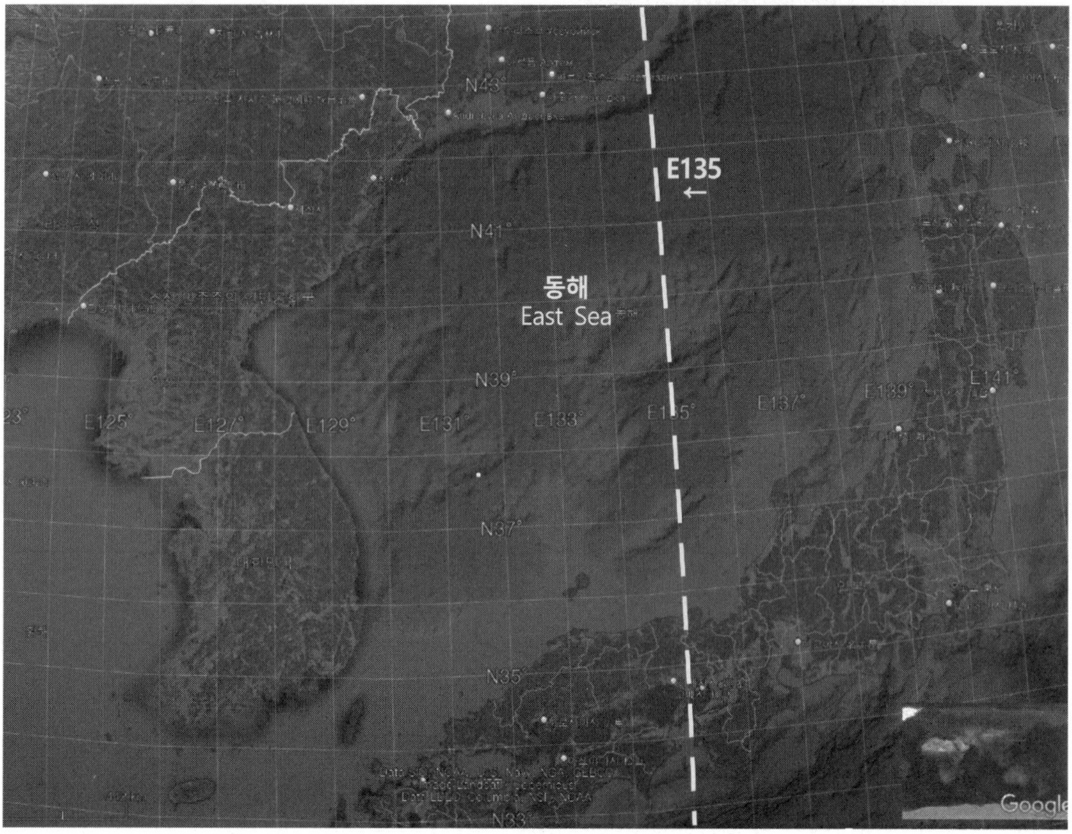

그림 1.22 한국과 일본의 표준시 경도(E135°)

예를 들면 부산 12시 24분, 충주와 진주 12시 28분, 서울과 광주 12시 32분, 신안군 12시 32분에 관찰한 태양의 위치가 PV 어레이를 설치할 때 기준이 되는 남쪽방향이다. 만약 어떤 주택의 지붕이 남서쪽으로 경사져 있고 이곳에 PV 어레이를 설치한다면 위의 〈그림 1.23~24〉와 같은 방법으로 방위각을 측정하면 된다.

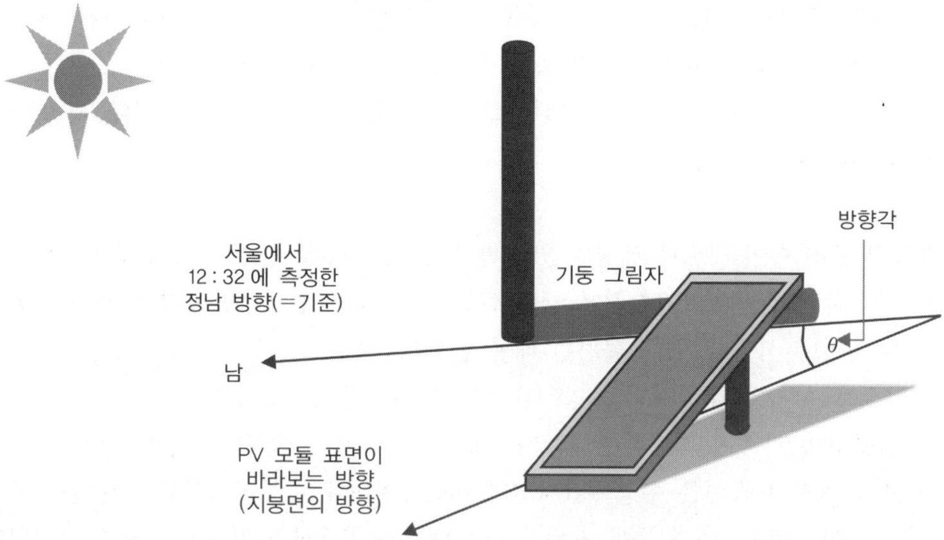

그림 1.23 방위각(Azimuth=θ) 측정하기(1)

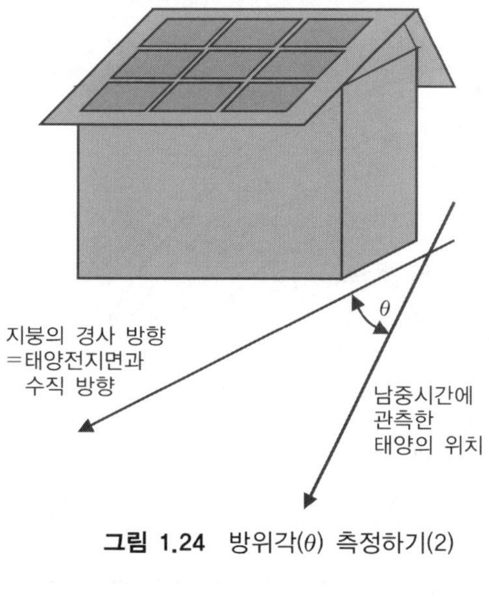

그림 1.24 방위각(θ) 측정하기(2)

3 설치방향과 앙각에 따른 수광 효율

가. 그래프 계산자

위도 36° 지역에 PV 모듈을 설치할 때, 원칙대로 모듈 면이 정남 방향을 보면서 36° 앙각으로 설치하는 경우의 연평균 수광효율을 100%라고 하자. 그러나 다른 설치조건, 예를 들면 방위각과 앙각을 임의로 선정하였을 때 평균효율에 비하여 얼마나 될까?

이에 대한 해답을 손쉽게 구할 수 있는 그래프 계산자가 〈그림 1.25〉이다. 이 계산자를 보는 법은 다음과 같다.

(1) X축의 남(S)쪽이 정오에 태양이 있는 방향이다. 그리고 원호를 따라 매겨져있는 각도는 방위각 편차이다. 만약 정남 방향으로 설치된 태양전지라면 방위각 편차는 0°가 되고 동쪽이나 서쪽을 향해 설치된 태양전지라면 방위각 편차는 90°, 동남(또는 서남) 방향으로 설치된 태양전지의 방위각 편차는 45°가 될 것이다.

(2) 동심원의 반지름에 해당하는 위치에 매겨진 각도는 태양전지 패널의 설치앙각이다.

(3) 숫자가 새겨진 곡선은 수광에너지 효율(%)을 나타내는 등고선이다. 소수점까지의 정확도는 아니지만, 예를 들어 방위각 편차 30° 이내에서 앙각 30° 전후로 설치된 태양전지는 95% 이상, 거의 100%에 근접한 수광효율을 가진다.

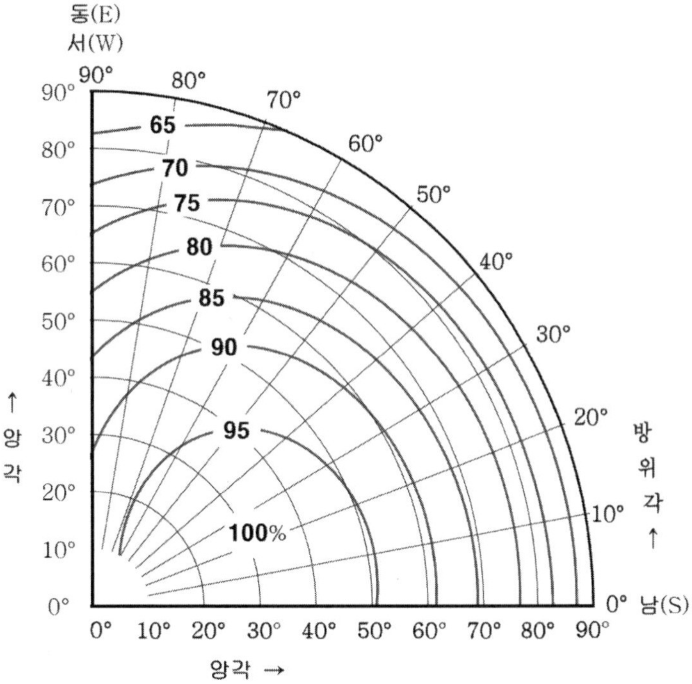

그림 1.25 PV 모듈의 수광효율 계산을 위한 '그래프 계산자'

(4) 이 그래프 계산자는 위도 30~40° 지역에 적합하게 만들어졌다. 위도 20~50° 지역으로 확장하는 경우 1% 정도의 오차를 감안한다면 실용적으로 사용할 수 있다.

[보기 1]: 위도 37° 지역의 단독주택 지붕 표면에 PV 모듈을 설치하려고 한다. 지붕의 물매가 30°로 되어있고, 지붕의 방향이 동남쪽을 향하고 있다면 수광효율은 몇 %가 될까?

[풀 이]

1) 지붕의 물매 = 태양전지의 앙각 = 30°

2) 지붕 물매의 방향(동남향)과 남중방향(남향)이 이루는 각도 = 방위각 = 45°

3) 위의 두 가지 각도를 그래프 계산자에 적용해 보면 〈그림 1.26〉과 같은 결과를 얻을 수 있다.

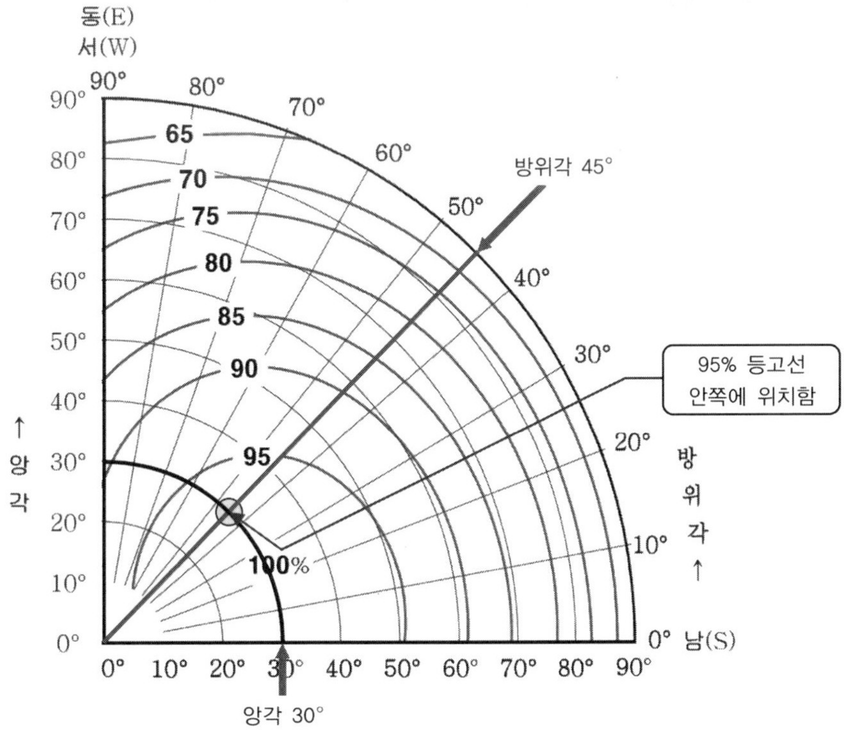

그림 1.26 그래프 계산자의 활용의 예(1)

4) 그래프 계산자의 X축 30° 앙각이 가리키는 원호를 선택한 다음, [0,0] 지점에서 원호상의 방위각 45° 방향으로 직선을 긋는다.

5) 두 선분의 교점(○)이 속한 등고선 %값을 확인하면 수광 효율은 95% 이상 100% 이내에 속한 것을 알 수 있다.(약 97% 정도)

6) 이 '수광효율'은 태양이 평균위치에 있을 때의 최고효율이다. 즉, 계절상으로는 춘분(3월 21일)이나 추분(9월 21일), 시간상으로는 정오가 되었을 경우 최고효율의 97%가 될 수 있음을 의미한다.

[보기 2] : 위도 35°지역에 위치한 공동주택 벽면에 PV 모듈을 설치하려고 한다. 설치하려는 벽면은 동동남(EES)쪽을 향하고 있을 때 수광효율은 몇 %가 되는가?

[풀 이] 그래프 계산자를 〈그림 1.27〉과 같이 적용해 보자.

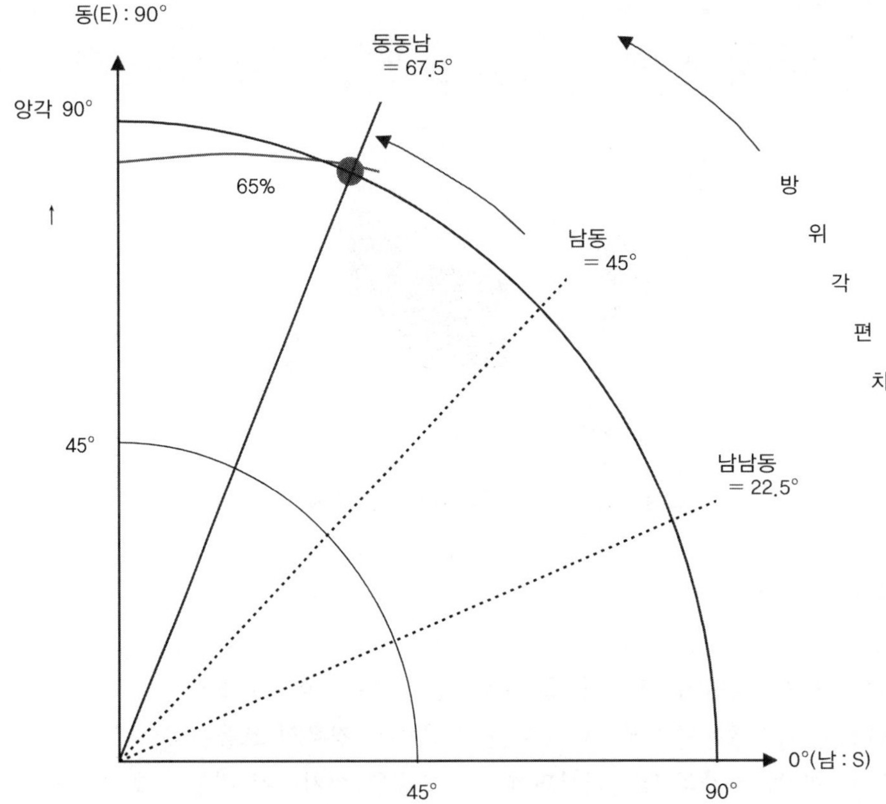

그림 1.27 그래프 계산자의 활용의 예(2)

1) 수직 벽면에 부착하는 경우는 앙각이 90°에 해당한다. 따라서 그래프에서 앙각 = 90°인 원호를 취한다.(맨 가장자리 원호)
2) 방위각 편차 '동동남'은 동쪽에서 직각 90°의 1/4만큼 남쪽으로 이동한 67.5°에 해당하는 각도이다. 그래프 계산자에서 좌하 [0,0] 지점과 방위각 67.5°를 직선으로 연결한다.
3) 처음의 앙각 90° 원호와 두 번째 방위각(67.5°) 직선이 만나는 점을 표시하고(●)
4) 수광 효율 등고선을 읽으면 약 65%에 해당한다.
5) 답 : 수광 효율 = 최대효율에 비하여 연 평균 65%의 효율을 가진다.

나. 간이 계산 모듈

〈그림 1.28〉은 좀 더 빠르게 수광 효율을 확인해 볼 수 있는 간이 계산용 모듈이다. 이 모듈도 위도 30~40° 지역에 적합하게 만들어졌고 오차는 최대 2.5%까지이다.

보는 법은 간단하다. 태양의 방향과 지붕의 물매에 일치하는 면을 선택하면 효율이 표시되어 있다. 예를 들어, PV 모듈을 슬래브 지붕 위에 평평하게 뉘어 설치한다면 최고효율에 비해 연평균 90%의 효율을 얻을 수 있고, 남쪽방향으로 30~35° 기울어지게 설치한다면

100%에 가까운 효율을 얻을 수 있다.

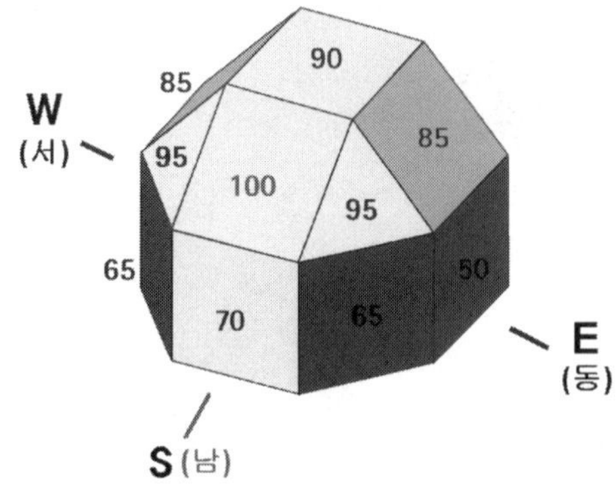

그림 1.28 수광효율 간이 계산 모듈

그 밖의 경우를 찾아보면,

(1) 동쪽(또는 서쪽) 벽면에 PV 모듈을 부착하는 경우의 효율은 50%
(2) 남동쪽(또는 남서쪽) 벽면에 PV 모듈을 부착하는 경우의 효율은 65%
(3) 동향(또는 서향) 지붕의 35° 경사면에 PV 모듈을 설치하는 경우의 효율은 85%
(4) 남동향(또는 남서향) 지붕의 35° 경사면에 PV 모듈을 설치하는 경우의 효율은 95%.

이상의 결과를 '그래프 계산자'의 결과와 비교해 보시기 바란다.

[보기 3] PV 모듈을 설치할 때 앙각은 설치지점의 위도각과 같은 각도로 하는 것이 에너지 획득의 효율 면에서 가장 유리하다. 그러나 여러 사정에 의해 앙각을 이와 다르게 선정할 수가 있는데, 예를 들면 위도가 35°인 지역에서 50° 및 20°로 설치하는 경우 각각의 효율은 어떻게 변하는지 조사하시오.

[풀 이]

우선 이들 세 가지 앙각의 경우에 태양광의 입사각도와 모듈 앙각의 관계를 비교해서 나타내면 〈그림 1.29〉와 같다. (a)에서와 같이 앙각 = 35°인 경우는 춘분과 추분의 태양위치에 맞추어져 있기 때문에 동지와 하지에는 23.5°씩 벗어나지만 1년 평균값으로는 가장 효율이 높다.

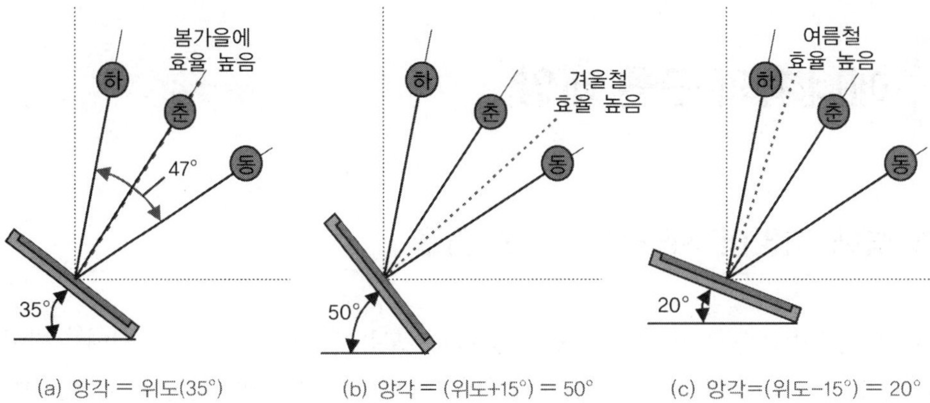

그림 1.29 위도 35°인 지역에서 계절별 입사각과 모듈앙각의 관계

그러나 앙각을 50° 높이면 연간 평균 입사각기준(점선)이 동지 쪽으로 기울게 되어 겨울철 효율은 상대적으로 높아지고 여름철 효율은 낮아지게 된다. 반대로 앙각을 20°로 낮추면 평균 입사각이 하지 쪽으로 기울어 여름의 효율은 높아지고 겨울의 효율은 낮아진다.(하 = 하지. 춘 = 춘분/추분, 동 = 동지)

앞에서 보여준 세 가지 앙각 사례에 대해 좀 더 정확하게 알아보기 위하여, 각각의 경우에서 계절별 효율의 증감 정도를 그래프로 나타내면 〈그림 1.30〉과 같다. 에너지를 자립해야 하는 독립형 시스템의 경우, 여름철에는 효율 손실이 다소(−15%) 있어도 일광시간이 길기 때문에 에너지 비축에는 문제가 없고, 겨울철의 효율이 상대적으로 8% 높아지기 때문에 유리한 방법이 될 수가 있다.

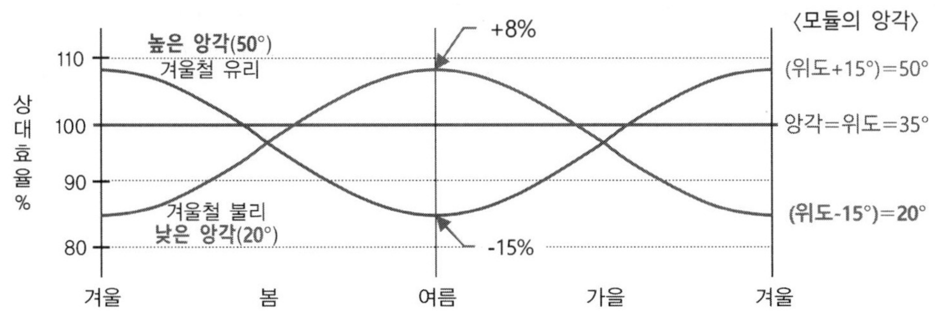

그림 1.30 모듈의 앙각을 표준보다 크게 또는 작게 할 때의 효율 비교

제 5 절 에너지의 근원 태양

1 그 밖에 태양이 지구에서 하는 일들

우리는 지금까지 태양광 발전을 위해 태양광의 강도는 얼마나 되는지, 지면에서 받아들이는 효율은 몇 %나 되는지 등에 대해서만 알아보았다. 그러나 태양빛은 우리 지구에 사는 모든 생명체들이 살아가는 데 필요한 에너지의 근원일 뿐만 아니라 문명생활을 하는데 소요되는 물질을 생산하는 기본이 되기도 한다. 앞으로 우리의 과학이 크게 발전한다 하여도 태양이 주는 에너지의 1%도 활용하지 못할 것이다. 앞에서 계산해 본 바에 따르면 태양광의 0.01%만 전기나 열과 같은 가용한 에너지로 전환하여도 인류의 에너지 문제는 완전히 해결될 수 있다고 한다. 그렇다면 그 많은 태양광 에너지는 어디에서 어떻게 소모되는 것일까?

토성이 반사하는 빛으로 그 아름다운 자태를 감상할 수 있는 것처럼 우리 지구도 대기권에서 31%를 반사하여 우리를 알린다. 17.4%는 대기권에서 흡수되어 열로 바뀐 후 다시 방출되어 소모된다. 4.3%는 지면에서 반사되어 나가고, 0.2%는 지면가열에 사용된다.

또 20.6%의 태양광 에너지는 지상이나 바다에서 물을 데워 수증기로 만드는데 소모하고, 17.6%는 원적외선으로 바뀌어 외계로 방출된다. 그리고 0.1%는 광합성에 사용되고, 0.2%는 바람을 만들거나 파도를 만드는 데 사용된다. 그렇다. 지상의 풍력은 물론이고 바다의 사나운 파도도 모두 태양에너지가 변화되어 나타난 결과이다. 또한 곡식이나 과일은 물론이고 먹이사슬에 연결된 모든 동식물들이 태양에너지의 산물이여, 동식물이 땅속에서 매몰되어 만들어진 화석연료는 물론이고 석유화합물 플라스틱까지 태양에너지가 만든 것들이다.

표 1.4 태양광 에너지의 소비(%)

대기권에서의 반사	31.0%
물을 증발시킴	20.6
열로서 외계로 방출됨	17.6
대기권에서의 흡수 및 열 방출	17.4
열의 대류	8.8
지표면에서의 빛 반사	4.3
바람과 파도의 발생	0.2
광합성	0.1
지표면의 가열	0.02
간만의 변화	0.002
바닷물의 흐름(해류)	0.003
인간에 의한 에너지변환과 활용	0.005

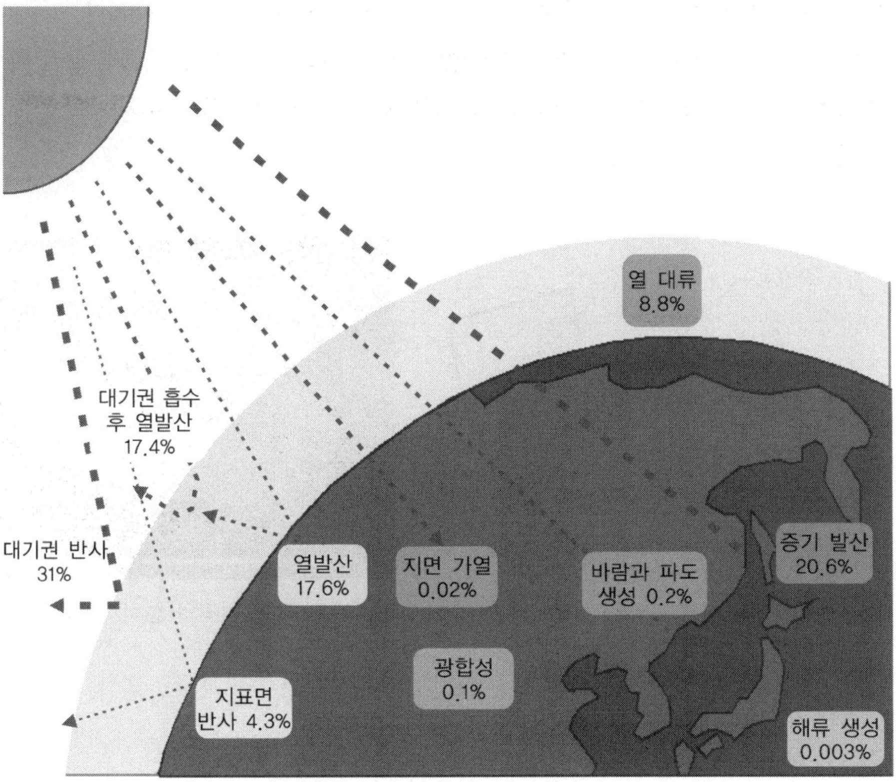

그림 1.31 태양에너지의 소비

2 재생 에너지

태양광 에너지는 영원히 쓸 수 있는 에너지원이고 이것을 이용하여 전기를 생산해 내는 기술이 태양광 발전이다. 그래서 이런 종류의 에너지를 재생 에너지(Renewable Energy)라고 부른다. 그렇다면, 태양광 발전을 제외하고 다른 재생 에너지는 없을까?

우리가 앞에서 소개한 '태양이 하는 일들'을 보면 쉽게 해답을 구할 수 있을 것이다.

가. 태양열의 활용 기술(Solar Heat Technology)

태양광을 열로 바꾸는 것이 가장 손쉽다. 검은색에 닿기만 하면 열로 바뀐다. 그리고 태양광을 열로 바꾸는 변환효율도 90% 이상으로 매우 높다. 그러나 이렇게 얻어진 복사열은 저장의 수단이 마땅치 않고 필요한 곳으로 이동시키는 것도 힘들다.

그러나 최근까지 확보된 기술은, 변환효율 95% 이상으로 태양열을 획득하고, 신속히 이동시키며, 대량으로 저장하기도 하며, 고온의 증기압으로 전기를 발전하는 기술까지 확립함으로서 태양광 발전과 더불어 유망한 재생 에너지 기술을 가지게 되었다.

〈그림 1.32〉는 기다란 파라보라형 반사경의 초점 부분에 태양빛을 집중시켜 파이프를 가열하는 방식으로 온수를 만드는 원리를 보여주고 있다. 또 〈그림 1.33〉는 이를 이용한 발전소의 구성도이다.

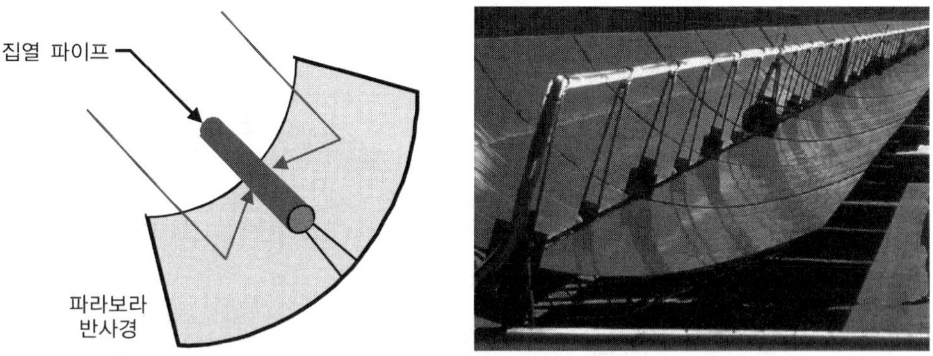

그림 1.32 태양 집열장치(Solar collector)의 집광 원리와 설치 모습

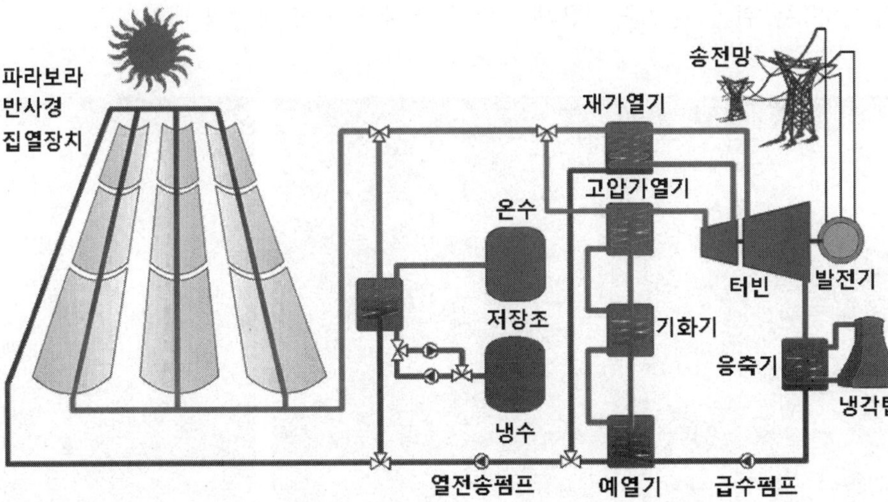

그림 1.33 파라보라 반사경을 이용한 태양열 발전소의 얼개도

〈그림 1.34~35〉는 평면 반사경을 수천 개 설치하고 각각의 거울에서 반사되는 빛이 집광탑에 모이도록 한 다음 이곳에서 고온 고압의 증기를 생산하여 증기터빈으로 발전하는 원리를 보여주고 있는데, 거울을 제어하는 기술이 필요하지만 에너지 동선이 짧은 이점이 있다.

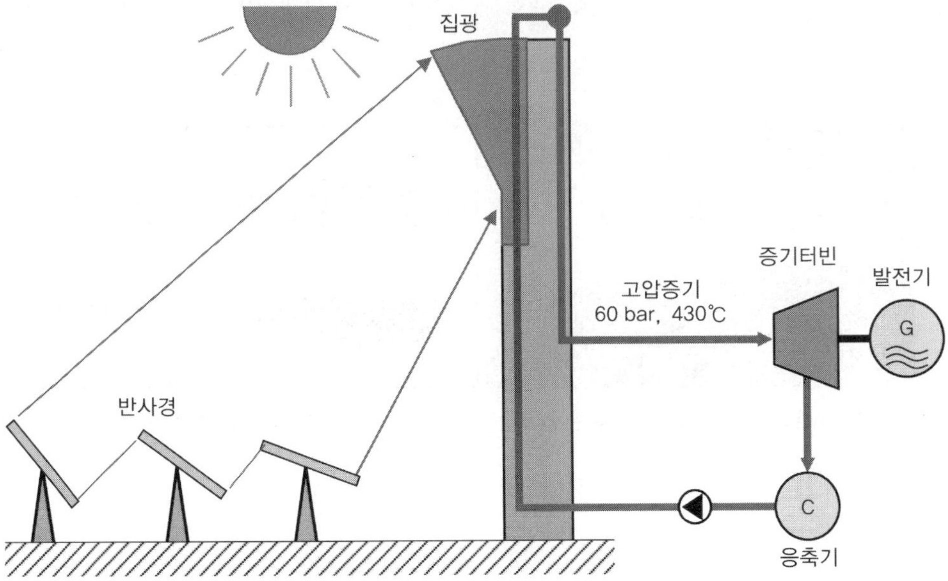

그림 1.34 평면 반사경 집열방식의 태양열 발전 원리도

〈그림 1.35〉는 위의 원리를 사용해서 만든 미국 모하비 사막의 태양열 발전소 모습이다.

그림 1.35 평면 반사경 집열방식의 모하비 태양열 발전소

그 밖에 규모가 작은 경우로는 태양열 온수장치가 있다. 집열판을 옥상에 설치하고 가까운 위치의 온수통을 거쳐 난방용 보일러에 공급하거나 직접 온수로 사용하도록 설계되어 있다.

초기의 집열판은 〈그림 1.38〉과 같이 평면 흡열판으로 만들어졌으나 최근에는 〈그림 1.36, 1.37, 1.39, 1.40〉과 같이 2중 진공관 형태로 만들어져 95%까지 높은 효율을 나타내기도 한다.

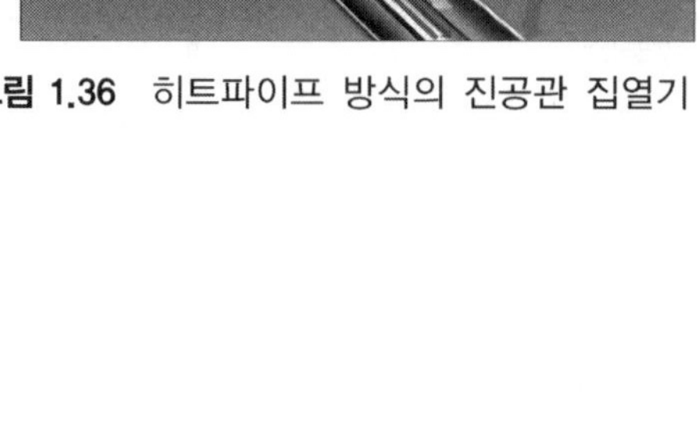

그림 1.36 히트파이프 방식의 진공관 집열기

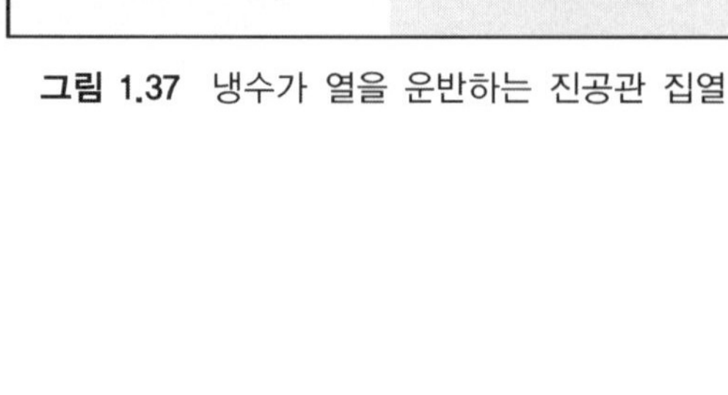

그림 1.37 냉수가 열을 운반하는 진공관 집열기

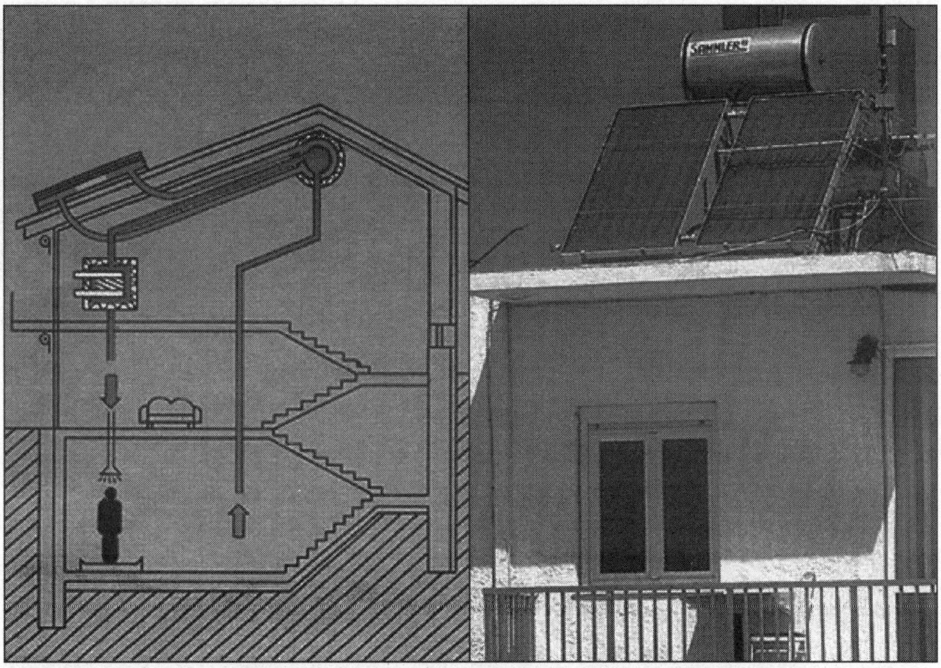

그림 1.38 가정용 소규모 태양열 온수 시설

그림 1.39 진공관식 히트파이프 집열기

그림 1.40 평판형 히트파이프 집열기

나. 풍력발전(Wind Power Generation)

바람의 힘으로 터빈을 돌려 발전을 하는 것을 풍력발전이라 한다. 태양광 발전은 낮에만 가능하지만 풍력발전은 주야의 구분이 없는 것이 유리하다. 그러나 아무 곳에서나 풍력발전이 가능하지는 않고 최소 풍속이 3.5 m/sec 정도는 되어야 실용적인 발전이 가능한데 지형적으로 내륙지방보다 해안지방의 바람이 강하다. 우리나라에는 동해안 쪽이 풍력발전에 가장 유리하고 그 밖에 서해안과 추풍령도 유망한 지역으로 꼽힌다.

(a) 해풍 : 낮에는 바닷바람이 육지 쪽으로 불고　　(b) 육풍 : 밤에는 육지에서 바다로 바람이 분다.

그림 1.41 태양에너지가 공기를 데워 바람을 만든다.

풍력발전은 재생 에너지 중에서 가장 오랜 역사를 가진 동력발생원이었고, 지금은 전력을 만드는 수단으로 가장 큰 비중을 차지하고 있다.

그림 1.42 여러 곳에 설치된 풍력발전기의 보기

ⓐ 저속바람에 적합한 웨스턴 식 풍차　　ⓑ 대관령의 풍력발전 단지
ⓒ 독일 작센주의 풍력발전 단지　　ⓓ 공간을 적게 차지하는 수직 풍력터빈

2장

Photovoltaic
Power Generation

솔라 셀과 PV 모듈

제1절 태양전지

1 개 요

태양전지는 태양광 에너지를 전기로 변환하는 반도체소자 또는 그들의 집합체를 말한다. 영문 원어는 Solar Cell이지만 최근에는 Photovoltaic Cell 또는 PV Cell이라고도 부르는데 기본소자의 의미와 단수(單數)의 의미를 가지는 데만 Cell을 사용하고 다수의 Cell을 사용한 장치에는 모듈이나 어레이와 같은 별도의 용어를 사용한다. 그러나 우리나라에선 솔라 셀에서 어레이까지를 한꺼번에 '태양전지'로 부르는 경향이 있기 때문에 본 교재에서는 전문성을 고려하여 단수의 기본 소자에는 셀(Solar Cell)을, 복수개의 직렬접속 제품 또는 전력생산용 제품으로 규격화한 것에는 모듈(PV Module)이라는 명칭을, 그리고 전력생산을 위해 한 장소에 설치된 다수의 모듈 집합체에는 어레이(PV Array)라는 명칭을 사용하기로 한다.

솔라 셀의 원리와 포토 다이오드의 원리는 동일하다. 모두 광기전력효과를 사용한 소자들이지만 솔라 셀은 에너지변환을 통해 전력을 생산하는 것이 목적이기 때문에 수광면적을 크게 만드는 쪽으로 진화하였고, 포토다이오드는 빛의 유무를 검출하기 위한 센서가 그 목적이므로 최소한도의 칩 면적이면 충분하다. 80년대에 생산된 솔라 셀의 면적은 100 cm^2, 즉 가로×세로=100×100 mm였으나 반도체 가공기술의 발달에 따라 셀의 면적도 점점 커져서 2012년부터는 ㅁ156mm 규격이 주력상품으로 자리 잡았으나 2020년 이후 ㅁ182mm와 ㅁ210mm의 대형제품이 등장하였다.

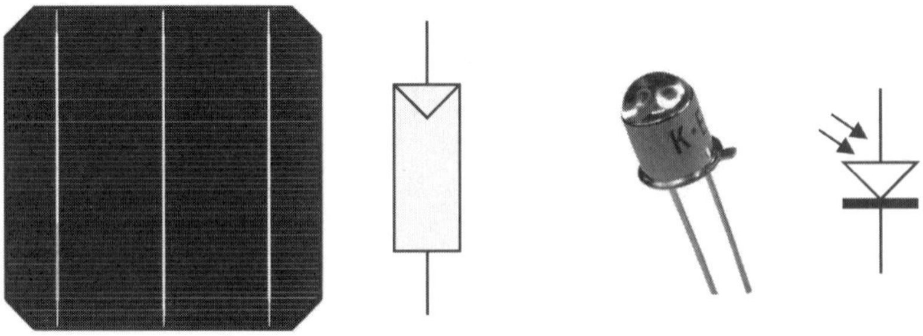

(a) Solar Cell과 기호 (b) Photo Diode와 기호

그림 2.1 솔라 셀과 포토다이오드

하나의 솔라 셀에서 얻을 수 있는 정격전압은 0.48~0.5 V 정도이고 정격전류는 셀의 면적에 비례하는데, 1 cm^2당 15% 효율 솔라셀의 경우 약 30 mA, 20% 효율의 경우 약 40mA이다.

〈그림 2.2〉는 일반적으로 많이 사용하고 있는 단결정 실리콘 솔라 셀의 구조이다. 은백색 수평선(Finger)과 굵은 세로선(Bus bar)은 셀 표면에서 생성되는 광전자를 전극 단자로 인도하는 도선이다. 이 선들이 촘촘하고 굵게 배치되어 있다면 전류흐름에는 도움이 되겠지만 발전이 가능한 유효 셀 면적이 줄어들기 때문에 선들의 굵기와 간격을 적절히 조절할 필요가 있다. 세선의 경우, 굵기는 0.1 mm, 간격은 2.6 mm이다. 그리고 버스 바의 굵기는 2 mm 이하로 하고, 가로세로 125 mm셀까지는 두 줄, 156 mm 이상의 셀에는 세 줄을 배치한다.

솔라 셀은 기전력이 워낙 작아서 하나의 셀만으로 사용하는 경우는 드물고 최소 3~4개, 핸드폰 배터리 충전용으로 쓰는 경우에도 9~10개, 전등을 켜는 용도로 사용하기 위해서는 36개를 묶어 하나의 모듈로 만들어서 사용한다. 이 36셀 모듈의 정격 출력전압은 약 18 V지만 연축전지에 충전하여 사용하면 12.5~14.2 V 내외의 안정된 직류전압이 된다. 또 가정용 소형 태양광 발전소를 만드는 경우 36셀 모듈 20개를 직렬로 접속하면 350 V 내외의 전압이 되는데 이 정도 전압이 확보되어야 DC-AC 인버터를 통해서 직류전력을 60 Hz 교류전력으로 변환하기가 용이해진다. 이에 대한 내용은 다음 단원에서 상세히 다루어질 것이다.

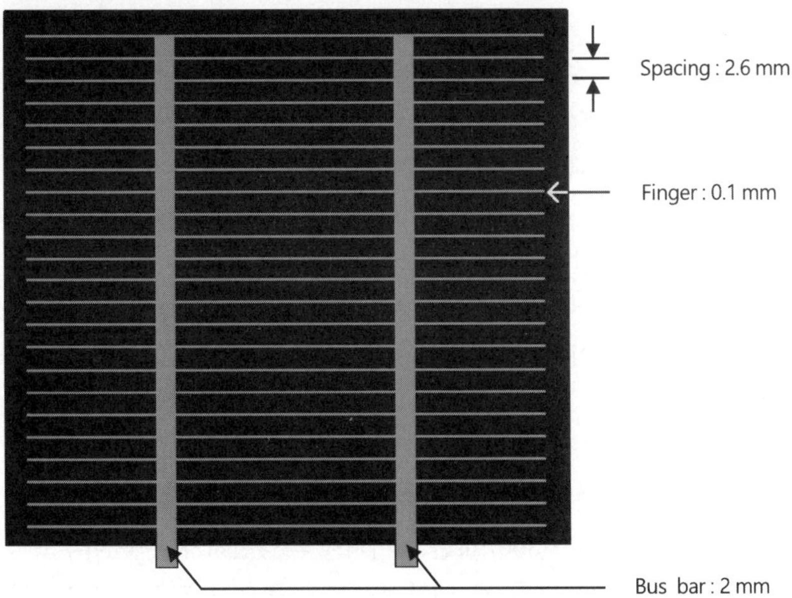

그림 2.2 셀 표면에 배치된 도선

2 태양전지의 역사

오늘날의 태양전지가 있기까지는 수많은 과학자들의 연구가 밑바탕이 되어왔는데 그 중 첫 번째는 에드몬드 베크렐의 광전효과 발견이고, 그로부터 44년 후 플리츠가 만든 셀렌 광전지를 솔라 셀의 효시라 볼 수 있다. 다음은 태양전지 관련 연구개발 역사를 요약한 것이다.

- 1839년 프랑스의 베크렐(E. Becquerel) 최초로 광전효과 발견
- 1873년 스미스(Smith) 셀렌(Se)의 광도전효과 발견
- 1883년 플리츠(Fritts) 최초의 셀렌 광전지(Se Cell) 개발
- 1888년 홀왁스(Hallwachs) 외부 광전자효과 발견
- 1900년 플랑크(Plank) 광양자 확인
- 1905년 아인슈타인(Einstein) 광양자이론에 의한 외부광전효과 설명
- 1917년 초크랄스키(Czochralski), 고순도 실리콘결정 제조공법 개발
- 1920년 구든(Gooden)과 폴(Faul)에 의해 광기전력효과의 이론적 바탕 확립
- 1927년 그론달(Grondal)과 가이거(Geiger), Cu/Cu_2O 베이스로 만든 솔라 셀 개발
- 1941년 효율 1%의 셀렌 광전지(Se Cell)제품화 생산
- 1954년 쇼팽과 풀러 그리고 피어슨, 효율 4.5~6%의 연구용 솔라 셀 제조 성공
- 1955년 호프만전자회사, 상업용 솔라 셀 2% 제품 양산 개시. 판매가는 1500 $/W선
- 1957년 쇼팽/풀러/피어슨 공동으로 솔라 셀 특허 획득(태양에너지 변환 장치)
- 1958년 미국의 뱅가드(Vanguard) 인공위성에 최초로 9%급 태양전지가 탑재된 이후부터 모든 인공위성에 태양전지를 사용하기 시작하였다.
- 1970년대 오일 쇼크이후 독일 등 선진국에서 태양전지의 연구개발과 실용화에 노력을 기울였는데, 그 대표적인 기업이 지멘스(Siemens AG)이다. 이 회사는 최초로 36셀 PV 모듈을 개발하였을 뿐만 아니라 태양광 관련 기술의 국제특허 중 약 1/2을 보유하고 있었는데 최근에는 사업권 전체를 BP솔라에 양도하였다.
- 2010년 현재 태양전지의 실용 효율 7~17%, 수명 20년 이상, PV 모듈 가격은 1 Watt당 3달러, 대규모 태양광 발전소의 발전단가는 0.25~0.4 $/kWh까지 낮아졌고, 2020년대 후반에는 화력발전소의 발전단가 수준으로 하락할 것으로 예상된다.
- 지금까지는 셀 두께가 200~300μm인 웨이퍼형 태양전지가 주를 이루고 있지만, 앞으로는 2~3μm 두께의 박막(Film)형 태양전지가 주를 이룰 것으로 전망된다. 박막 셀은 제조 및 폐기 시에 환경오염을 1/10수준으로 낮출 수 있는데다 제조원가가 싸고 지붕, 벽면, 유리창에 건축재의 일부로 활용할 수 있는 등 많은 장점이 있기 때문이다.

• 2024년대부터 태양광 발전은 풍력 발전, 바이오 에너지와 함께 재생 에너지 3총사로 자리 잡으며 석유를 밀어내고 지구상에서 가장 큰 에너지 공급원이 될 전망이다.

3 태양전지의 종류

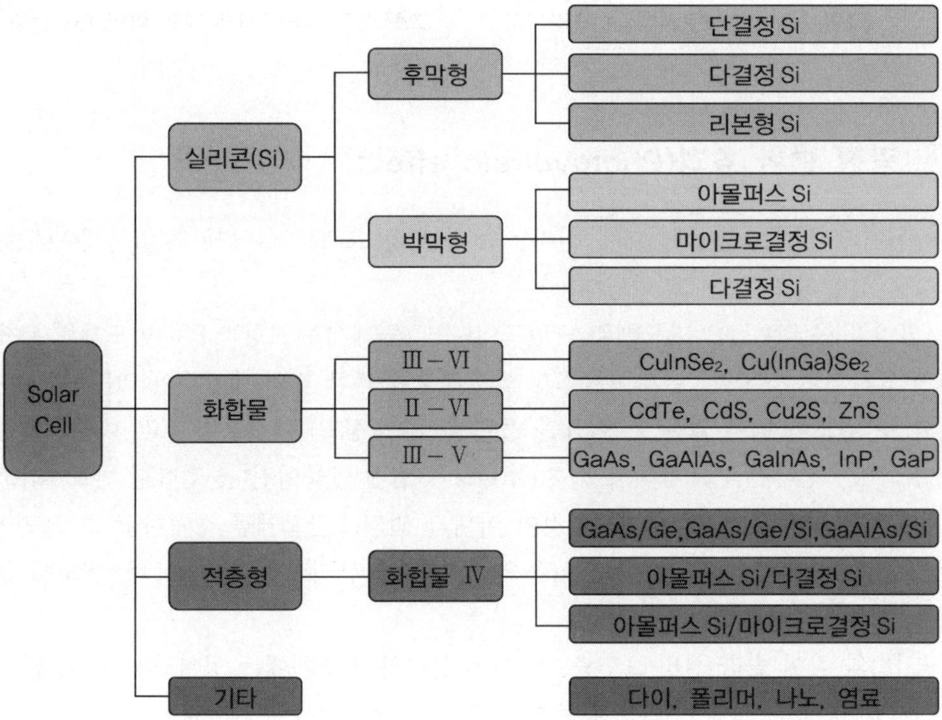

그림 2.3 솔라 셀의 분류(1)

태양전지, 즉 솔라 셀은 사용하는 소재에 따라 단결정 실리콘 셀에서부터 염료 감응형에 이르기까지 다양하다. 그리고 초기의 벌크(크고 단단한 모양)형에서 지금은 두루마리 장판 모양이나 책받침보다 얇고 반투명한 박막 태양전지가 속속 개발되고 있다.

그림 2.4 벌크형(결정형) 태양전지

그림 2.5 두루마리 형태의 박막 태양전지

4 광전 변환 효과(Photovoltaic effect)

태양전지가 전기를 만들어 내는 원리는 광전 변환 효과로 설명할 수 있는데 반도체의 기본인 PN 접합 반도체가 그 바탕이 된다.

〈그림 2.6〉은 PN 접합 반도체의 단면도이다. 그림에서는 N형과 P형 반도체의 두께가 비슷하게 묘사되어 있지만, 실제로는 N형 반도체를 통과한 빛의 대부분이 PN 접합 경계면에 도달할 수 있도록 매우 얇은 두께(예를 들면 2~3μm정도)로 만들어지고, 아래쪽에 위치한 P형 반도체는 전극판을 포함해서 2~300μm로 두텁게 만들어진다. 접합형 반도체라고 해서 N형과 P형을 샌드위치처럼 붙이는 것이 아니라 먼저 P반도체를 성형하고 그 표면에 N형 불순물 금속(5가의 인듐과 같은)을 고온으로 증착, 확산시키면 표피에 N형 반도체 층이 생성되는 방식을 사용하여 만든다.

그림 (b)와 같이 솔라 셀의 표면층, 즉 N형 실리콘 반도체에는 잉여전자(⊖)가 많이 분포하고, 기판 쪽 P형 실리콘 반도체 속에는 정공(⊕)이 많이 존재한다.

〈그림 2.7〉은 P형 반도체와 N형 반도체가 접합되는 순간 어떤 일이 일어나는지를 보여주는 그림이다. (a) : 접합 순간 경계면 부근에 있는 전자들이 경계면을 넘어 P형 지역으로 확산되어 나간다. P형 지역에 있던 정공(+)들은 넘어온 전자를 반갑게 맞이하여 결합해버린다.

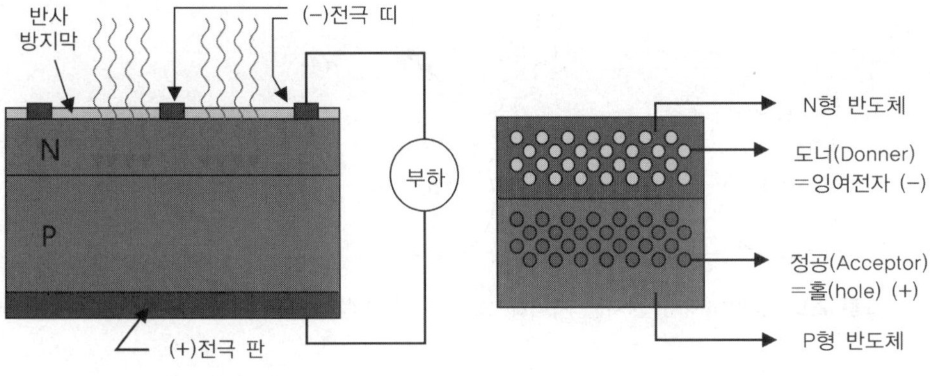

(a) 솔라 셀 단면도　　　　(b) PN 접합의 내부

그림 2.6 솔라 셀의 구조

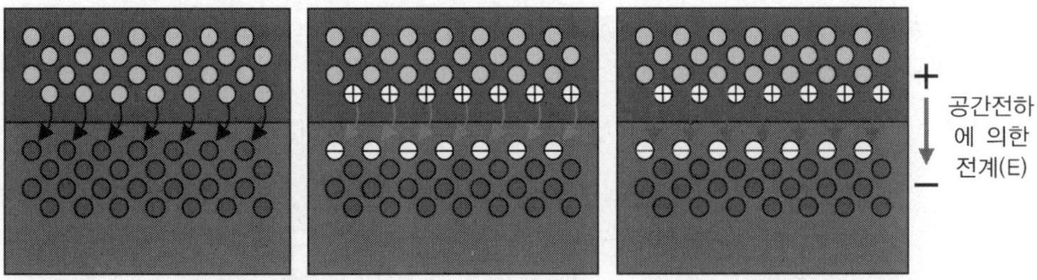

(a) N층의 전자가 경계면 아래 영역으로 확산되어 P층 정공과 결합한다.　(b) 전자가 떠난 자리는 ⊕이온이 되고, 전자를 품은 원자는 ⊖이온이 된다.〈안정〉　(c) 경계면 상하 공간에 자리 잡은 ⊕, ⊖이온층이 전계를 형성한다.

그림 2.7 PN 접합초기의 내부 반응(셀 제조순간 반응이 완성된다.)

이와 같이 전자와 정공이 결합하는 현상은 경계면 부근의 아주 제한적 범위에서만 일어나는 현상으로서 솔라 셀을 제조하는 순간 완료된다. (b) : 이와 같은 결합이 있고 나면 원래 전자들이 있던 N형 반도체속의 원자들은 전자를 상실한 결과로 인해서 (+)전하를 가지게 되고, 전자를 새로 받아들이게 된 P형 반도체속의 원자들은 들어온 수만큼의 (-)전하를 가지게 된다. (c) : 이들 두 대칭적인 전하를 공간전하라 부른다. 그리고 이 공간 전하가 작기는 하지만 이로 인해 전계가 형성되는데 이 전계의 방향은 위쪽(N층⊕)에서 아래쪽(P층⊖)으로 향한다.

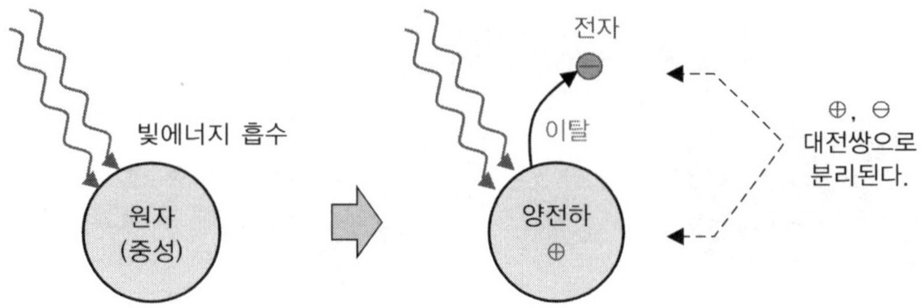

그림 2.8 빛에너지가 원자를 자극해 양과 음의 대전쌍으로 분리시킨다.

〈그림 2.8〉은 솔라 셀 속에 있는 실리콘 원자가 빛을 받을 때 일어나는 전리현상을 보여준다. 실리콘 원자가 광에너지를 흡수하게 되면 운동에너지가 넘치는 활발한 상태(여기상태)가 되는데 이 에너지가 넘치면 드디어 외곽궤도를 돌고 있던 일부 전자가 궤도를 이탈하는 현상이 발생하는데 이것을 전리(電離), 또는 이온화(Ionization)라고 말한다. "전리되었다" 또는 "이온화되었다"라는 말은 '같은 크기의 양전기와 음전기 한 쌍이 만들어졌다'는 의미이다. 이제 본격적으로 빛이 전기로 변환되는 광전변환효과에 대해 알아보자.

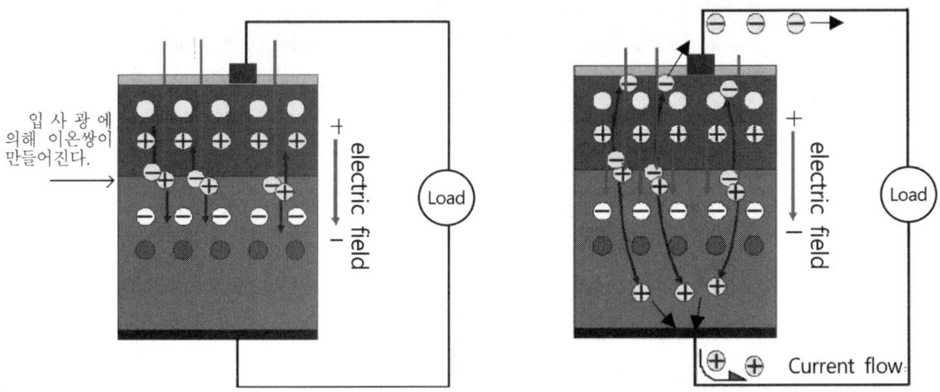

(a) 빛이 N반도체를 통과하여 경계면 부근에 입사되면 에너지충격으로 반도체원자가 양, 음이온으로 분리된다.

(b) 분리된 ⊕, ⊖이온들은 이미 형성된 전계힘에 이끌려 ⊕이온은 아래로, ⊖이온(=전자)은 위로 이동한다.

그림 2.9 광기전력효과

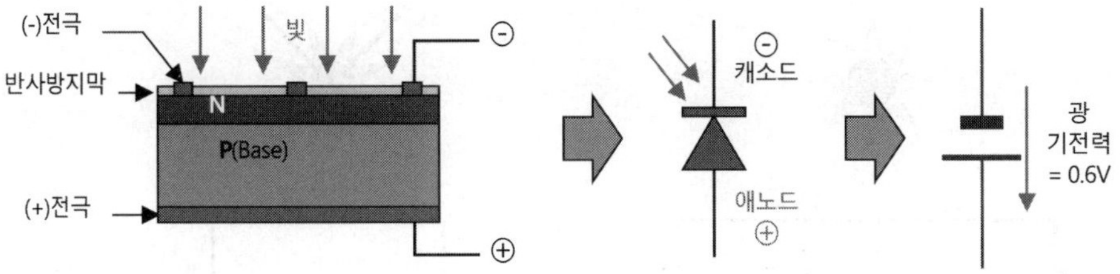

그림 2.10 솔라 셀은 포토다이오드와 같이 '광전변환효과'로 동작한다.

〈그림 2.9〉의 (a)에서와 같이 PN 접합의 경계면, 즉 공간전하영역까지 태양광이 침투해 들어와서 원자들을 두들기면, 〈그림 2.9〉와 같은 원리에 따라 원자는 대전쌍(charged couple)으로 분리되고 〈그림 2.9〉의 (b) : 이때 생겨난 양전하는 (-)전계 쪽으로, 음전하(전자)는 (+)전계 쪽으로 이끌려 이동한다. 빛은 계속해서 입사되고 대전쌍은 계속 생성되고 양전하와 음전하는 계속 밀려가는 힘을 받기 때문에 양 단자간에는 최대 0.6V 정도의 기전력이 발생하는데 이것을 광기전력이라고 부른다.

5 Solar Cell의 등가회로와 특성

가. 등가회로

솔라 셀을 나타내는 방법은 여러 가지이다. 〈그림 2.11(a)〉는 솔라 셀의 기호이다. λ는 광선을 의미하는 문자기호로서 빛을 받으면 기전력이 생긴다는 간단한 의미를 담고 있다. 그리고 (b)는 솔라 셀의 전기적인 내부 등가회로이다. 두 개의 원은 정전류원을 나타내는 기호이다.

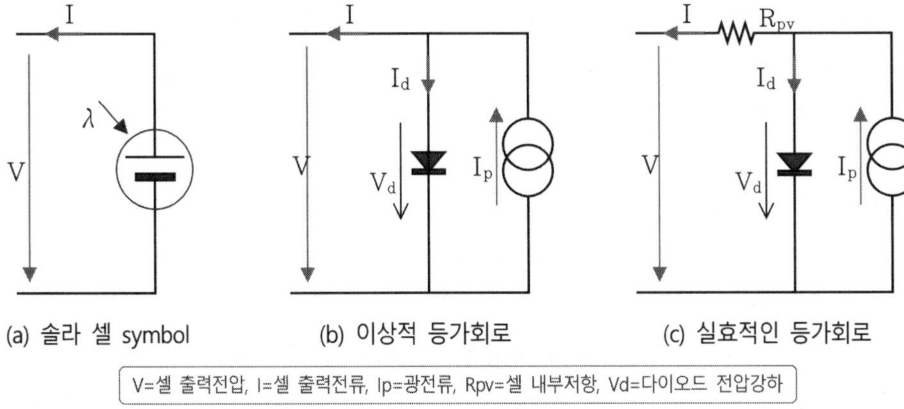

그림 2.11 솔라셀의 기호와 등가회로

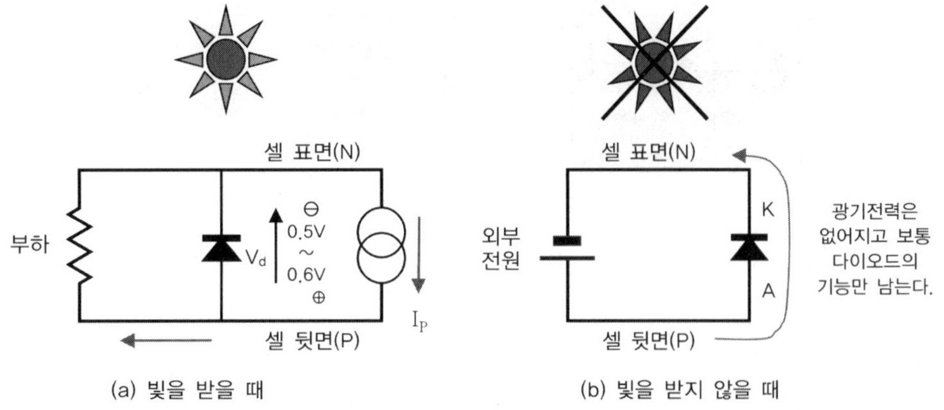

그림 2.12 솔라 셀의 양면성-빛이 있을 때와 없을 때의 작용

PN 접합 다이오드가 빛을 받으면 병렬접속된 정전류 전원이 작동하여 애노드(A)가 (+), 캐소드(K)가 (-)인 기전력이 발생하여 광전류(I_P)를 흐르게 한다. V_d는 애노드-캐소드간에 걸리는 전압으로 광기전력과 같으며 크기는 최대 0.6V 정도이다.

빛을 받지 않을 때는 광기전력이 없어지고 보통의 다이오드와 같이 애노드에서 캐소드 방향으로 전류가 흐르는 수동적인 작용만 남는다. 이 등가회로는 간략화 모델이지만 실용적인 등가회로는 그림 (c)와 같이 직렬 내부저항 R_{pv}를 추가한다.

요약해서 간추려 보면, 솔라 셀이 빛을 받으면 애노드(A) 쪽이 ⊕, 캐소드(K) 쪽이 ⊖인 전지(Cell)가 되며, 솔라 셀이 빛을 받지 못하면 애노드(A)에서→캐소드(K) 방향으로 전류가 흐르는 보통의 수동적 다이오드로 돌아간다.〈그림 2.12.b〉

나. 특성곡선

〈그림 2.14〉는 솔라 셀에 광 입력이 가해지지 않은 상태의 특성곡선이다. 이것을 시험하는 방법은, 〈그림 2.13〉과 같이 「다이오드의 전기적 특성실험」할 때와 같은 톱니파 모양의 전압을 솔라 셀에 가하고 이때 흐르는 전류와 다이오드(=솔라 셀) 양단의 전압을 오실로스코프의 X-Y좌표 위에 나타내도록 한다.

보통의 다이오드 실험과 다른 점은 특성실험의 순간 솔라 셀 표면에 태양광 또는 유사한 인공조명을 가해 주기도 하고 멈추기도 하는 것이다.

〈그림 2.14〉의 실험에는 빛이 없어 광기전력이 발생하지 않기 때문에 톱니파전원에서 솔라 셀 쪽으로 순방향과 역방향의 전압을 가하면 마치 보통의 다이오드와 같은 방향의 전류가 흐르는데 특성곡선에서 실선으로 표시하였다. 애노드(A) 쪽에 0.5V 정도의 전압이 걸리는 순간부터 순방향 전류(I_F)가 급격하게 흐르기 시작한다. 역방향 전압에 대해서는 전류가 흐르지 않다가 약 20 V가 넘어서면 솔라 셀이 파손되면서 급격하게 전류가 흐른다. 여러분이 이 실험을 한다면 역방향전압을 20 V가 넘지 않는 범위에서 시험하는 것이 좋다. 한 번의

시험으로 솔라 셀을 파손하고 싶지 않다면 말이다. 이 곡선의 표시문자를 자세히 살펴보자. V_F는 솔라 셀을 다이오드로 보고 이 다이오드의 애노드에 걸리는 순방향 전압을 가리킨다. 그리고 I_F는 애노드에서 캐소드 방향으로 흐르는 순방향 전류이다. 이 실험에서 얻은 특성 곡선은 우리가 이제까지 보아온 보통의 실리콘 다이오드와 같다. 즉, 솔라 셀이 빛을 받지 않을 때는 보통의 실리콘 다이오드와 같은 역할을 한다고 보면 된다.

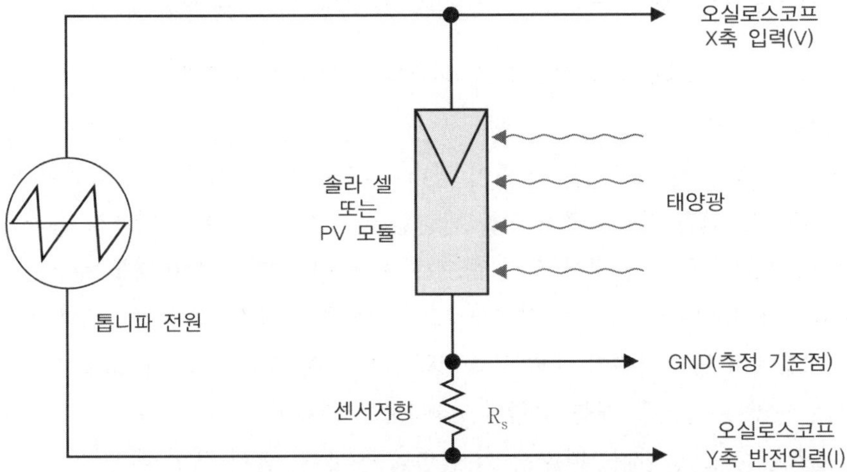

그림 2.13 솔라 셀의 전기적 특성실험 회로

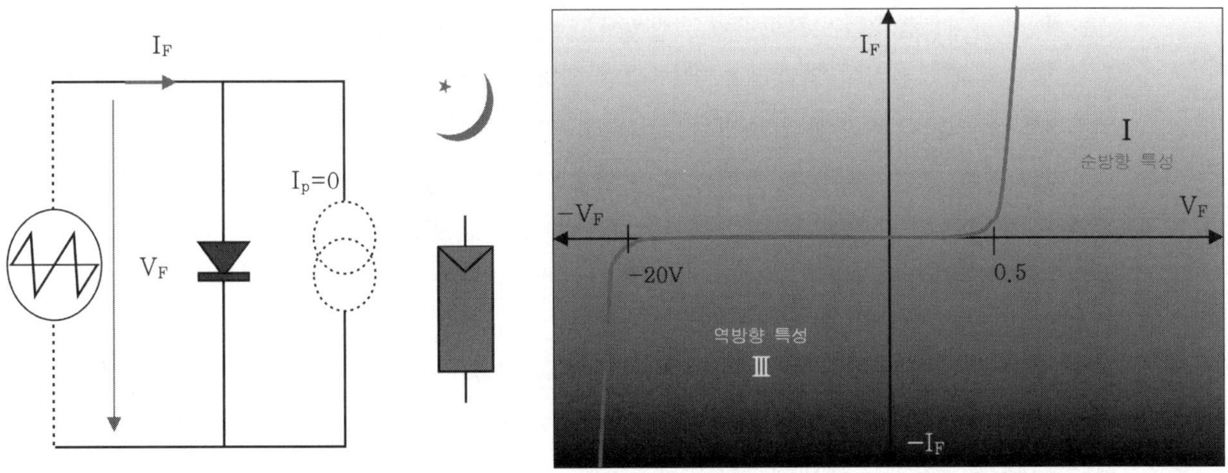

그림 2.14 태양광 입력이 없을 때의 솔라 셀 특성

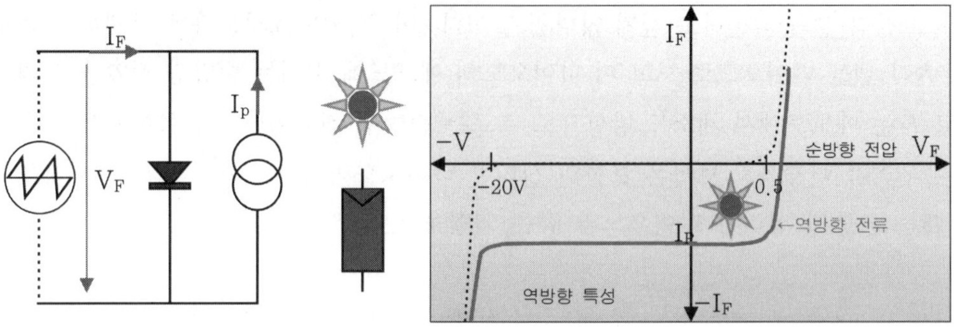

그림 2.15 태양광 입력이 있을 때의 솔라 셀 특성

〈그림 2.15〉는 솔라 셀에 태양광 입력이 강하게 복사되는 상태의 특성곡선이다. 처음 입사광이 없을 때는 점선과 같은 특성곡선을 관찰할 수가 있었다. 이 상태에서 솔라 셀에 직사광선을 쪼인다면 곡선은 점선에서 실선 쪽으로 이동한다. 가장 눈여겨볼 부분은 그래프의 제Ⅳ상한이다. 다이오드(=솔라 셀)의 애노드에 순방향(+)전압이 걸려도 전류는 역방향으로 흐른다. 내부에서 광기전력이 애노드 쪽에서 솟아나기 때문이다. 다이오드의 순방향이란 A→K 방향의 전압이 걸렸을 때를 말한다. 다이오드 전류가 역방향이란 A←K 방향 방향으로 전류가 흐르는 것을 말한다. 따라서 이 실험을 통하여, 솔라 셀이 태양광 입력을 받으면 애노드가 (+), 캐소드가 (−)인 광기전력이 발생하고, 셀의 애노드−캐소드 양 단자에 부하를 연결하면 애노드에서 부하를 거쳐 캐소드 방향으로 광전류가 흐르는 것을 확인할 수 있다.

한편, 부하저항 위치에 외부 전원을 연결하고 애노드를 향하여 0.6 V 이상의 전압을 가해주면 내부의 광기전력이 억압되어 더 이상의 역방향전류($-I_F = I_P =$광전류)는 흐르지 않고 외부전압(V_F)과 같은 방향의 순방향 전류($+I_F$)만 흐른다.

그리고 외부 전원의 극성을 반대로 하여 애노드에 (−)전압을 가하면 셀 내부의 광기전력과 외부 전압이 같은 방향이 되어 전류가 흐르기 쉬운 상태가 된다. 그리고 이때 흐르는 전류는 외부 전압의 크기와 상관없이 셀의 전류 용량(=최대 광전류 : I_P)이 허용하는 만큼의 전류가 흐르게 된다.

그래프에서 특정 위치의 전압은 표기되어 있으나 전류 크기를 표시하지 않은 이유는 너무 변수가 많기 때문이다. 그러나 솔라 셀의 크기(면적)가 달라지면 전류세기만 달라질 뿐 전압의 크기와 특성곡선의 형태는 동일하다.

광전류, 즉 솔라 셀에서 얻을 수 있는 최대 전류출력은 셀의 면적, 셀의 종류, 빛의 세기 등에 따라 크게 좌우된다. 일반적으로 흔히 쓰는 단결정 솔라 셀의 면적 1 cm^2당 단락전류는 약 32 mA이고, 무부하 단자전압은 셀의 크기에 상관없이 0.6 V 정도이다.

다. 솔라 셀의 전기적 특성 표시법

앞에서 배운 바와 같이, 광기전력효과의 설명에서 하나의 솔라 셀에서는 최대 0.6 V 정도의 기전력이 발생하며 이것을 무부하 단자전압(V_{OC}) 또는 개방단자전압이라고 명명하였다.

표 2.1 솔라 셀 또는 PV 모듈의 전기적 특성과 기호

명 칭	기 호	단위	설 명
무부하 단자전압 (또는 개방단자전압)	V_{OC}	[V]	솔라 셀 단자를 개방(open)한 출력전압. 셀당 약 0.6 V정도이다.
단락전류	I_S	[A]	부하를 쇼트(short) 상태로 만들어 흘리는 전류. 셀 면적과 입사광의 세기에 비례하여 셀의 최대능력까지 흐르지만 셀을 파손하지는 않는다. 1 cm^2당 약 32 mA.
정격전압 (최대전압)	V_{MPP} (V_{mpp}, V_{mp}, V_m)	[V]	최대전력을 공급하는 순간의 출력전압. Voltage on maximum power point V_{MPP}는 V_{OC}의 80 %(0.48V)내외이다.
정격전류 (최대전류)	I_{MPP} (I_{mpp}, I_{mp}, I_m)	[A]	최대전력을 공급하는 순간의 출력전류. Current on maximum power point I_{MPP}는 I_S의 약 95 %(30.5 mA/cm^2)정도이다.
최대 (출력)전력	W_P	[W]	셀 또는 모듈이 낼 수 있는 최대 출력능력. 정격전압과 정격전류를 곱하면 최대전력이 된다. 상품에 표시되는 최대출력은 STC조건에서 측정한 결과이다.(peak Wattage)

전지란 전류를 소모하여 일을 시키는 것이 목적이다. 그러기 위해 솔라 셀에 부하를 연결하고 전류를 흘려주면 단자전압은 0.6 V를 유지하지 못하고 내려간다. 또, 전류를 많이 취할수록 출력전압이 급격하게 줄어들기 때문에 어떤 일정한 크기의 전류에 만족해야만 전압도 유지되고 전력도 최대값을 얻을 수 있다. 여기서, 솔라 셀이 어떤 정해진 조건하에서 최대의 전력을 생산을 할 수 있는 능력을 최대출력전력(W_P : Peak Wattage 또는 Maximun Power)이라 하고 이때의 셀 단자전압을 최대전압(V_{mpp} : Voltage on maximum power point), 그리고 이때의 셀 출력전류를 최대전류(I_{mpp} : Current on maximum power point)라 부른다.

6 태양전지의 에너지 변환효율

태양전지에 입사되는 광에너지(E_e)에 대하여 출력되는 전기에너지(E_p)의 비율을 광전 변환효율이라 한다.

$$\text{광전 변환효율 } \eta = \frac{E_e}{E_p} \times 100(\%)$$

모든 종류의 에너지 변환 중에서도 광전 변환은 효율이 매우 낮은 편에 속한다. 예를 들면 온수 생산에 사용되는 태양열 장치(Solar Heat System)는 90% 전후의 에너지 변환효율을 가지는데 비하여, 최근의 다결정 실리콘 태양전지의 효율은 15% 전후이다. 그것도 1955년 호프만 전자회사가 상업용 솔라 셀로 판매를 시작할 때는 2%대의 효율에 지나지 않았으나 최근 반도체 제조기술의 진보 덕분에 얻어진 결과이다.

태양전지의 원리가 알려지고 난 후 100년이 넘도록 실용화가 늦추어진 가장 큰 이유 중 하나가 이와 같이 에너지 변환효율이 낮은데 있기 때문에 지금 이 순간에도 세계의 많은 연구소와 기업들이 솔라 셀의 효율을 높이기 위한 연구에 몰두하고 있다.

처음 솔라 셀의 최대효율은 22%로 알려졌으나 실리콘 이외의 신소재와 PN 접합을 개선한 복층구조 또는 전극 구조개선 등을 적용하여 25%에 근접한 연구소 효율을 달성하였고 실용화에 박차를 가하고 있다. 〈그림 2.16〉은 각 소재별로 최근까지 이룩한 성과를 나타낸 것이다.

가. 셀 효율 (Cell efficiency)

태양전지의 에너지 변환효율을 세분하여 셀 효율과 모듈효율로 구분하여 나타낸다. 셀 효율은 솔라 셀의 단위 면적당 변환효율이다. 예를 들면, 기준 태양광 에너지(1,000 kW/m^2)를 기준 면적(1 m^2)의 솔라 셀에 투입하였을 때 생산되는 전기 에너지(kW)의 비를 %로 나타낸 것이다. 다결정 실리콘 솔라 셀의 경우 셀 효율은 해마다 조금씩 상승하여 지금은 17~19%에 이른다.

나. 모듈 효율 (Module efficiency)

PV 모듈의 전체 면적에 대한 광전변환효율을 계산하여 모듈 효율이라 부른다.

실제로 태양광 발전에 사용하는 PV 모듈 제품의 실제적 효율은 셀 효율보다 낮은데 그 이유는, 셀과 셀 사이에 1 mm 정도, 셀과 금속 프레임사이에 2~3 mm, 그리고 스트링 바 접속이 이루어지는 상하면에서는 10 mm 전후의 간격이 필요하다. 이와 같이 셀이 없는 공간이 늘어날수록 발전에 필요한 유효면적이 줄어들기 때문에 실제의 모듈의 효율은 셀 효율보다 2~3% 정도 줄어든다.

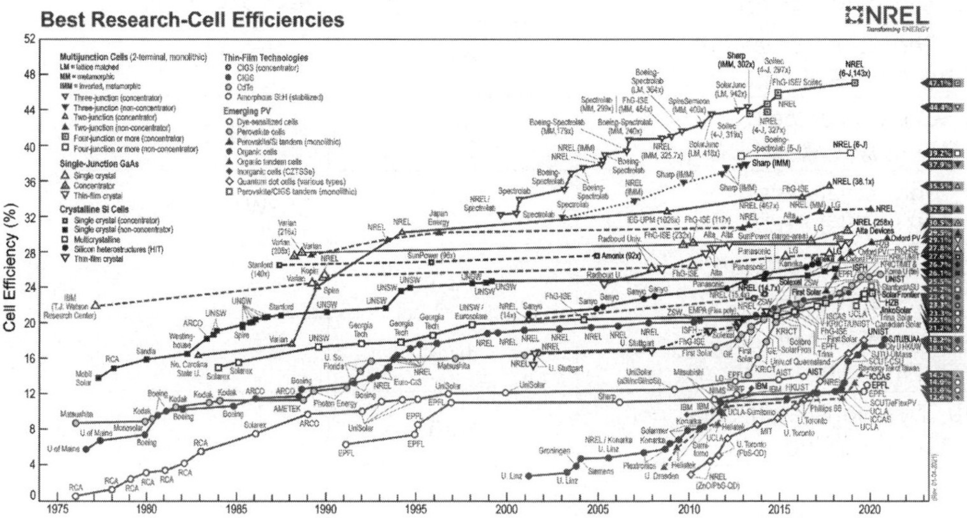

그림 2.16 Record of Solar cell efficiencies since 1976

☞ https://en.wikipedia.org/wiki/Solar_cell_efficiency#/media/File:CellPVeff(rev210104).png

☞ PV Efficiency Chart: https://www.nrel.gov/pv/cell-efficiency.html

표 2.1 태양전지의 변환효율 - 소재와 제조공법에 따른 분류

소재 및 제조방식	대량생산 최고효율 [max.%]	응용제품의 모델명 & 효율 %
1. Multi junction Solar cells 다층 접합 솔라셀	39.2	XJT Prime 30.7%
2. Tandem Perovskite/Si Cell 탠덤 페롭스카이트/실리콘 셀	29.5	
3. Gallium arsenide cell 갈륨 비소 솔라셀	29.1	
4. Mono crystalline 단결정 실리콘 솔라셀	26.1	LG400N 25% X22-370 22.7%
5. Perovskite solar cell 페롭스카이트 솔라셀	25.5	
6. CIGS solar cell 구리-인듐-갈륨-셀렌 솔라셀	23.4	SFK185-S 15%
7. Poly crystalline 다결정 실리콘 솔라셀	23.2	CS3W410P 18.6%
8. Cadmium Telluride 카드뮴 텔루라이드	22.1	
9. Organic solar cell 유기형 솔라셀	18.2	
10. Dye sensitized solar cell 염료 감응 솔라셀	13.0	

표 2.2 다결정 실리콘 모듈의 전기적특성과 효율

Item	Unit	HiS-M□□□SG series								
		209	212	215	218	221	224	227	230	233
Nominal output (Pmpp)	W	209	212	215	218	221	224	227	230	233
Voltage at Pmax (Vmpp)	V	28.5	28.6	28.7	28.9	29.0	29.2	29.3	29.4	29.6
Current at Pmax (Impp)	A	7.4	7.5	7.5	7.6	7.7	7.7	7.8	7.9	7.9
Open circuit voltage (Voc)	V	36.1	36.2	36.3	36.4	36.6	36.7	36.8	36.9	37.1
Short circuit current (Isc)	A	8.2	8.2	8.2	8.3	8.3	8.3	8.3	8.4	8.4
Output tolerance	%	±3								
No. of cells & connections	pcs	60 in series								
Cell type	-	6" Multi-crystalline silicon								
Module efficiency	%	12.9	13.1	13.3	13.5	13.7	13.9	14.0	14.2	14.4
Temperature coefficient of Pmpp	%/K	-0.43	-0.43	-0.43	-0.43	-0.43	-0.43	-0.43	-0.43	-0.43
Temperature coefficient of Voc	%/K	-0.32	-0.32	-0.32	-0.32	-0.32	-0.32	-0.32	-0.32	-0.32
Temperature coefficient of Isc	%/K	0.056	0.056	0.056	0.056	0.056	0.056	0.056	0.056	0.056

제 2 절 PV 모듈

태양전지, 즉 솔라 셀로의 기전력은 너무 작아서 수십 개 또는 경우에 따라서는 수백 개를 직렬로 접속하여 사용한다. 우리가 건전지 4개를 직렬로 연결하여 6 V, 6개를 적층하여 9 V 배터리팩으로 사용하는 것처럼, '다수의 솔라 셀을 하나의 패널에 조립한 것'을 PV 모듈 또는 솔라 패널(Solar Panel)이라고 한다. 셀과 모듈을 간단하게 분류하면 한 개는 셀(a Solar Cell), 복수 개의 조합으로 만들어진 것을 모듈(a PV Module)이라고 한다.

따라서 PV 모듈은 개수나 형태가 정해져 있지는 않고 「사용자의 필요에 따라 다수의 셀들을 패널 위에 조립하여 하나의 독립된 전지형태로 사용하는 것」을 의미한다.

1 전력 생산용 PV 모듈

초기의 태양광 전원장치들은 축전지에 전력을 저장하였다가 사용하는 것이 일반적이었다. 따라서 연축전지에 전력을 저장하기 적합한 'PV 모듈의 조합'을 찾게 되었고 그 결과 36개의 솔라 셀을 직렬로 연결한 PV 모듈을 만들게 되었는데 이것이 일반적인 전력생산용 PV 모듈이 되었다.

지멘스(Siemens)사가 초기에 대량생산하기 시작한 36셀-PV 모듈은 가로×세로 각각 10 cm인 셀을 기본으로 하여 만들었다. 단면적 100cm^{2}인 이 솔라 셀의 정격 전류는 약 3.05 A, 최대출력은 53 W 정도였다. 오랫동안 이 규격의 PV 모듈이 양산되었던 것은 원 재료가 되는 실리콘웨이퍼가 5인치 규격으로 생산되었기 때문이다. 그러나 반도체 제조공정의 발달로 현재는 8인치 웨이퍼가 주를 이루기 때문에 솔라 셀도 커지고 PV 모듈도 대형화되고 있는 추세이다. 예를 들면 요즘의 대형 PV 모듈에 사용되는 기본 셀의 크기는 작은 것이 125×125, 큰 것이 156×156 mm, 그리고 최근의 대형 제품에는 161.7×161.7 mm(6″) 규격의 셀이 사용되고 있다. 직렬접속의 개수도 54개, 60개 또는 72개 사이에서 정해진다. 〈그림 2.18〉은 대규모 태양광 발전소에서 많이 사용되는 PV 모듈의 규격들이다.

표 2.3 태양전지의 용어 정의

용 어	태양전지	솔라 셀	PV 모듈	PV 어레이
원 어	셀과 PV 모듈을 포괄적으로(구분 없이) 지칭함	Solar Cell =Photovoltaic Cell (PV Cell)	PV Module =Solar Module =Solar Pannel =PV Pannel	PV Array =Solar Array =PV Generator
비 고	한국/일본/중국에서 사용하는 용어	하나의 전지를 지칭할 때 쓰는 용어(단수)	다수의 셀들을 패널 위에 조립하여 하나의 독립된 전지형태로 사용하는 것.	다수 모듈의 집합체('태양광 발전소'와 동의어로 사용된다.)

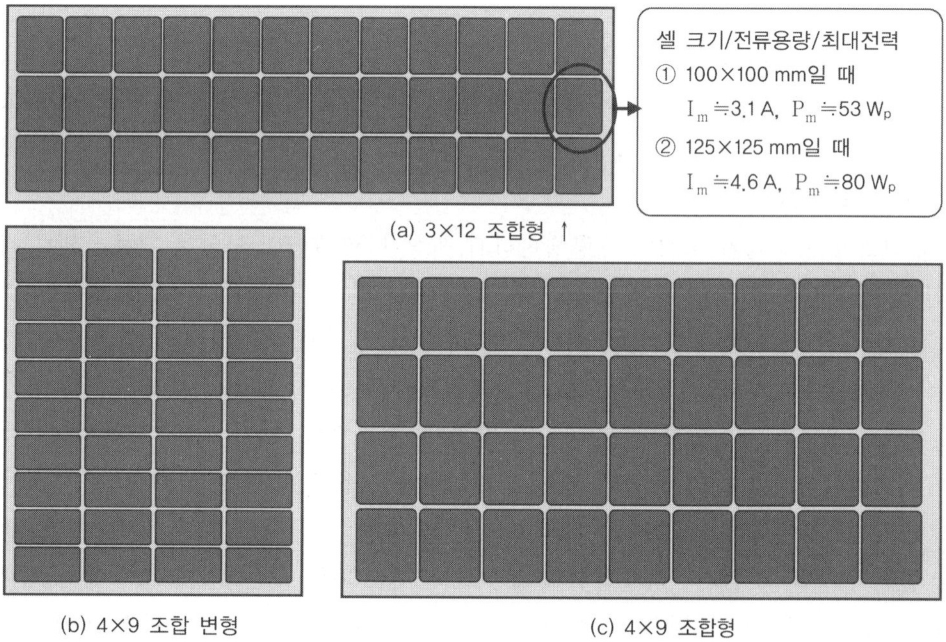

그림 2.17 36셀 PV 모듈의 여러 가지 조합형태

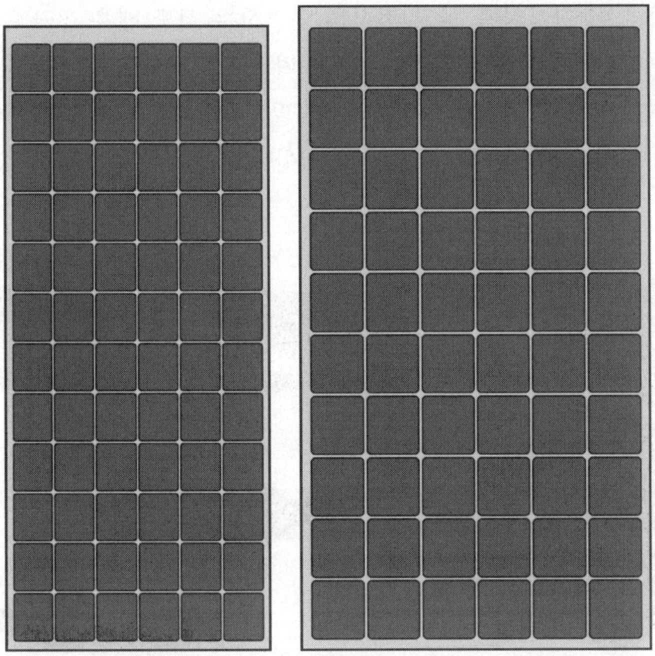

※참고
60셀 조합형은 셀 크기가 □156일 때 사용한다. 그보다 작은 □125인 경우나 소재가 다결정, 아몰퍼스, 또는 박막형일 때 72셀 조합형이 많다.

72셀 다결정 모듈(좌)
〈셀 크기 : □125 mm〉
V_m=35.6 V
I_m =4.8 A
P_m=170 W_p

60셀 다결정 모듈(우)
〈셀 크기 : □156 mm〉
V_m=29.2 V
I_m =7.9 A
P_m=230 W_p

(a) □125 mm 72셀 직렬(6×12) (b) □156 mm 60셀 직렬(6×10)

그림 2.18 태양광 발전소에 사용되는 대형 PV 모듈의 조합 형태

- 모듈 단자(Junction Box)

태양전지판(PV 모듈)의 출력을 인출하기 위해 모듈 후면에 단자함을 설치한다. 여기에는 (+)단자와 (−)단자가 있고 이들 사이에 바이패스 다이오드도 설치되어 있다.

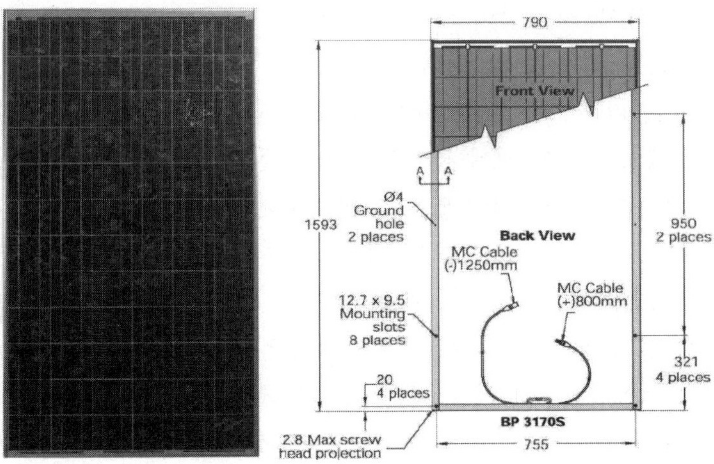

다결정 72셀 모듈

셀크기 : 125×125 mm

무부하 단자전압
V_{OC}=44.3 V
단락전류 I_S =5.2 A
정격전압 V_m =35.6 V
정격전류 I_m =4.8 A
정격출력 p_m =170 W_p

그림 2.19 태양광 발전용 PV 모듈의 제품 예

대규모의 태양광 발전소에서 이 단자함을 열고 전선을 연결하는 것도 매우 번거로운 일이 될 수 있으므로 최근에는 단자함에 일정한 길이의 모듈 출력선(MC cable)을 부착해서 출하하는데, (+)케이블은 80 cm로 짧고 (−)케이블은 125 cm로 길다. 그리고 케이블의 끝에는 각각의 극성에 맞는 암수 커넥터가 달려있어 다른 모듈의 케이블과 원터치로 접속할 수 있다.

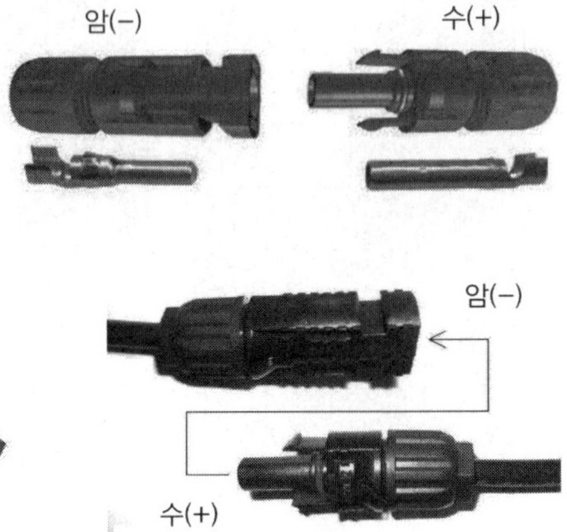

그림 2.20 모듈단자함과 MC케이블 끝에 달린 암수 커넥터

2 소용량 PV 모듈

소규모 비상전원이나 휴대용기기의 전원 등으로 소형 PV 모듈이 유용하게 사용될 수 있다.

전력 생산용 36~72셀의 규격화된 모듈과 달리 소용량 전자회로를 작동시킬 수 있는 정도의 전압을 만들어 내는 PV 모듈을 쉽게 볼 수 있다.

예를 들면 요즈음의 휴대용 계산기는 대부분 수은전지를 사용하지 않고 소형 PV 모듈을 전원으로 사용하고 있다. 그 외에도 벽걸이 시계나 어린이 완구 등에 광범위하게 응용되고 있으며 이동전화(핸드폰) 충전기로도 제품화되어 있다. 특히 야외 활동이 많은 군대에서는 통신기의 충전용으로 이동용 PV 모듈이 널리 사용되는데 이 경우에는 가벼운 재질의 박막형 솔라 셀로 만들어지며 두루마리처럼 접는 것도 가능하다.

PV 모듈을 전원으로 사용하려면 전압변동에 대한 관용성이 좋은 IC 소자가 유리하다. 예를 들면 최근의 집적회로 중 CMOS나 I^2L 등의 소자를 사용한 것은 2.5V ~5.5V 범위의 전원전압에서 원활한 작동을 하고 소비전력도 매우 적기 때문에 소형의 PV 모듈로도 충분히 필요한 전력을 공급할 수 있다. 특히 솔라 셀은 빛의 강약에 따라 전압이나 전류출력이 변동되기 쉽지만 이들 IC와의 결합은 안성맞춤인 셈이다.

표 2.4 소형 PV 모듈의 사용 예

<table>
<tr><th colspan="2">이용 분야</th><th>소요 셀 수</th><th>필요 전압</th><th>필요 전류</th></tr>
<tr><td colspan="2">전자시계(아날로그)</td><td>3</td><td>1.5 V</td><td>< 6 mA</td></tr>
<tr><td colspan="2">탁상용 계산기</td><td>6</td><td>3~3.5 V</td><td>< 3 mA</td></tr>
<tr><td rowspan="2">전자완구</td><td>멜로디형</td><td>6</td><td>3~3.5 V</td><td>< 30 mA</td></tr>
<tr><td>모터 구동형</td><td>3~6</td><td>1.5~3V</td><td>300 mA</td></tr>
<tr><td colspan="2">핸드폰 충전기</td><td>9~12</td><td>4.5~6V</td><td>200~500 mA</td></tr>
<tr><td colspan="2">형광등</td><td>36(+배터리)</td><td>12V</td><td>> 400 mA</td></tr>
<tr><td colspan="2">LED 램프</td><td>8~36(+배터리)</td><td>3.5(병렬)
~12V(직렬)</td><td>200(병렬)
~50 mA(직렬)</td></tr>
</table>

(a) 노트북 배터리 충전용 플렉시블 PV 모듈

(b) 장난감 주택에 설치된 PV 모듈

(c) 선캡에 달린 DC 팬모터와 소형 PV 모듈

(d) 접이식 소형 모듈

(e) USB 충전방식 PV모듈

소용량 PV모듈의 응용 예

제3절 PV 어레이(Array)

태양광 발전을 위해 다수(수십 내지 수백 개)의 PV 모듈들을 집합하여 조립한 것을 태양전지 군(PV Array)이라 한다. PV 모듈(태양전지판) 하나만으로는 아직 전압도 낮고 전력도 충분하지 않아서 이들 수십 개를 연결해야만 교류로 변환해서 사용할 수가 있기 때문에 태양광 발전소를 건설한다면 PV 모듈을 어레이 형태로 조립하는 것이 필수적이다.

초기의 태양광주택은 3 kW_P 용량으로 태양광 발전소를 만들었다. 당시는 50 W급 PV 모듈이 일반적이었기 때문에 총 60개의 모듈을 지붕이나 뒤뜰 공지에 설치하였는데 이것이 소규모 'PV 어레이'인 것이다.

태양광 발전소에 가보면 전체 발전소 면적의 90% 이상이 PV 어레이로 구성되어 있고, 건설비용의 2/3 정도를 차지하기 때문에 PV 어레이와 태양광 발전소를 동일한 의미로 사용하기도 한다.

우리나라에서는 1990년대 초부터 태양광 발전의 중요성을 인식하고 정부 주도의 보급사업을 전개해 왔는데 중규모의 태양광 발전소, 용량 규모로는 10~100 kW_P 범위의 태양광 발전소를 공공기관에 시범적으로 설치하기 시작하였고, 이후 인구가 비교적 많으면서도 발전소의 공공전력망이 미치지 못하는 섬 지방에 집중적으로 설치하였다.

〈그림 2.22〉 왼쪽 사진은 정부의 태양광 발전 시범 보급사업으로 건설된 가정용 3 kW_P급 태양광 발전소의 PV 어레이고, 오른쪽은 태양을 향해 움직이는 추적방식 PV 어레이들이다.

그림 2.22 PV 어레이의 예. (좌) 일반주택에 설치된 고정식 PV 어레이 (우) 추적식 PV 어레이

(a) 베를린 기차역 지붕위에 설치된 박막형 반투명 솔라 어레이

(b) 수원의 한 건물옥상에 설치된 단결정형 솔라 어레이 (□156mm 셀 36개×13열×14줄)

그림 2.23 여러 가지 PV 어레이의 보기

〈그림 2.24〉는 추적방식으로는 세계 최대 규모를 자랑하는 동양 태양광 발전소의 모습이다.

그림 2.24 대규모 태양광 발전소에 설치된 PV 어레이들

전남 신안군 지도읍에 위치한 이 발전소에는 180 W급 PV 모듈이 108,864매, 200 W급 모듈이 21,792매 사용되어 총 23,950 kW의 발전능력을 가진다. 하나의 어레이 블록에는 모듈 54개가 조립되어 있다.

그림 2.25 어레이 근접도(어레이 한 블록은 54개의 모듈로 구성되어 있다)

제 4 절 태양전지의 전기적 특성

1 입사광 대 전압출력의 관계

〈그림 2.26〉은 솔라 셀에 가하는 빛(태양광)의 세기를 제로에서 1,000 W/m^2까지 변화시킬 때 전압출력은 어떤 크기로 발생되는지를 나타내는 특성곡선이다. X축은 솔라 셀에 가해지는 태양광 에너지의 크기(E)이고, Y축은 솔라 셀에서 발생되는 기전력의 크기(V_{OC})이다.

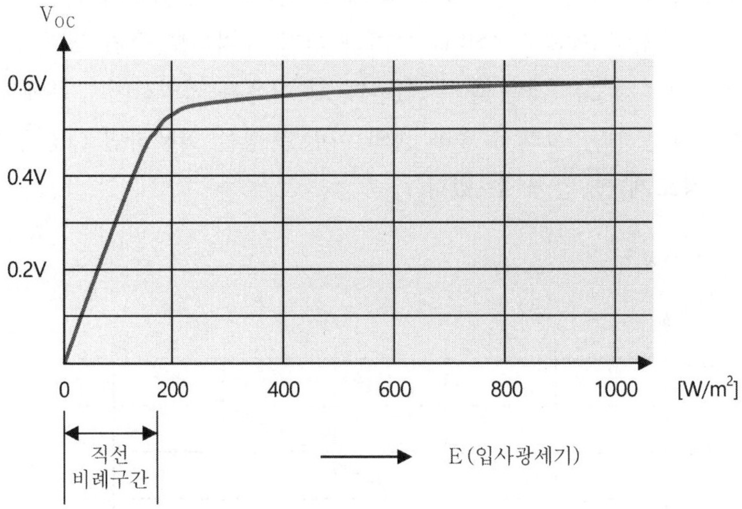

그림 2.26 솔라 셀의 입사광 대 전압출력 특성

가. 솔라 셀의 전압 출력은 처음 200 W/m^2까지의 입사광에 대해서는 비례하여 가파르게 증가하다가 그 이상의 세기에 대해서는 완만한 포화 특성을 보인다. 따라서 전체적으로 보아서 출력전압은 입사광세기에 비례하지 않는다.

나. 직사광에서의 무부하 최대 출력전압은 약 0.6 V이다. 그러나 최대 밝기의 1/5되는 흐린 날에도 전압출력은 약 0.55 V가 나온다.

다. 하나의 솔라 셀은 그 크기(면적)에 상관없이 전압출력은 같다. 마치 DM 건전지와 AAM 건전지의 단자전압이 1.5 V로 동일한 것처럼 기전력은 같다.

2 입사광 대 전류출력의 관계

하나의 솔라 셀에서 얻어지는 전류 출력은 입사되는 빛의 세기(일조 강도=E)에 비례한다.

〈그림 2.27〉은 일정한 면적(100×100 mm)의 단결정 솔라 셀에서 입사광의 세기와 출력전류의 관계를 나타낸 것이다. 여기서 입사광의 세기 1,000 W/m²는 맑은 날 직사광선을 수직으로 받을 때의 세기에 해당한다.

그림에서와같이 솔라 셀의 출력전류는 입사되는 광에너지의 세기(E)에 정비례한다. 입사광은 우리의 눈에 보이는 가시광선은 물론이고 적외선이나 자외선까지를 모두 포함하고 있다.

흐린 날 카메라의 조리개를 맑은 날씨에 비해 4단(16배) 더 넓혀야 되는 경우라면 가시광의 강도는 1/16로 감소하였다는 뜻이다. 그러나 이런 날씨에도 솔라 셀의 출력전류는 맑은 날씨에 비해 1/4 정도 나오는 것을 볼 수 있는데 그 이유는 적외선이 구름에도 큰 감쇄 없이 지면에 도달하기 때문이다. 그래서 솔라 셀의 이런 특성을 이용하면 태양광의 세기를 측정하는 장치(일조 강도계)를 만들 수 있다.

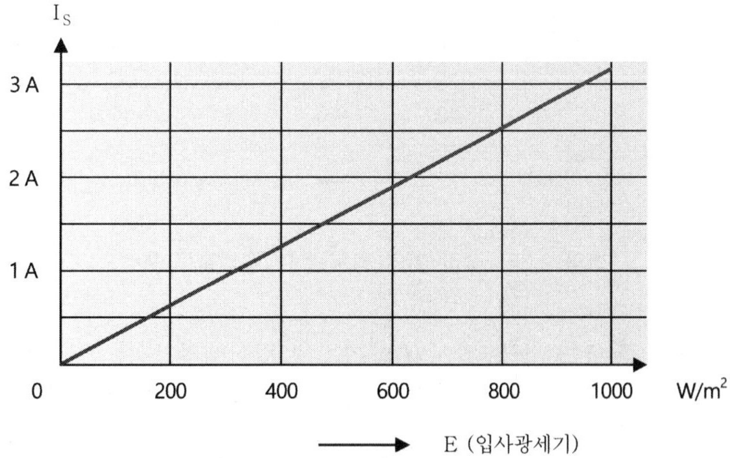

그림 2.27 솔라 셀의 입사광 대 전류출력 특성

3 부하에 따른 전압(V)-전류(I) 특성

가. 부하전류의 변화에 따른 전압 특성

〈그림 2.28〉은 솔라 셀의 동적 등가회로이다. 솔라 셀에 부하저항을 연결하여 전류를 변화시킬 때 단자전압이 어떻게 변화하는지를 알아보기 위한 회로인데 이 실험으로 얻어진 결과가 〈그림 2.29〉는 '솔라 셀의 부하 특성' 또는 '솔라 셀의 전압(V)-전류(I) 특성' 이라고도 부른다.

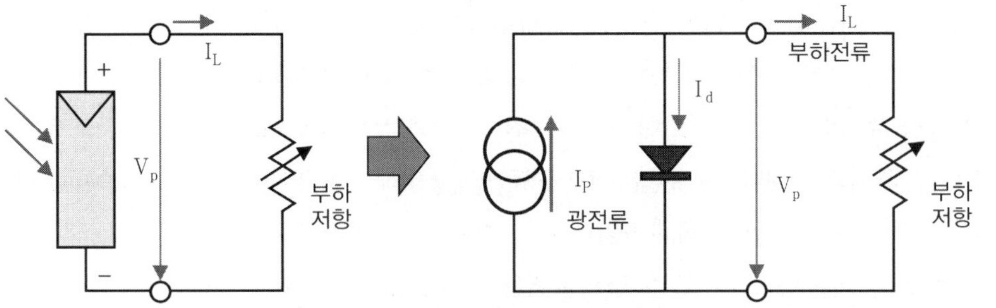

그림 2.28 솔라 셀의 동적 등가회로

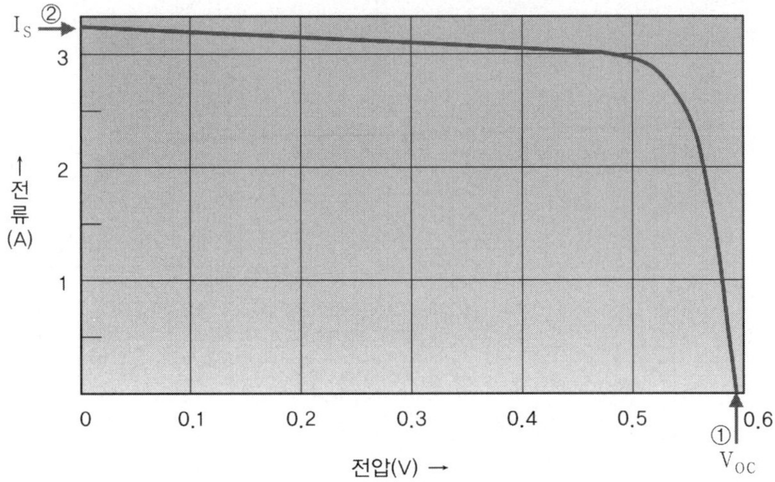

그림 2.29 솔라 셀의 전압-전류 특성곡선

〈그림 2.29〉의 특성곡선은 〈그림 2.28〉의 회로에서 부하저항을 변화시킬 때 출력전류와 전압의 관계를 나타낸 것이다.

이 특성곡선으로 우선 알 수 있는 것은 솔라 셀의 무부하 '단자전압(V_{OC})'과 '단락전류(I_S)'이다. X축과 마주치는 점 ①이 가리키는 전압은 부하전류가 제로일 때, 즉 무부하 상태의 단자전압이다. 그리고 Y축과 만나는 점 ②가 가리키는 것은 솔라 셀을 단락상태(부하저항=0 Ω)로 하였을 때 흐르는 전류세기이다.

〈그림 2.30〉은 〈그림 2.29〉의 특성곡선을 판독하는데 도움을 주기 위하여 설명을 붙인 것이다.

1) 점 ① : 무부하단자전압(V_{OC})으로, 솔라 셀 하나가 낼 수 있는 최고전압이다. 일반적인 솔라 셀의 무부하 단자전압 V_{OC}=0.6 V 정도이다.
2) 점 ② : 부하전류가 증가(↑)할수록 셀의 단자전압은 낮아(←)진다.
3) 점 ③ : 이 위치에서는 전류와 전압을 곱한 값이 최대가 되며 솔라 셀로부터 최대출력을 인출할 수 있는 조건이 되며 이곳을 최대 출력점(Maximum Power Point, MPP)이라 한다. 그리고 이때의 전류를 최대전류(I_{mpp}) 또는 정격전류(Rated current)라 하고, 이 순간의 단자전압을 최대전압(V_{mpp}) 또는 정격전압(Rated voltage), 그리고 이때의 출력을 최대출력(W_P) 또는 정격출력(Rated Power)이라 부른다.
4) 점 ④ : 최대 전력점보다 더 많은 전류가 흐르면 전압은 급격히 낮아진다.(예를 들면 전류가 5% 증가할 때 전압은 50% 낮아진다.)

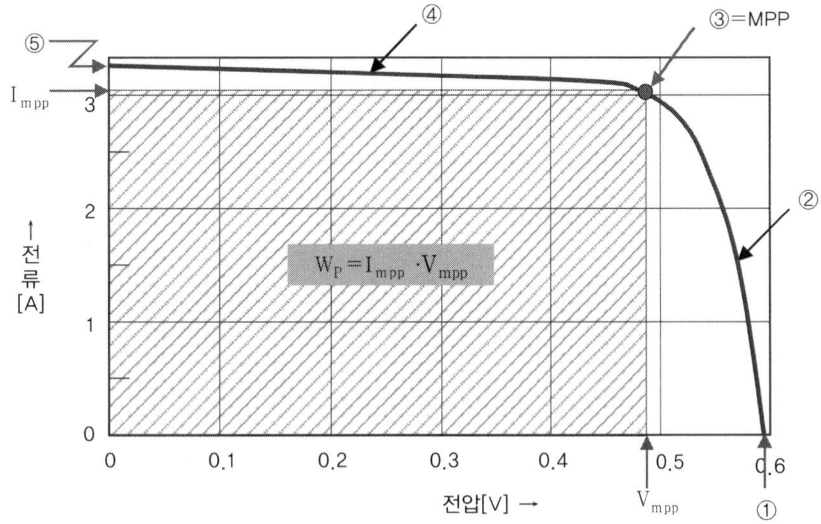

그림 2.30 전압-전류 특성곡선 판독하기

5) 점 ⑤ : 단락전류(I_S). 솔라 셀의 출력단자를 단락(쇼트)할 때 흐르는 전류로서, 솔라 셀에서 인출할 수 있는 최대전류가 된다. 이때 단자전압은 제로가 되고 출력전력도 0 W가 된다. 이 특성은 정상적인 운전에서는 도달하지 아니하고 극단적인 경우, 즉 단락 사고의 경우에만 볼 수 있는 특성이다.

6) 빗금 영역은 정격전압과 정격전류를 곱한 것으로 이 면적이 출력전력에 해당한다.

나. 입사광 세기에 따른 전압-전류 특성

〈그림 2.30〉은 표준 측정조건(STC), 즉 입사광강도 E=1,000 W/m^2, AM=1일 때 면적 100 cm^{2}인 PV 모듈의 전압-전류 특성이었다.

그러나 실제의 입사광은 오전, 한낮, 오후가 다르고, 구름상태에 따라 수시로 변하기 마련이다. 아래의 〈그림 2.31〉은 입사광의 강도가 변할 때 전압-전류 특성은 어떻게 변화되는지 보여주고 있다. 다섯 개의 그래프에서 알 수 있듯이 입사광 강도가 감소할 때 전류출력(Y축)도 입사 강도에 비례하여 줄어들지만, 전압출력(X축)은 아주 작은 비율로 감소한다. 〈그림 2.32〉는 72셀 PV 모듈에서 입사광의 세기를 파라미터로 변화시키면서 전압-전류의 관계를 측정한 특성곡선이다.

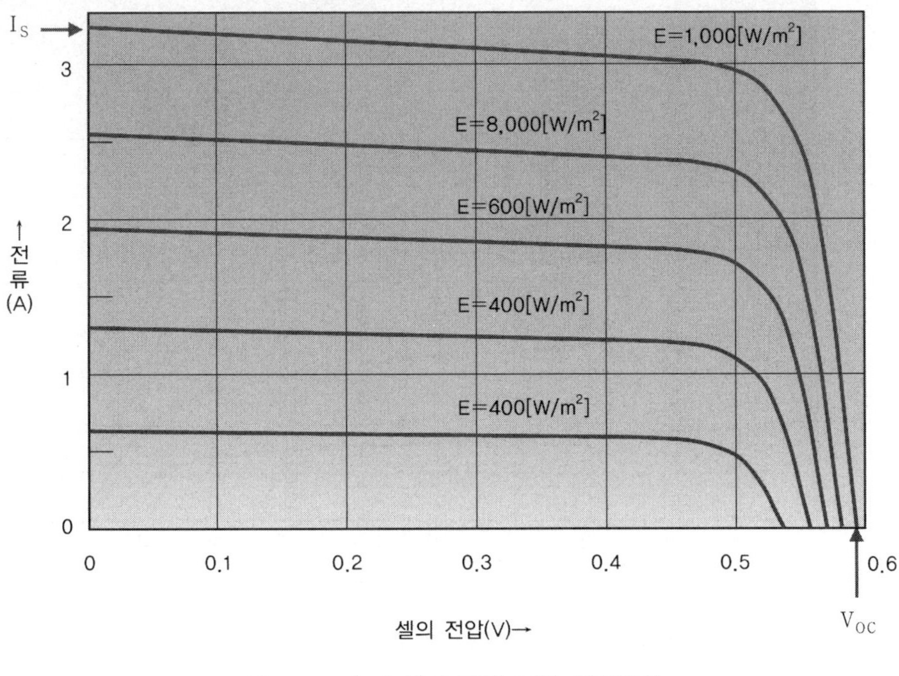

그림 2.31 솔라 셀의 전압-전류 특성곡선

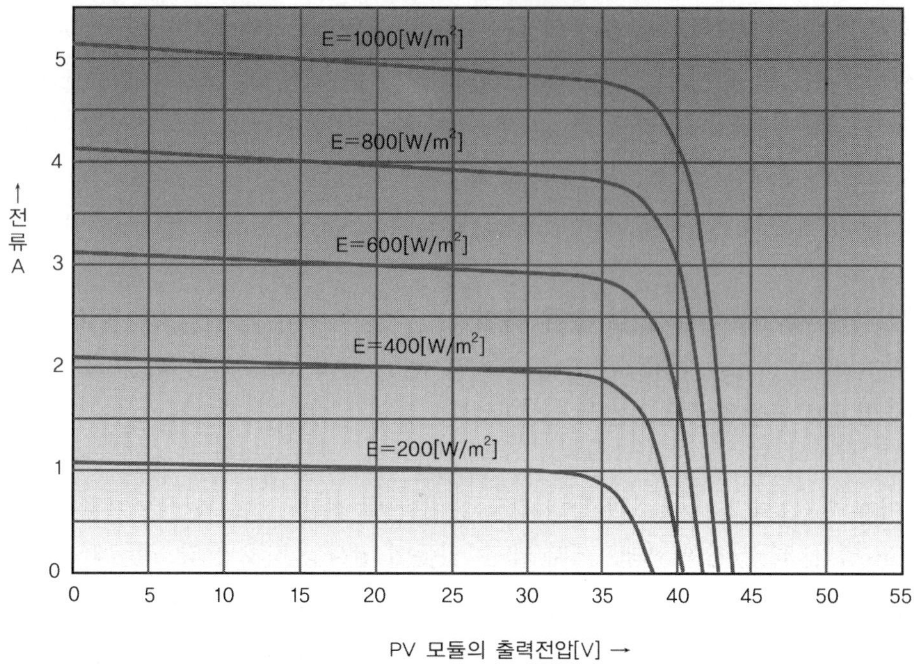

그림 2.32 입사광의 세기에 따른 전압-전류 특성곡선(72셀 단결정 모듈)

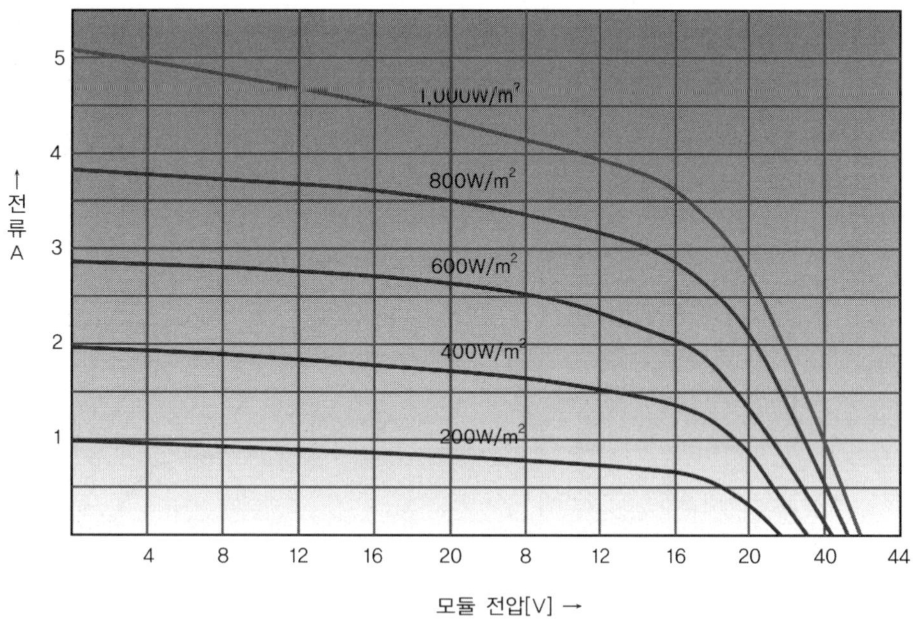

그림 2.33 비정질(아몰퍼스)형 PV 모듈의 VI 특성

4 PV 모듈의 전력 특성

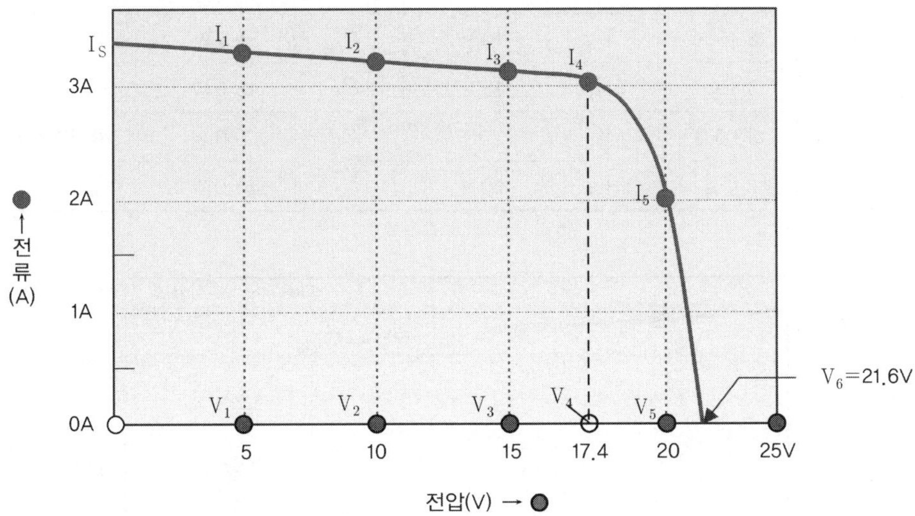

그림 2.34 $V-I$ 특성곡선으로 전력계산하기

"ㄱ"자 형 V–I 특성에서 본 것과 같이 PV 모듈의 단자전압은 부하전류에 따라 변동한다. 그런데 PV 모듈로부터 얻을 수 있는 출력전력은 전류와 전압의 곱이기 때문에 〈그림 2.34〉와 같이 특성곡선을 5개 지점으로 나누어 각각의 위치에서 측정한 모듈의 단자전압(V_n)과 부하전류(I_n)를 〈표 2.5〉에 기입한 후 이 둘을 곱하여 각 지점의 전력(P_n)을 계산해 보기로 하자.

$$P_n = I_n \times V_n$$

첫 번째 지점의 전압(V_1)은 5 V, 이때의 전류(I_1)는 3.25 A, 그리고 전력(P_1)의 계산값은 16.25 W이다. 같은 방법으로, 두 번째 지점의 전압(V_2)은 10 V, 이때의 전류(I_2)는 3.15 A, 그리고 전력(P_n)의 계산값은 31.5 W이다. 계속해서 〈표 2.5〉를 완성한 후 전력의 크기를 특성곡선에 그려 넣으면 〈그림 2.35〉에서의 점선과 같다.

표 2.5 $V-I$ 특성곡선에서 전력특성 계산하기

전류 [I_n]		전압 [V_n]		전력 [P_n]		비고
I_1	3.25 A	V_1	5 V	P_1	16.25 W	$P_n = I_n \times V_n$
I_2	3.15 A	V_2	10 V	P_2	31.5 W	
I_3	3.1 A	V_3	15 V	P_3	46.5 W	
I_4	3.05 A	V_4	17.4 V	P_4	53.0 W	최대전력점
I_5	2.0 A	V_5	20 V	P_5	40.0 W	

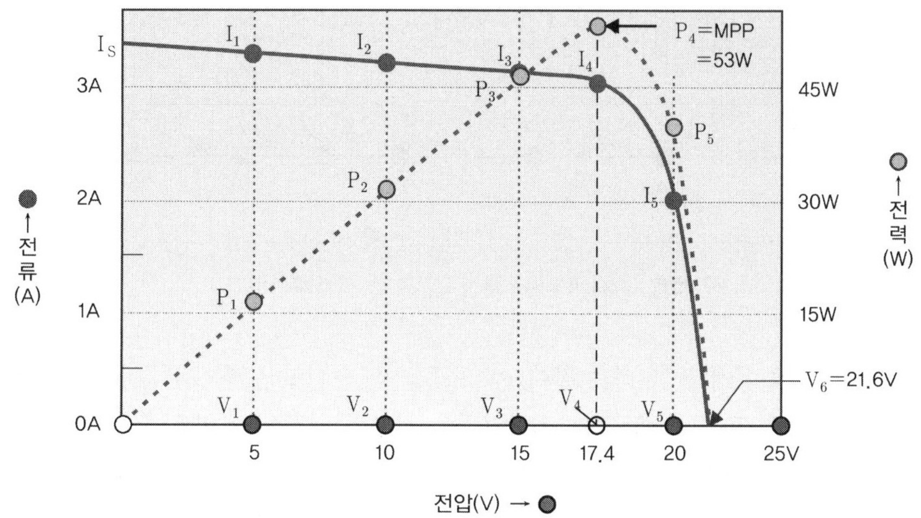

그림 2.35 PV 모듈의 전압-전류 및 전력특성

이렇게 완성된 전력 특성곡선에서 '최고전력의 순간'을 최대 전력점(MPP : maximum power point)이라 부르며 이 순간의 전력크기를 최대출력(P_{MPP} 또는 P_{mpp})이라 하고 단위는 W_P를 사용한다. 그리고 이때의 셀 단자전압을 정격전압이라 부르고 기호로는 V_{mpp} 또는 V_{mp}, V_p 등으로 표기한다. 또 이 순간의 부하전류를 정격전류, 기호는 I_{mpp}, I_{mp}, I_p 등으로 나타낸다.

'최대 전력점'의 의미는 무엇일까?

솔라 셀 또는 PV 모듈이 태양광 에너지를 받으면 기전력이 발생되어 부하로 전류를 흘릴 수 있다. 그런데 솔라 셀의 전류용량은 한도가 있어 그 범위를 조금이라도 벗어나면 출력이 크게 줄어든다. 〈그림 2.35〉에서 보듯이 출력특성곡선의 형태는 마치 뾰족한 산꼭대기와 같아서 부하전류가 조금만 변동되어도 출력은 크게 감소한다.

예를 들면, 부하전류가 정격전류에 비하여 1/3이 감소하면 모듈에서 획득할 수 있는 출력은 25% 정도가 줄어든다. 그러나 부하전류가 정격보다 5%만 더 흐르면 출력은 55%나 줄어든다.

우리가 부하전류를 조절하거나 제어하여 태양전지로부터 최대전력을 얻을 수 있는 정도로만 사용한다면 가장 효율적인 태양광 발전이 될 수 있는데 이러한 목적의 부하전류 제어를 최대 전력점 제어(MPP Control 또는 MPP Tracking)라 한다.

모든 태양전지의 정격전류는 일정하지가 않고, 입사광의 강도에 따라 매 순간마다 변한다. 따라서 빛의 세기에 따라 최대 전력점의 위치도 달라지기 때문에 마이크로컨트롤러와 같은 전자장치를 이용하여 최대 전력점의 위치를 판단하고 그 결과에 따라 최적의 부하전류가 흐르도록 제어하는 것이 MPP트래킹의 역할이다.

트래킹제어를 활용하는 대표적인 장치에는 솔라-인버터(Solar-Inverter)와 충전 컨트롤러(Charge controller)가 있다. 인버터는 태양광 발전소의 직류출력을 교류로 바꾸어 소비자에게 공급하는 장치이고, 충전 컨트롤러는 태양전지로 배터리를 충전할 때 사용하는 조절기이다.

요약 : 태양전지로부터 최대전력을 인출하기 위해서 부하전류를 입사광에 대응한 정격전류 만큼만 흐르도록 제어하는 것을 최대 전력점 제어(MPP Tracking)라 한다.

5 솔라 셀의 온도 특성

여름철 뜨거운 지붕 위에 설치된 PV 모듈들, 까만색이나 짙은 감청색의 이 태양전지들은 과연 몇 도까지 온도가 상승할까? 그리고 차가운 겨울밤 눈바람 속을 견디고 아침 햇살에 제 기능을 발휘하며 전기를 생산할 수 있을까?

PV 모듈의 표면 온도는 태양광을 받으면 급격히 상승한다. 설치된 장소나 통풍 조건에 따라 다소의 차이는 있지만 여름철 직사광 아래에서는 70℃ 내외까지 상승하고, 겨울철 새벽에는 그 지방의 최저기온까지 하강한다.

솔라 셀은 반도체로 만들어지기 때문에 온도에 민감한 반도체의 특성이 솔라 셀에도 그대로 적용되어 온도가 높아질수록 출력이 저하된다.

〈그림 2.36〉은 온도에 따른 솔라 셀의 출력 변동률을 나타낸 그래프인데, 여기서 ①번 곡선은 전류의 변동률을, ②번 곡선은 전압의 변동률을, 그리고 ③번 곡선은 전력의 변동률을 각각 나타낸다.

태양전지의 전류는 온도상승에 비례하여 매우 조금씩 증가하는데 그 비율이 1K당 +0.06% 정도이다. 그러나 전압과 출력전력은 온도상승에 따라 큰 폭으로 감소하는데 그 비율이 1K당 각각 −0.36%와 −0.45% 정도이다.(1K=1℃의 온도변화) 그러나 이 비율은 솔라 셀의 재질이나 메이커에 따라 약간의 차이가 있는데, 메이커가 발표하는 PV 모듈의 제품 규격서(Data sheets)를 보면 정확한 온도계수를 알 수가 있다.

온도계수 출력전압(V_{OC}) : −0.36%/K

〈표 2.5〉는 현재 유통되는 PV 모듈의 온도계수를 종류별로 정리한 것이다.

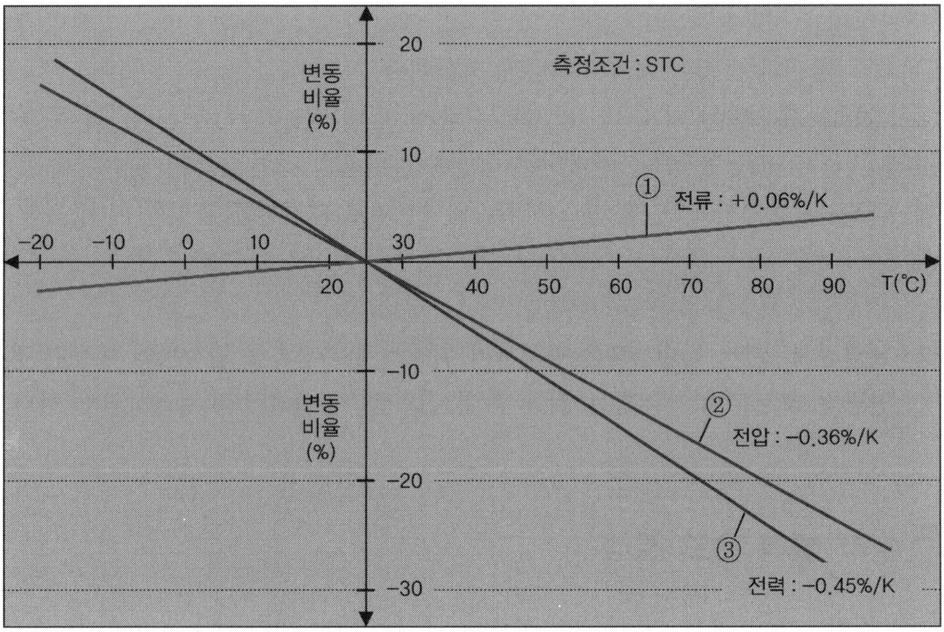

그림 2.36 솔라 셀의 온도 특성(기준온도=25℃) 예

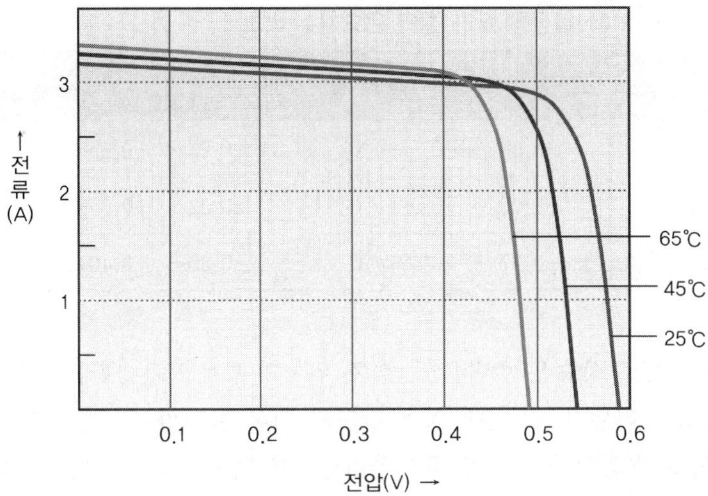

〈V–I 특성 비교〉
온도가 높아지면
전압(X축)은 크게
감소하고
전류(Y축)는 조금
증가한다.

그림 2.37 온도에 따른 솔라 셀의 전압-전류 특성

실제로 태양전지가 직사광을 받고 있을 때는 겨울철에도 25℃ 이상은 유지된다. 또 여름철의 경우에는 셀 표면 온도가 70℃ 가까이 상승하는데 이때의 출력은 기준온도(25℃)에 비해 약 14% 감소한다. 이러한 온도특성의 이유로 태양전지를 설치할 때는 통풍을 중요하게 고려해야 한다. 주택에 PV 모듈을 설치하는 경우 30° 정도의 물매를 가진 지붕 면에서 10cm 이상을 띄우도록 하는 것도 통풍을 위해서이다. 통풍이 잘되면 PV 모듈의 온도를 낮추어 발전효율을 높일 수 있기 때문이다.

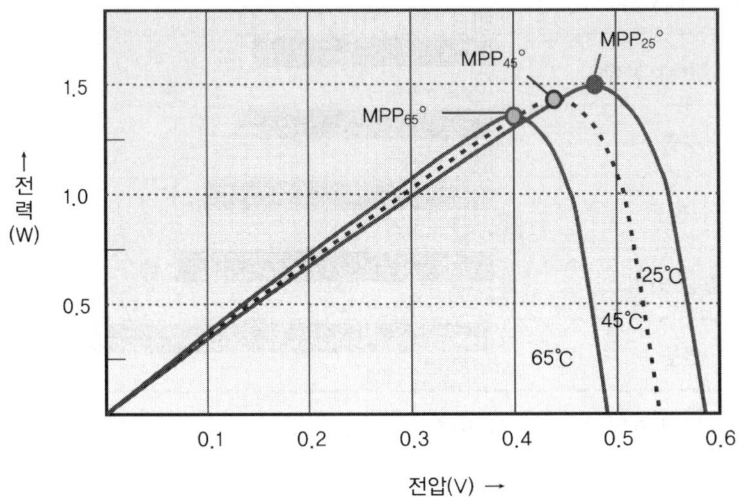

〈전력특성 비교〉
온도가 높아지면
최대전력점(MPP)
도 낮아진다.

그림 2.38 온도에 따른 전력특성의 변화

표 2.6 결정형 솔라 셀의 온도계수 비교

측정 항목	결정형 실리콘 솔라 셀	고성능 셀(HIT, SunPower)
무부하 단자전압(V_{OC})	-0.30 ~ -0.55%/°C	-0.25 ~ -0.29%/°C
단락 전류(I_S)	+0.03 ~ +0.09%/°C	+0.02 ~ +0.04%/°C
MPP 전력(@ STC)	-0.37 ~ -0.52%/°C	-0.30 ~ -0.40%/°C

운전 중에 있는 PV 모듈의 온도상승은 주변온도, 설치 위치의 통풍 또는 냉각 효율, 그리고 일조 강도에 복합적으로 관련된다. 그런데 일조 강도와 기온은 어쩔 수 없다 할지라도 설치방법을 적절히 선택하고 효과적인 통풍을 유도한다면 PV 모듈의 온도 상승을 억제할 수 있다.

〈그림 2.39〉의 데이터는 설치 방식에 따른 온도 상승 정도와 발전출력의 감소정도를 나타내는 연구 보고서로, 독일의 DGS(독일 태양광 에너지 재단)에서 제공한 것인데 한국의 기상과 약간의 차이는 있겠지만 비슷한 결과를 나타낼 수 있을 것이다.

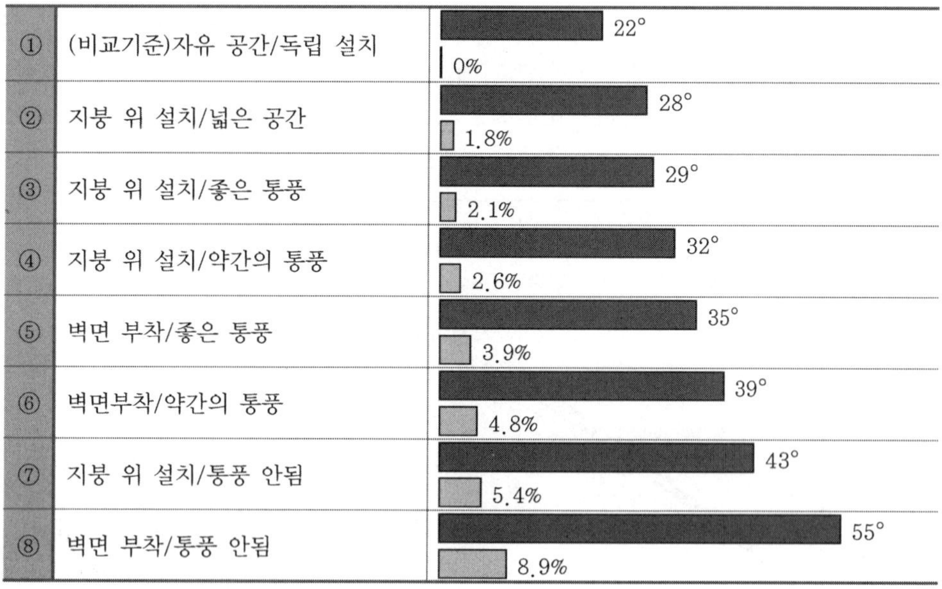

그림 2.39 PV 모듈의 설치조건에 따른 온도상승(°K)과 손실율(▢ %)

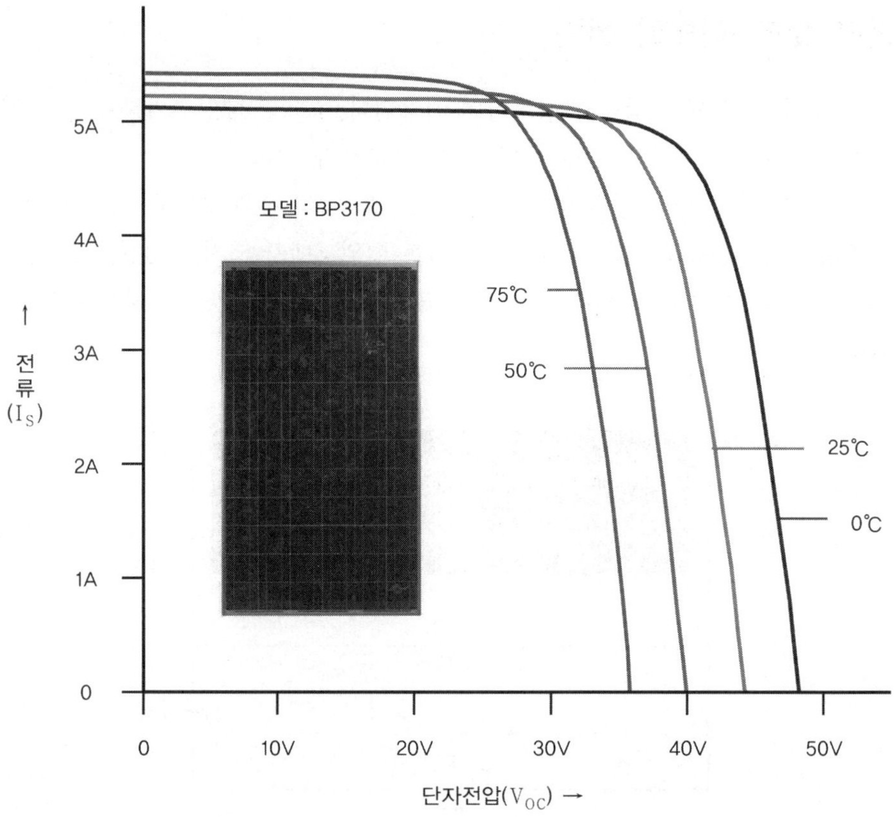

그림 2.40 범용 다결정 PV 모듈의 온도특성 예

여름철 한낮, 주변온도 28℃, 일조 강도 1,000 W/m^2의 조건하에서 사방이 확 트인 공간에서 '자유로운 통풍'이 되도록 PV 모듈을 설치해 놓았을 경우 모듈표면의 온도는 22°가 상승하여 50℃를 유지하였다.(실험 : ①) 그리고 각기 다른 조건하에서 실험 ②부터 ⑧까지를 진행한 결과가 〈그림 2.39〉이다. 위쪽의 붉은 막대는 온도상승분(Δt)으로 단위는 K(켈빈), 아래쪽 파란 막대는 온도 상승으로 인한 전력 감소비율(%)이며 비교기준은 실험①이다.

PV 모듈을 통풍이 안되는 벽면에 설치하였을 경우 모듈의 온도는 주변보다 55° 더 높아지고 가장 통풍이 잘되는 곳에 비해 8.9%의 전력손실이 더 발생하였다는 의미이다.

6 솔라 셀의 직병렬 접속

솔라 셀은 흔히 여러 개를 직렬로 접속하여 사용한다. n개의 태양전지를 직렬로 접속하면 전압은 n배로 높아지고 전류는 1개 셀의 전류 그대로가 된다.

〈그림 2.41〉은 3개의 솔라 셀을 직렬로 접속하였을 때의 종합 특성을 나타낸 것이다. 무부하 단자전압(V_{OC})이나 정격전압(V_P) 모두 기본 셀의 3배가 되지만 전류는 1개일 때와 같은 것을 볼 수 있다. 이 관계는 36셀을 직렬로 하든 72셀을 직렬로 접속하든 동일한 방식으로 적용된다.

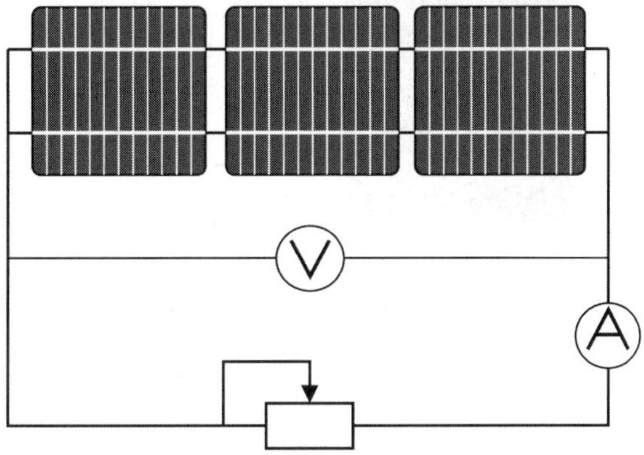

그림 2.41 솔라 셀의 병렬접속 회로

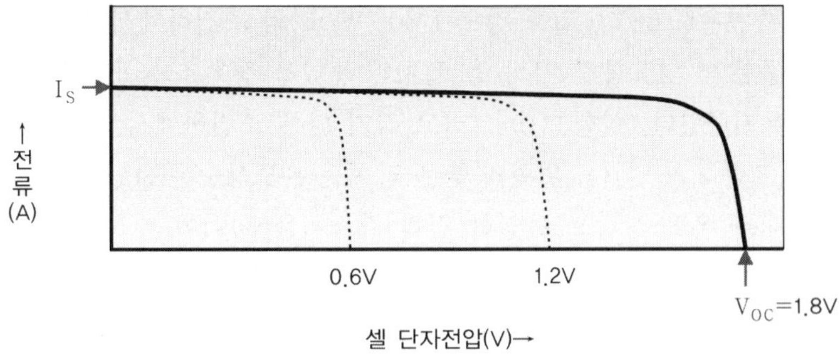

그림 2.42 3셀 직렬접속의 V–I 특성

1) 기본 셀의 $V_{OC}=0.6\text{ V}$, $V_p=0.48\text{ V}$, $I_S=3.2\text{ A}$, $I_P=3.05\text{ A}$
2) 3개 직렬이면 : $V_{OC}=1.8\text{ V}$, $V_p=1.44\text{ V}$, $I_S=3.2\text{ A}$, $I_P=3.05\text{ A}$

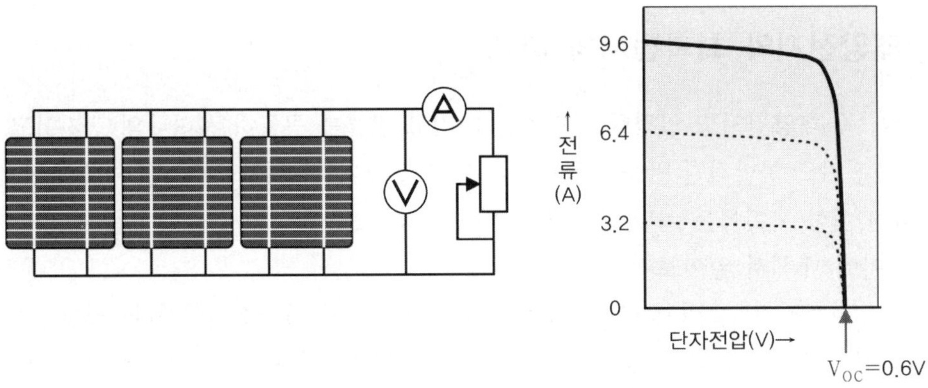

그림 2.43 3셀 병렬접속 회로와 V-I특성

〈그림 3.43〉은 3개의 솔라 셀을 병렬로 접속하였을 때의 특성이다. 무부하 단자전압(V_{OC})이나 정격전압(V_m)은 그대로이지만 전류는 기본 셀의 3배가 된다. 전류가 많이 필요하면 솔라 셀의 면적을 크게 하는 것이 가장 좋은 방법이고 그다음이 병렬접속법이다.

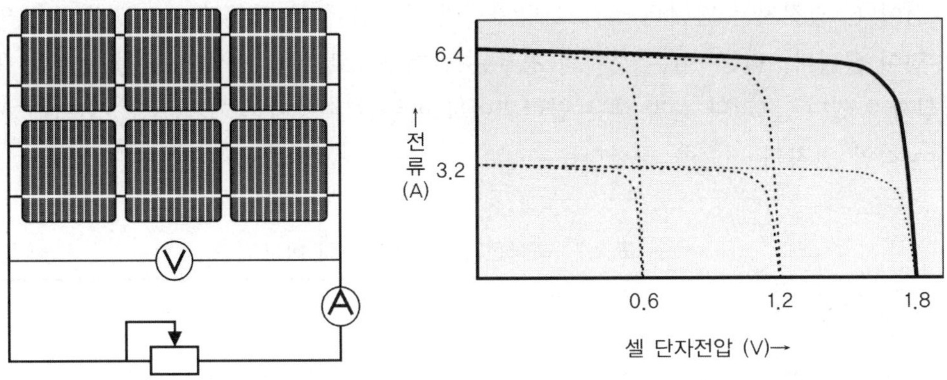

그림 2.44 [3셀-직렬]×2열 병렬접속 회로의 특성

또 〈그림 2.44〉는 3개 직렬접속된 것을 2열 병렬접속하였을 때의 종합 특성이다. 전압은 직렬 수대로 3배, 전류는 병렬 수대로 2배가 된다.

솔라 셀 n개를 직렬접속하고, m줄 병렬접속하면, 전압은 n배, 전류는 m배 증가한다.

7 태양전지와 화학전지의 비교

솔라 셀, 즉 태양전지도 일정한 기전력을 가지고 전류를 공급하는 하나의 전지이고, 건전지나 납 축전지도 화학적인 반응을 통해 기전력을 일으켜 전류를 공급하는 하나의 전지이다.

그렇다면 이들 사이에는 어떤 근본적인 차이가 있을까? 그리고 취급법에는 어떤 차이점이 있을까? 이에 대해서 알아보자.

건전지나 연축전지, 그리고 리튬-이온 전지는 대표적인 화학전지들이다. 성질이 다른 두 개의 금속전극이 산성용액 속에서 화학반응을 일으킬 때 전하가 교환되면서 기전력이 발생되는 원리로 동작하며 완전히 방전되면 수명이 종료되는 1차전지와 충전하면 다시 사용할 수 있는 2차전지로 구분한다.

이에 비해 태양전지는 반도체 속에서 빛에너지가 전기에너지로 변환되는 원리를 이용한 것으로 반영구적인 수명을 지니며 일단 만들어지면 원료(투입되는 에너지=태양광)의 비용이 들지 않는 것이 가장 큰 장점이다.

무엇보다도 태양전지의 장점 중 하나는 단락사고에도 전지가 손상되지 않는 유일한 전지라는 점이다. 건전지는 단락된 상태로 방치되면 단시간에 큰 전류가 흐르고 발열을 일으킨 후 수명이 끝난다. 리튬-이온 전지의 경우는 밀폐구조로 인해 발열과 팽창을 거쳐 폭발의 위험성까지 있다. 그러나 솔라 셀은 단락되어도 아무런 손상이 생기지 않고, 단락이 해소되면 정상적인 전지의 기능을 다한다.

표 2.7 화학전지와 태양전지의 비교

<table>
<tr><th colspan="2" rowspan="2">구 분</th><th colspan="2">화학 전지</th><th rowspan="2">태양 전지</th></tr>
<tr><th>1차 전지</th><th>2차 전지</th></tr>
<tr><td colspan="2">종류 또는 재질</td><td>알카리 전지, 건전지, 수은전지 등</td><td>연료전지, 축전지 리튬-이온 전지 등</td><td>단결정 실리콘, 다결정 실리콘, 아몰퍼스, CdTe/GaAs 솔라 셀</td></tr>
<tr><td colspan="2">원 리</td><td colspan="2">화학 반응시의 전하 이동</td><td>광기전력 효과</td></tr>
<tr><td colspan="2">공칭 기전력</td><td>1.5~1.3 V</td><td>0.6/2.0/3.7 V</td><td>약 0.5 V</td></tr>
<tr><td colspan="2">수 명</td><td>1회성</td><td>재사용 가능(수년)</td><td>반영구적(25년)</td></tr>
<tr><td rowspan="2">안전문제</td><td>과부하</td><td>수명 단축</td><td>수명 단축</td><td>전압저하 및 출력감소(수명무관)</td></tr>
<tr><td>단락</td><td>발열, 수명소진</td><td>발열(폭발의 위험), 수명단축</td><td>전압제로 전류최대(수명무관)
(미열이 발생하나 손상은 없음)</td></tr>
<tr><td colspan="2">비 고</td><td colspan="3">1) 과부하=정격전류 이상으로 부하전류를 흘리는 상태(운전 중에 흔히 발생됨)
2) 단락=전지의 (+)와 (−) 단자를 도선으로 직접 연결한 상태(사고의 경우에 해당)</td></tr>
</table>

결정형 솔라 셀은 구조상 외부 충격에 약하다. 비바람이나 우박에도 견디게 하기 위하여 셀 자체보다 훨씬 두꺼운 강화유리로 덮고 알루미늄 프레임으로 감싼다. 박막형 셀은 무게가 가벼워지기는 하여도 전기적으로 민감한 점에서는 결정형 셀과 같다. 셀의 출력단자가 단락되어도 약간 증가된 과전류가 흐를 뿐 아무런 피해가 없지만, 벼락에 의한 높은 전압이 유도되는 경우에는 솔라 셀 또는 PV 모듈 전체를 파괴시킬 수 있기 때문에 다양한 안전조치를 강구해야 한다. 가장 대표적인 방법은 내압이 높은 정류 다이오드를 설치하는 것이고, 그 밖에 높은 전압일 때 작동하는 배리스터와 피뢰기를 설치하며, 확실한 1종 접지를 해 두는 것 등이다.

8 보호등급 II(Protection Class II)

이것은 사람들을 전기적 충격으로부터 보호하고 태양광 발전설비들의 안전을 도모할 목적으로 만든 규격이다.

이 보호규정은 PV 모듈을 보호하고 모듈 수명의 전 기간 동안을 온전히 유지하기 위하여 실제로 사용하는 전압의 두배 이상에서 견디는 절연 저항값을 가져야 하도록 규정하였는데 이 이러한 범주를 '등급Ⅱ'라고 정의한다. 그리고 이러한 등급의 전기적 특성을 지녔는지를 시험하는 방법은 IEC61215호에 규정되어 있다. 태양광 발전시스템, 특히 계통연계형 시스템은 이 규정에 적합한 것이 전제되어야 하고 100 V 이상 1,000 V 범위의 교류에 사용가능한 절연능력을 가지도록 설계되어야 한다.

제3장의 PV 모듈의 시험규정에 등급에서 이에 관한 시험방법이 기술되어 있다.

3장

Photovoltaic
Power Generation

태양전지의 제조와 성능시험

제1절 솔라 셀의 제조과정

1 금속급 실리콘 제조

솔라 셀은 실리콘으로 만들어진다. 원자번호 14인 실리콘은 지구상에서 두 번째로 많은 원소이긴 하지만 자연 상태에서 홀로 존재하지 못하고 이산화규소와 같은 화합물의 형태로 존재한다. 이산화규소(SiO_2)는 일반적으로 실리카(Silica)라 불리는데 우리말로는 크기에 따라 규암(硅巖), 규석(硅石), 규사(硅砂) 등으로 세분하여 부른다. 좀 더 알기 쉽게 설명하면 냇가나 바닷가에 흔히 볼 수 있는 자갈(차돌), 모래가 실리카이며, 그 밖에 석영, 수정 등도 양질의 이산화규소이다. 세계에서 석영 실리카의 매장량이 가장 많은 나라는 브라질이다.

솔라 셀을 만들기 위한 첫 번째 단계는 실리카를 제련하여 순도가 99% 정도인 금속 급실리콘(MGS)을 만드는 일이고, 두 번째 단계는 금속 실리콘을 솔라 셀에 사용할 수 있을 정도인 6 N(99.9999%) 이상의 솔라급 실리콘(SoGS)으로 정련하는 일이다. 세 번째 단계는 순도를 더욱 높이면서 다결정 또는 단결정 실리콘 잉곳(Ingot)으로 만드는 일이다.

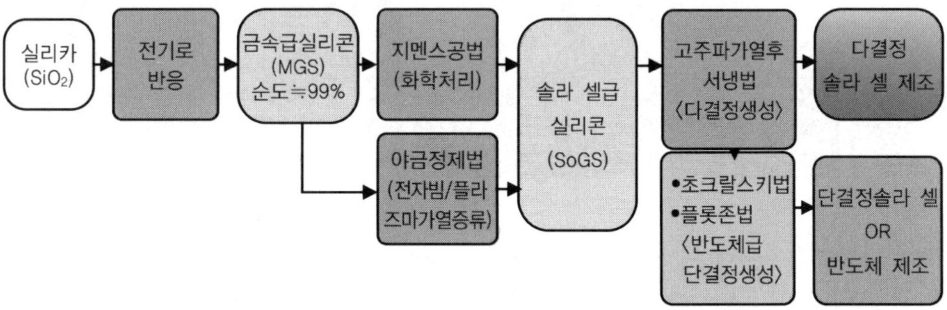

그림 3.1 솔라 셀 제조를 위한 실리콘의 정련 과정

■ 아크 전기로 반응

실리카를 코크스(탄소성분의 고체연료), 압축 산화실리콘(SiO) 등과 함께 아크 전기로에 넣고 1600℃ 이상의 고온으로 가열하면 로 속에서는 여러 단계의 산화와 환원 반응이 일어나며, 최종적으로 순도 99% 내외의 금속급 실리콘(Metal Grade silicon : MGS)이 석출된다. 금속 실리콘의 용융액이 로의 아래쪽으로 배출되면 식으면서 굳어져 윤기 있는 검은 돌덩이 모양이 된다. 이렇게 얻어지는 금속 실리콘에는 소량이기는 하지만 철, 니켈, 코발트 등의 여러 가지 불순물 등이 섞여 있을 뿐만 아니라 실리콘 고유의 결정형태도 갖추지 못하

고 있는 등 태양전지를 만들기 위한 초벌원료에 불과하기 때문에 불순물 제거를 위해서 정련(精鍊)의 과정을 거쳐야 한다.

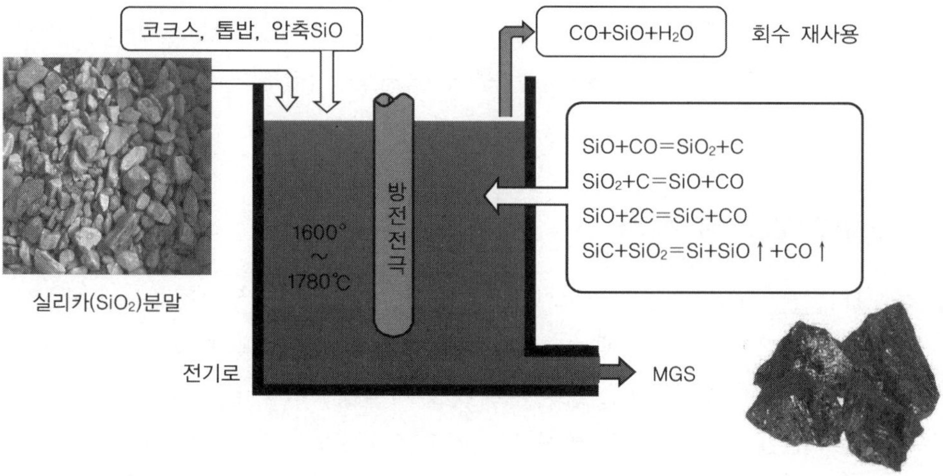

그림 3.2 제1단계 : 금속급 실리콘의 제조법

2 태양전지급 실리콘 제조

가. Siemens 공법

솔라 셀을 만들기 위해서는 실리콘의 순도가 6 N(99.9999%) 이상이 되어야 한다. 1970년대부터 솔라 셀에 관한 연구에 몰두해 온 독일의 지멘스(Siemens)사가 화학적인 정련방법으로 고순도의 실리콘을 만드는 기술을 개발하였는데 이것이 지멘스공법이다.

금속급 실리콘을 분쇄하여 가루로 만든 다음 염산용액으로 처리하면 삼염화실란($SiHCl_3$)이 만들어지는데, 이것을 고온 증류하면 불순물이 제거된 고순도의 실리콘이 얻어진다. 그러나 이 공정에서는 1,000℃ 정도의 고온에서 반응과 증류가 이루어지기 때문에 1 Kg의 실리콘을 얻는데 100 kWh정도의 많은 에너지가 소요된다.

$$Si + 3HCl = SiHCl_3 \text{(3염화실란)}$$

$$2SiHCl_3 + H_2 = Si + SiCl_4 + 2HCl$$

나. 야금 정제법

야금 정제법은 최근에 일부 회사들에 의해 개발된 방법으로, 전자빔과 플라즈마를 이용하여 실리콘을 가열하고, 촉매제를 활용하여 혼합되어 있는 불순물들을 제거하는 방법이다.

이 방법은 지멘스법에 비하여 공정이 간단하고 에너지소모가 1/5 정도로 적기 때문에 생산원가가 매우 저렴한 것이 특징이다. 다만, 일부기업의 특허기술로서 아직도 공정개발이 진행 중이지만 장기적으로는 에너지 절감형이 대세가 될 것으로 전망된다.

그리고 야금 정제법이 등장하자 기존의 화학처리공정을 사용하던 업체들이 실리콘 액체필름상에 염화실란을 석출하는 새로운 방법을 고안해 내어 정통 지멘스법보다 10배나 빠른 속도로 제품을 생산하고 원가도 대폭 낮추는 등 꾸준한 기술진보가 이루어지고 있다.

3 실리콘 잉곳의 제조

순수한 실리콘은 공유결합으로 뭉치면서 일정한 모양의 결정을 이룬다. 아이스링크에도 빙질 등급이 있는 것처럼, 순도에 따라 실리콘의 결정도 모양을 달리한다.

여러 방향의 결정이 지그재그로 얽혀있는 것을 다결정이라 부르는데 순도 7~8 N 정도의 실리콘에서 볼 수 있다. 그리고 한 방향으로 일정한 형태의 결정을 이루면 단결정이라 하는데 9 N 이상의 고순도 실리콘에서 볼 수 있다. 이 단결정 실리콘은 솔라 셀을 만드는 원료가 되기도 하지만 IC와 같은 반도체의 원료가 되기도 한다.

초기의 솔라 셀은 대부분 단결정 실리콘으로 만들었으나 이후 다결정 실리콘으로도 높은 효율의 솔라 셀을 만드는 공법이 속속 개발됨으로써 최근에 와서는 대부분의 솔라 셀 메이커가 다결정 솔라 셀을 더 많이 생산하고 있으며, 앞으로 그 비중은 더욱 증가할 것으로 예상된다. 현재 전세계 태양전지의 80% 이상이 다결정 또는 단결정 실리콘으로 만들어진다. 그래서 이 두 가지 결정 제품을 만드는 공정을 알아보기로 한다.

가. 다결정 실리콘 제조법

다결정 실리콘의 제조방법은 단결정에 비하여 매우 단순하다. 〈그림 3.3〉과 같이 먼저 고주파 가열로 속에 태양전지급 실리콘을 넣고 가열코일에 고주파전류를 흘리면 금속 실리콘은 녹아 액체상태가 된다. 그 다음 도가니를 아래로 서서히 내리면 가열코일을 벗어난 부분은 냉각이 진행됨과 동시에 다양한 결정을 만들면서 굳어진다.

도가니가 완전히 가열코일을 벗어나서 냉각이 끝나면 도가니속의 실리콘은 커다란 다결정 실리콘 잉곳이 된다.〈그림 3.4〉

이렇게 만들어진 다결정 실리콘 덩어리는 각 면을 깨끗하게 잘라내고 솔라 셀의 넓이만한 4각 기둥으로 잘라내면 잉곳 가공은 끝난다.〈그림 3.5〉

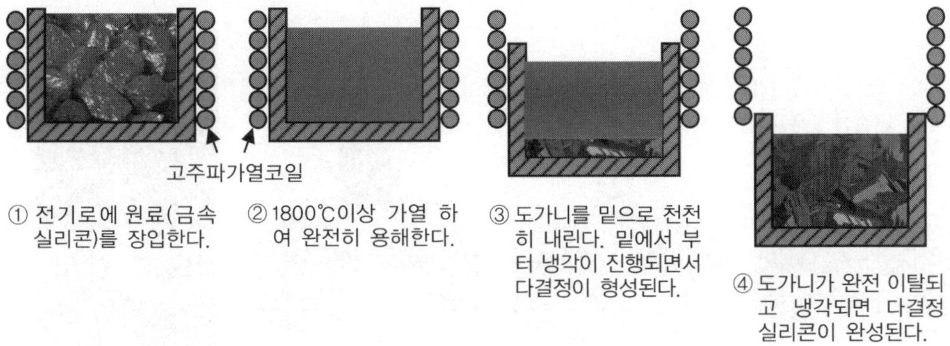

그림 3.3 다결정 실리콘의 제조법

그림 3.4 완성된 다결정 잉곳

그림 3.5 웨이퍼 크기로 절단한 다결정 블록

나. 단결정 실리콘 제조법

초크랄스키(Czochralski)가 개발한 단결정 성장법은 그림 3.6과 같이 진행되는데, 복잡한 전기로를 간단히 나타내어 설명하기로 한다. 전기로에서 1,820℃의 온도로 녹아있는 실리콘 용액 위에 사각형 실리콘 결정(종자)을 사뿐히 내려놓으면 접촉부의 실리콘 용융액은 종자막대에 온도를 빼앗기면서 서서히 굳어 가는데 이때 굳어지는 속도에 맞추어 종자막대를 돌리면서 서서히 들어 올리면 표면장력에 의해 실리콘 용액이 딸려 올라오고 위쪽으로부터 굳어간다. 이렇게 굳어지는 실리콘은 종자의 결정형태와 꼭 같은 단결정이 되면서 점차 아래로 성장해간다. 단결정 성장과정을 통해서 실리콘의 순도는 9 N 이상으로 높아지기 때문에 반도체를 만들기 위해서는 이러한 단결정 공정을 거쳐야 한다.

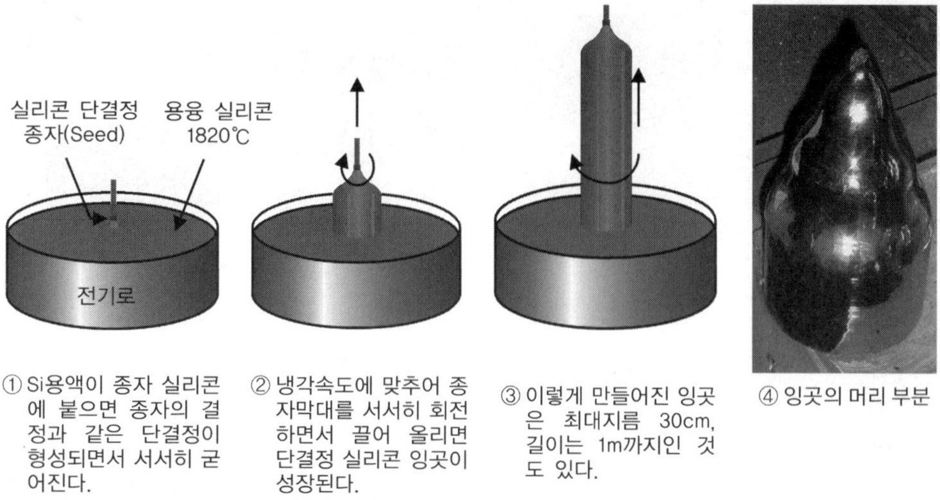

그림 3.6 단결정 실리콘 제조법(초크랄스키 공법=CZ)

초크랄스키 공법으로 만들어진 단결정 잉곳은 머리 쪽 일부만 원뿔이고 아래로는 원기둥 모양을 하고 있다. 머리 부분, 꼬리 부분을 잘라내고 원둘레를 사각모양으로 잘라내면 솔라 셀과 같은 4각형 기둥이 완성된다.

4 웨이퍼 가공

단결정 잉곳이든, 다결정 잉곳이든 솔라 셀을 만들기 위해서는 0.2~0.3 mm 두께로 잘라야 한다. 단단한 실리콘을 자르기 위한 방법으로는 다이아몬드 팁이 달린 회전톱을 사용하거나 전기방전을 통해 접촉부를 가열하여 녹이는 와이어 커팅법이 있다. 후자 쪽이 톱밥손실이 적고 표면이 더 깨끗하다.

잘려진 웨이퍼의 거칠어진 표면은 알루미나 연마제를 사용하여 래핑(Lapping)한 후 초음파 세척을 실시한다. 이어서, 산성용액에 담가 웨이퍼의 표피 약 0.01 mm 정도를 부식(etching)하면 미세한 요철들이 평탄해진다. 그리고 아교질 분말실리카로 웨이퍼 표면을 골고루 정밀 연마하고 세정, 건조하면 웨이퍼가공이 완료된다.

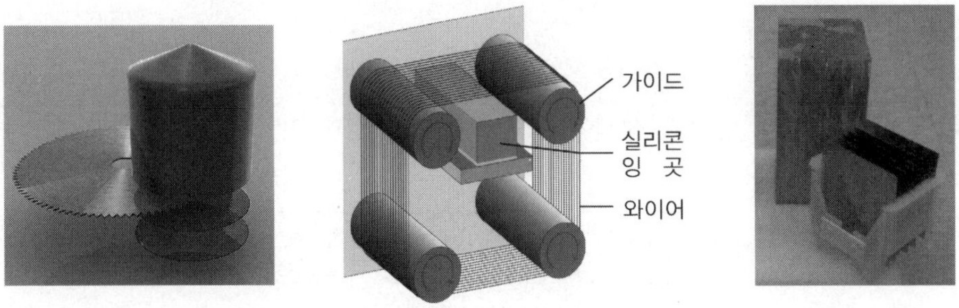

(a) 다이아몬드 톱날 커팅 (b) 방전 와이어 커팅 (c) 잘려진 웨이퍼

그림 3.7 웨이퍼 가공하기

5 p층과 n층 도핑

확산(diffusion)은 물질의 농도가 높은 곳에서 낮은 쪽으로 퍼져 나가는 현상이다. 또 이러한 작용을 이용하여 3가 금속이나 5가 금속을 순수 반도체 속으로 확산 주입하는 작업을 도핑(doping)이라고 부르고 도핑에 사용되는 금속을 불순물 금속(Dopant)이라 부른다.

솔라 셀은 p형과 n형 반도체의 접합으로 되어 있다. 그러나 실제로 솔라 셀을 만들 때는 별도로 만들어진 p형과 n형 반도체를 접합하는 것이 아니라 모재인 웨이퍼에 p형 반도체를 도핑하고, 그 위에 n형 반도체를 도핑하는 방식으로 PN 접합을 형성한다.

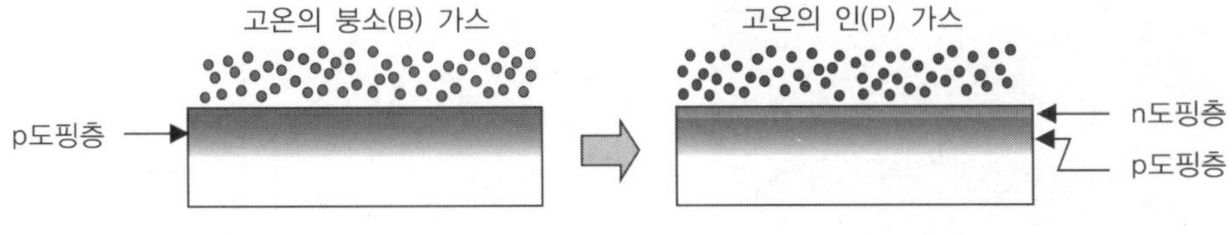

(a) 붕소 증착 → p층 형성 (b) 인 증착 → n층 형성

그림 3.8 가스증착 방식으로 만드는 p층과 n층

〈그림 3.8_a〉와 같이 웨이퍼를 고온의 전기로 속에 넣고 용해된 3가의 붕소(B) 증기를 가하면 붕소 원자가 웨이퍼 속으로 침투하여 수 μm까지 확산해 들어감으로써 p도핑층이 생성된다. 또 (b)와 같이 고온의 5가의 인(P)가스에 노출시키면 n도핑층이 만들어진다.

6 솔라 셀 공정

웨이퍼에서부터 솔라 셀의 완성까지를 순서대로 나열하면 〈그림 3.9〉와 같다.

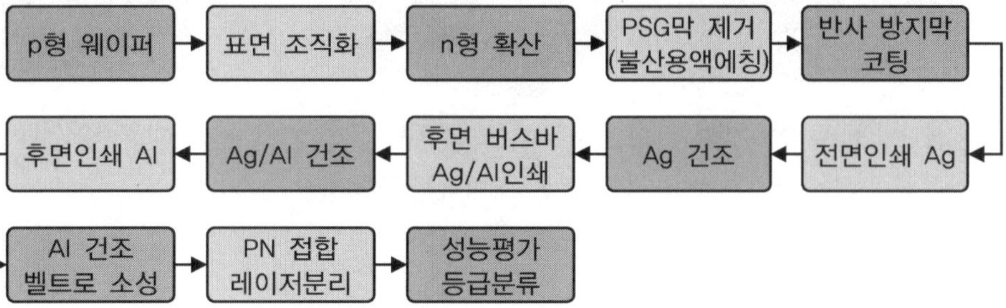

그림 3.9 솔라 셀 제조공정 흐름도

가. 표면 조직화

표면 조직화(texture)란 빛의 표면반사를 줄이고 광 흡수율을 높이기 위해 솔라 셀의 표면을 피라미드 또는 요철모양의 오돌토돌한 구조로 만들어주는 가공법이다. 이렇게 솔라 셀의 표면을 조직화하면, 유효 표면적이 넓어져서 빛의 반사는 줄고 흡수율이 높아지는 효과가 생긴다.

그림 3.10 조직화된 표면의 확대도

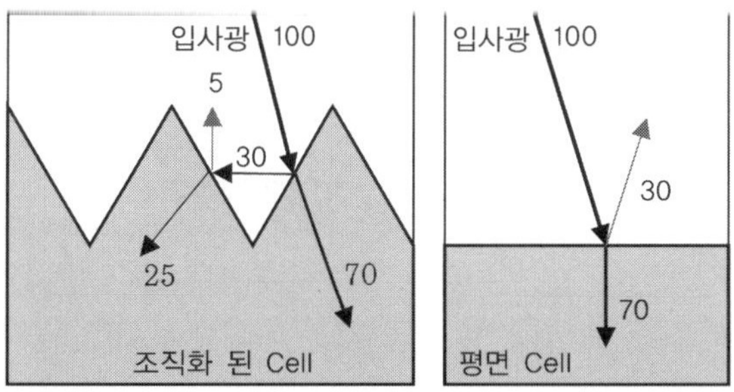

그림 3.11 표면조직화 유무에 따른 반사율 비교

나. n형 확산

두께 200μm 내외의 p형 웨이퍼 표피에 추기로 n층을 만들기 위해서는 다음의 과정을 거친다. 고온의 전기로 속에 p형 웨이퍼를 먼저 장입해 넣어놓고 여기에 5가 원소인 인(P)화합물, 예를 들면 $POCl_3$, H_3PO_4등을 분무하면, 높은 온도 조건속의 $POCl_3$와 O_2가 확산로 안에서 서로 반응하여 P_2O_5가 만들어지고, 다시 고온의 열처리를 계속하면 이 분자의 인(P)이 웨이퍼 속으로 확산되어 n층이 형성되는 것이다. 이렇게 형성되는 n층의 두께는 0.5μm 이하가 되는데 이층을 전자공급원이라는 뜻에서 이미터(Emitter) 층이라고 부른다.

다. 유리막(PSG)의 제거

n형 도핑공정이 완성되는 과정에서 P_2O_3와 O_2가 반응하여 인화 실리케이트 유리막(phosphorous silicate glass : PSG)이 만들어진다. 이 막은 도핑 과정의 부작용이기 때문에 제거해야 한다. 5% 농도로 희석된 불산(弗酸)에 담가 15초 내외로 처리하면 실리콘 표면에 손상을 끼치지 않고 유리막을 제거할 수 있다.

라. 반사방지막 코팅(ARC : anti reflecting coating)

파동이 두 물질의 경계면을 통과할 때 밀도의 차이가 크면 반사율과 굴절률이 높은 성질이 있다. 빛도 파동이기 때문에 공기를 통해 실리콘 ㅠ표면으로 입사할 때 커다란 밀도차이로 인해서 반사율과 내부 굴절률이 높아질 것이다. 반사방지막은 솔라 셀 표면에 실리콘과 공기의 중간 성질을 가진 물질을 적당한 두께로 도포함으로써 반사율을 크게 낮추는 작용을 한다.

피막의 두께는 70 nm~80 nm로 하고, 피막물질의 굴절률은 태양전지 패널의 재질까지를 고려하여 최적의 값으로 선택한다.

그림 3.12 반사방지막으로 코팅된 다결정 웨이퍼

마. 금속전극 인쇄

솔라 셀이 태양빛을 받으면 표면의 n층(이미터)에서는 전기를 운반하는 전자가 활발하게 생산되는데, 이 전자를 모아주는 것이 금속 전극이고 극성은 (−)이다. (+)전극은 셀의 아래쪽 p층 바닥이다. 웨이퍼 양면에 금속전극 만드는 공정은 주로 스크린 인쇄 방식을 사용하는데, 금속 분말 인쇄, 건조 및 소성 등의 공정으로 이루어진다.

스크린 인쇄는 인쇄기, 스크린 제판, 금속 페이스트 3가지 요소로 구성되며, 잉크(페이스트)가 통과할 수 있는 개구부가 형성된 스크린 마스크 위에 잉크모양의 페이스트를 문질러 짜내서 기판 표면에 부착되도록 하는 것이 스크린 인쇄법이다.

셀 표면의 금속전극은 촘촘하고 넓을수록 전류운반에는 유리하지만 셀의 유효면적을 잠

식하기 때문에 태양광 흡수에는 불리하다. 광흡수 손실과 선로 저항을 종합적으로 고려하여 전극인쇄용 스크린을 설계할 필요가 있다. 보통 세선의 굵기는 0.1 mm, 선폭(간격)은 2.5 mm, 그리고 버스 바의 굵기는 2 mm로 한다.

전면의 전극금속으로는 은(Ag)을 사용하고, 후면 버스 바의 소재로는 은-알루미늄(Ag-Al) 합금을 사용한다.

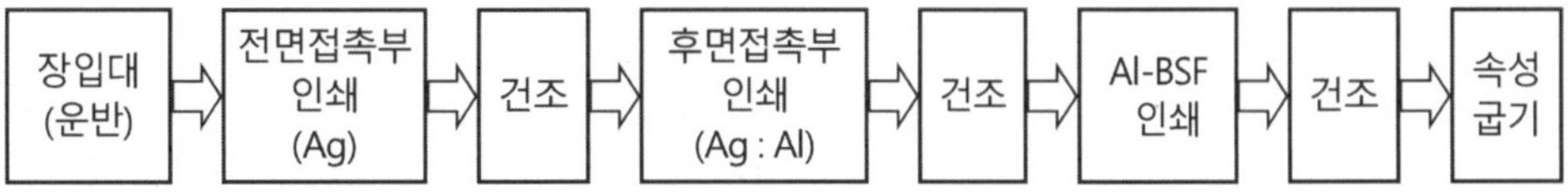

그림 3.13 금속전극의 건조 및 소성 공정 흐름도

웨이퍼 표면에 인쇄된 금속피막은 시간 경과함에 따라 높이는 줄어들고 선폭은 굵어져서 셀의 유효면적을 감소시키기 때문에 신속하게 건조시켜야 한다. 건조과정에서는 유기물을 휘발시키기 위해서 200℃ 이상의 고온소성 건조법을 사용한다. 벨트형 소성로에서 이와 같이 고온의 열처리를 해 주면 실리콘 셀 표면과 금속전극을 화학적으로 단단히 결합시키고 접촉저항을 줄여 전류가 잘 흐르도록 하는 추가적 효과가 발생한다.

그림 3.14 (a) 전극 인쇄된 솔라 셀 (b) Finger의 확대도

바. 측면 분리

도핑 공정을 마치면 웨이퍼의 모든 표면이 n층으로 덮여 있다. 이렇게 되면, 가장자리 측면이 상층의 n형 전극과 하층의 p형 금속 사이를 단락시키는 상태가 되기 때문에 이 가장자리 n층(단락층)을 제거하는 것이 측면분리공정이다.

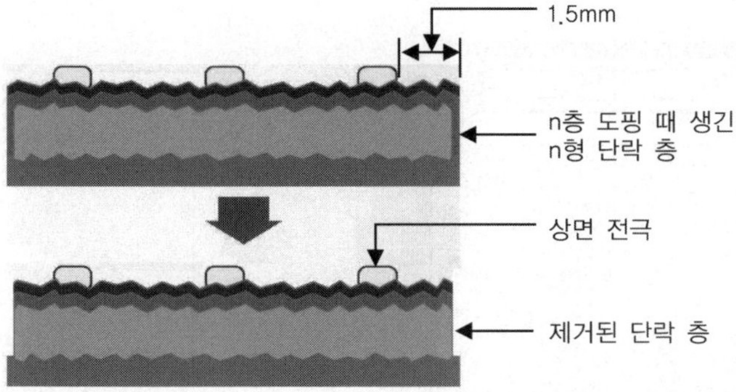

그림 3.15 플라즈마와 레이저를 이용한 PN 접합의 측면 제거

측면 분리가 잘 되지 않을 경우 PN 접합에서 발생된 광전류가 출력단자를 통해 부하 쪽으로 흐르지 않고 분리되지 않은 n층 연결부를 통해 직접 흐른다. 이렇게 중간에서 새어 흐르는 누설전류가 많아지면 병렬저항(Rsh)이 작아졌음을 의미한다. 그래서 셀 검사기(Cell tester)에서 Rsh가 낮게 측정되면 가장 먼저 PN 접합의 측면분리공정을 조사하여 작업을 개선한다.

사. 솔라 셀의 평가와 분류

솔라 셀의 성능을 평가하기 위한 환경조건은 제2장에서 언급한 것과 같이

- 온도 : 25 ℃
- 공기질량지수(AM) : 1.5
- 태양광 입사강도 : 1,000 W/cm^2

등으로 주어져 있다. 평가 분류의 기준은 효율, 전류, 전압 등 솔라 셀의 전기적 특성 변수와 반사방지막 코팅 정도에 따른 색상(Color)과 웨이퍼의 기계적 결함을 포함하여 분류한다.

분류기준이 중요한 이유는, 솔라 셀은 하나씩 단독으로 사용하는 경우보다 PV 모듈로 제품화되어 사용되는 것이 일반적인데, 모듈화 과정에서 전류출력이 낮은 셀이 한 개만 섞여 있어도 직렬연결의 특성상 모듈의 전류출력은 수십 개의 셀 중에서 가장 낮은 셀의 전류 특성을 가지게 되기 때문에 전류출력에 따른 등급 분류가 절대적으로 필요한 것이다.

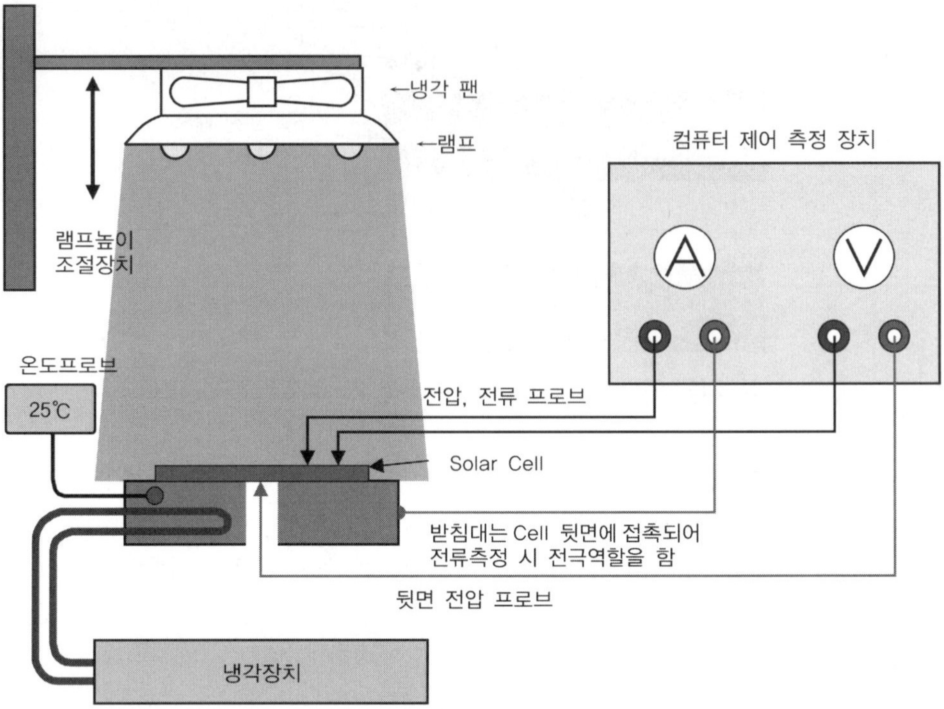

그림 3.16 셀 테스터의 구성

그림 3.17 수작업 셀 시험기

그림 3.18 자동 셀 시험기 겸 분류기

그림 3.19 셀 분류작업 중인 생산라인

실제로 시중에서 판매되는 다결정 PV 모듈 HiS-M000SG 시리즈의 경우, 동일한 사이즈의 □156 mm 솔라 셀을 60개 사용한 제품이지만 최대전력 규격은 209 W에서 233 W까지 3 W 간격의 9개 등급 제품으로 나뉘어져 있다.

제2절 PV모듈의 제조과정

1 PV 모듈의 구성요소

솔라 셀 제조와 검사과정이 끝나면 PV 모듈화 과정으로 넘어간다. PV 모듈이란 '다수의 솔라 셀을 직렬로 연결하여 전력생산에 사용하기 편리한 크기로 만든 규격화 제품'을 말한다.

하나의 솔라 셀에서 정격전압은 보통 0.5 V 정도이므로 36개 셀을 직렬로 접속하면 약 18V가 되어 배터리 충전에 적합하다. 그래서 초기에 만들어진 PV 모듈은 모두 36셀 모듈이었다. 이후 태양광 발전소의 규모가 점점 커지면서 셀의 단위면적도 커지고, 직렬접속의 수도 54개에서 60개, 72개까지로 늘어났다.

PV 모듈은 옥외에 설치되기 때문에 장기간 자연환경 및 외부충격에 견딜 수 있는 튼튼한 밀봉구조로 되어야 한다. 전면에는 투과율이 좋은 강화유리를 사용하고, 뒷면에는 EVA(ethylene vinyl acetate, 에틸렌 비닐 아세테이트)를 부착하여 습기와 자외선을 차단한다.

EVA는 열경화성 수지로서 고분자 화합물에 각종 배합제를 가하여 투명도가 우수하고, 액화 및 고상과정에서도 공기방울이 잘 생기지 않고, 자외선에도 강하다. 또한 140℃의 온도에서 빨리 녹아서 경화되는 성질이 있다.

PV 모듈의 조립 공정을 보면, 〈그림 3.20〉과 같이 유리-EVA-솔라 셀-EVA-후면시트를 적층한 후, 아래로부터는 열을 가하고, 후면에서는 컴프레서로 공기를 빼면 진공이 되면서 5개 층이 압착, 밀봉되는데 이 공정을 라미네이팅(Laminating : 판형화 작업) 공정이라 부른다. 이렇게 유리에서 후면 시트까지가 단단한 한 장의 패널처럼 된 것을 사각형 알루미늄 틀에 끼워 넣고 실리콘 접착제로 마감한 후 전극 단자함을 부착하면 모듈이 완성된다.

PV 모듈은 솔라 셀을 4×9, 6×9, 6×12 등의 행 열 매트릭스로 배열하고, 모든 셀들을 직렬로 접속한다. 따라서 모듈 전류는 솔라 셀 한 개의 크기와 같고, 모듈 전압은 셀의 단위 전압에 셀 수(n)를 곱한 것과 같다.

개방전압은 (솔라 셀 수)×0.615 V를 곱하여 구할 수 있다.

$$I_{PV} = I_{Cell} = I_m$$
$$V_{PV} = n \cdot V_{Cell} = n \cdot V_m$$

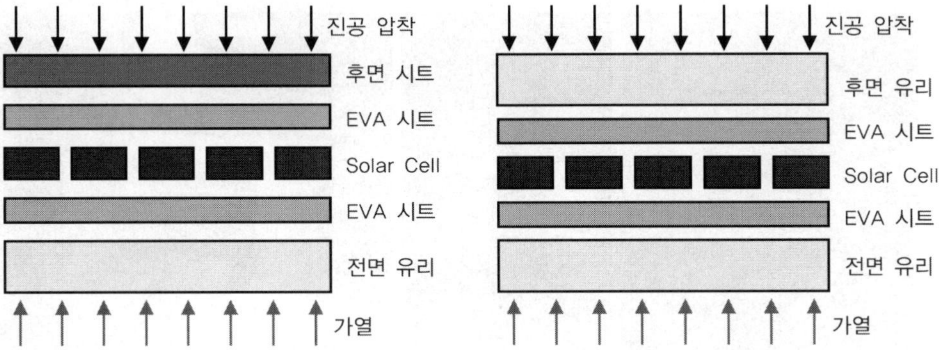

(a) 후면 시트 타입 (a) 유리-유리 타입

그림 3.20 모듈의 구성 단면도

〈보기〉 : 36셀의 개방전압 $V_{OC}=22\ V$, 54셀의 $V_{OC}=33\ V$, 72셀의 $V_{OC}=44\ V$

또 모듈의 최대 전력(P_m)은 (모듈 정격전류)×(0.5 V)×(셀 수 : n)로 구할 수 있다.

2 PV 모듈 제조공정

모듈의 구성방법이 결정되면 모듈 조립공정으로 들어가는데, 각 단계별로 설명하면 아래와 같다.

가. 태빙(Tabbing)과 스트링(Stringing) 공정

첫 번째 작업은 선별이 완료된 같은 등급의 셀들을 직렬로 연결하는 작업이다. 연결 작업에는 셀에 리본 와이어(Ribbon wire)를 접착, 납땜하는 태빙 작업과 9개 또는 12개 셀을 일렬로 연결하는 스트링작업(stringing)이 포함된다.

(a) 리본와이어　　(b) 접착제　　(c) 리본 접착 후 태빙(납땜)하기

그림 3.21 접착제를 이용하여 셀에 리본을 붙인 후 비스무스 땜납으로 납땜한다

나. 이어서 4~6개 스트링을 순방향, 역방향으로 교대로 배열(Arraying)하고 직렬접속하면 전체 셀들이 직렬로 접속되어 모듈 전체가 하나의 전지가 된다.

다. 조립의 첫 단계는 Setting공정이다. 이는 모듈 구성요소들, 예를 들면 유리- EVA-솔라 셀-EVA-후면시트를 차곡차곡 쌓는 작업이다.

라. 이어서 진공펌프로 공기를 뽑아내면서 가열하면 대기 압력에 의해 압착이 되면서 5개 층이 완전히 접착 밀봉되어 하나의 단단한 판자형태로 되는데 이러한 작업을 적층(積層 : Laminating)공정이라 부른다.

마. 적층판자를 실리콘 접착제와 함께 알루미늄 틀에 끼워 넣고 고정한 후, 전극 단자함을 부착하면 모듈 조립이 완성된다.

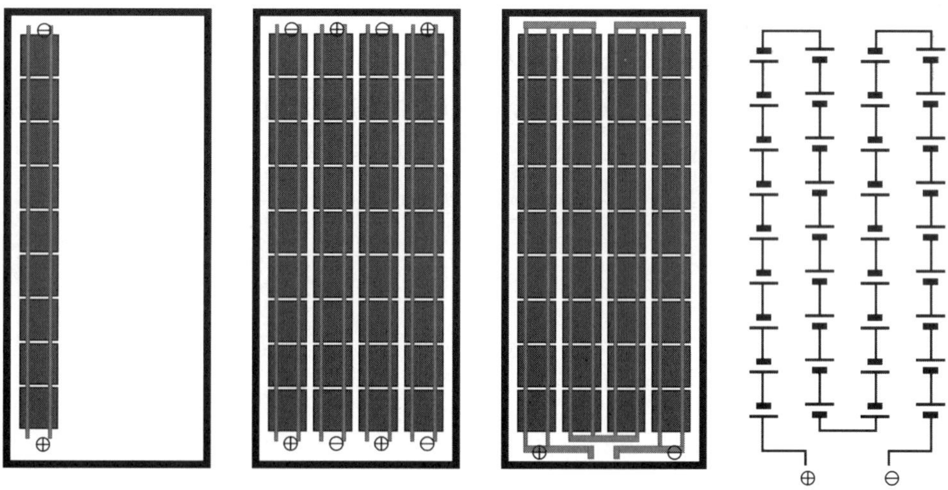

그림 3.22 열 작업→매트릭스 배열→회로연결 작업→등가회로

그림 3.23 태빙(tabbing) 작업실 모습

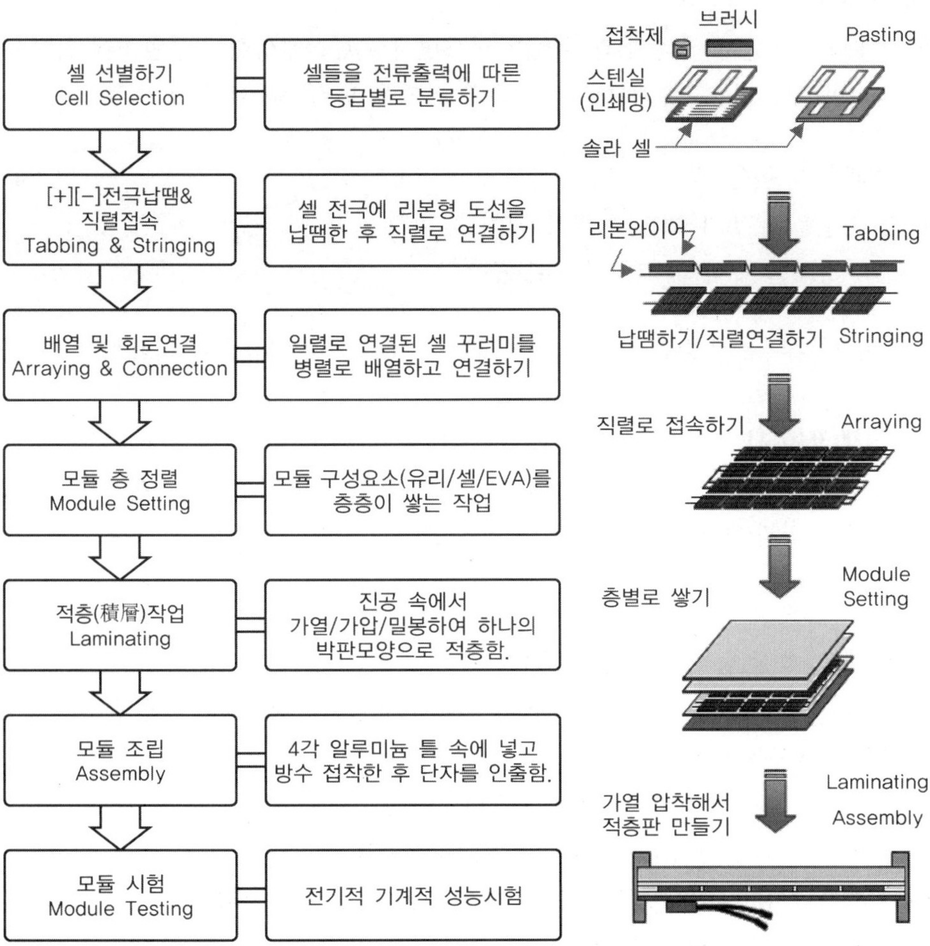

그림 3.24 솔라 셀 모듈 제조 공정순서와 공정별 제조설비

바. 마지막으로 최종 성능검사와 외관 및 제품 검열을 수행한다. 예를 들면 항온 항습실에서 태양광 스펙트럼과 유사한 인공조명으로 800~1,000 W/m^2의 일조광량을 만들고 전압-전류 출력특성을 시험하며, 온도 변화에 따른 출력의 변화도 시험한다. 또 야외 환경에서 발생할 수 있는 강수(降水), 우박, 결빙(結氷) 등의 상황을 만들고 그에 따른 전기적 특성과 기계적 강도도 검사한다. 그리고 이전의 제작 과정, 예를 들면 접착 공정이나 모듈화 공정에서 발생하였을지도 모르는 손상 등을 검사하고 나면 제조과정은 완전히 마무리된다.

3 PV 모듈의 구성 재질

가. 표면 유리

표면 덮개로 쓰이는 유리는 투과 손실이 적으면서도 변화무쌍한 자연환경에 견딜 수 있는 강도를 지녀야 하는데, 구체적으로는 다음의 조건을 만족하여야 한다.

- 광 투과도가 높을 것
- 반사 손실을 낮추기 위한 처리가 되어 있을 것
- 기계적 강화를 위해서 열처리를 수행할 것

이상의 조건을 충족하도록 표면을 코팅처리한 저철분 강화유리가 사용된다.

나. 충전재(充填材)

충전재로 쓰이는 EVA(ethylene vinyl acetate)는 깨지기 쉬운 솔라 셀 소자를 보호하기 위해 솔라 셀 전면과 후면 그리고 유리 사이에 삽입하는 물질로서 다음과 같은 조건을 만족해야 한다.

- 모듈 제조 시 취급이 간편해야 한다.
- 급변하는 온도에 따른 변화가 적어야 한다. (이탈, 공기방울, 변색 등)
- 수명이 반영구적이어야 한다. (25년 이상)
- 광 투과율이 높아야 한다. (90% 이상의 투과율)
- 90℃ 정도의 고온에서도 구성품의 파손이 없어야 한다.
- 외부 환경과 물리적인 충격에 솔라 셀의 파손이 없어야 한다.
- 전기적인 절연성이 좋아야 한다.
- 염해 및 온도의 변화에 따른 스트레스가 적어야 한다.

EVA 시트는 장시간 외부에 노출되기 때문에 습기 침투, 금속의 부식을 유발시켜 전기적인 특성저하와 변색되어 광 투과도를 낮출 수 있기 때문에 EVA 특성에 맞는 공정을 채택하여 제작하여야 한다. EVA 시트는 유리와 솔라 셀 전면 사이, 그리고 셀 후면에 위치하기 때문에 400~1,200 nm의 파장범위에서 투과율이 90% 이상 되어야만 솔라 셀의 광 흡수율을 보장할 수 있다.

다. 후면 시트

후면 시트는 PV 모듈의 가장 뒷면에서 위치하며 라미네이팅된 모듈전체를 보호하는 피막구실을 한다. 이 시트는 층간 접착력이 좋아야 하고, 외부로부터 침투하는 습기나 공해물질을 차단하며 고온 고습에도 잘 견디는 등 내구성이 우수해야 PV 모듈의 수명을 오래도록 유지할 수 있다. PV 모듈에서 사용하는 후면 시트는 일반적으로 0.1~0.2 mm 두께가 많은데, 두께가 얇을수록 밀봉하기는 쉬우나 내구성이 취약해지는 문제점이 있다. 예를 들면, 외부에서 미세한 접촉만으로도 흠집이 나서 솔라 셀과 전극, 도체 리본 등에 부식을 유발시킬 수 있고 습기가 침투하여 절연이 저하될 수 있다.

라. 알루미늄 프레임

알루미늄 프레임은 외부 환경에 노출된 PV 모듈을 장기간 안전하게 보존시켜주는 데 큰 역할을 한다. 그래서 기계적 성능과 환경시험 규격을 충족하여야 한다. 특히 방수기능과 태풍에 대한 강인성, 폭설에 대한 하중 강인성, 고온과 한파에서도 부식과 변형이 없어야 한다. 최근에는 프레임의 컬러를 다양화하여 주변 환경과 조화를 이루도록 배려하고 있으며, 건자재 일체형 제품을 선보이고 있다. 또, 대규모 태양광 발전소가 일반화되고 모듈이 대형화되면서 시공성을 우선적으로 고려한 형태로 제작되고 있다.

4 박막형 모듈의 프레임

박막형 PV 모듈은 레이저 홈파기(scribing) 분리공정을 통해서 다수의 솔라 셀이 이미 직렬로 연결된 상태이므로 먼저 양끝의 전극에 전극용 리본을 달고, EVA와 후면 시트를 적층하고, 단자함과 프레임을 조립하여 모듈을 완성한다. 박막형 PV 모듈에 사용되는 테들라(Tedlar : 듀폰사 제품)는 불화 고분자 성분인 PVF(polyvinyl fluoride)와 밀봉재로 EVA를 사용한다.

그리고 테들라는 수분과 산소 침투를 방지하는 층, 화학적 부식에 강한 층, 고온에서 안정성과 절연특성을 가지기 위한 층 등 여러 층을 접합한 다층 시트 구조로 되어있다.

5 PV 모듈화 작업

PV 모듈화는 전력용량을 표준화하고, 기계적 강도를 높이기 위한 규격화 작업이다.

셀 당 전압이 0.5 V에 지나지 않기 때문에 36개가 모여야 축전지에 저장하기 적합한 크기가 되고, 수백 개가 모여야 인버터에 공급할 수도 있다. 태양광 발전 시스템에 사용할 목적으로 만들어진 PV 모듈은 최소 36개 최대 72개 셀을 직렬접속하여 알루미늄 프레임과 강화유리로 밀봉하여 만들어진다.

PV 모듈 제조 공정의 업무 처리 순서도를 다음 〈그림 3.25〉에 요약하였다. 다음에서는 주요 공정인 솔라 셀 스트링 형성, 매트릭스 구성, 판형화 작업(Laminating) 등의 세부내용을 살펴본다.

가. 스트링 작업(Stringing)공정

솔라 셀 장착, 정렬, 예열, 리본 절단, 리본 플럭스, 리본장착, 적외선 램프히터 또는 가열된 공기로 리본 납땜, 스트링 탈착, 스트링 검사 등의 순서로 스트링 작업이 완성된다.

나. 탭 달기(Tabbing)와 스트링작업의 요소

적체된 솔라 셀을 각각 분리하는 작업, 솔라 셀 위치를 정렬하는 작업, 리본 통에서 리본을 되감아 위로 휘어오는 부분을 제거하기 위해서 잡아당기는 작업, 솔라 셀이나 리본에 땜납용 플럭스를 바르는 작업, 솔라 셀 예열 작업 및 납땜 작업으로 구분된다.

다. 적층화 공정

먼저 강화유리를 장착하고, 그 위에 EVA 시트 배치하기, 스트링들을 직렬 회로로 접속하고 EVA 위에 배치하기, 버스 바 납땜하기, 셀(매트릭스) 위에 EVA 시트 배치하기, EVA 위에 후면시트 배치하기, 암조명 속에서 전류와 전압을 검사하는 순서로 진행한다.

라. 라미네이팅 공정

적층작업이 끝나면, 진공흡입기 속에서 공기를 빼내는 방법으로 1차 압착한 후 100~120℃로 예열하면서 다시 진공 흡입하여 140 Pa 이하로 감압한다. 그리고 가열판의 온도를 140℃~160℃까지로 높이고, EVA 액화와 경화를 위해 온도를 유지하고, EVA의 상변화시 기포가 생기는 것을 방지하기 위해 진공도 유지하다가, 이후 서서히 진공을 해소하고, 탈착하는 순서로 진행된다.〈그림 3.27〉

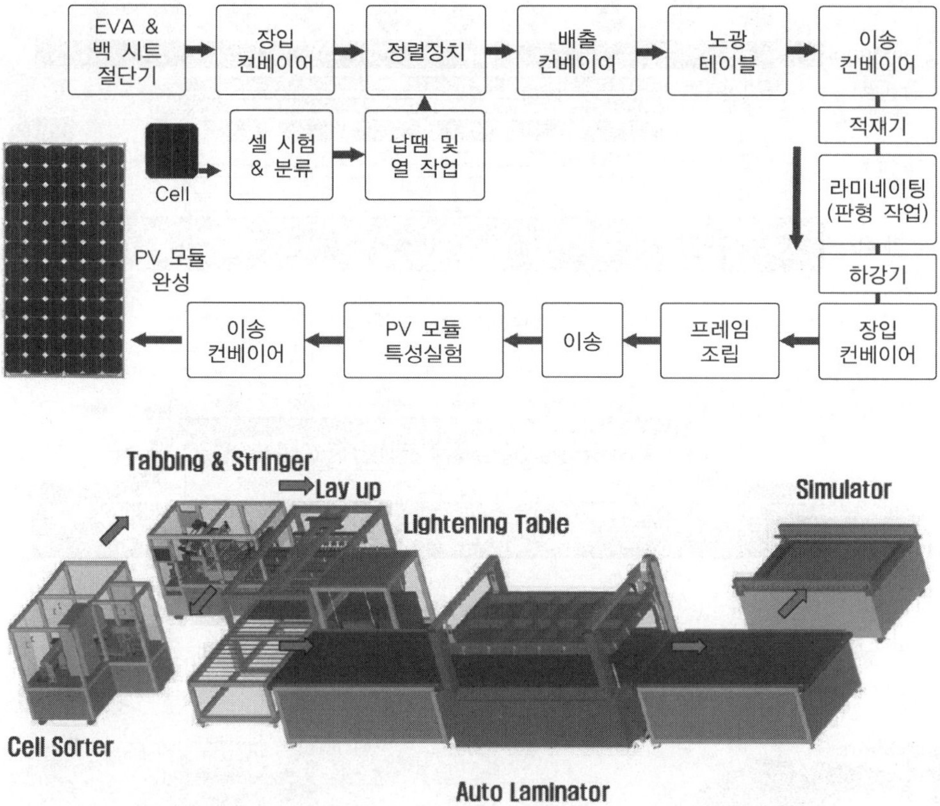

그림 3.25 PV 모듈 제작공정의 순서도

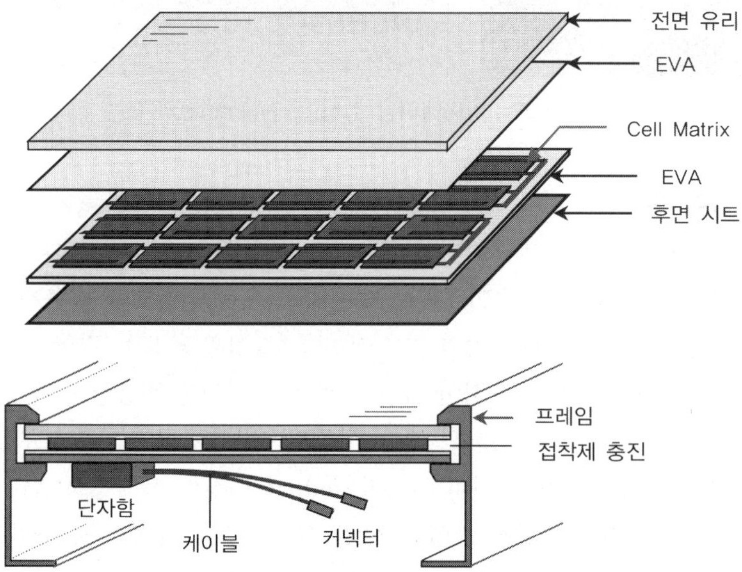

그림 3.26 벌크형(결정형) PV 모듈의 구조

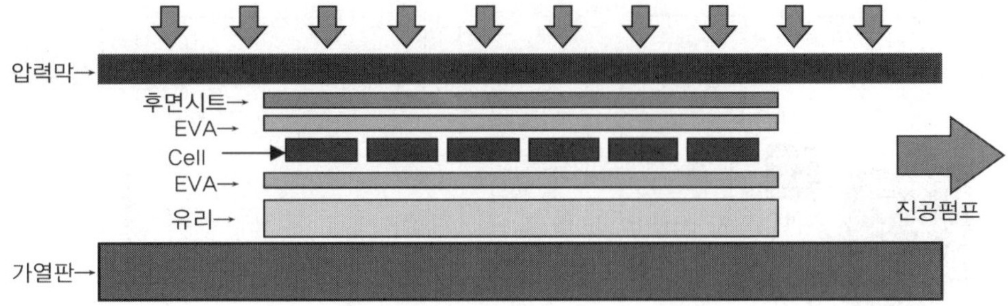

(a) 진공흡입 전 준비단계

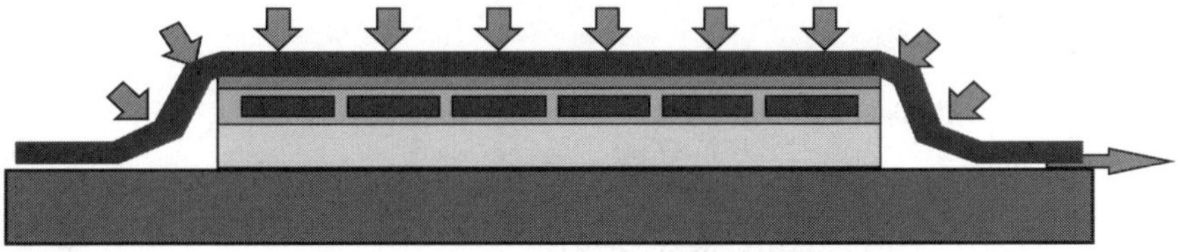

(b) 가열→진공흡입→압착→냉각→라미네이팅 완료

그림 3.27 라미네이팅 작업의 단면도

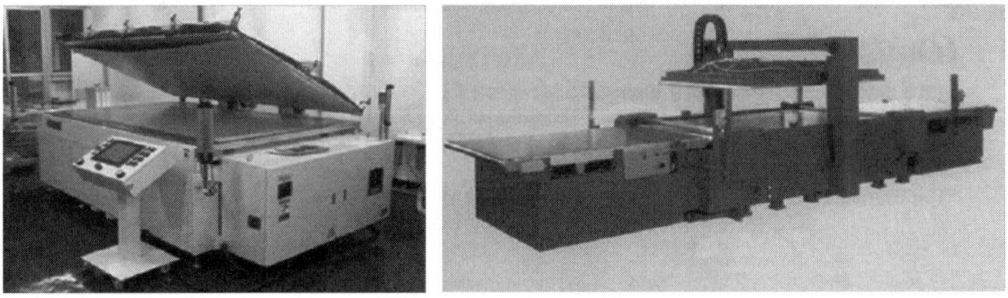

그림 3.28 라미네이팅 장비(=Laminator)의 예

마. 박판형 솔라 셀(Thin film solar Cell)

환경보호와 생산원가의 절감 때문에 필연적인 추세가 되고 있다. 그러나 이 방식은 작업자의 손으로 다루기가 어려운 단점이 있다. 기존에 진공흡착 방법을 이용하면 공정은 간단하나, 흡착 패드를 통한 오염, 배기압력 가변에 따른 흡착불량 또는 강한 흡착으로 인해 파손되기 쉬운 문제가 있어 기계적 충격이 없는 베르누이 원리를 적용한 이송장치나 정전하를 이용한 방안이 강구되고 있다. '정렬'의 경우 기존의 4방향에서 기계적으로 정렬하는 방법과 공압을 사용하는 정렬방법은 웨이퍼 두께가 250μm 이상인 작업공정에서 사용되는 방법이다. 초기 투자비가 높지만 광학적 정열방법[3]을 사용하면 솔라 셀 가장자리와 버스 바(bus bar)를 인식하고, 기본 검사기능을 자동으로 수행할 수 있다.

---

3) 광학적 정렬방법=CCD 카메라와 컴퓨터 프로그램으로 선과 무늬를 판별하는 방법이다.

광학적 방법을 활용하고부터 솔라 셀 두께에 대한 기술적 한계를 극복할 수 있게 되었다.

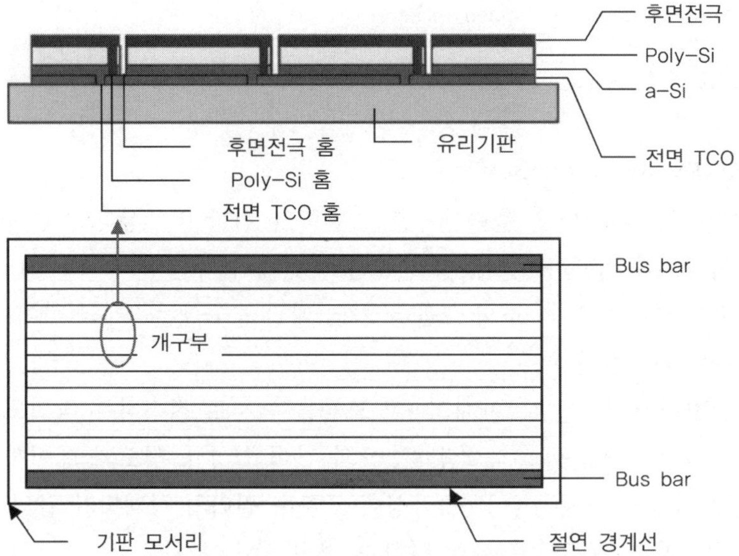

그림 3.29 박막형(필름형) PV 모듈의 구조

바. RoHS 문제

유럽에서는 공산품 제조시에 납(鉛 : Lead)과 같은 유해물질 사용을 엄격히 규제하고 있는데 그 기준이 RoHS(유해물질 제한지침)이다. 이에 따라 기존의 땜납 재료에서 납 성분을 축소 또는 완전히 배제한 재료를 사용하여 스트링 작업을 한다. 다음 〈표 3.1〉에 유해물질과 각각의 허용기준치를 정리하였다. 납 성분이 빠진 재료의 용융온도는 납을 사용하는 경우보다 대략 40℃ 정도 높으며, 사용 가능한 재료에는

Sn100 (232℃)
Sn97Ag3 (221℃)
Sn96.5Ag3.5 (221℃)
Sn96.5Ag3.0Cu0.5 (220℃)
Sn63Pb37 (183℃)

등이 있다. 원소기호 다음의 숫자는 백분율 구성비(%)이고, 괄호 속은 녹는 온도이다.

표 3.1 RoHS에서 지정한 유해물질과 각각의 허용 기준치

6 대 유 해 물 질	허용량 [wt %]
① 납, ② 수은, ③ 6가 크롬, ④ PBB(Poly brominated biphenyl) ⑤ PBDE(Poly brominated diphenylethers)	각 0.1%
⑥ 카드뮴(Cadmium)	0.01%

사. PV 단자함(PV Junction Box)

PV 모듈의 후면으로 빠져나온 출력단자를 수납하기 위한 PVC상자를 단자함이라 한다. 이 공정에서는 접착제를 이용하여 단자함을 모듈 뒷면에 접착한 후, 버스 바(bus bar)와 단자 금속을 납땜으로 연결해준다. 소형 모듈은 2개, 대형 모듈에는 3개의 바이패스 다이오드를 이 단자함 속에 설치한다.

대규모 태양광 발전소에서는 수 만개의 PV 모듈들을 서로 접속하는 작업도 꽤 번거롭고 작업공수가 많기 때문에 최근에는 〈그림 3.30〉과 같이 약 1 m 정도의 케이블을 부착한 채 출하하고 있다. 케이블의 끝에는 (+) (-)극성이 구분된 원터치 커넥터가 달려 있어 같은 극성을 확인한 다음, 암수 커넥터를 서로 결합만 하면 접속이 완료된다.

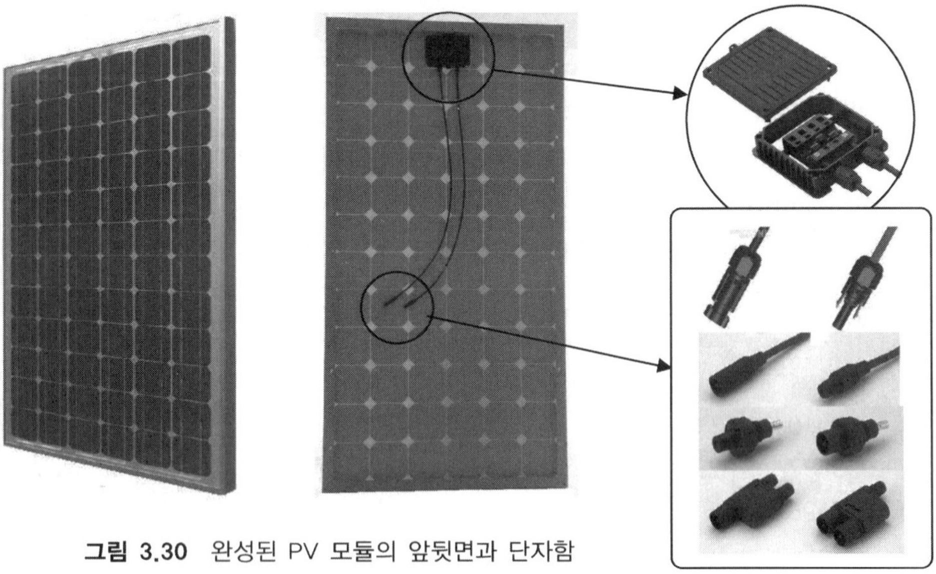

그림 3.30 완성된 PV 모듈의 앞뒷면과 단자함

제3절 PV 모듈의 검사

PV 모듈 검사법은 출하 검사와 신뢰성 검사로 구분한다. 출하 검사는 전기적 특성검사, 강박시험, 구조 및 조립시험, 내전압 검사, 절연저항 시험 등이 있다. 신뢰성 검사에는 내풍압(耐風壓)시험, 온도 주기시험, 내습성(耐濕性) 시험, 염수분(塩水分) 시험, 내열성(耐熱性) 시험, UV(자외선) 피폭 시험 등이 있다.

육안 검사는 모듈의 시각적 결함을 찾아내기 위한 검사로서, 1,000 lx 이상의 밝은 조명 아래에서 육안으로 살펴서 아래와 같은 결함이 있는지를 본다.

- 휘어졌거나 깨졌거나 금이 간 솔라 셀
- 리본 접속이 불량하거나 회로 연결이 잘못된 것
- 셀과 셀 간의 간격 불량, 셀과 모듈 프레임의 접촉여부
- 솔라 셀과 모듈 프레임 사이에 기포나 박리현상이 생겨 연속된 통로가 형성된 것
- 합성수지 소재의 표면이 끈적끈적한 것
- 단말 처리가 잘못 되었거나 금속 부품이 노출된 것
- 기타 모듈의 성능에 영향을 끼치거나 작업자의 안전을 해칠 수 있는 요소

〈그림 3.31〉은 PV 모듈에 대한 각종 성능검사의 종류들을 IEC 규정에 따라 분류한 것이다.

표 3.2 PV 모듈의 구조적 성능평가 방법

항 목	기 술 기 준
외 관	1,000 lx 이상의 조명에서 솔라 셀, 유리, 단자함, 프레임, 기타 접지 단자를 검사한다.
구조 및 재질	구조 및 재질은 제품사양서 및 도면 기준에 부합해야 한다.
외형치수 및 무게	치수는 1,000 mm 미만 규격에서 오차 ±2.5 mm 이내, 1,000 mm 이상 규격에서 ±4.5 mm 이내일 것. 무게는 공칭무게의 ±5% 범위 이내일 것.

1 기계적 특성시험

기계적 부하 시험은 모듈의 앞면이나 뒷면 즉, 넓은 면이 바람, 눈 또는 움직이지 않는 물체나 얼음의 무게로 인한 물리적인 부하에 견디는 능력을 확인하기 위한 시험이며, 시험 도중 모듈 내부 회로의 전기적인 연속성을 상시 감시한다. 모듈의 내풍압 시험에는 2,400

Pa 이상의 물리적인 부하가 요구되나, 눈이나 얼음은 흘러내리지 않고 누적되는 속성을 가지고 있으므로 이에 대한 내성을 시험하기 위해서는 모듈이 5,400 Pa 이상의 하중에 견디는지 시험한다.

가. 우박 충돌시험

모듈이 우박의 충돌에 견디는 능력을 검증하기 위한 시험인데, 인공적으로 얼음 알맹이를 만들어 모듈 표면에 떨어뜨린다. 시험에 사용하는 표준 얼음공(球)은 냉동온도 −10℃±5℃인 제빙기로 만들고 보관온도 −4℃±2℃인 냉장용기에서 최소 1시간 이상 보관한 후 사용해야 한다. 얼음공의 속도는 모듈 표면으로부터 1 m 이상 떨어지지 않은 곳에서 레이저 속도계를 사용하여 측정한다. 상세한 시험 절차와 방법은 IEC Std 61215의 규정에 따른다.

표 3.3 PV 모듈의 기계적 성능평가 방법

항 목	기 술 기 준
유리 충격 강도 시험	−8℃의 냉동고에서 8시간 이상 보존된 PV 모듈에 대해 25ϕ크기의 강구를 23 m/s의 속도로 충격한 후 외관 및 전기적 성능에 이상 없을 것
내 풍압 시험	풍압 800~2170 Pa[4], 풍속 36~60 m/s까지를 5등급(80, 120, 160, 200, 217)으로 나누어 시험한 후 외관 및 전기적 성능에 이상 없을 것
비틀림 강도 시험	모듈 모서리에서 대각선 길이 100 mm 당 2 mm의 비틀기를 반복하는 시험을 행한 후 외관 및 전기적 성능에 이상 없을 것
단자 강도 시험	모듈의 단자 부분에 대한 인장 및 굽힘 강도, 토크 등을 (10±1초간)시험 후 외관 및 전기적 성능에 이상 없을 것

4) Pa=파스칼(pascal)=압력의 단위. 1Pa=10^{-5} bar, 1,000 hPa=1,000 mbar=1bar

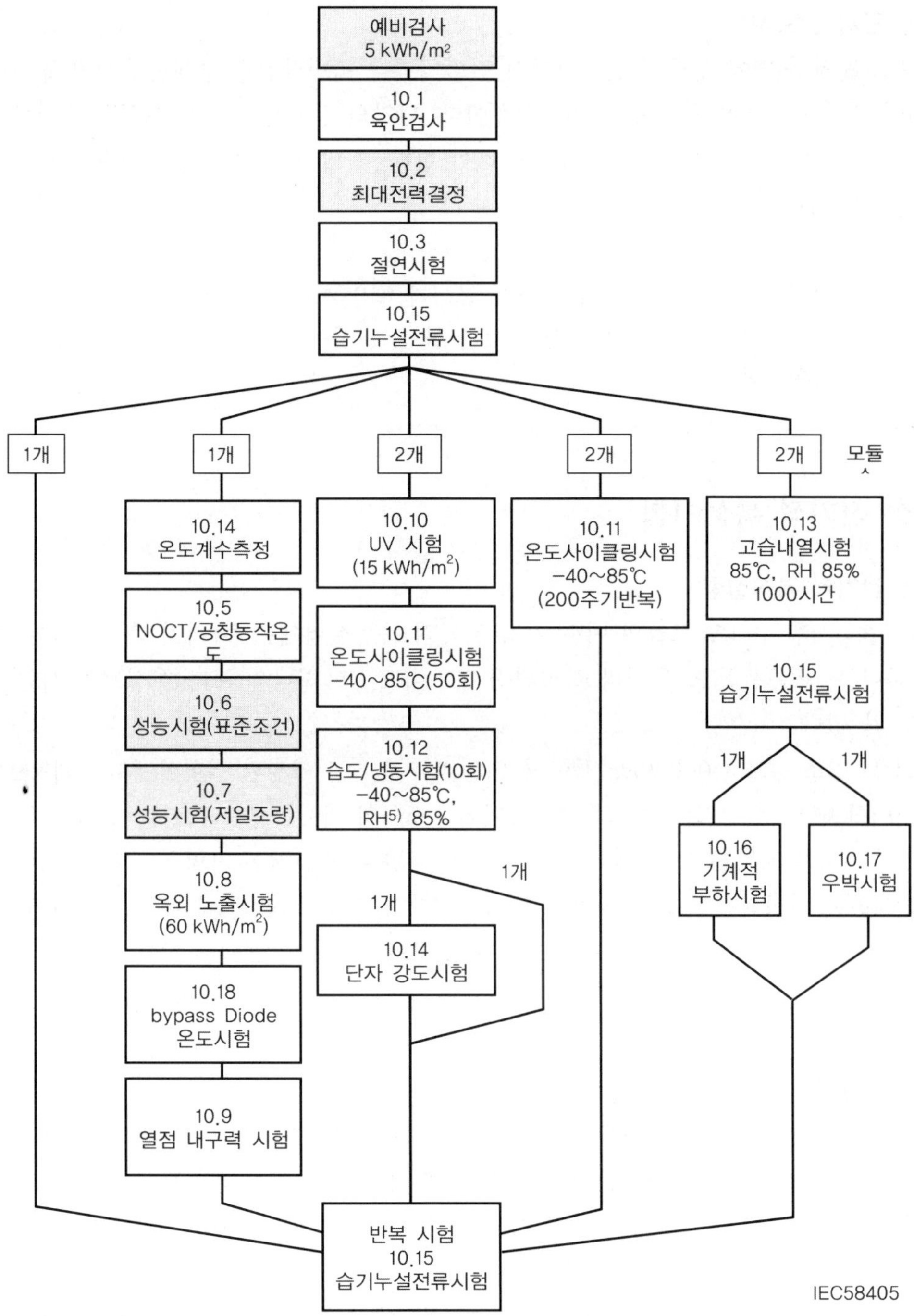

그림 3.31 모듈 검사의 분류 체계

5) RH=Relative Humidity=상대습도, 공기 중 습도의 함유비율을 %로 나타냄. (예 : RH 60%)

나. 단자 강도시험

PV 모듈의 후면에 부착된 단자함에서 단말처리나 조립작업을 수행하다가 받을 수 있는 응력에 대한 견고성을 확인하기 위한 시험이다. 단자의 강도시험은 PV 모듈을 적어도 1시간 이상 상온, 상압의 조건에 놓아두었다가 해야 한다. 단말 처리 방식에는 다음과 같은 세 가지 형태가 있다.

A형 : 피복 전선의 끝에 단자를 붙이지 않은 도선
B형 : 연결 이음쇠, 나사산이 있는 볼트, 나사못 등
C형 : 접속선

2 전기적 특성시험

가. 전기적 특성실험

최대출력시험 등 PV 모듈의 여러 가지 전기적 특성실험에는 두 가지 측정조건이 제공된다. 하나는 '표준시험 조건'이라고 알려진 STC이고, 또 하나는 보다 현실적인 시험조건인 NOCT가 있다.

STC는 일조 강도 1,000 W/m^{2}하에서 모듈온도 25℃로 고정된 실험실에서나 가능한 조건을 의미하지만, NOCT는 20℃의 주변공기가 1 m/s의 바람으로 움직이는 상태에서 태양의 일조 강도는 800 W/m^{2}로 낮추고, 모듈의 표면 온도는 평균적인 가열온도에 근접한 45.9℃를 유지하는 현실적인 조건을 의미한다. NOCT 조건으로 측정한 전력은 표준조건의 최대전력에 비하여 약 30%가 낮다. 따라서 NOCT 조건의 특성시험 결과는 실제 이용가능한 전력의 양을 가늠할 때 유용한 자료라고 생각하면 좋다.

나. 대체광원

대체광원, 즉 태양광을 대신한 인공조명등은 가능한 태양광의 스펙트럼과 비슷한 성능을 지녀야 한다. 가장 널리 사용되는 메탈 할라이드 램프의 파장은 태양광의 파장 스펙트럼과 유사하다. 현재 사용되는 인공태양은 메탈 핼라이드 램프이다. 여러 가지 제품들 중 태양광의 스펙트럼과 가장 근접하기 때문이다.

그러나 최근 LG를 비롯한 한국기술진들이 개발에 성공한 플라즈마 조명기(PLS)가 인공태양으로 사용될 가능성이 높아졌다.

PLS램프는 태양광의 스펙트럼과 거의 일치하고 효율이 높으며 고출력이 가능하고 수명(20,000시간)까지 길다. 그리고 무엇보다도 실리콘 계열 태양전지의 수광특성과도 일치하기 때문에 인공태양으로 적합하다.

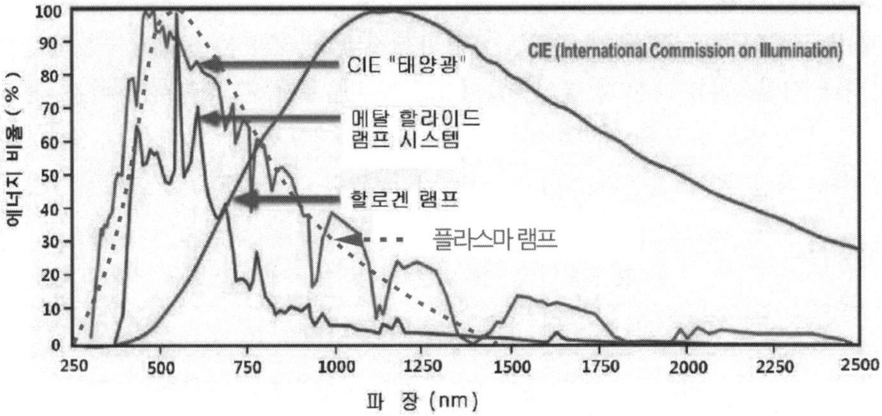

그림 3.32 광원별 스펙트럼 분포도

다. 절연시험

절연시험은 PV 모듈에서 내부회로와 모듈 프레임 또는 모듈 외부 부품과의 사이가 충분히 절연되어 있는지를 보기 위한 시험으로, 상온에서(IEC Std 60068-1참조) 상대습도가 75%를 넘지 않는 조건에서 시험해야 한다. IEC Std 61215의 절연시험 합격/불합격 기준은 절연 성능의 면적 의존성을 감안하여 개정되었다. 모듈이 금속 테두리나 유리 기판이 없는 것일 경우에는 앞면에 금속판을 붙여서 절연시험을 해야 한다.

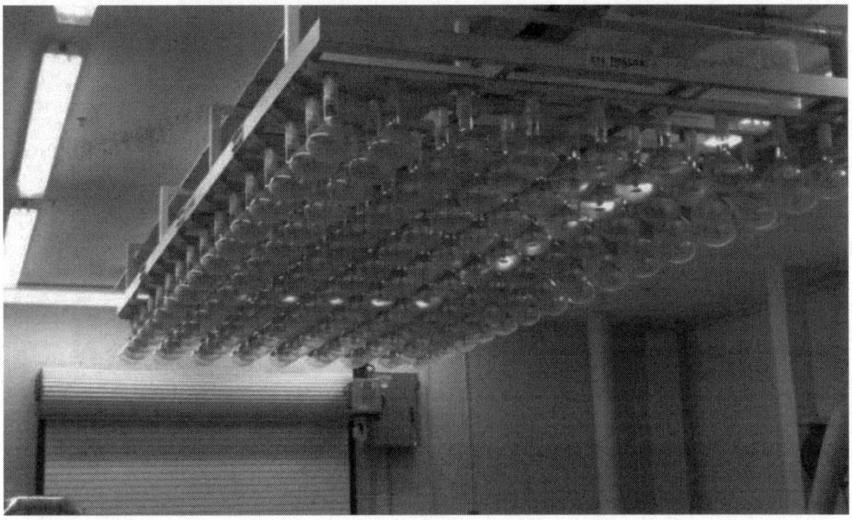

그림 3.33 PV 모듈의 전기적 특성실험을 위한 인공태양(MH-Lamp)군

라. 온도계수 시험

온도계수 시험이란, 태양광이 PV 모듈에 가해지면 모듈의 온도가 상승하는데 이때 온도 증가에 따라 전압, 전류 또는 전력이 어느 정도의 비율로 증가 또는 감소하는지를 알아보는 시험이다. 이 측정은 온도를 파라미터로 하여 모듈의 전류-전압 출력을 측정하고 이를 바탕으로 전력을 계산한다. 결정된 계수는 측정이 수행된 조사(照射) 강도에서 유효하다.

표 3.4 PV 모듈의 전기적 성능 평가 방법

항 목	측정 조건	측정 내용	기 준
발전 성능	STC	개방전압(V_{OC}) 및 단락전류(I_S), 최대출력 전압(V_{MPP}) 및 전류(I_{MPP}), 최대출력전력(P_{Max}) 및 에너지 변환효율(%), 곡선율(Fill Factor : FF)	±5% 이내
	NOCT		
내 전압	직류 1,000 V를 1분간 인가할 때 절연파괴 등 전기적 성능에 문제가 없을 것.		
절연 저항	출력단자와 패널 또는 접지단자 사이를 1,000 V 절연저항계로 측정하였을 때 절연저항 40 Ω/m^2 이상일 것.		

1) STC(표준 시험조건) : 일조강도=1000 W/m^2, 온도=25℃, AM=1.5

2) NOCT (공칭 셀 동작 온도조건) : 기온=20℃, 풍속=1 m/s, 일조강도=800 W/m^2, 셀 온도=45.9℃

마. 열점(hot spot) 내구성 시험

열점 가열이란, 태양전지 표면의 결함, 예를 들어 납땜이 녹는다거나 배선의 결함, 셀의 균열, 얼룩진 불량 셀 등의 결함이 있으면 전기적 저항이 증가한다. 여기에 광전류가 흐르게 되면 저항이 높아진 결함부분에서 집중적으로 줄(Joule)열이 발생하는 현상인데 이를 견디는 능력을 측정하는 시험이다. 결함을 가진 솔라 셀의 단락전류는 정상적으로 동작하는 솔라 셀의 단락전류보다 작아진다.

열점 현상이 일어나면 해당 솔라 셀이나 PV 모듈은 역 바이어스 조건이 되어 자체의 출력을 넘는 전력이 줄열로 바뀌게 되어 과열이 일어나게 된다. 열점 내구성 시험에는 두 개의 광원이 필요하다. 첫째 광원으로는 조사강도 700 W/m^2 이상, 균일도 ±2% 이상, 시간적 안정도 ±5% 이상인 연속광형 램프나 자연광을 이용한다. 둘째 광원으로는 조사강도 100 W/m^2 ±10% 이상인 C급 이상의 연속광형 램프나 자연광을 이용한다.

3 환경특성 시험

PV 모듈이 설치될 태양광 발전소의 위치는 적도 지방에서부터 그린란드에 이르기까지 다양하다. 한낮에는 80℃에 이를 수 있고, 지역에 따라서는 영하 40℃ 이하로 떨어지기도 한다. 그리고 태풍이나 비바람, 또는 눈이 쌓이거나 녹아서 얼어버리는 상황도 예상할 수 있다. 그러나 PV 모듈은 예상 가능한 어떠한 환경변화에도 견디면서 예정된 수명동안 보장된 특성을 유지해야 한다.

PV 모듈의 환경적 특성실험은 실제의 사용조건과 유사한 혹독한 상황을 만들고 장기간에 걸쳐 특성의 변화가 생기는지 여부를 알아보는 시험이기 때문에 까다롭고 인내를 요하는 시험이다. 대표적인 두 가지 환경성능 평가방법을 소개한다.

가. 습도 냉동 사이클링 시험

〈그림 3.34〉는 습도/냉동 사이클링시험의 공정프로파일로서 고온 고습도상황과 한랭기후 사이를 반복해서 견딜 수 있는지 알아보는 시험이다. 한 주기가 24시간, 연속 10일이 소요되는 이 시험의 요령을 알아보면 다음과 같다.

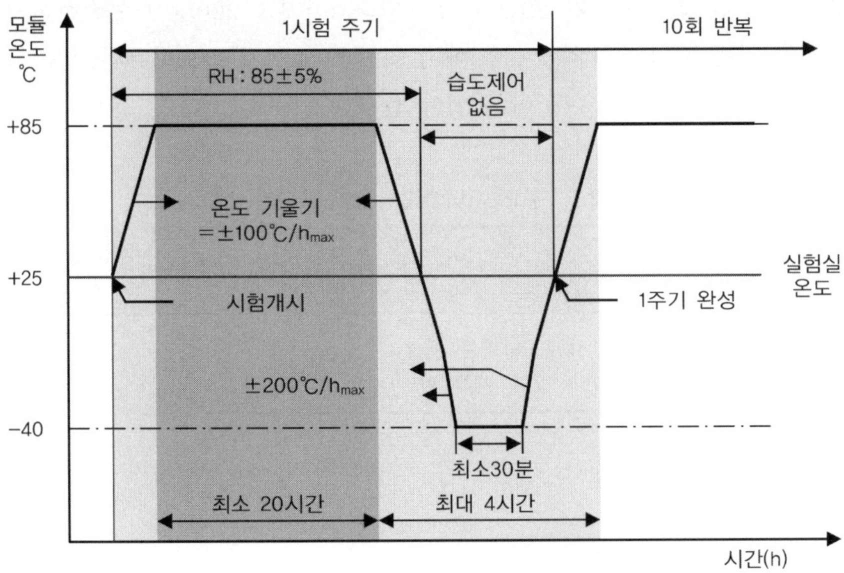

그림 3.34 습도·냉동 사이클링 시험 공정 프로파일

시험 대상인 PV 모듈을 시험장치(Chamber) 속에 넣고, 상온에서부터 상대습도를 85%로 제어하는 상태에서 온도를 분당 1.67℃의 기울기로 상승시키다가 85℃에 이르면 20시간 이상을 유지한다. 이후, 시험장치의 온도를 반대로 분당 −1.67℃의 기울기로 하강시키다가 빙점(0℃)에 이르면 분당 −3.33℃의 기울기로 빠르게 하강시켜 −40℃에 이르면 최소한 30분 이상을 유지한다. 이때 영하의 온도에서는 습도제어는 행하지 아니한다. 최저온도를 벗어날 때는 3.33℃의 기울기로 빠르게 온도를 높이다가 0℃를 지나면서부터는 1.67℃의 기울기로 완만하게 상승시켜 25℃에 이르면 한 주기가 완성된다.

이 시험은 한 주기에 24시간이 소요되며, 이 과정을 10회(10일간) 반복하면 시험의 전 과정이 완료되는데, 이 기간 중 모듈의 전기적 특성에 이상이 발견되지 않아야 한다.

나. 온도 사이클링 시험

〈그림 3.35〉는 온도 사이클링시험의 프로파일이다. 최저 −40℃에서 최고 90℃사이를 6시간(최대) 주기로 200회 연속해서 노출하는 시험으로, 장기간의 온도 피로에 견디면서 보장 성능을 유지하는지 알아보는 시험이다.

시험장치의 온도변화 기울기가 87℃/h 또는 1.45℃/m이므로 최저(−40℃)에서 최고(90℃)까지 상승하는데 90분이 소요되고 극점에서 최소 10분 최대 90분간 유지한다면 한 주기에 걸리는 시간은 최소 3시간 20분이 소요된다. 이것을 200주기 연속하여 시험한다면, 완전한 시험에 걸리는 기간은 최단 28일에서 최장 50일까지 소요되는데, 마찬가지로 이 기간 중 모듈의 전기적 특성에 이상이 없어야 한다.

표 3.5 온도 사이클링시험의 구간별 소요시간

온도 상승시간	고온 유지시간	온도 하강시간	저온 유지시간	온도 상승시간	1주기 완료	200주기 총시간 (최단)~(최장)
45분	10분 이상 ~ 90분 이내	1시간 30분	10분 이상 ~ 90분 이내	45분	최단 : 3시간 20분 최장 : 6시간	(27일 18시간 40분) ~ (50일)

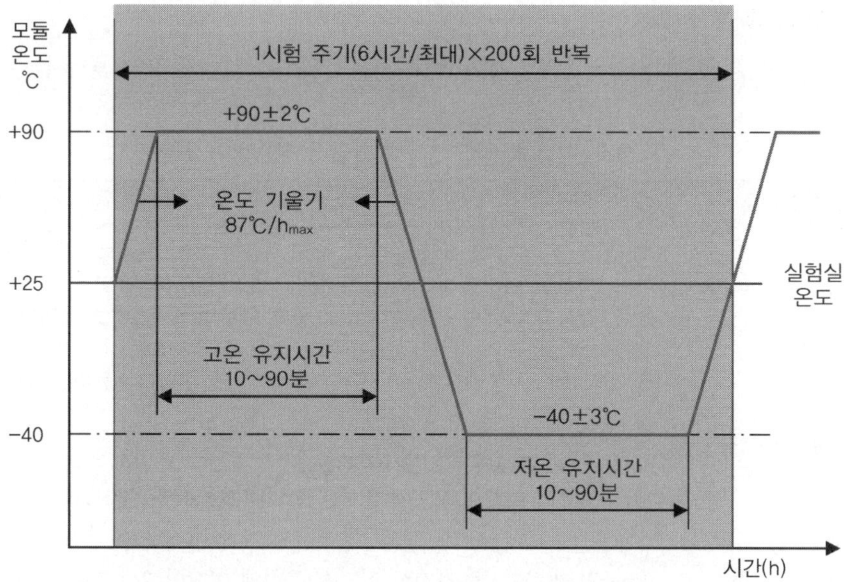

그림 3.35 온도 사이클링시험의 공정 프로파일

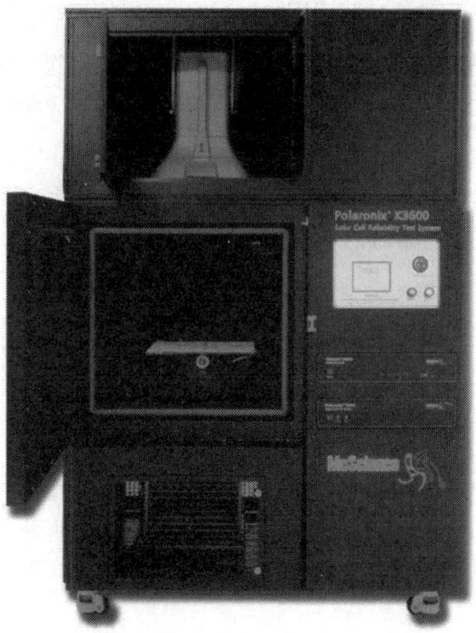

그림 3.36 솔라 셀 신뢰성 시험장치

그림 3.37 PV 모듈의 온도/습도/냉동 시험장치

다. 그 밖의 특성 시험

〈표 3.6〉에서 그 밖의 PV 모듈에 대해 행해지는 환경적 성능평가의 종류들을 소개한다.

표 3.6 PV 모듈의 전기적 환경적 성능평가 시험법

항 목	기 술 기 준
결로·냉동 사이클 시험	상대습도 85±5%인 시험실에서 온도 기울기 1.67℃/m로 85℃까지 가열하여 20시간 이상을 유지하다가 분당 -1.67℃/m의 속도로 냉각시킨다. 영하 20℃에 이르면 -3.33℃/m로 급속 냉동하여 -40℃가 되면 30분 이상을 유지한 후 역순으로 85℃에 이르게 하는 시험을 10회 이상 반복한 후 외형 및 전기적특성에 이상이 있는지를 확인한다.〈그림 3.34 참조〉
온도 사이클 시험	최저온도 -40℃에서 최고온도 90℃ 사이를 온도 기울기 87℃/h로 상승시켰다가 하강시키는 것을 6시간을 1주기로 200회 반복한 후 기계적, 전기적 특성에 이상이 있는지를 확인한다.〈그림 3.35 참조〉
온도·습도 사이클 시험	상대습도 85±5%(온도조건=-40~85℃) 범위에서 6시간을 1주기로 하여 100주기 반복한 후 기계적 전기적 특성에 이상이 있는지를 확인한다.
내열 특성시험	온도 85±2℃ 범위에서 1,000시간 동안 방치한 후, 기계적 전기적 성능에 문제가 있는지를 확인한다.
내열·내습 특성 시험	온도 85±2℃, 상대습도 93±5% 범위에서 1,000시간 동안 방치한 후, 기계적 전기적 성능에 문제가 있는지를 확인한다.
열점 내구성	최악의 열점조건에서 1,000 W/m^2 반사조도 1시간 노출을 30분 간격으로 100회 반복 시험 후 기계적 전기적 성능에 문제가 있는지를 확인한다.
소금물 분무	염수 분무실에서 85±2℃에서 염수 35±2℃, 농도 5±1%로 하여 2시간 시험 후 항습조에서 온도 40±2℃, 상대습도 93±5%에서 7일간 시험을 4회 반복 후, 기계적 전기적 성능에 문제가 있는지를 확인한다.
광조사 시험	300~700 nm, 255±25.5 W/m^2, 63±3℃에서 500시간 조사하고 표준 상태에서 1시간 후 기계적 전기적 성능에 문제가 있는지를 확인한다.
방수 및 습윤 누설 시험	단자와 가장자리를 풀 스프레이로 적신 후, 시험 전후에 틀 또는 접지단자와 출력단자 간의 절연저항 측정하여 누설 여부를 확인한다.
온도 계수	온도 10~70℃, 방사조도 1,000±10 W/m^2 범위에서 10℃간격에서 5점 이상 변화시켜 전기적 성능을 측정하고 결과를 %/K 단위로 규격표에 표시한다.〈예 : 최대출력 온도 계수 : -0.43%/k, 개방단자전압 온도계수 -0.32%/k, 단락전류 온도계수 0.05%/k〉
UV 시험	자외선 노출에서 태양전지 모듈재료의 열화정도를 시험한다.
바이패스 다이오드 온도시험	모듈의 열점 현상 등으로 발생되는 바이패스 다이오드의 장기 내구성을 위한 적정온도 설계
저방사조건 발전 성능시험	태양광 분광 방사 조도에서 200 W/m^{2}에서의 성능 셀 온도 25℃, IEC 60904-3의 기준
옥외노출시험	총 방사량 60 kWh/m^{2}에서의 발전성능(60 kWh/m^2=800 W/m^2×75 h)

4 장

Photovoltaic Power Generation

태양광 발전 시스템 일반

제 1 절 개 요

1 태양광 발전시스템이란

태양광 발전시스템이란 태양광 에너지를 전기에너지로 변환한 다음 실제로 활용할 수 있는 규격의 전기로 만들어 주는 기술적 체계를 말한다.

'태양광 발전'을 국제적인 용어로 Photovoltaic Power Generation, 또는 Photovoltaic Generation, 줄여서 PV-Generation 또는 PVG라고 한다. 그리고 수력 또는 화력 발전소에서의 발전기와 같은 역할을 하는 태양전지 군(群 : Array)을 발전기(Generator)라고 한다.

이 태양전지가 생산하는 전기는 직류이다. 그런데 태양광의 세기가 일기에 따라 수시로 변하듯이 생산되는 전기도 일정하지 않다. 그래서 이 불균일하게 생산된 직류전력을 안정된 직류 또는 교류 전압원으로 만들어주는 것이 태양광 발전시스템의 주요 기능이다.

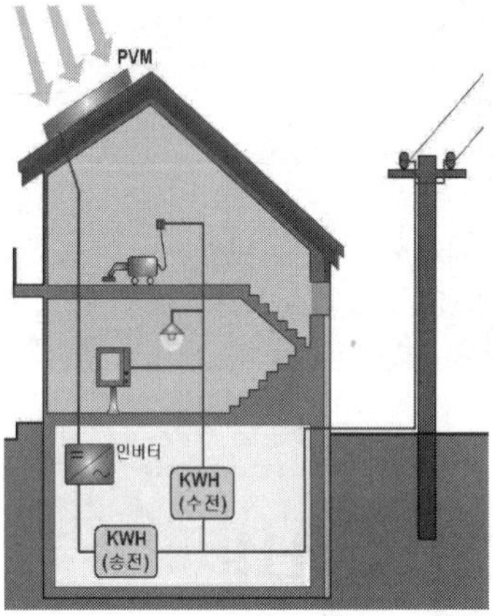

그림 4.1 소규모 태양광 발전
(계통연계형 솔라 하우스 개념도)

그림 4.2 대규모 태양광 발전소
(24 MW_P 시설용량의 동양태양광발전소 전경/신안군소재)

기초 단원에서 배운 바와 같이 태양광 에너지는 수시로 변하기 때문에 PV 모듈에서 얻어지는 전력을 그대로 사용하는 것은 힘들고 특히 야간에는 전혀 전력을 얻을 수가 없다. 그래서 최초로 만들어진 태양광 발전시스템은 축전지에 전력을 저장하고 필요할 때 사용하는 방법을 사용하였다. 이와 같이 규모가 작거나 크든지 간에 태양광 발전으로 얻은 직류전력을 다른 상업적인 전력망과의 관계없이 홀로 사용하는 방식을 「독립형 태양광 발전 시스템」이라고 부른다.

초기의 태양광 발전은 모두 이 독립형이었는데, 야간이나 비 오는 날 전력생산이 되지 않을 때를 대비하여 전력을 저장하는 축전시설이 필수적이다. 안정된 전압을 가진 축전지 덕분에 직류부하를 사용할 수도 있고, 회전기기를 위해 교류로 변환하여 사용할 수도 있다.

독립형 태양광 발전(Stand alone type PVG)의 단점은 축전지가 환경파괴의 한 원인이 된다는 점과 충전과 방전을 행하는 과정에서 효율이 저하한다는 점이다. 태양전지의 수명은 25년인데 축전지의 수명은 4~5년 정도에 지나지 않는다. 따라서 독립형 태양광 발전이 대량으로 보급되었을 때 폐기되는 축전지가 폐 자동차의 수십 배가 된다고 상상해 본다면 또 다른 환경재앙이 아닐 수 없을 것이다.

이런 이유로 인해 축전시설 없는 「계통연계형 태양광 발전 시스템」을 개발하게 되었는데, 이 방식에서는 생산된 태양광전력은 그때그때 즉시 교류로 변환하여 상용전력망에 공급하고 필요할 경우 공공 전력망의 전력을 사용하는 방식을 취한다. 계통연계형 방식은 독립형보다 시스템 구성이 간단한 반면 제어정밀도가 높은 인버터를 사용해야 한다. 그 밖에 태양전력 생산자와 전력망 관리 회사 간의 요금 계산을 위한 전력량계도 필요하다.

태양광 발전소의 인버터에서 출력되는 교류는 접속되는 상용전력 선로의 전압 및 주파수와 정확하게 일치해야 하고 잡음이나 불필요한 고조파 등이 포함되지 않아야 하는 등 까다로운 품질규격을 갖추어야 하기 때문에 보급 초기에는 가격도 비쌌다.

그럼에도 불구하고 이 방식이 활성화 된 이유에는 환경에 대한 인식 이외에도 전자제어기술의 발달이 큰 도움이 되었다. 성능은 높아지고 중량은 작아지면서도 가격이 대폭 낮아졌기 때문이다. 〈그림 4.4〉의 그래프는 전 세계의 태양광 발전 시스템 중 독립형과 계통연계형의 시장 비율을 나타낸 것이다.

2 태양광 발전의 상용화

초기의 태양광 발전은 인공위성 등 아주 제한적인 용도에만 사용되었다. 그러나 탁월한 휴대성과 자연친화적 특성 때문에 보완적인 대체에너지의 역할을 넓혀왔다. 그 후로도 오랫동안 발전 단가가 너무 높아서 가격이 문제되지 않는 특별한 목적에만 사용되었다.

그러다가 1990년대 지구 환경문제가 UN의 가장 큰 이슈가 되고 1997년 리우 환경정상회의에서 선진국부터 이산화탄소 배출을 감축하기로 결의하면서 태양광과 풍력 발전이 적극 장려되기 시작하였다. 1990년대 말 독일에서는 '태양광 발전소를 설치하는 데 드는 실비를 보상해 주자'는 취지의 재생 에너지 장려정책이 활발하게 논의되다가 드디어 2000년 초 재생 에너지법(EEG, Erneubare Energy Gesätz)라는 법률로 성립되었다. 이때부터 태양광 발전소의 건설이 본격적으로 확대되기 시작하였고 전 세계로 전파되었다. 우리나라에서도 2005년부터 이와 유사한 실비보상제도가 시행되면서 개인 및 민간 기업에 의한 태양광 발전사업이 급속히 확산되었는데 이 제도에 따라 건설되는 태양광 발전시설은 모두 계통연계형 방식이다.

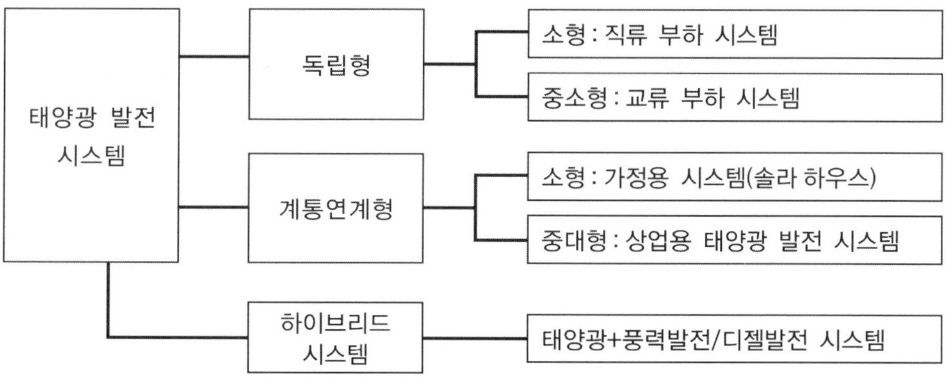

그림 4.3 태양광 발전시스템의 분류

태양광 발전에서 독립형 시스템의 경우, 우기(雨期)가 길어지거나 일조시간이 아주 짧아지는 겨울철 사정까지 감안하여 축전지를 확보하려면 규모가 점점 커져만 가는데, 일조량이 풍부한 봄여름에는 시설의 낭비가 아닐 수 없다. 이럴 경우에는 적절한 규모의 저장시설은 구비하되 일광이 부족한 경우에는 디젤 발전기와 같은 보조 수단을 구비함으로서 전력공급을 원활하게 할 수 있도록 구성하는 시스템을 복합 태양광 발전시스템(Hybrid PVG System)이라 부른다.

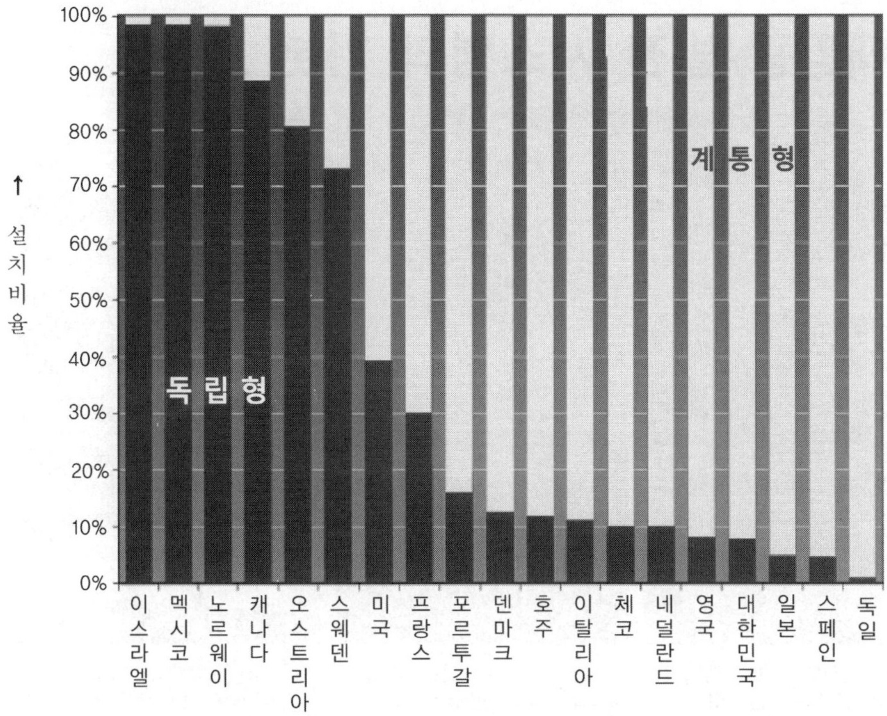

그림 4.4 각 나라별 계통형 PVG 시스템의 구성 비율

환경적인 측면에서 본다면 축전지가 없고 효율적인 계통연계형이 유리하지만 섬지방의 경우는 어쩔 수 없이 독립형으로 운전할 수밖에 없었는데, 최근에는 풍력발전을 이 시스템에 포함하는 경우가 늘어가고 있다. 태양전지는 야간에 발전을 할 수 없지만 풍력터빈은 아침, 저녁, 야간을 가리지 않고 발전을 할 수 있기 때문에 축전지 의존율은 줄이고 상호 보완적인 효율 높은 발전시스템이 될 수가 있을 것이다.

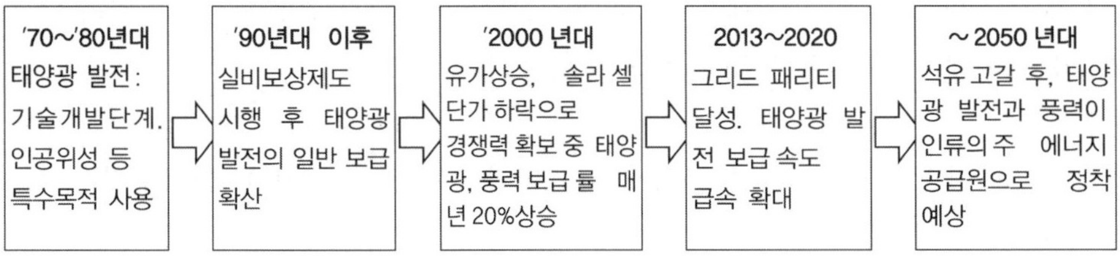

제2절 태양광 발전 시스템의 기본 요소

(a) 경북 문경에 소재한 태양광 발전 및 풍력발전 단지 (b) 농가용 하이브리드 시스템 (PV발전=3kW, 풍력발전=1kW) (c) 하이브리드 가로등 (PV 모듈+수직풍차)

그림 4.5 여러 가지 하이브리드 시스템의 예

1 발전소의 부지와 태양전지

태양광 발전소를 건설하는데 적합한 대지 면적을 산정하기 위해서는 현장의 지리적 여건과 기상조건을 현장방문을 통해 확인해야 하고 PV 모듈의 전기적 사양을 확보하여야 한다. 일조량의 조건은 선택할 수 없지만 어떤 종류의 태양전지를 선택하는지에 따라 필요한 부지면적에 큰 차이가 날 수 있다. 가격이 쌀수록 효율은 낮고 셀(모듈)의 면적은 커지기 때문이다.

선택 가능한 셀의 재질과 모듈의 종류는 다음과 같다.

- 셀의 재질 : 단결정, 다결정, 아몰퍼스, CdTe(카드뮴 텔루라이드), CIS(구리-인듐-디셀레나이드), 박막필름 등
- 모듈의 형태 : 표준형 모듈(테둘레 유/무형으로 구분됨), 유리-유리형, PV 타일형

모듈의 종류와 규격을 선정하는 방법을 소개하면, 먼저, 주어진 면적에 수용할 수 있는 모듈의 대체적인 숫자를 정하는 것이다.

이 '모듈의 수'는 설계하고자 하는 PV 시스템의 전체적인 출력규모를 가늠할 수 있게 한다.

아래의 〈표 4.1〉은 태양광 발전소에서 1 kWP의 시설 용량당 소요되는 대지 면적을 PV 모듈의 재질에 따라 분류한 것이다. 어림잡아 다음의 계산법을 적용할 수 있다.

PV 어레이 설치 면적 : 시설용량 1kWP 당 약 10m^{2}의 대지 면적이 필요하다.

표 4.1 태양광전력 1 kW 발전에 필요한 PV 모듈의 면적

재 질	가격 비교	실용 효율[%]	소요 면적[m^2]	모듈 면적의 상대 비교
고성능 셀 단결정 셀 (Mono crystalline)	$$$$$ $$$$	20 이상 18~20	6~7 7~9	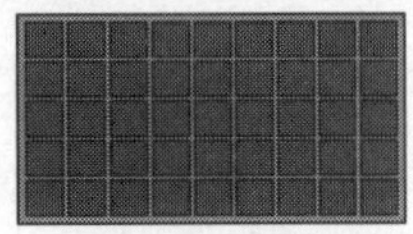
다결정 셀 (Poly crystalline)	$$$	17~18	7~10	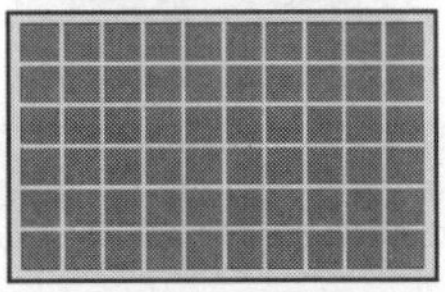
CIS(copper indium diselenide)	$$$	10~15	9~13	
CdTe (카드뮴 텔루라이드)	$$	9~15	9~14	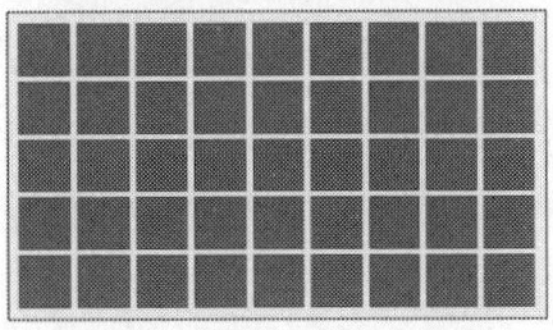
박막 필름형 아몰퍼스 (Amorphous Silicon)	$$	10~12	12~14	

주1) 단축 추적식의 경우는 위의 면적에 1.4~1.6배, 양축 추적식의 경우는 2~2.2배 정도가 필요하다.

주2) 2020년 이후, PV모듈의 효율증가로 인해 위의 소요면적이 10~20%정도 감소하고 있는 추세이다.

다음은 솔라-하우스를 만들기 위해 지붕에 PV 모듈을 설치할 때 고려해야할 요소들이다.

- 모듈의 총수는 활용 가능한 지붕의 가로와 세로길이의 곱으로 정해진다.
- 모듈과 지붕의 모서리간 간격은 모듈 면과 지붕면의 수직간격의 3배를 확보해야 한다.
- 모듈간의 간격은 보통 6~10mm를 띄운다.
- 지붕 위의 구조물(안테나, 굴뚝 등)과 그에 따른 그림자 영향을 고려한다.
- 주변 건축물에 의한 그림자 영향을 최소화해야 한다.

다음은 대규모 태양광 발전소에서 어레이 설치를 위한 부지 면적을 산출하는 보기이다. 무안군의 태양광 발전소는 836 kWp의 중규모이고, 신안군 지도면에 소재한 동양태양광 발전소는 추적식으로 세계최대인 24 MW의 시설 용량을 가지고 있다.

[사례1:] 신안군 동양 태양광 발전소

시설 용량 = 24,000 kWp

총 단지 면적 = 670,000 m^2

어레이 설치면적 60% = 402,000 m^2, 인버터 및 관리본부 건물 : 12%

관리도로, 관개수로, 울타리 부지 등 : 28%

간편 계산식을 적용하면;

* 시설 용량 24,000 kW×10m^2/kW×1.6 = 384,000 m^2

** 간편 계산식 결과와 실제의 어레이 설치면적이 비슷한 결과가 얻어진다.

주1) 해안 유휴지를 매립하여 부지 조성비용이 저렴하였기 때문에 대지 이용률을 낮추고 일광이용 효율을 높게 설계한 사례이다.

[사례2:] 무안군 SDY 태양광 발전소

시설 용량 = 836 kWp

총 단지 면적 = 32,093 m^2

어레이 설치면적 60% = 19,256 m^2, 인버터 및 관리본부 건물 : 5%

관리도로, 관개수로, 울타리 부지 등 : 35%

간편 계산식을 적용하면;

* 시설 용량 836 kW×10 m^2/kW×2.2=18,392 m^2

** 간편 계산식 결과와 실제의 어레이 설치면적이 비슷한 결과가 얻어진다.

주2) 양축 추적식이어서 여유 있는 설치 공간을 확보한 사례이다.

(a) 고정식 설치대 방식-촘촘한 배치로 대지 이용률을 높일 수 있다. (b) 추적식 설치대-특히 양축 제어방식은 상대적으로 넓은 공간이 필요하다.

그림 4.6 고정식과 추적식의 설치 공간 비교

2 PV 어레이

PV 어레이를 구성하는 PV 모듈은 36셀-53 W_P에서 72셀-240 W_P까지 다양한 규격이 생산된다. 처음 5인치 실리콘 웨이퍼로 솔라 셀을 만들 때는 50 W_P모듈이 표준형이었지만 지금은 8인치 웨이퍼가 일반화되어 있고 태양광 발전의 규모도 대형화되고 있기 때문에 어레이 구성에 170 W_P 이상의 대형 모듈 제품을 사용하는 것이 일반적인 추세이다.

〈그림 4.7〉은 시장에서 구매할 수 있는 대형 PV 모듈의 제품 규격들이다. 실제로 시장에서는 국산과 수입산이 혼재해 있다. 세계적인 시장 규모에서 보면 2020년 현재 중국과 대만의 생산량이 80%를 초과하고, 독일과 일본이 그 뒤를 잇고 있다. 국산 PV 모듈 제품의 비중은 현재 1~2% 정도의 비중밖에 되지 않기 때문에 대규모 태양광 발전소에 사용되는 PV 모듈은 다국적 제품인 경우가 대부분이다.

가. PV 모듈의 선택

PV 모듈을 선택하는 기준은 경제적인 면과 전기적 특성의 두 가지로 나눌 수 있다.

발전소 부지가 제한된 면적이라면 고효율의 모듈을 선택하는 것이 유리할 수 있고, 값싸고 넓은 대지가 확보되는 경우라면 아몰퍼스 등 저가 PV 모듈을 선택하는 것이 경제적인 선택이 될 수 있을 것이다. 외국의 경우는 저가 저효율 태양전지의 사용 비율이 1/3에 이른다.

전기적 특성에서 가장 중요하게 고려할 점은 동작전압이다. 계통연계형 시스템에서는 모듈의 열(스트링)전압이 인버터 입력 허용범위에 포함되는 것으로 충분하지만, 독립형에서는

PV 모듈의 동작전압이 36셀 18V의 정수배가 되어야 한다. 예를 들면 〈그림 4.7〉에서 5가지 예시 모듈 전부가 계통형 시스템에 사용될 수 있으나, 독립형 시스템을 설계할 경우에는 72셀로 구성된 제품만이 선택 가능하다.

PV 모듈 제 품		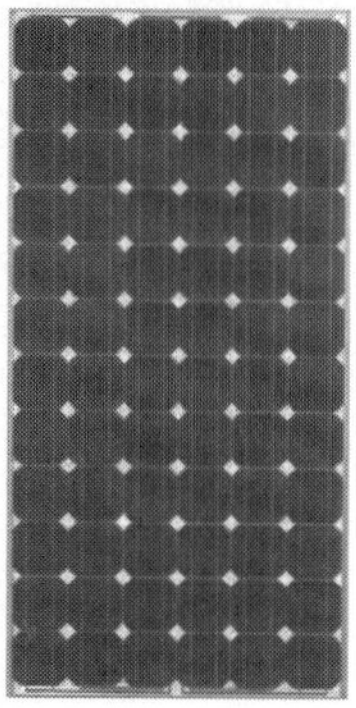		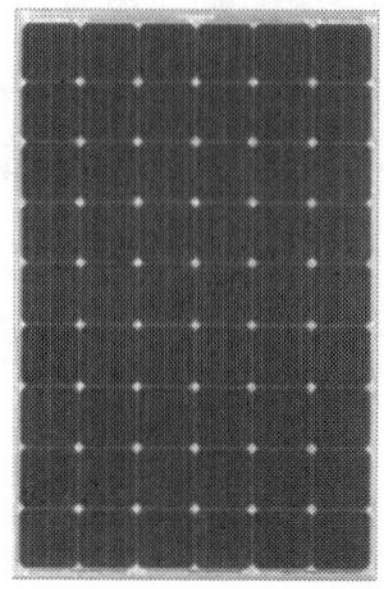		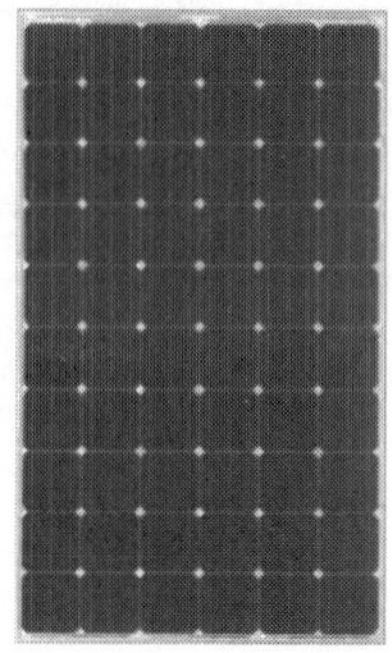	
모델 명		Atersa370	JST330P	PVMS215	PVMS220	LG300S	LG400N
직렬 셀의 수		72/Mono	72/Poly	54/Mono	60/Mono	60/Mono	72/Mono
전기적특성	정격 최대출력 [W_P]	370 W	330 W	215 W	220 W	300W	400 W
	최대동작전압 [V_{mpp}]	39.8 V	37.8 V	27.2 V	29.9 V	31.7 V	40.6 V
	최대 동작전류 [I_{mpp}]	9.3A	8.74A	7.9 A	7.4 A	9.47 A	9.86 A
	개방 단자전압 [V_{OC}]	47.8 V	46.9 V	33.2 V	36.2 V	38.9 V	49.3 V
	단락 전류[I_S]	9.9 A	9.1 A	8.6 A	8.1 A	10.1 A	10.5 A
	모듈 효율[%]	19.1%	17.0%	14.7%	13.7%	17.5%	19.3%
외형치수	모듈 길이[mm]	1956	1958	1478	1643	1686	2024
	모듈 폭[mm]	992	994	981	981	1016	1024
	모듈 두께[mm]	40	40	40	40	40	40
	모듈 중량[Kg]	21.5	22.5	17.5	22.5	18.0	19.3

그림 4.7 PV 모듈 제품의 규격 예

나. 어레이 구성하기

가정용 태양광 발전 시스템의 전력 용량은 2~3 kWP 정도이지만 기업형태의 태양광 발전소는 수100 kWP 내지 수MWP에 달한다. 시스템의 총용량이 정해지고 모듈제품이 선정되면 필요한 모듈의 개수가 정해진다. 예를 들면 10 kWP 용량의 태양광 발전소를 건설하기 위해서는 220 WP 규격의 모듈 48개가 필요하다. 그리고 이 수량의 모듈들을 어떤 방식으로 접속해야 하는지는 다음의 순서를 따른다.

(1) 인버터 입력전압에 적합하도록 모듈을 직렬접속한다.

계통연계형에서는 인버터가 필요로 하는 입력전압이 될 때까지 PV 모듈은 직렬접속을 한다. 이렇게 구성되는 직렬모듈을 '열(String)'이라고 부른다. 예를 들어 15 kW용량의 인버터 PV-C315S를 사용한다고 가정하고 스트링을 구성해 보자.

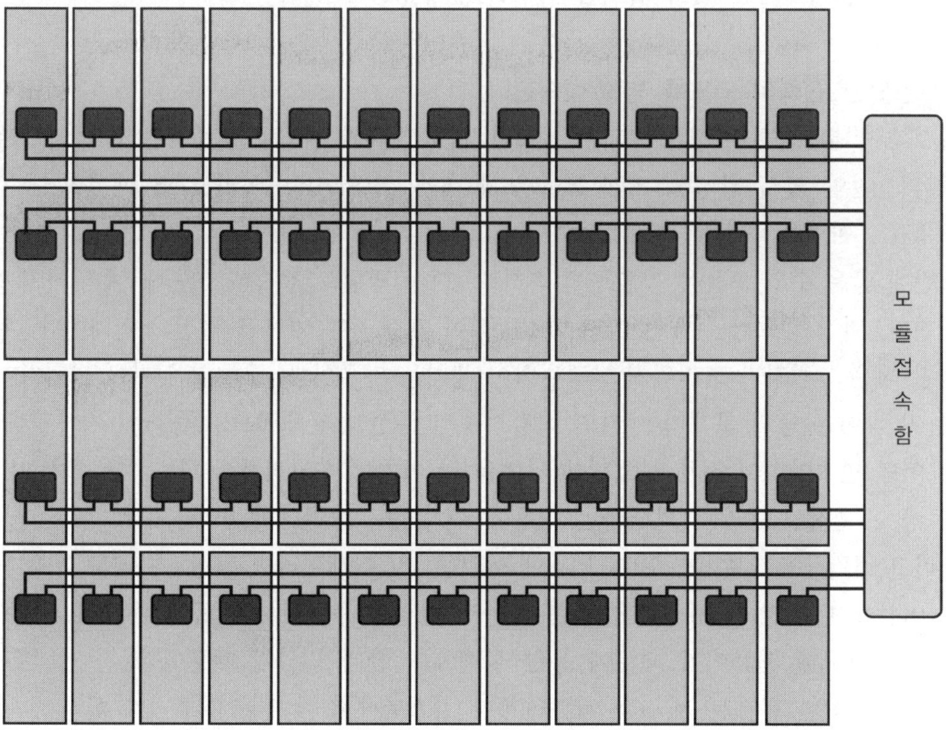

그림 4.8 PV 어레이 접속도(12개 직렬-4열 병렬) 220w×12×4=10.56 kWP 출력

A. 인버터 규격 : 제품명 PV-C315S [3상 380 V, 60 Hz]

제어가능입력전압 [V_{MPP}]	최대허용입력	최대입력전류 [I_{MPP}]	정격출력전력 [W_P]
210~450 V_{DC}	500 V_{DC}	36 A	15 kW

B. 모듈 규격 : 제품명 PVMS220

정격전압 [V_{MPP}]	정격전류 [I_{MPP}]	최대전력 [W_P]	모듈 총수량	총 설계용량
29.9 V	7.4 A	220 W	48	10.56 kW_P

두 제품의 규격을 검토한 결과 하나의 스트링에 PV 모듈 12개를 직렬 접속하면 358.8 V가 되어 인버터의 제어가능 입력 범위를 안전하게 충족하게 된다.

(2) 필요한 전력이 되도록 병렬 접속한다.

전지를 병렬접속하면 전압 크기는 동일하지만, 전류와 전력량은 증가한다. 태양전지도 이와 같다. 만약 앞서 완성한 12개 모듈을 하나의 '열(String)'이라고 할 때 1열 당 출력은 2.64 kW_P, 이것을 4개 열 병렬접속하면 10.56 kW_P가 될 것이다.

그런데 많은 수의 모듈을 직렬로 접속하고, 다시 병렬로 접속하였을 때 여러 가지 문제에 부딪힌다. 가장 중요한 문제는 어떤 연결방식이 가장 높은 효율을 가질 것인가이다. 두 번째 고려할 점은 그림자가 드리워져 노광결함이 생기는 경우이다. 모듈의 일부에 그림자가 지거나 눈이 쌓이는 등의 문제가 생기면 직렬접속의 특성상 전체적으로 출력이 저하된다. 이럴 경우 어떤 연결방식이 전체 시스템에 영향을 덜 미치는지 고려해야 한다. 그 밖에 인버터의 고장 등 기술적인 문제가 발생하는 경우에 대해서도 고려해야 한다.

그리고 전력규모가 수10~수100 kW_P에 이르는 PV 어레이라면 병렬접속에도 한계가 있다. 그 이유는 너무 많은 병렬접속의 경우 선로 전류가 증가하여 취급이 곤란해 질 수 있고, 인버터가 반도체 제품이기 때문에 용량 설계에도 한계가 있기 때문이다.

이러한 복잡한 문제는 제 5장 계통연계형 시스템에서 상세히 다루기로 한다.

3 PV 모듈 및 어레이 설치대

PV 모듈이나 PV 어레이를 고정하고 설치하는 방법에는 다음과 같은 종류가 있다.

- 평면 위에 설치하기
- 기둥(支柱)위에 설치하기
- 지붕 위에 설치하기
- 건물에 의지하여 설치하기

가. 평면 위에 설치하기(Ground Mounting)

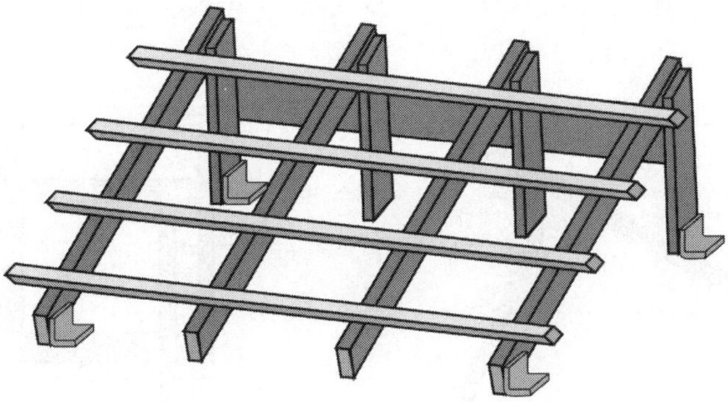

그림 4.9 (a) 평면 바닥용 소규모 설치대

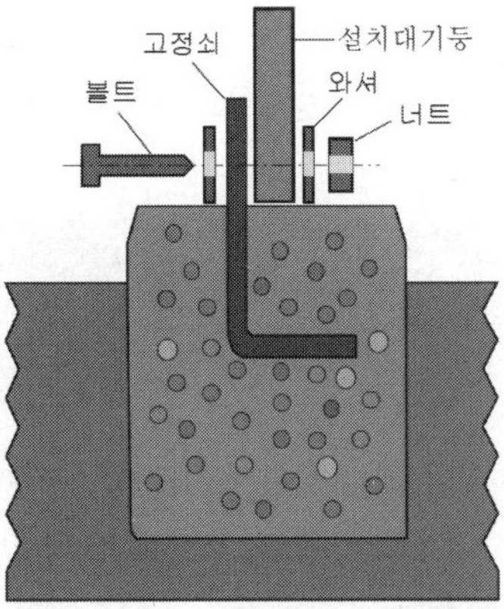

그림 4.9 (b) 콘크리트 기초

(연약지반인 경우는 모서리마다 콘크리트 기초를 설치한다.)

다수의 PV 모듈을 모아서 고정하고 태양을 향해 적당한 앙각을 유지하기 위해서는 설치대(Installation Frame)가 필요하다.

몇 개의 모듈을 고정하기 위한 용도라면 〈그림 4.9〉과 같이 판재 또는 각목으로 조립하는 방법도 가능하고 규모가 커지면 바람에 견디는 강도를 유지하기 위하여 땅 또는 바닥에 튼튼한 기초를 마련하고 기둥을 세워 가로세로 격자형 프레임을 구성한다. 설치대의 재질로는 각목, 4각 철봉 또는 알루미늄 프로파일을 사용하기도 한다.

슬래브 옥상 위나 정원 한쪽의 평평한 장소에 소규모의 어레이를 설치하는 경우에는 〈그림 4.10〉 또는 〈그림 4.12〉와 같은 간이형 설치대를 사용할 수도 있다. 이 경우 바람을 지탱하기 위하여 지지막대를 박아서 고정하는 것이 안전한 설치법이다. 그러나 연약지반이거나 어레이의 규모가 커지면 프레임 전체의 하중을 지탱하고 바람에 견디기 위해서 바닥 기초공사를 하고 설치대(프레임)를 나사 등으로 튼튼히 고정해야 한다.

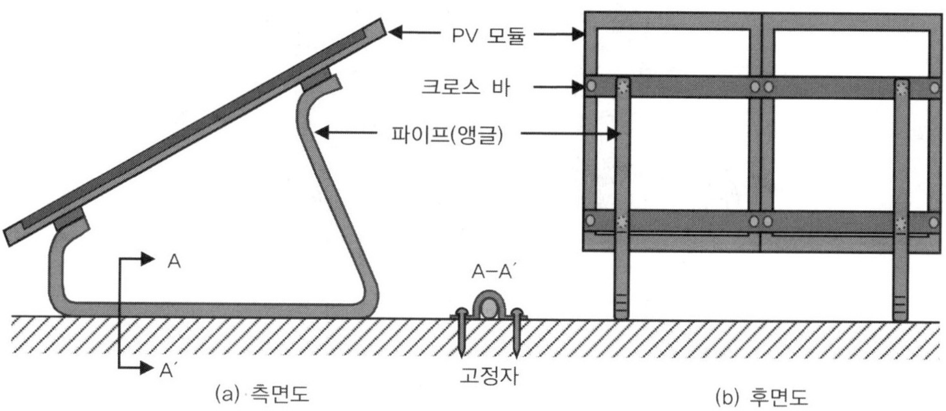

그림 4.10 파이프(앵글)를 사용한 간이형 설치대

그림 4.11 플라스틱 형틀 거치대

그림 4.12 바닥용 미니 설치대

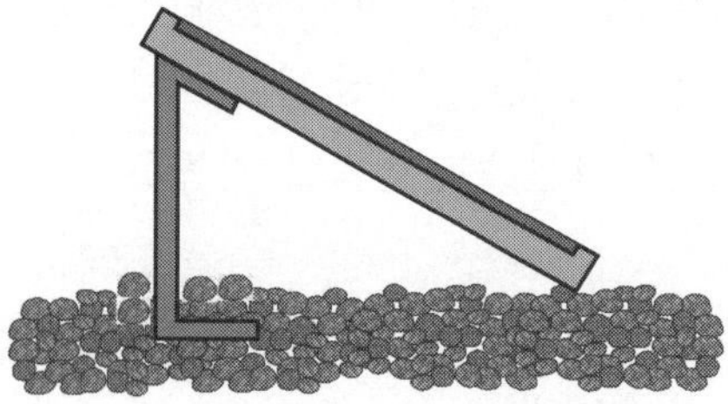 

그림 4.13 별도의 설치대 없이 옥상 자갈바닥에 설치한 예

또 그림 〈그림 4.11〉과 같이 평면 또는 자갈바닥에 플라스틱 형틀을 사용하는 것도 한 방법이다. 그리고 형틀이 없는 경우는 〈그림 4.13〉과 같이 모듈 틀에 'L'자 모양의 지지대를 부착하면 적당한 앙각을 유지한 채 바닥에 설치할 수가 있다. 그러나 이 방법은 옥상의 자갈바닥에서는 가능하지만 맨땅에서는 권장할 수 없고, 강설량이 많은 지역에는 어려움이 예상된다.

슬래브 지붕과 같은 넓고 평평한 콘크리트 바닥면의 경우에는 〈그림 4.14〉와 같은 평면 거치형 설치대를 사용할 수 있는데 모듈이 일정한 앙각을 이루면서 경사지도록 크로스바를 설치한다. 레일을 깔아서 고정하는 것이 튼튼한 방법이다.

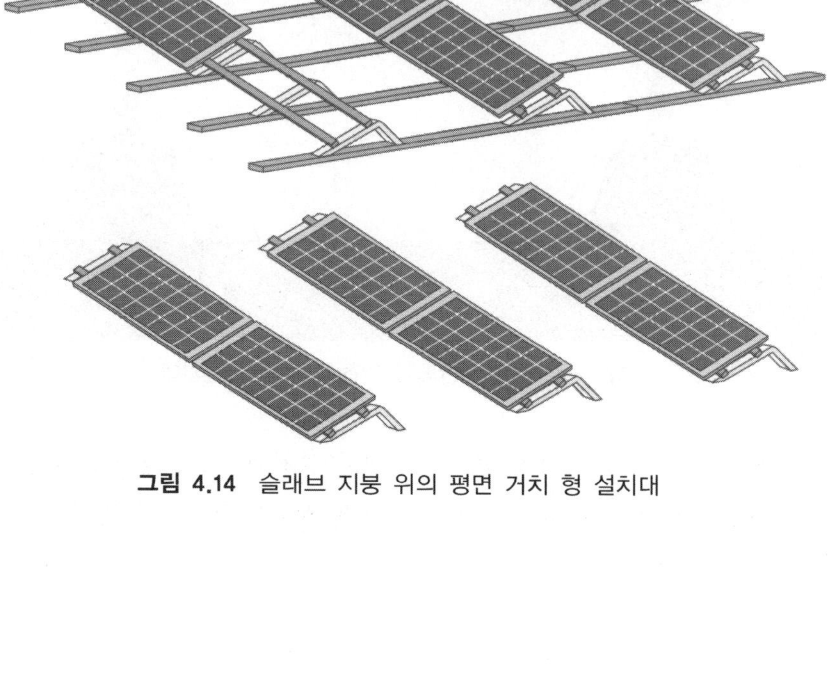

그림 4.14 슬래브 지붕 위의 평면 거치 형 설치대

- 금속 구조물 설치대

어레이의 규모가 크다면 금속재질로 만들어진 견고한 설치대가 필요하다. 대지 위에 설치할 때는 〈그림 4.15(a)〉와 같이 땅을 파고 콘크리트 기초를 만든 위에 철제 기둥을 세우고 모듈을 받혀주는 알루미늄 랙(Rack) 또는 프로파일(Profile)을 가로 세로로 부착하여 프레임을 완성한다. 콘크리트 바닥이라면 사전에 볼트를 매설하고 설치대 기둥을 세운다.(b)

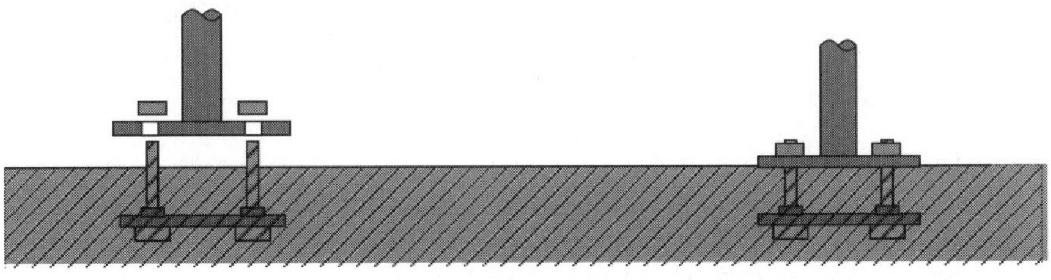

그림 4.15 (a) 콘크리트 평면에 설치대를 고정하는 법

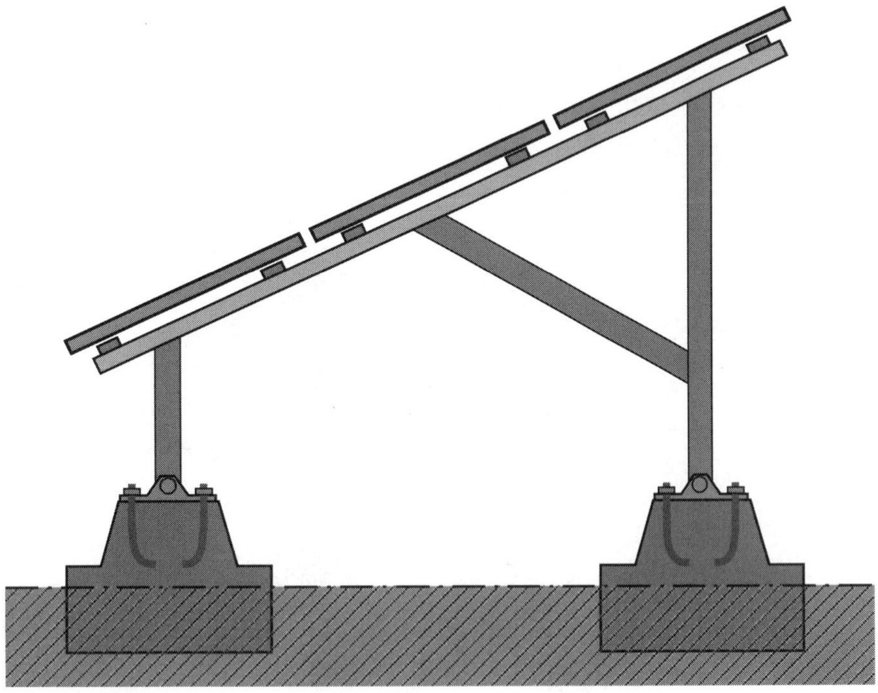

그림 4.15 (b) 지반매립 기초공사를 한 설치대

발전사업자의 요건을 갖춘 규모가 큰 PV 어레이 설치대는 PV 모듈들을 부착한 채 풍속 60 m/s의 바람에 견딜 수 있는 강도를 지녀야 하며 재질은 강철이나 알루미늄 프로파일 등을 사용한다.

최근에는 태양광 발전소의 규모가 대형화되는 추세이기 때문에 조립시간을 단축할 수 있는 방법들이 하루가 다르게 개발되고 있다. 예를 들면 〈그림 4.16〉과 같이 모듈 두 개를 하나의 T볼트로 프레임에 고정하는 방식, 또는 어레이의 수평 길이가 수10m 이상으로 길어지면 〈그림 4.17〉과 같이 레일 위에 모듈을 올려놓고 고정쇠와 볼트를 이용해서 고정시키는 조립법이 사용되고 있다.

그림 4.16 두개의 모듈을 T볼트(왼쪽 끝)와 U볼트로 동시에 고정한다.

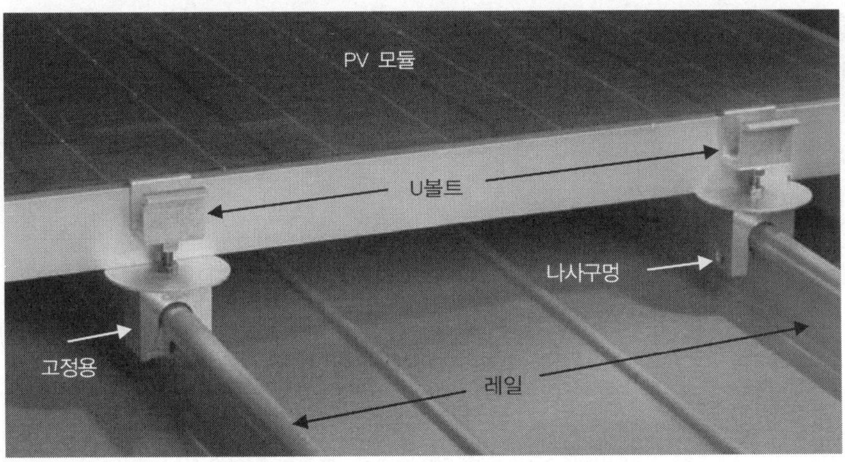

그림 4.17 수평 레일을 이용한 고정방식

이러한 조립 방식에는 PV 전용 랙이나 프로파일이 사용된다. 랙의 모양은 〈그림 4.18〉, 프로파일 모양은 〈그림 4.19〉와 같다. 〈그림 4.20〉은 알루미늄 프로파일로 조립된 설치대이다.

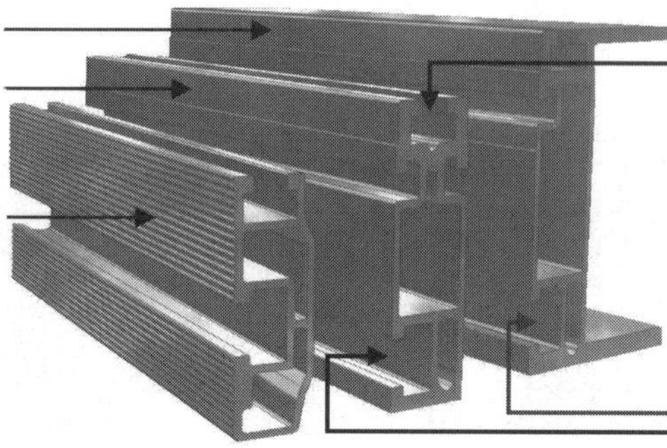

그림 4.18 PV 어레이 전용 마운팅 랙(Mounting Rack)

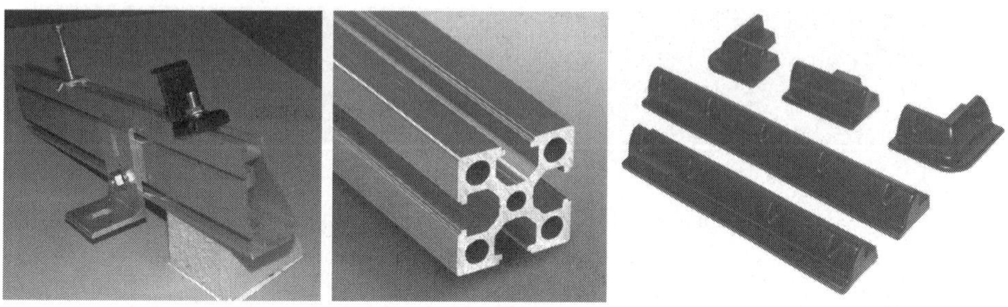

(a) 알루미늄 랙 (b) 알루미늄 프로파일 (c) 모듈 서포터

그림 4.19 모듈 고정용 부품들

그림 4.20 옥상 콘크리트 바닥 위에 알루미늄 프로파일을 조립하여 만든 설치대

ⓐ 설치대 전면, ⓑ 측면, ⓒ 뒤쪽 경사면, ⓓ 전면 경사기둥과 대각선 보강기둥의 결합,
ⓔ PV 모듈 후면의 단자함, 크로스 바(cross bar)와 배선용 닥트〉

그림 4.21 콘크리트 바닥 위의 철제 앵글을 사용해서 만든 설치대

해변지역과 같이 바람이 강한 지역에서는 4각 철봉을 용접해서 견고한 설치대를 제작할 수도 있다. 〈그림 4.22〉는 전남 무안의 3kW$_P$급 철제 어레이 설치 사례이다.

그러나 반대로 강풍의 염려가 없다면 적은 비용으로 설치대를 만들 수도 있을 것이다. 〈그림 4.23〉과 같이 기초공사 없이 맨땅에 기둥을 핀으로 고정하는 방법을 소개한다. 아시아 아프리카 등의 내륙지방에서 흔히 볼 수 있는 설치방식으로 우리나라 산중 오지에서 고려해 볼 만한 설치 방법이다.

그림 4.22 강철 4각봉으로 튼튼하게 용접해서 만든 설치대(측면과 후면)

그림 4.23 간이형 설치대-땅바닥에 핀을 박아 고정하는 방법(좌측=2 kWP, 우측=1.2 kWP)

(a) 공사 중인 설치대

(b) 슬림형 박막 PV 모듈로 거대한 어레이를 만든다.

그림 4.24 대규모 태양광 발전소 설치 사례

• 기타 설치사례

공간을 효율적으로 사용하고 싶다면, 예를 들어 주차장의 기능을 유지하면서 태양광 발전 시스템을 설치하려는 경우 앙각을 35° 내외로 하여 구조물을 복잡하게 만드는 것 보다 기울기(앙각)를 10° 내외로 하여 전체 어레이를 하나의 평면 형태로 설치하는 것도 실용적인 방법이다. 앙각을 높게 하는 것 보다 다소 효율이 떨어지지만 대지 이용률이 높아지고 설치비도 절감되는 장점이 있다. 그리고 유휴공간을 활용할 때 적합한 설치방법이다.

(a) 주차장 지붕으로 설치된 솔라 어레이 1
(삼성반도체 공장)

(b) 완만한 경사의 설치사례 2
(기아자동차 공장)

그림 4.25 낮은 경사각의 PV 어레이 설치 사례

나. 지붕에 설치하기(Roof Mounting)

한국의 경우는 지붕 설치가 흔하지 않은 방식이다. 대부분의 주택이 아파트나 양옥집의 형태로 바뀌었고 전통가옥도 유럽이나 일본처럼 평기와가 아니기 때문이다. 우리의 기와와 유사한 외국의 기와지붕에 PV 모듈을 설치한 사례를 〈그림 4.26〉에 소개한다.

(a) 먼저 기둥을 세우기 위해 스테인리스로 만든 보조기와를 일정한 간격으로 설치하고, (b) : 여기에 브래킷과 나사를 이용하여 레일을 고정한다. (c) : 연결부의 확대도이다.

나머지 PV 모듈을 조립하는 것은 지상의 경우와 같다.

그림 4.26 PV 모듈 설치를 위한 준비 작업

〈그림 4.27〉은 새로이 조성된 다세대 주택단지에 모두 태양전지를 설치한 사례이다. 독일의 경우는 이와 같이 새로 짓는 단독 주택이나 4층 이하의 다세대주택들, 그리고 학교와 공공건물에는 대부분 태양전지 설치를 관례처럼 하고 있는 것을 보았다.

그림 4.27 다세대주택 기와지붕에 설치된 PV 어레이

공장이나 창고의 지붕, 대형건물의 경사 지붕 등에 설치되는 사례를 소개한다. 어레이 규모가 커지면 레일 조립 방식이 유리하다. 지붕 위에는 결정형보다 박막형이 선호된다.

(a) 지붕에 직접 고정한 박막형 모듈 (b) 레일을 사용한 모듈 고정방식

그림 4.28 지붕 위의 PV 모듈 설치 사례(1)

〈그림 4.29〉의 (a), (b)와 같이 함석이나 슬레이트 지붕에 설치하는 경우도 발생한다. (c)는 물결 모양의 함석지붕에 브래킷을 설치할 수 있도록 고안된 서포터이다. 그리고 (d)는 타일 지붕 위에 설치하는 경우인데 먼저 넓고 긴 철판을 타일 지붕면에 밀착 고정하고 여기에 브래킷을 이용하여 모듈을 고정하면 비교적 손쉽게 PV 모듈을 조립할 수 있다.

그림 4.29 지붕 위의 PV 어레이 설치사례(2)

태양전지판을 지붕 위에 조립할 때 유의해야 할 사항은 안전하게 고정시키는 것 외에 추가적으로, 지붕과 태양전지판 사이에 공기가 순환할 수 있는 공간을 확보해 주는 것을 잊지 말아야 한다. 만약 공기순환이 원활하지 못하면, 직사광선으로 셀의 온도가 너무 뜨거워져서 전력 생산을 감소시키게 된다. 일시적인 손실이 아니라 태양전지의 수명이 다할 때까지의 손실을 생각한다면 '통풍공간 확보'는 전력 용량을 늘이는 일과 같다.

슬래브 지붕과 같이 평면바닥에 뉘여서 설치할 때는 바닥과의 간격을 10 cm 이상 확보하고 모듈 열과 열 사이를 15 cm 이상 벌려서 통풍이 잘 되도록 한다.

그림 4.30 여러 가지 지주 형 설치대

ⓐ : 50 W 모듈/밴드 고정식 ⓑ : 80 W 모듈 2개/하중보강용 지지대 부착 ⓒ : 적설피해를 막기 위한 사선배치 ⓓ : 용량 2.6 kW의 지주형 설치대 ⓔ : 설치대 뒷모습 ⓕ : 추적식도 지주형의 일종이다.

다. 기둥(支柱) 위에 설치하기

큰 규모가 아닌 태양광 발전소라면 지면에 기둥이 4개 박힌 설치대를 만들지 않고 하나의 튼튼한 기둥에 의지해서 몇 개의 PV 모듈을 설치할 수가 있다. 가장 간단한 보기가 가로등이나 공원의 보안등 기둥에 모듈을 설치한 경우이다. 이보다 좀 더 규모가 큰 경우, 예를 들면 용량으로는 3 kW 이내, 모듈 개수로는 15개 이내라면 하나의 튼튼한 철제 프레임에 부착한 채 기둥 하나에 올려놓을 수 있다. 이것이 단순한 고정식이라면 〈그림 4.30〉의 (c)와 같이 반듯하게 수평으로 설치하는 것보다 모서리가 땅을 향하도록 사선으로 설치하는 것이 좋다. 눈이 올 때 흘러내리기 쉽게 하기 위함이다. 그러나 양방향 추적식 설치대의 경우는 모듈면이 수평이 되게 설치하는 것이 보통이다. 앞의 〈그림 4.30〉에서는 여러 가지 지주형 설치사례를 보여주고 있다.

라. 추적식 설치대

추적식 설치대란 모터와 기계장치 그리고 전자회로 등을 사용하여 PV 모듈 면이 항상 태양을 추적하여 움직이도록 제어해주는 장치를 말한다.

태양의 움직임은 동에서 서쪽으로 움직이는 수평운동과 고도가 높아지고 낮아지는 수직운동의 두 요소가 있다. 따라서 태양빛을 모듈 면에 수직 되게 받아들이기 위해서는 이 두 가지 운동방향을 동시에 추적하도록 제어하여야 한다. 그러나 두 가지 운동방향을 모두 추적하는 양축방식 추적 장치는 설치 및 관리비용, 대지이용률, 고장 발생빈도 등에서 불리하기 때문에 단축식으로 만족하는 경우가 많다. 단축식은 15%, 양축식은 25~30% 정도 효율이 높아진다.

추적장치를 제어하는 방식에는 센서제어방식과 프로그램 제어방식이 있다. 전자는 어레이 가장자리에 광센서를 설치하고 이곳에서 태양의 방향을 인식하여 어레이의 위치를 제어한다.

후자는 GPS와 RTC로 PV 어레이의 설치위치와 현재시간을 파악한 다음 내장된 추적프로그램에 따라 자동으로 위치제어를 행하는 방식이다. 구동장치는 3분 주기로 자세를 교정한다.

표 4.2 추적식 설치대의 종류와 특징

명 칭	구분	추적 방식	구동장치	제어 방식	특징
추적식 PV 어레이 설치대	단축 제어	동서방향 추적	1개	1) 센서제어방식 광센서로 태양추적 2) 프로그램 제어방식 (GPS[1] 또는 RTC[2] 필수)	1) 약 15% 효율향상 2) 어레이규모가 큼
	양축 제어	동서방향 및 상하(고도)추적	2개		1) 최대 30% 효율향상 2) 어레이규모가 작음
비고	1) GPS=Global Positioning System(위성위치 시스템) : 인공위성에 의한 위치 표시 시스템 2) RTC=Real Time Clock(실시간 신호) : 반도체 칩에 내장된 실시간 시간정보 발생기				

그림 4.31 추적제어용 태양광 센서
(양축 또는 단축제어 설치대의 가장자리에 설치한다.)

그림 4.32 단축 태양광 추적 장치의 하루 중 움직임

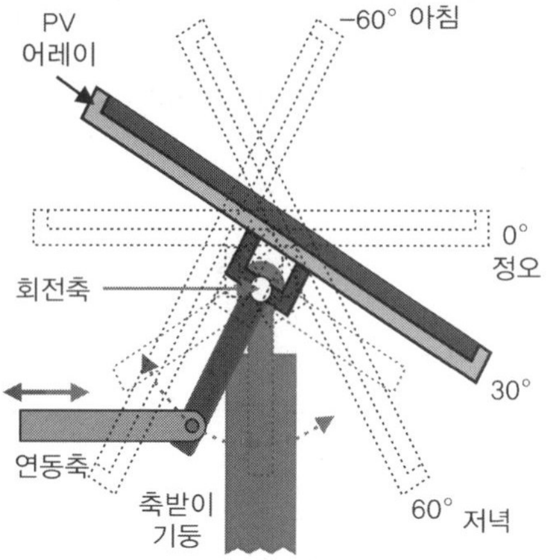

(a) 연동식 단축 추적 장치의 작동원리

(b) 단축 추적식 설치사례(연동 구동장치)

그림 4.33 단축 태양광 추적장치의 원리와 설치사례

그림 4.34 단축 제어 설치대의 프레임 구조

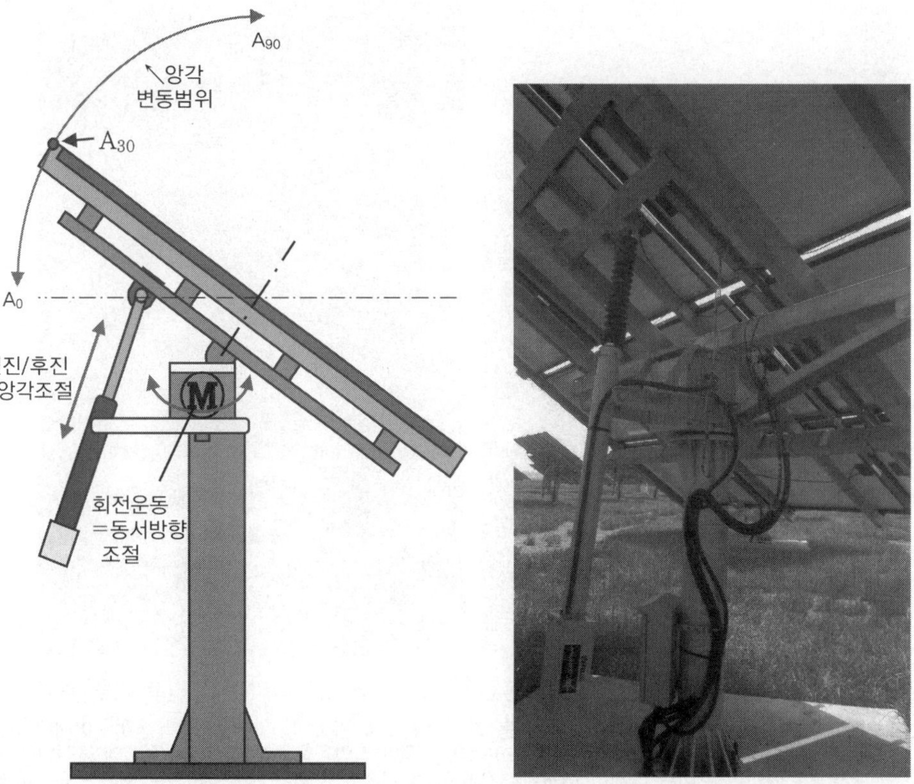

(a) 양축제어 메카니즘의 원리도　　　　(b) 양축제어 설치대의 모습

그림 4.35 양축제어 추적 장치의 동작원리와 실제 모습

마. 구동장치와 어레이의 크기

튼튼하게 고정된 PV 어레이 설치대에서 모듈이 상하 좌우로 움직이기 위해서는 어레이 면적에 제한이 있다. 양축식의 경우 180 W 정도의 PV 모듈을 사용했을 때 모듈 수 16개 내외, 넓이로 따져서 25 m^2 내외가 한도이다. 하나의 축에 어레이 전체의 하중을 지탱하면서 바람에 견디는 기계적 강도를 유지하는데 이 정도까지가 적합하다는 것이다.

그러나 단축식의 경우는 남북 방향은 고정해 두고 동서 방향으로만 회전하기 때문에 제어가 비교적 용이하고 모듈 어레이의 규모도 크게 할 수 있다.

전남 신안군에 설치된 24 MW_P 태양광 발전소는 세계 최대의 단축 제어 시스템으로 하나의 제어블록마다 대형 모터에 연결된 동력전달 축을 이용하여 28개 어레이(모듈 수=1,512개)를 동시에 제어하도록 설계되어 있으며 발전소 전체로는 86개의 제어 블록으로 나뉘어있다.

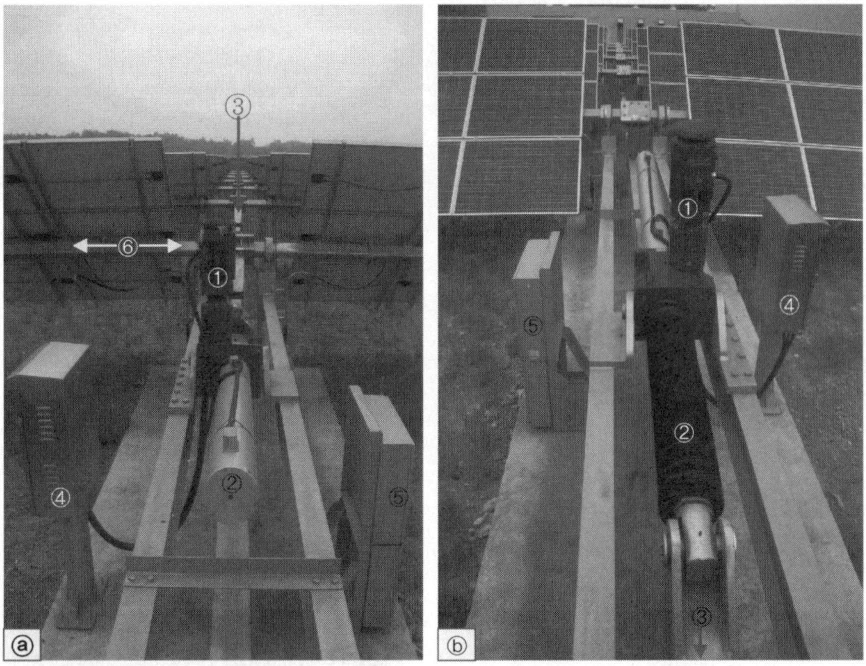

그림 4.36 추적제어 장치의 중심인 모터 ①와 컨트롤러 ④ 그리고 연동 축 ③

〈①: 모터 ②: 전진후진용 기어박스 ③: 연동 축 ④: 컨트롤 박스 ⑤: 어레이 접속함 ⑥: 어레이 축〉
「좌우로 연결되어있는 어레이 열⑥」 14개가 하나의 수직방향 연동축③에 연결되어 동시에 움직인다. 사진ⓐ의 모터①은 뒷면이 보이는 어레이 14개열을 담당하고, 사진ⓑ의 모터①은 정면으로 보이는 어레이(↓방향)를 담당한다.

그림 4.37 단축 제어방식을 사용하는 동양태양광 발전소의 조감도 일부
(원으로 가리키는 부분은 구동 모터)

그림 4.38 연동식 단축제어 추적 장치의 측면사진
(그림 4.37의 중간(▶)표 지점에서 관측한 모습)

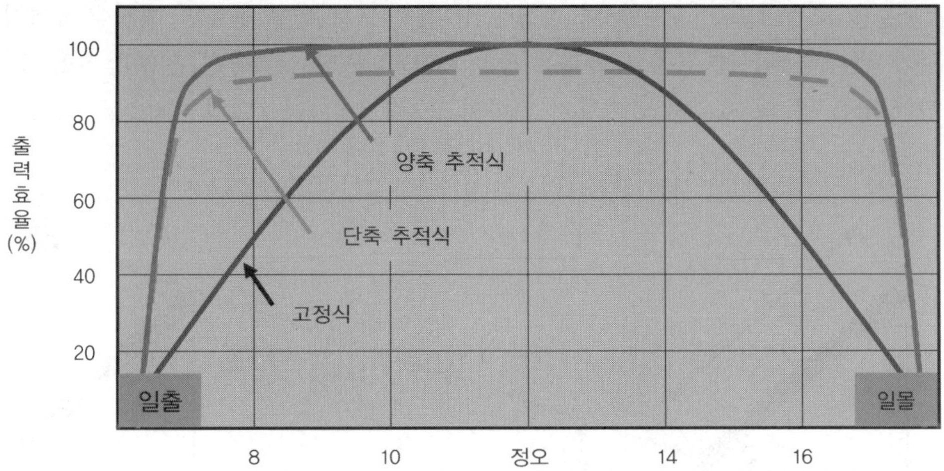

그림 4.39 설치 방식에 따른 에너지 획득 비율

그림 4.40 양축 제어방식의 태양광 발전소(잔디밭은 기온을 낮추는 효과가 크다)

4 PV 어레이 배치를 위한 계산법

PV 모듈을 고정식으로 설치할 때 일정한 앙각(β)으로 뒤를 높이면 해가 기울어졌을 때 그림자가 생기기 때문에 뒤쪽 모듈과는 충분한 거리를 띄워야 발전 손실을 막을 수 있다. 이러한 상황을 좀 더 자세히 알아보기 위하여 〈그림 4.41〉과 〈그림 4.42〉를 참고해 보자.

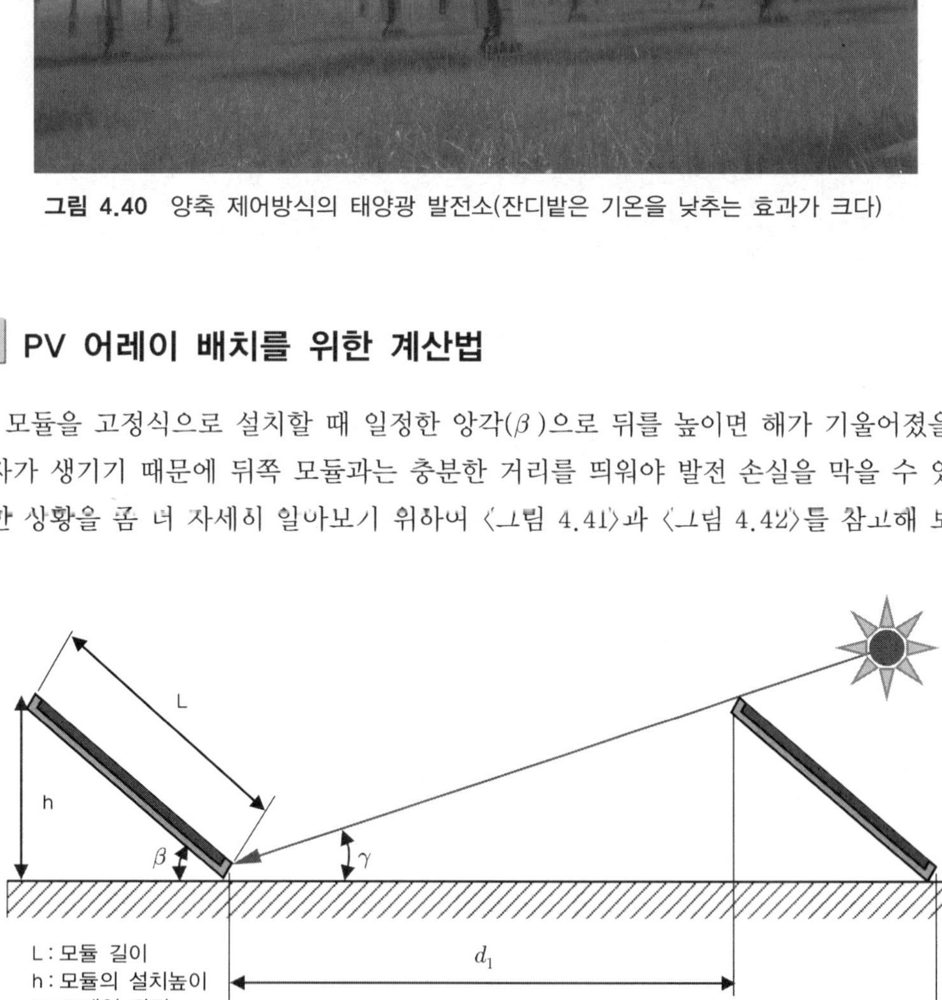

L : 모듈 길이
h : 모듈의 설치높이
D : 프레임 간격
β : 앙각
d_1 : 열 사이 거리
γ : 그림자 경사각도

그림 4.41 모듈의 배치형태(1) 측면도

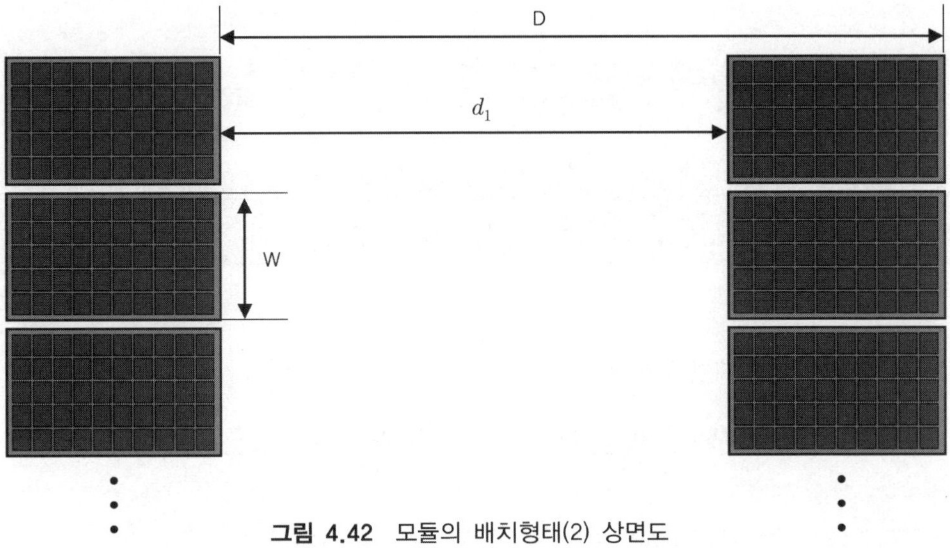

그림 4.42 모듈의 배치형태(2) 상면도

가. 대지 이용률(f)

태양광 발전소에서 대지 면적이 주어졌을 때 어느 정도의 PV 모듈을 설치할 수 있을지를 알아보기 위하여 우선 '대지 이용률'을 산정해 볼 수 있다. 대지 이용률은 '프레임 간격(D)'과 모듈 길이(L)의 비율이다. 여기서 프레임 간격이란 하늘에서 본 모듈 열의 머리에서 다음 모듈 열 머리까지의 간격이다.

$$\text{대지 이용률 } f = \frac{L}{D}$$

이 대지 이용률은 이론적으로 0에서 1까지, 백분율로 치면 0%에서 100%까지이다. 만약 대지를 100%로 활용한다면 열과 열 사이가 다닥다닥 붙게 되어 앞 열 모듈의 그림자가 뒤 열 모듈에게 드리우게 될 것이기 때문에 정상적인 앙각에서는 현실적으로는 불가능하다. 만약 모듈의 설치 앙각을 낮춘다면 그림자의 영향도 적어지기 때문에 대지 이용률을 높게 잡을 수 있다. 극단적으로 PV 모듈을 평평하게 누인다면 대지 이용률을 100%로 높일 수 있다. 그러나 위도가 높은 지역일수록 연간 발전량도 줄어들기 때문에 두 가지 측면을 모두 고려해야 한다.

나. 프레임 간격

현실적으로 모듈의 앙각은 30°, 대지 이용률은 30~40% 정도의 범위에서 결정하는 것이 적합하다. 물론 값싸고 넓은 대지를 얼마든지 확보할 수 있다면 다음과 같은 공식으로 프레임 간격을 정확히 계산해 볼 수 있다.

프레임 간격 $D = L \times \dfrac{\sin(180° - \beta - \gamma)}{\sin\gamma}$

> [보 기] 한반도 남부의 위도는 35° 서울 경기지방은 약 37°이다. 평지에 태양광 발전소를 건설할 때 앙각을 36°, 그림자 각도를 15°로 취하였을 때 모듈의 열 간격을 계산하시오.

[풀 이]

주어진 공식에 각각 대입해 보면

$$D = L \times \frac{\sin(180° - 36° - 15°)}{\sin 15°} = L \times \frac{\sin 129°}{\sin 15°} = L \times \frac{0.777}{0.259} = 3 \times L$$

$\therefore\ D = 3L$ **열 간격(D)은 모듈 길이(L)의 3배로 한다.**

PV 어레이를 설치하는 대지(垈地)도 투자비용의 일부이기 때문에 대지 이용률과 앙각 그리고 열 간격을 종합적으로 판단해야 한다. 일반적으로는 대지 이용률을 높이는 차원에서 경제적인 앙각은 한반도의 경우 25°에서 30°범위가 적합하다. 그리고 손실을 최소화하기 위한 모듈 사이의 공간 간격(d_1)은 다음 식으로 계산할 수 있다.

$d_1 = 6 \times h$ **모듈사이의 공간은 유효높이의 6배만큼 띄운다.**

PV 모듈을 설치함에 있어, 대지 이용률을 높이기 위하여 앙각을 조금 낮추고 열 간격도 좁혔다고 가정하면, 일조와 일몰 시간보다 때 이른 그림자로 인하여 총에너지의 일부는 손실이 불가피하게 된다.

그림자 손실을 알아보기 위해서 〈그림 4.43〉과 〈그림 4.44〉을 이용하면 편리하다. 이용 순서는 다음과 같다.

첫째, 특정 값의 앙각(β) 곡선을 선택한 후에 x축에서 대지 이용률(f)을 선택한다.(예를 들면, $\beta = 30°$, $f = 50\%$ 또는 $\beta = 30°$, $f = 40\%$)

둘째, $\beta = 30°$의 앙각곡선과 대지 이용률 50%의 수직선이 만나는 교차점에서 y축으로 수직선을 내리면 그림자 경사각 24°가 구해진다. 다시 이 값을 〈그림 4.44〉에 적용하여 그림자에 의한 손실률을 구하는 순서는 다음과 같다.

- 오른편 y축에 표시된 앙각곡선의 종류 중 $\beta = 30°$ 곡선을 선택하고,
- x축에서 그림자 경사각 24° 위치에서 수직선을 긋는다.
- 곡선과 수직선이 만나는 교차점에서 왼편 y축에 수직선을 내리면 그림자에 의한 손실 11.7%가 구해진다.

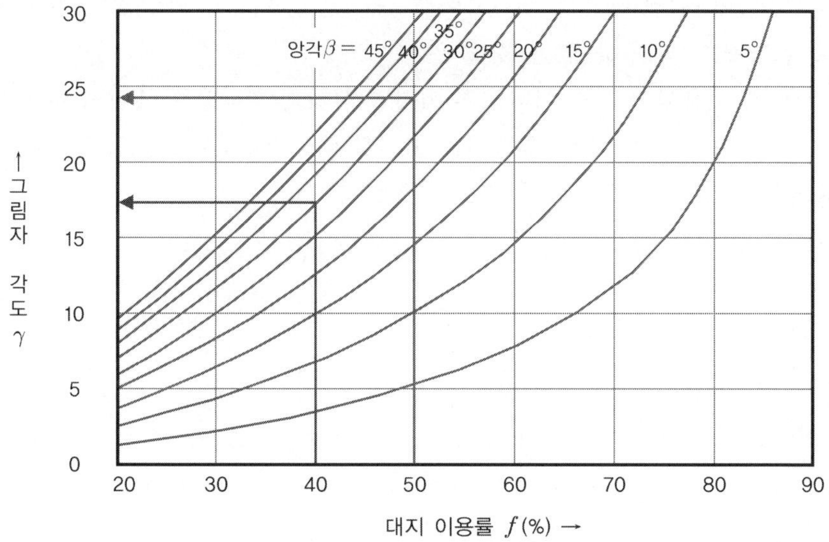

그림 4.43 모듈 앙각과 그림자각도 및 대지 이용률의 관계

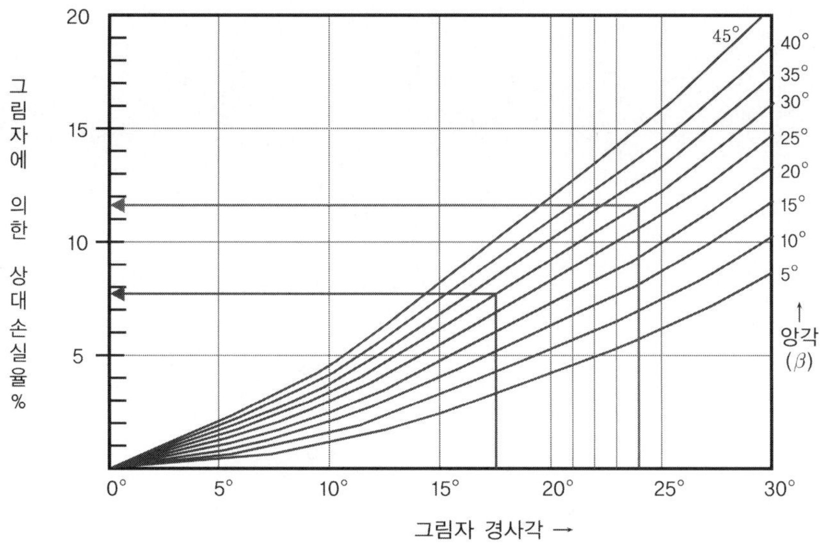

그림 4.44 앙각과 그림자 경사각에 따른 손실률

이상의 설계 요령을 감안해 보면 셀과 모듈의 종류뿐만 아니라 시스템의 설계 형태에 따라 수율과 손실이 크게 영향을 받는 것을 알 수 있다.

일반적으로 대지 이용률이 33% 이하로 떨어지면 설치 방법만으로 에너지 수율을 더 이상 증가시키는 것은 어렵다. 종합적인 효율성을 고려할 때, 한국에서 모듈의 앙각은 30° 이하, 대지 이용률은 40% 이상으로 설계할 것을 추천한다.

제 3 절 그림자의 영향

옥외에 설치된 PV 모듈이 인근의 다른 사물들로 인해 빛을 받을 수 없다면 그 정도에 따라 발전출력이 저하된다. 이러한 노광결함의 원인으로는

- 나무나 전선, 건축물 등에 의한 그림자
- 눈이 내린 후 모듈 아랫부분에 쌓인 경우
- 조류의 분뇨, 먼지, 이물질의 부착
- 봄철 황사 먼지의 침착

등을 예상할 수 있다.

대규모 PV 어레이 중에서 일부의 모듈이 빛을 받을 수 없게 되었다면 전기적 출력에는 어떤 영향이 미칠까? 이에 대한 해답은 그림자가 지는 부분이 직렬 또는 병렬접속 구간에서 발생하였는지에 따라 차이가 있다.

1 직접 그림자의 영향

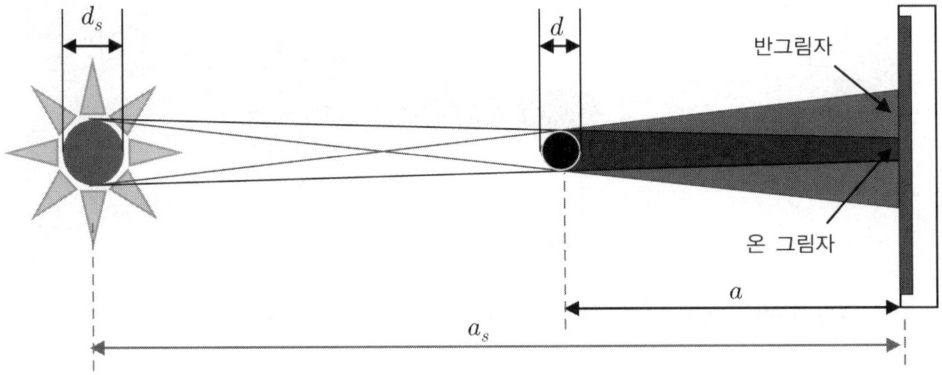

그림 4.45 온그림자와 반그림자의 관계

직접적인 그림자의 영향을 받으면 에너지 손실이 클 수 있다. 그림자를 만드는 방해물이 가까이 있을수록 PV 모듈에 온 그림자가 드리워져 정상적인 발전에 방해가 된다. 이와 같이 셀 가까이에 있는 물체가 만드는 온그림자에 의해서는 약 60%에서 80% 사이의 에너지 감소가 발생하고, 반그림자에 의해서는 온그림자에 비해서 반 정도의 에너지 감소가 발생한다.

방해물로부터 많이 떨어져 있을수록 그림자가 옅어지고 손실도 줄어든다. 〈그림 4.45〉는 온 그림자와 반그림자의 발생 형태를 보여주고 있다.

방해물을 피할 수 없는 경우라면 그림자의 영향을 최소화할 수 있도록 방해물과 PV 모듈의 간격을 '최적거리' 이상으로 띄워야 한다. 원거리에서 본다면 태양이 평판형태의 발광원이기 때문에 태양과 방해물 사이의 삼각공식에 의해 최적거리를 계산해 낼 수 있다. 모듈과 방해물 사이의 최적거리, a_{opt}는 다음과 같다.

$$a_{opt} = \frac{(a_s + a_{opt}) \times d}{d_s} \approx \frac{a_s \times d}{d_s}$$

단, $a_{opt} \ll a_s$

(태양에서 지구까지의 거리) : $a_s = 150,000,000\ \text{km} = 1.5 \times 10^{11}\ \text{m}$

(태양의 지름) : $d_s = 1,390,000\ \text{km} = 1.39 \times 10^9\ \text{m}$

이상의 조건을 대입하면 최적거리는 다음과 같이 구해진다.

$$a_{opt} = \frac{a_s \times d}{d_s} = 108 \times d$$

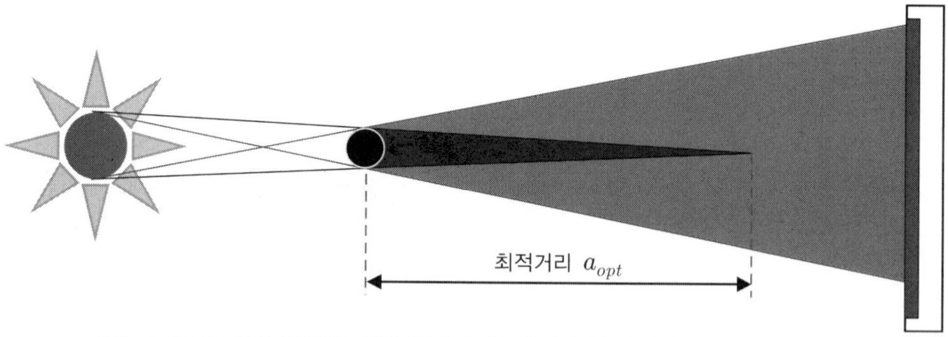

그림 4.46 그림자 영향을 최소화하려면 '최적거리' 이상을 확보해야 한다.

즉, 그림자 피해를 줄이기 위한 최적거리는 방해물 지름의 108배 이상 띄워야 한다.

예를 들어, PV 어레이 옆을 지나면서 그림자를 만드는 케이블 전선의 굵기가 2 cm라면 이로부터 108배 되는 2.16 m 이상 띄우고 PV 모듈을 설치하면 그림자 영향을 최소화 할 수 있다.

2 그림자 분석

특정 지역의 그림자에 의한 결과를 평가하기 위해서는 그림자 분포 분석이 행해진다. 이는 시스템의 한 점(보통 PV 어레이)을 중심으로 그림자의 주변 외곽을 기록하는 것을 말한다.

대규모 시스템이나 정확한 측정이 요구될 때 몇 개의 다른 지점에 대한 그림자 분포 분석을 할 수도 있다.

태양 궤적도를 이용해서 장소 계획을 할 때는 방해 물체의 크기를 계산해야 한다. 계산 결과로부터 방향각(azimuth= a)과 그림자 경사각(γ)이 계산된다.

PV 모듈을 설치해야 할 장소 부근에 나무 또는 건축물들이 있을 때 그림자가 만드는 각도가 얼마나 되며 정남향에서 벗어난 방위각은 몇 도인지 각각 확인해 볼 필요가 있다.

이를 위한 준비물로는 줄자, 각도계, 태양궤적도(Sun course diagram), 방안지, 투명필름(OHP용) 등이다. 〈그림 4.47〉과 같은 상황에서 그림자의 경사각(γ) 즉, 방해물(나무 또는 주변의 건축물)이 만드는 그림자의 각도를 구하는 식은 다음과 같다.

$$\tan(\gamma) = \frac{h_2 - h_1}{d}, \quad \therefore \gamma = \arctan\left(\frac{h_2 - h_1}{d}\right) = \arctan\left(\frac{\Delta h}{d}\right)$$

여기서 d는 PV 모듈과 나무와의 거리이고, Δh는 모듈 하단부에서 나무 꼭대기까지의 거리($\Delta h = h_2 - h_1$), 그리고 α는 정남방향과 나무가 이루는 각도(방위각=애지머스)이다.

물론 이 공식은 나무의 경우뿐만 아니라 주변의 건물이나 기타 방해물에 대해서도 같은 방법으로 적용할 수 있다.

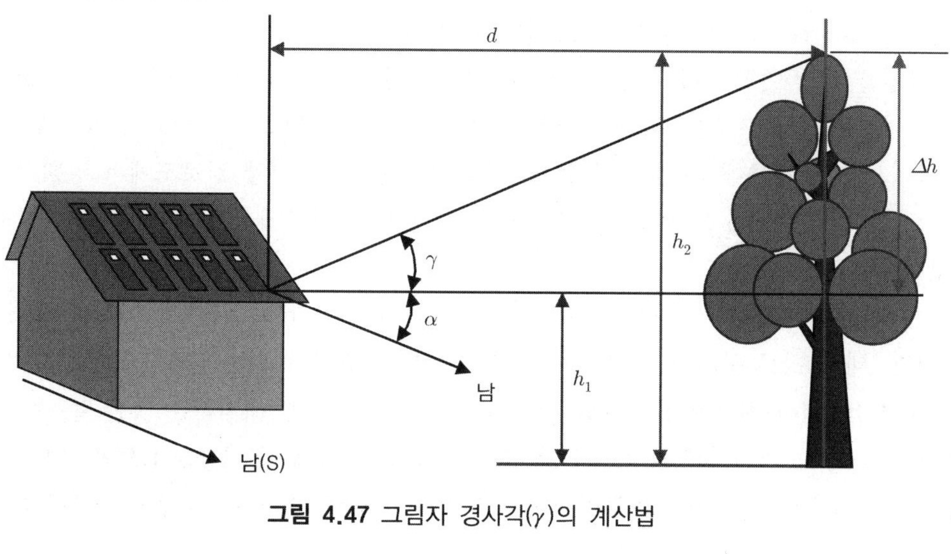

그림 4.47 그림자 경사각(γ)의 계산법

이 작업의 순서는, 먼저 PV 어레이와 정남방향이 이루고 있는 각도(방위각)를 구한다. 좋은 방법은 방안지에 가옥의 구조, PV 모듈의 설치 위치, 나무 또는 주변 구조물의 위치 등을 스케치하여 기입하는 것이다.

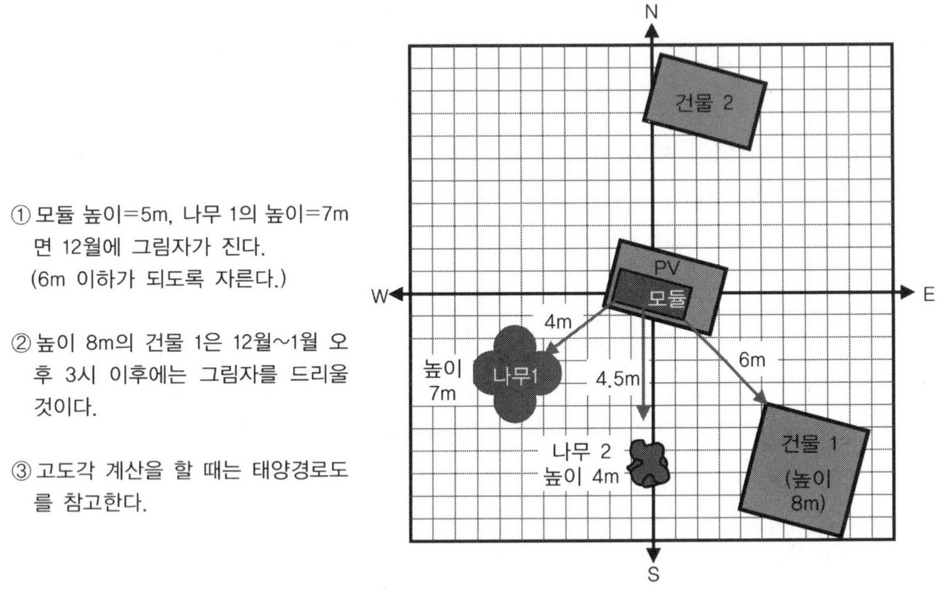

그림 4.48 그림자의 영향을 검토하기 위한 현장 스케치도면의 예

〈그림 4.48〉에서 가옥을 중심으로 주변의 나무나 건축물들을 실측하여 1/100 축척의 방안지에 기록한다. 가옥의 지붕 위에 설치된 PV 모듈의 높이=5m, 이로부터 남서방향 4m 떨어진 거리에 7m 높이의 나무1이 있고, 남쪽 방향 4.5m 거리에 4m 높이의 나무2, 그리고 남동방향 6m 거리에 8m 높이의 이웃집 2층 건물이 있다.

이 상황을 그림자 경사각 계산법으로 계산해 보면 밑변(d)=4m, 높이(Δh)=2m인 삼각형에서 나무1의 그림자 경사각(γ)=26.6°, 같은 방법으로 밑변(d)=6m, 높이(Δh)=3m인 삼각형에서 2층 건물에 의한 그림자 경사각도 26.6°이다. 태양 경로도에서 방위각 45°에 경사각 26.6°를 대입해 보면 12월~1월 중에는 PV 모듈 일부에 그림자가 지는 것을 예상할 수 있다.

〈그림 4.48〉의 스케치 도면에서는 남동쪽 건물1의 일부만이 그림자를 만드는 것으로 되어있지만 '태양 경로도'에서는 남동쪽 건물이 크게 강조되어 그려졌음을 참고하기 바란다.

〈그림 4.49〉에서 정오보다 20~30분 늦게 태양이 정남쪽에 위치하는 것을 볼 수 있는데, 그리니치 표준시보다 9시간 앞서는 한국시간은 기준선이 동해 중간(동경 120°)에 있기 때문에 서울(동경 127°)에서는 평균 28분이 늦은 12 : 28이 되어야 태양이 남중에 위치하게 된다.

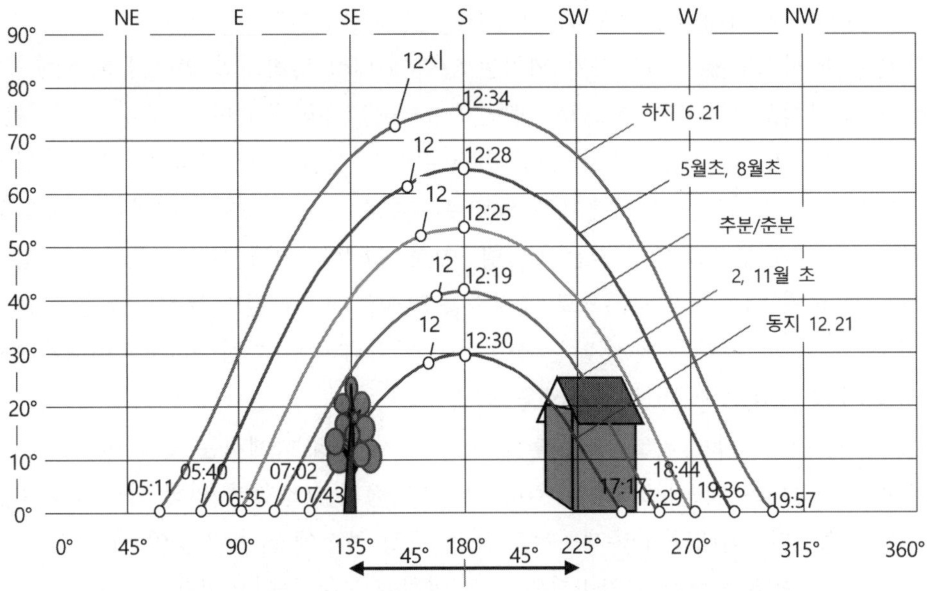

그림 4.49 한국 중부지방(서울시)을 기준으로 본 태양의 경로도

3 PV 어레이의 접속방식과 그림자 영향

PV 시스템에서 그림자에 의한 영향은 다음과 같은 요소들에 의해 결정된다.

- 그늘진 모듈의 개수
- 셀과 바이패스 다이오드의 접속
- 그림자의 정도(넓이, 짙음의 정도)
- 공간과 시간에 대한 그림자의 분포
- 모듈 간의 접속방식
- 인버터 설계

앞에서 설명하였듯이 수율을 예상할 때 입사에너지의 감소는 보통 PV 어레이가 설치되는 지역에 의해 결정된다. 그렇지만 PV 어레이 $I-V$ 특성이 그림자의 변동에 따라 달라질 수 있고, 최대전력점(MPP) 또한 바뀐다. 인버터의 동작은 항상 최대전력점을 따라간다. 최대전력점의 변화에 의해 상대적으로 그림자 정도가 적은 어레이의 전력 감소가 결정된다.

인버터의 입력 전압 범위는 태양광 모듈의 결선방법을 결정한다. 높은 입력 전압을 가지는 열 인버터(String Inverter)에서는 모든 모듈들이 직렬로 접속된다. 인버터가 낮은 입력

전압을 가지면 PV 어레이는 병렬로 접속하는 것이 유리하다.

여러 종류의 시스템에서 그림자가 끼치는 영향에 대한 과학적인 연구가 베를린 공대에서 행해졌다. 전자회로 시뮬레이션 프로그램인 PSpice를 이용하여 여러 가지 그림자 환경에서의 PV 어레이의 $I-V$ 특성곡선 및 예상 전력 손실을 시뮬레이션하였다. 직렬로 접속된 전체 20개 모듈을 가지는 PV 어레이와 병렬로 4줄로 접속된 PV 어레이를 비교하였는데, 1000 W/m^2의 입사광 강도를 가지는 둘, 넷, 여섯, 그리고 여덟 개의 모듈들에서 입사광 강도가 500 W/m^2가 되도록 인공적으로 그림자를 만들었다. 그 결과 특성 곡선은 그늘이 드리워진 모듈의 위치에 영향을 받지 않는 직렬접속에 비해 병렬로 접속된 PV 어레이에서는 그림자의 위치에 따라 상이한 특성곡선을 보였다.

〈그림 3.50〉에서 〈그림 3.54〉까지를 보면, 그림자 상황 하에서는 출력 전압이 높아질 때 전력곡선이 손상되는 것을 보여주고 있다. 시작 지점의 요소들에 의해 어떻게 최대값이 나타나는지 결정된다. 최대값이 존재하는지 또는 특성 곡선에 돌출된 곳이 있는지, 최대 전력점이 어디인지, 최대 전력점이 인버터의 추적 범위에 모두 들어오는지, 그늘이 드리워진 PV 어레이의 전력손실 크기는 인버터의 입력 전압 범위와 크기에 영향을 받으며, 인버터가 최대 전력점을 정확하게 추종하는 것이 전력 변환에 매우 중요하다는 것 등을 알 수 있었다. 그리고 무엇보다도 직렬접속과 병렬접속에는 그림자 특성에서 큰 차이가 있는 것도 확인할 수 있었다.

4 직렬접속에서의 그림자 영향

직렬접속에서 인버터의 동작점이 최대 전력점 추적기의 동작 범위에 있다면 최대 전력점이 동작점이 될 수 있다. 두 지점은 시간에 대한 그림자의 추이와 추적기로 찾을 수 있다.

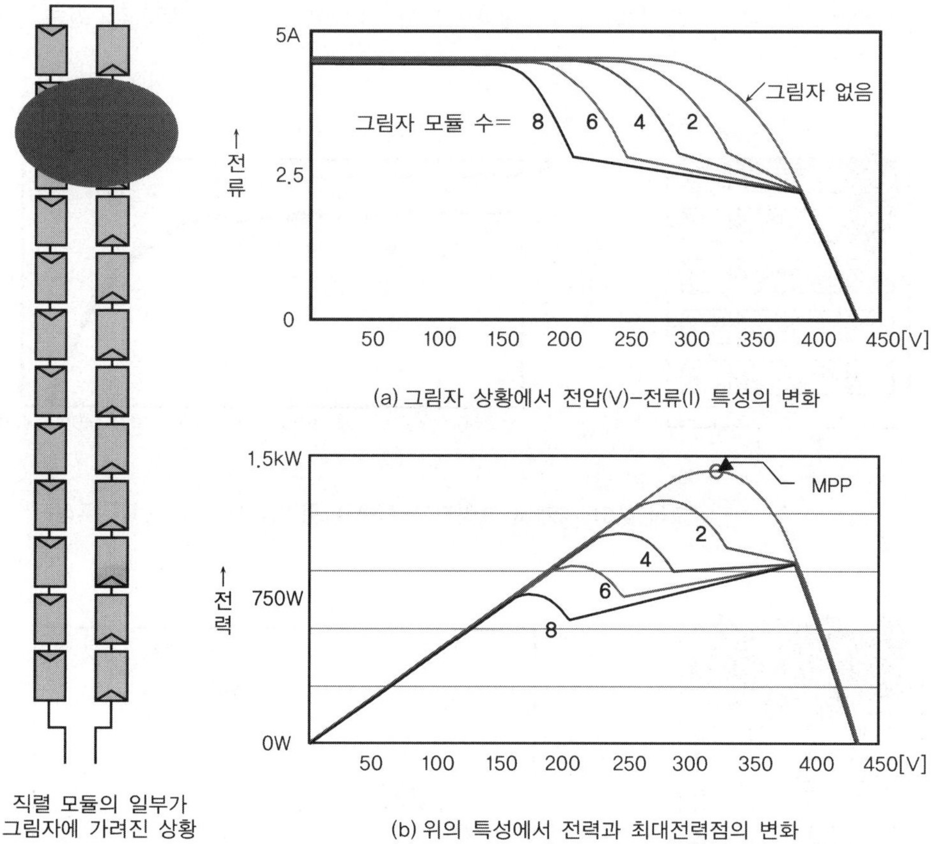

그림 4.50 직렬접속 어레이에서 그림자가 질 때의 *V*–*I* 특성 및 전력 특성
위의 그림 4.50(b)에서 최대 전력점(MPP) 봉우리가 찌그러지면서 피크점이 두개가 된다.

그림자가 없이 정상적인 태양광 입력을 받고 있는 PV 어레이라면 인버터는 최대 특성 곡선(그림자 없음/가장 오른쪽 곡선)으로 동작한다. 그러나 어레이 속의 더 많은 모듈에 그늘이 드리워진다면 최대 전력점의 위치는 점점 낮은 쪽으로 이동하게 되는데 6개 모듈 이상이 되면 최대 전력점의 봉우리가 중간부가 아닌 오른쪽에 위치한다.

5 병렬접속에서의 그림자 영향

병렬접속에서는 그림자의 환경에 따라 다른 특성 곡선을 보인다. 그림자가 하나의 열(스트링)에만 위치하거나, 소수의 열에만 분산되어 있을 때 가장 양호한 특성을 나타낸다.

왼쪽 최대전력점은 PV 어레이의 개방회로 전압의 1/2 부근에 위치하며 항상 인버터 추적 범위의 바깥에 위치하게 된다. 따라서 왼쪽의 최대 전력점이 제대로 포착되지 않음에 따라 인버터는 거의 오른쪽 최대점을 따라가게 되고 이 지점이 실제로 작동하는 최대 전력점이 된다.

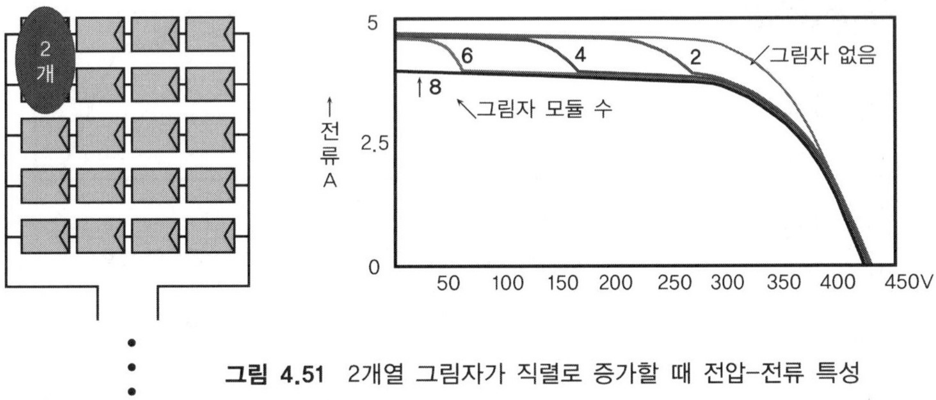

그림 4.51 2개열 그림자가 직렬로 증가할 때 전압-전류 특성

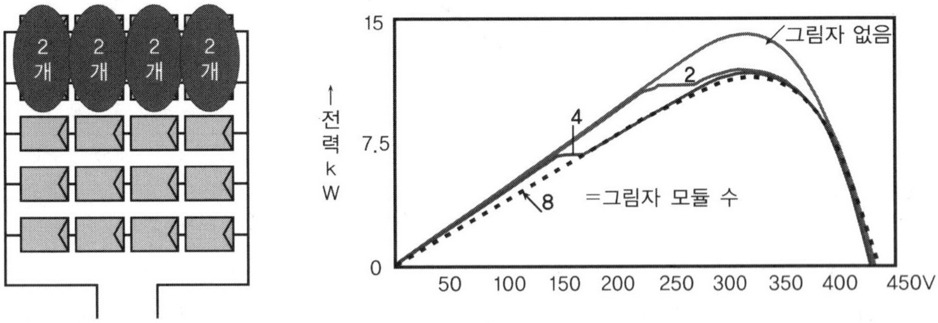

그림 4.52 2개열 그림자가 직렬로 증가할 때 최대 전력점 특성

그늘이 드리워진 열의 개수가 많아짐에 따라 왼쪽 최대 전력점이 상대적으로 도드라져 나타내어진다. 8개 이상 다수의 그림자가 지는 경우에는 최대 전력점이 왼쪽으로 이동하게 된다. 이 경우 PV 모듈의 개방회로 전압 1/2 부근에 왼쪽 최대 전력점이 위치하며 이는 인버터의 동작점 바깥에 위치한 것이 된다. 동작점이 되는 오른쪽 최대전력점은 그늘이 드리워지지 않은 어레이의 최대전력점 전압보다 위에 위치하게 된다.

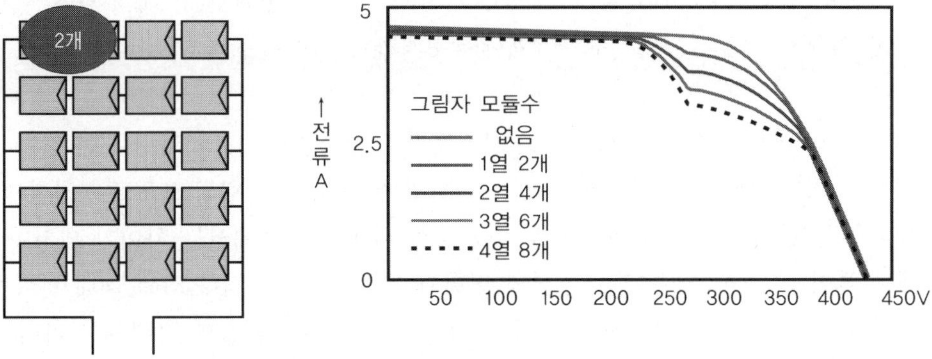

그림 4.53 2개 모듈 그림자가 병렬로 증가할 때 전압-전류 특성

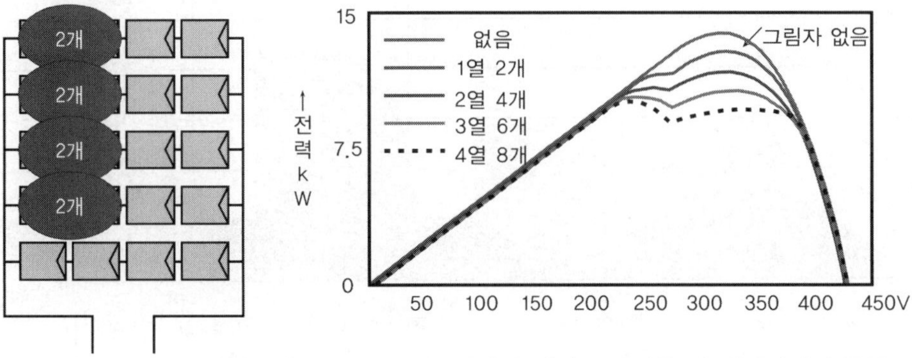

그림 4.54 2개 모듈 그림자가 병렬로 증가할 때 최대전력점 특성

6 직병렬 접속방식의 비교

획득되는 에너지의 손실은 연평균 그늘이 지는 기간에 의해 결정된다. 잘란트 과학기술대학교(Saarland University of Science and Technology)에서 PV 어레이의 직렬 및 병렬접속의 그림자 효과를 오랜 기간 동안 조사, 비교하였는데 〈그림 4.50~54〉를 바탕으로 종합한 것이 〈그림 4.55〉이다.

직렬접속에서는 그늘이 드리워졌을 때 특성곡선 상에서 두 개의 봉우리(전력최대점)이 나타난다. 모듈에 그늘이 덜 드리워졌을 때는 전압이 인버터의 추적 범위 내에 위치하기 때문에 이 두개의 비교해 본 다음 높은 쪽의 봉우리를 제어 동작점으로 삼아야 한다. 병렬접속에서는 왼쪽 최대 전력점이 잘 나타나지 않고 전압도 매우 낮기 때문에 인버터는 오른쪽 최대 전력점만을 따라간다. 그늘이 드리워진 열의의 개수가 많아지면 왼쪽 최대점을 따라갈 수 있는데 이러한 경우는 오른쪽 최대 전력점을 따라갈 때 보다 전력 손실이 낮게 된다.

병렬접속에서는 그늘이 드리워진 열(String)의 개수에 의해서만 전력손실이 결정되는 것을 알 수 있다. 〈그림 4.55(b)〉를 보면 병렬로 접속된 모듈 중에서 두 개의 열에 걸쳐 그늘이 졌다고 할 때, 그늘진 모듈 수가 2개에서 8개까지 늘어나도 전력 손실은 거의 변화가 없다.

직렬접속으로 구성된 모듈의 경우에는 그림자가 드리울 때 상대적으로 더 큰 전력 손실을 가져온다. 〈그림 4.55〉의 직렬어레이 접속을 보면 우측 최대 전력점(c)으로 동작할 때는 그늘이 드리워진 범위가 커졌을 때, 예를 들면 4개 이내의 그늘에서는 차이가 있지만 4개에서~8개로 늘어나는 경우에는 전력손실의 변화가 거의 없다. 그러나 좌측 최대 전력점(d)으로 동작할 때는 그늘이 드리워진 모듈이 늘어날 때마다 전력손실도 비례해서 커지는 것을 알 수 있다.

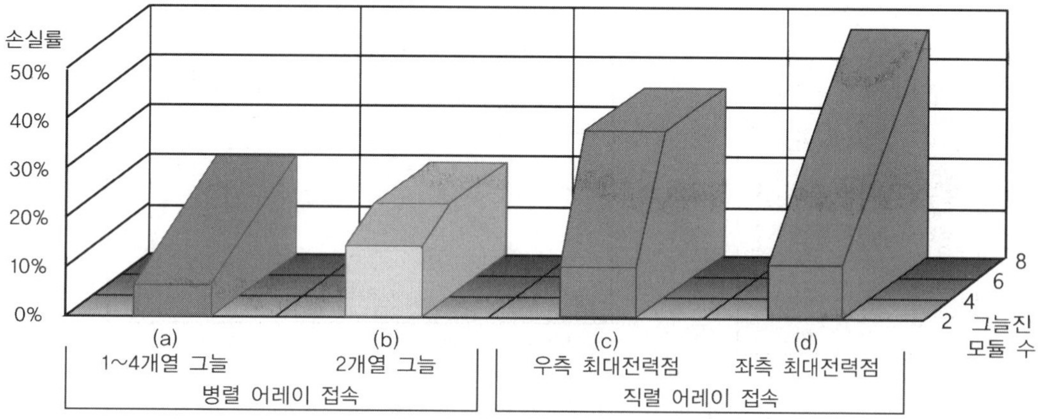

그림 4.55 접속방식에 따른 그림자 손실 비교

7 바이패스 다이오드(bypass diode)

PV 모듈에 그림자가 생겼을 때 출력감소를 최소화하는 대비책이 바이패스 다이오드를 설치하는 것이다. 〈그림 4.56〉는 바이패스 다이오드가 어떤 작용으로 그림자가 드리운 곳의 출력감소를 보호하는지 보여주고 있다. 36개 셀을 사용하는 PV 모듈에서는 두 개, 54개 셀 이상을 사용하는 대형 모듈에서는 3개의 바이패스 다이오드를 달아준다.

그런데 만약 〈그림 4.56〉의 (a)와 같이 가운데 부분에서 그림자가 드리워져 셀의 기능을 다하지 못하게 되면 그 부분은 역방향 다이오드로 변해서 전류가 흐르지 못할 뿐만 아니라 정상적인 셀들의 전류도 흐르지 못하게 가로막게 된다. 이때 바이패스 다이오드(D_2)가 병렬로 달려있다면 그림자에 가려진 셀을 피해서 다이오드로 우회하여 전류를 통과시킬 수 있기 때문에 피해를 최소로 줄일 수 있는 것이다. 이와 같이 다이오드가 옆길로 전류를 흐르게 한다는 의미에서 Bypass Diode(측로 통과 다이오드)라는 명칭을 갖게 되었다.

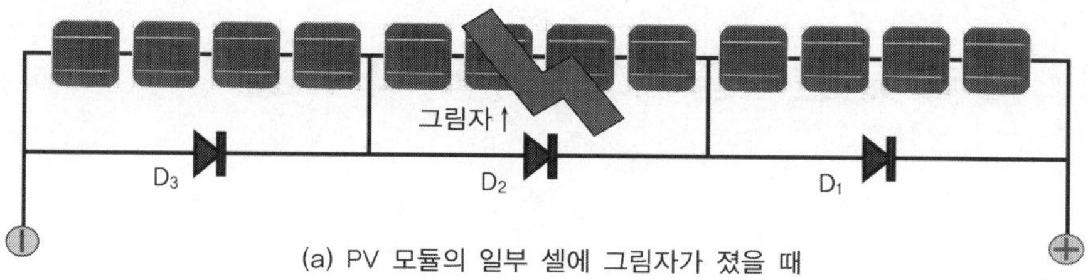

(a) PV 모듈의 일부 셀에 그림자가 졌을 때

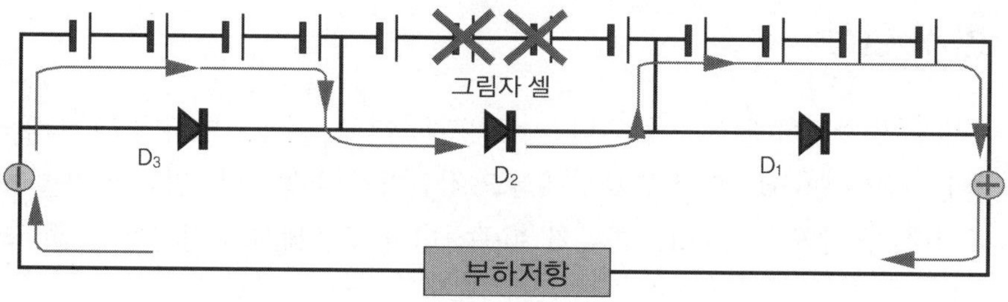

(b) 광전류의 흐름을 표시한 등가회로도

그림 4.56 바이패스 다이오드의 동작 원리

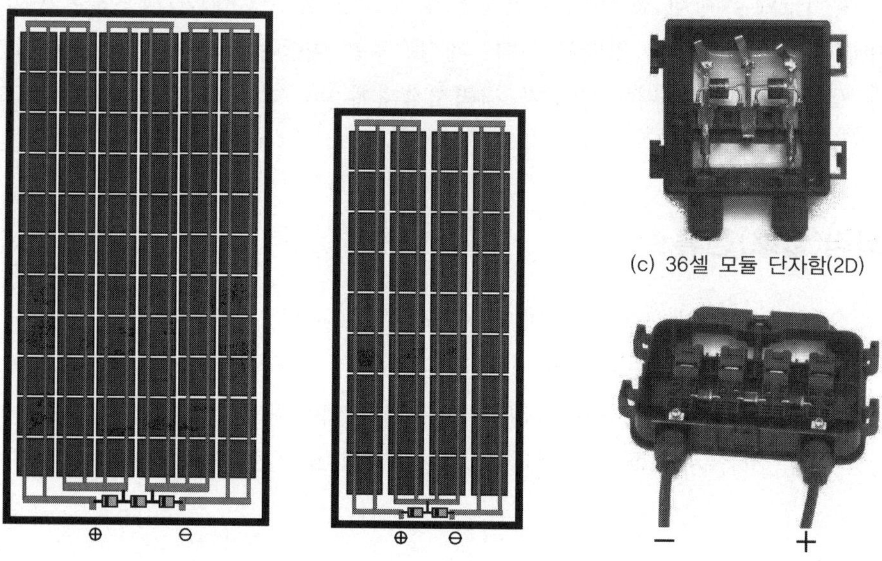

(c) 36셀 모듈 단자함(2D)

(a) 72셀 모듈/3D (b) 36셀 모듈/2D (d) 72셀 모듈 단자함(3D)

그림 4.57 바이패스 다이오드(D)의 접속법(a, b)과 단자함 속의 설치 예(c, d)

제 4 절 낙뢰 및 전기충격으로부터의 보호

1 번개 현상

구름과 바람의 마찰로 인해서 정전기가 생기기도 하고, 물방울이 결빙되는 과정에서 수소이온(H^+)과 수산이온(OH^-)의 해리과정에서도 정전기가 발생한다. 지표의 가열과 수분 증발로 인해 구름은 끊임없이 생기고, 기류가 이동하면서 구름세계의 정전기는 일상적인 현상이다.

이 정전기의 전위차는 수십~수백만 볼트(V)에 이를 정도로 크기 때문에 호시탐탐 전위가 낮은 쪽을 찾아 방전의 기회를 엿보고 있다가 습기가 많은 날, 땅에서 뾰족하게 솟아오른 지형지물을 향해 일시에 방전하는 현상이 번개, 즉 낙뢰(落雷)이다.

Brooks의 연구에 의하면 전 세계의 번개 발생 빈도는 연간 1600만 개, 초당 76회의 번개 방전이 어딘가에서 일어나고 있다고 한다. 계절별로는 여름철, 8월이 가장 많고 시간대 별로는 오후 2시에서 4시 사이의 빈도가 새벽시간대에 비하여 4배정도 높다.

2 뇌격(雷擊)전류

번개방전의 약 90%는 부(-)극성이며 그 평균값은 10~20 kA이지만 크게는 200~500 kA에 달하는 기록도 있다. 한 번의 방전에 걸리는 시간은 극히 짧은 μs시간대이지만 $50\mu s$의 간격으로 수회 또는 수10회 연속해서 50 m씩 자리를 이동해가면서 방전하기도 한다. 이런 연속방전의 경우 처음부터 끝까지 걸리는 시간은 대부분 1초 이내이다.

3 피뢰침(lightning conductor)

피뢰침은 구리와 같은 양도체를 피보호물의 높이보다 높게 설치하고 그 끝을 땅에 묻어 둠으로서 구름이 가진 전하를 유도 소멸시키거나 번개의 충격전류를 흡수하여 대지로 유도시키는 전기시설물이다. 피뢰침에 관한 시설규격은 다음과 같다.

(1) 피뢰침의 보호각은 일반적인 건물에서는 60°, 중요시설물에서는 45°를 기준으로 한다.

(2) 돌침부(突針部)는 12 ϕ이상의 구리봉(銅棒)을 사용하며 그 끝은 피보호물에서 25cm 이상 밖으로 나와야 한다.

(3) 피뢰도선의 단면적은 30 mm^2 이상의 동선 또는 동관으로 한다.

(4) 피뢰도선은 동일한 재질의 금속 고정구 또는 애자를 사용하여 피보호물에 장착하고 가능한 짧은 구간을 통해 접지전극으로 인도한다.

(5) 피뢰도선은 전등선, 전화선, 가스배관 등으로부터 1 m 이상 떨어져야 한다.

(6) 피뢰도선에서 1 m 이내에 인접한 금속구조물은 유도기전력 피해를 막기 위해 접지한다.

(7) 지하에 매설하는 전극판은 두께 1.4 mm 이상, 면적 0.35 m^2 이상으로 하고 지하 75 cm 아래로 묻는다.

(8) 인체가 접촉할 수 있는 배선구간은 절연 케이블을 사용하고, 지상2 m, 지하 75 cm에 이르는 구간은 PVC절연관을 씌운다.

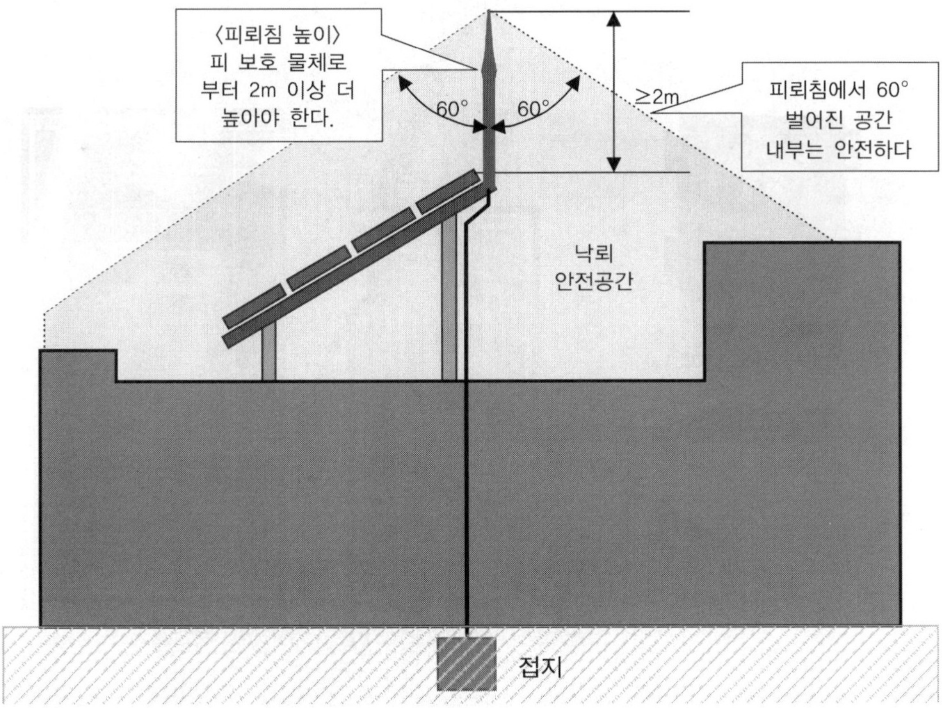

그림 4.58 피뢰침이 보호하는 안전공간

4 피뢰침의 보호공간

〈그림 4.58〉과 같이 피뢰침의 꼭대기를 중심으로 피뢰도선과 60°를 이루는 공간 이내는 낙뢰로부터 안전하다. 단, 중요한 시설물로서 보다 엄격한 안전이 요구되는 경우 이 각도를 45°로 제한한다. 태양광 발전 설비의 경우 도시지역에 설치되는 소규모에는 60°를 적용하여도 무방하다. 그러나 인근에 보호성 지형지물이 없고 낙뢰출현의 이력이 많은 지역에서는 안전을 고려하여 45°를 적용하여 설계함이 안전할 것이다.

- 선더 볼(Thunder Ball)에 의한 안전공간 판단법

건축물에 피뢰침 또는 철골 구조물이 설치되어 있을 때 60° 또는 45°로 안전공간을 확보할 수 있고, 추가로 두 피뢰침 사이의 공간도 안전공간이 될 수가 있다.

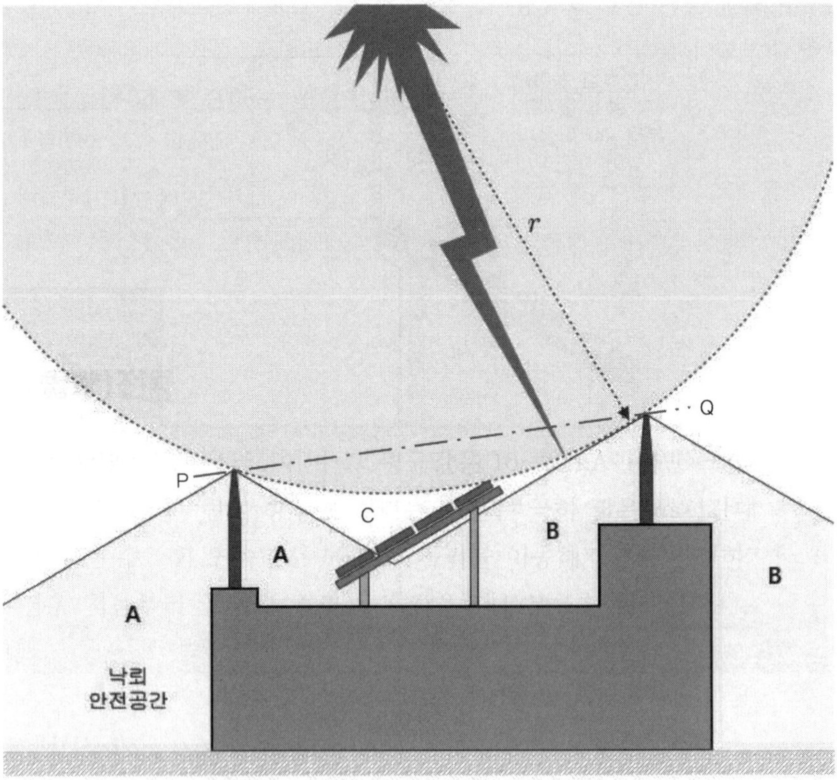

그림 4.59 선더 볼 밖의 안전 공간(A, B & C)

두 피뢰침 사이 반경 r의 바깥영역 C는 안전공간이다. 그러나 만약 번개발생지점이 원거리에 있다면 P-Q 직선구간 아래쪽은 안전하다.

〈그림 4.59〉와 같이 선더 볼이라고 부르는 구(球)형 공간 이내는 위험공간이지만, 그 바깥 공간(C)은 낙뢰로부터 안전하다. 그림에 나타내기 위하여 구(공)의 크기가 작게 표시되었지만 실제로 번개가 원거리에서 발생하기 때문에 구의 반지름(r)은 매우 크고 원호는 직선 PQ에 가까워진다.

5 태양광시설의 보호

태양광 발전 시설은 야외에 있기 때문에 언제나 낙뢰의 위험성을 안고 있어 이에 대비한 보호시설은 필수적이다.

낙뢰 보호와 계통연계형 태양광 발전 시스템에 관한 국제 코드 및 법규는 나라마다 다르며 심지어 미국이나 독일의 경우 주(州)마다 다르다. 이 단원에서는 일반적인 낙뢰보호장치 설치기술에 관한 것들을 다루기로 한다.

태양광 발전 시스템에서는 낙뢰에 의해 건물이 크게 영향을 받지 않기 때문에 추가적인 낙뢰 보호 시스템을 필요로 하지 않는다. 일반적으로 건물의 보호 정도는 4개의 낙뢰 보호 등급(I등급에서~Ⅳ등급)으로 구분하는 방법이 있다.

- 보호등급-Ⅳ : 공항이나 병원, 화재나 폭발의 위험이 있는 산업시설, 발전소 등
- 보호등급-III : 공공건물이나 기관, 학교, 다중이용시설 등
- 보호등급-II : 120 V 이상의 일반적인 전기장치
- 보호등급-I : 저전압 전기장치, 예를 들면 12, 24 또는 48 V 시스템

낙뢰보호 시스템은 직접적인 낙뢰 충격으로부터 사람을 보호하는데 초점을 맞추고 있다. 태양광 발전 시스템이 개방된 곳에 위치해 있다면 적절한 피뢰침이 필요하다. 예를 들면 낙뢰 충격에 노출된 건물의 평평한 지붕 위 선반에 설치한 태양광 발전 시스템은 낙뢰 보호 시스템을 장착해야 한다. 낙뢰 보호 시스템은 VDE V0185 제 1~5부에 따라 만들어진다. 건물에 이미 낙뢰 보호 시스템이 있다면 태양광 발전 시스템을 이곳에 연결하여 보호범위에 포함시켜야 한다.

다음의 주석들은 태양광 시스템의 낙뢰 및 과전압 보호에 관한 것들이다.

- 태양광 발전 시스템으로 인해 건물의 낙뢰 위험도가 올라가면 안 된다.
- 건물에 낙뢰 보호 시스템이 있다면 PV 어레이는 반드시 연결되어야 한다.
- 태양광 발전 시스템이 노출된 지점에 있다면 적절한 피뢰침이 사용되어야 한다.

그림 4.60 장시간 노출로 잡은 도시의 낙뢰 장면

- 낙뢰 보호 시스템이 없다면 PV 어레이는 반드시 접지되어야 하며 전위 균등기(potential equalizer=Ground Bar)에 연결되어야 한다. 다음과 같은 경우는 제외한다.
  - 5 kW 이하의 작은 시스템에서 '보호등급-Ⅱ'를 따르는 태양광 모듈을 사용할 때
  - 전기 절연체와 안전한 극저전압(SELV : Safety Extra Low Voltage)으로 설계될 때 (보호등급-I)
- 어레이 접속함의 DC쪽에 적절한 전기 충격 흡수기를 설치하는 것이 좋다.
- AC쪽에 과전압 보호기를 적용하는 것이 좋다.

6 직접적인 낙뢰 충격에 대한 보호

직접적으로 낙뢰 충격을 받을 확률은 건물의 크기, 주변 환경과 각 지역의 낙뢰 충격 평균 횟수에 대한 정보로부터 계산될 수 있다. 표준 VDE 0185 Part 2와 각 위험 관리 소프트웨어는 낙뢰 충격으로부터의 위험도와 기술적, 환경적으로 최적화된 보호 측정 방법 등을 결정한다. 이는 태양광 발전 시스템이 낙뢰 충격을 받을 확률이 큰 지역에 설치되는지 판단할 때 쓰인다(예를 들면 낙뢰가 자주 발생하는 지점인지). 평균 정도의 인구가 살고 있는 도심지에서는 1000년에 한 번 정도의 확률로 낙뢰 충격을 받을 수 있다. 예를 들면 폭풍이 자주 몰아치는 산맥의 고립된 농가에는 30년에 한 번 정도 낙뢰 충격을 받는다. 농가가 평균적으로 폭풍이 몰아치는 시골에 노출되지 않은 곳에 위치해 있다면 500년에 한 번꼴로 낙뢰 충격을 받는다.

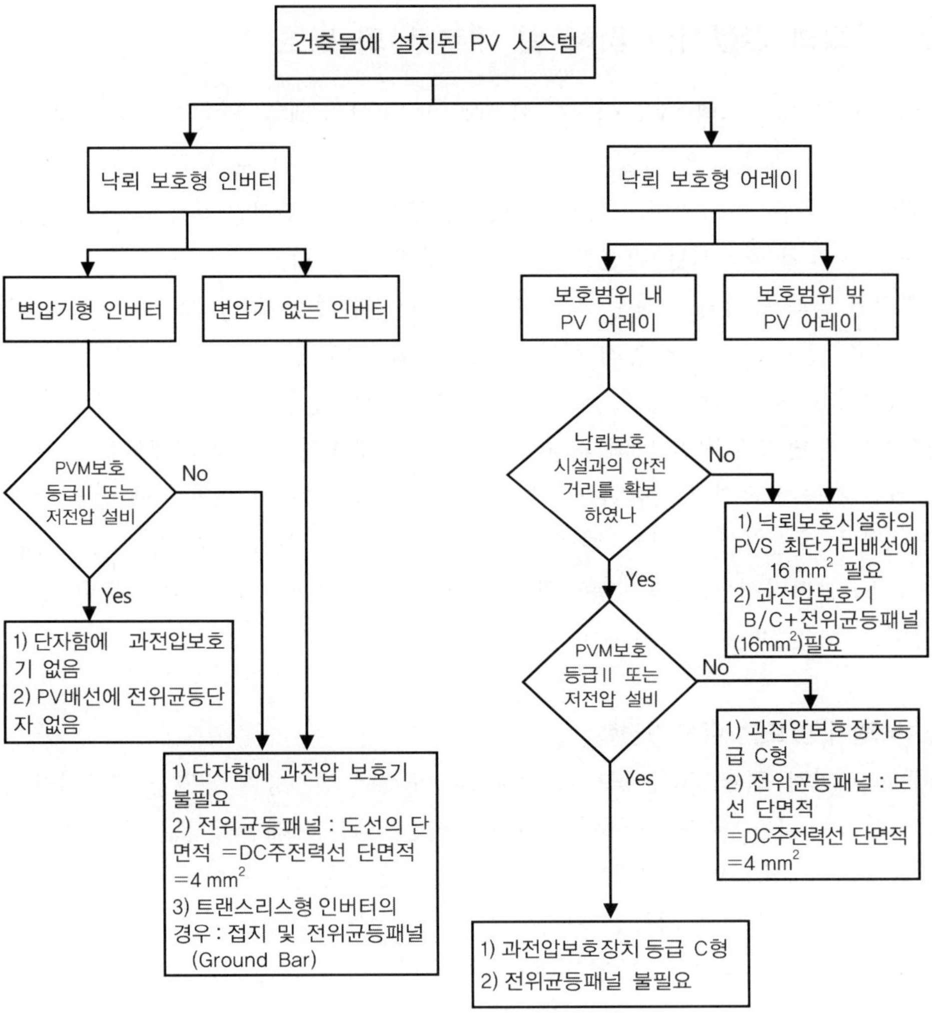

그림 4.61 낙뢰 보호설비의 점검요령

〈그림 4.61〉은 건축물에 태양광 발전시설이 설치되었을 때 보호설비의 규격을 점검하기 위한 작업의 흐름도이다.

그리고 태양광 발전 시스템을 설치할 때 외부 낙뢰 보호 시스템에 대한 다음과 같은 기준들이 조사되어야 한다.

- 공공 이용시설(공항, 항만, 기차역, 공연장 등 치안의 중요성이 매우 큰 장소)
- 건물로부터 돌출된 전기가 잘 통하는 지붕 구조물
- 15 m^2보다 큰 태양광 발전기의 표면
- 고가용성 요구사항을 만족하고 백업 시스템 등 값비싼 데이터 기술을 이용하는 건물
- 주요 전기 안전 시스템의 보호(화재 경보, 주거 침입 경보, 보안 시스템)

7 낙뢰의 간접적인 피해 및 내부 낙뢰 보호

모든 낙뢰 충격은 주변 1 km 이내의 지역에 간접적인 피해를 준다. 건물이 낙뢰로부터 간접적인 피해를 받을 확률은 건물이 직접적인 낙뢰를 받을 확률보다 훨씬 크다. 태양광 발전 시스템이 작동하는 동안 주변 지역에 발생한 낙뢰로 인해 간접적인 충격을 받을 확률은 언제나 존재하고 지역에 따라서는 빈번할 것으로 예상할 수 있다.

간접적인 낙뢰 충격의 피해는 유도, 용량, 저항 결합에 의해 발생한다. 이러한 결합 현상들은 건물의 전기 시스템에 충격 전압(surge voltage)을 발생시키므로 반드시 해소하는 조치가 필요하다. 내부 낙뢰 보호는 '보호되지 않고 있는 건물'의 측정 장비와 기기들을 둘러싼다. 예를 들면 간접적인 낙뢰 피해나 주요 공공 전원의 스위칭 피해로부터 전자 장비를 보호한다. 건물에 낙뢰의 위험이 크거나 값비싼 데이터 기술이 쓰였을 때 내부 낙뢰 보호에 대한 좀 더 광범위한 측정이 행해져야 한다. 내부 낙뢰 보호를 위한 필요조건은 IEC 364-5-54에 따라서 전위를 균등화하는 것이다. 모든 도체 시스템(예를 들면 물, 화력, 가스 파이프 등)은 모두 접지가 되어야 한다.

가. 낙뢰가 만드는 유도기전력

낙뢰는 태양광 모듈, 모듈 도선과 주요 DC 도선에 전기충격 전압을 발생시킬 수 있다. 금속 프레임이 있는 태양광 모듈에 유기되는 전압레벨은 프레임이 없는 태양광 모듈에 유기되는 전압의 반 정도이다. 그러므로 모듈 도선의 전기충격을 줄이기 위해 각 열(스트링)의 양(+)과 음(−)의 도선은 가능한 가까이 위치하는 것이 좋다.

〈그림 4.62〉와 같이 PV 모듈에서 20~30 cm 떨어진 거리에 피뢰도선이 지나고 낙뢰전류가 흐른다고 가정하면 모듈 프레임과 안쪽의 셀 연결도선에는 유도기전력이 발생하는데 이로 인해 출력단자 간에 최대 3kV의 낙뢰유도전압이 발생할 수 있다.

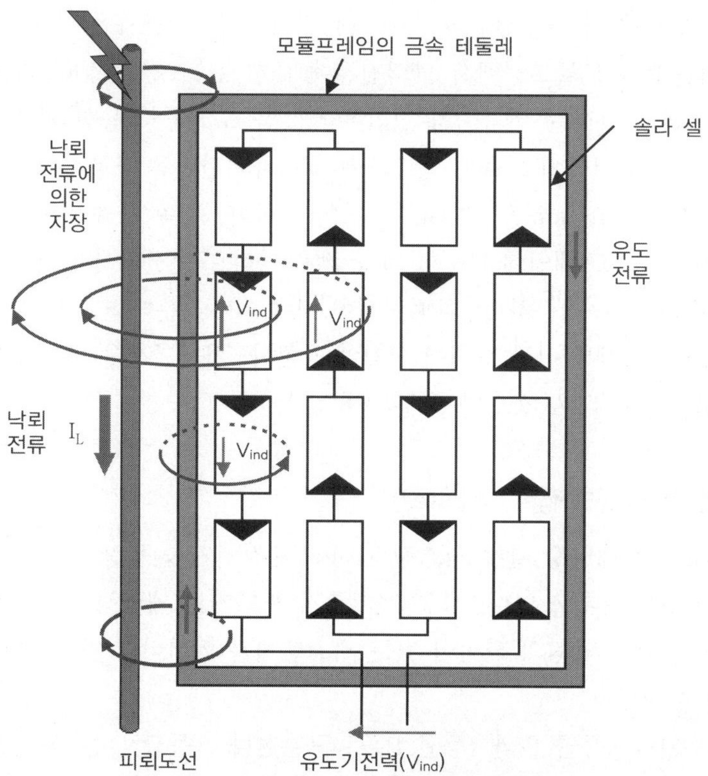

그림 4.62 낙뢰로 인해 유도 기전력이 발생하는 원리

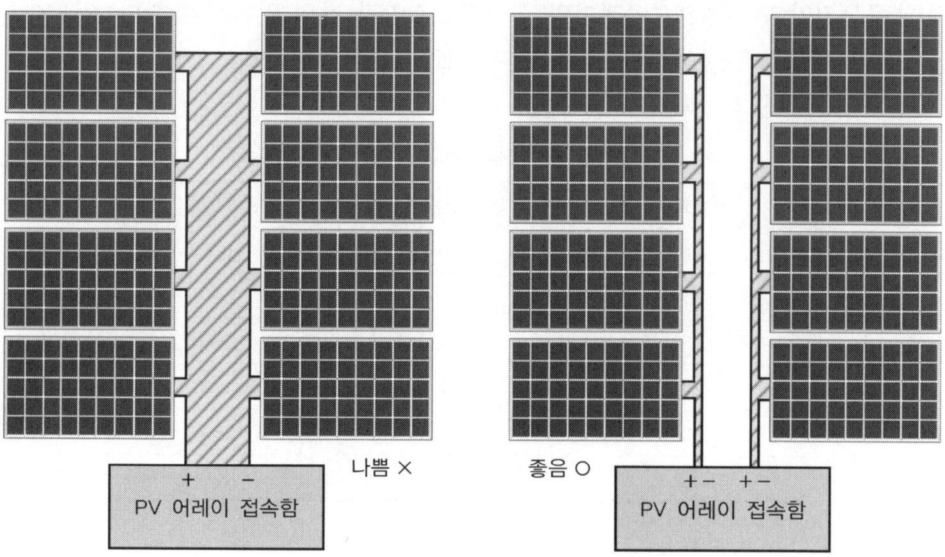

그림 4.63 낙뢰방지에 효과적인 어레이 배선 법

〈그림 4.63〉과 같은 어레이 배선의 경우, (+)단자에서 (-)단자에 이르는 루프 공간(빗금 표시부분)이 작을수록 모듈도선에서 낙뢰전류에 의한 유기 전압이 더 작아진다.

주요 DC 도선에 유기되는 전기충격 전압은 양, 음 도선을 가능한 가까이 배치함으로써 줄일 수 있다. 낙뢰의 위험에 노출된 시스템에서는 차폐전선을 사용하는 것이 좋다. 차폐전선의 단면적은 적어도 16 mm^2/구리(Cu)가 되어야 한다. 위쪽 차폐전선 끝은 금속 하위 구조와 태양광 발전 모듈 프레임에 가능한 가장 짧은 거리로 연결되어야 한다. 또한 금속 보호 파이프를 사용하는 것도 가능하다. 차폐전선이 사용되지 않는다면 공칭 누설 전류가 10 kA 근처인 전기충격 보호기를 능동 도체에 연결해야 한다. 차폐전선을 사용하면 전기충격 보호기의 공칭 누설전류는 1 kA 정도면 충분하다.

나. 전기충격 보호기(Surge Arrester)

전기충격 보호기는 태양광 발전 시스템과 하위 전자기기를 용량, 유도 결합과 그리드 과전압으로부터 보호하는데 쓰인다. 보통 전기충격 보호기는 태양광 발전 어레이 결합기/접촉 배선함에 설치된다. 낙뢰의 위험이 있는 시스템에는 인버터의 앞과 뒤에 부가적인 전기충격 보호기가 설치된다.

전기충격 보호기를 〈등급 I〉과 〈등급 II〉로 구분한다. 〈등급 I〉은 직접적인 낙뢰 전류를 방전시킬 수 있어 낙뢰의 위험이 늘어나고 있는 곳에 주로 쓰인다. 〈등급 II〉는 보통 $1kW_P$ 마다 1kA(표준 전기충격 8/20)의 충격전류 수용력이 있는 곳에서 쓰인다. 전기충격 보호기의 직류 구동전압(VC)은 PV 어레이의 개방회로전압과 거의 일치해야 한다. 〈표 4.3〉은 교류와 직류 전기충격 보호기의 종류와 정격전압을 보여주고 있다.

표 4.3 서지 흡수기의 형명과 정격전압

형별	V_C (교류)	V_C (직류)
75	75	100
150	150	200
275	275	350
320	320	420
440	440	585
600	600	600

전기충격 보호기의 한쪽 극(단자)은 반드시 접지에 연결해 주어야 한다. Class II 전기충격 보호기의 동작개시 및 활성전압은 최대 태양광 발전 전압의 1.4배가 되어야 한다(E VDE 0126 31부). 낙뢰 위험이 있는 시스템에서는 절연이 되고 에러 지시기가 있는 종류의 전기

충격 보호기를 써야 한다. 시스템 구동기는 폭풍이 있을 때마다 혹은 6개월에 한 번씩 전기충격 보호기의 상태를 볼 수 있게 해줘야 한다. 전기충격 보호기의 설치 위치가 쉽게 접근할 수 있는 곳이 아니라면 에러 지시기를 원격 조종할 수 있도록 설치하여야 한다. 그러므로 에러 지시기는 시스템 구동기에 의해 쉽게 볼 수 있는 지점에(예를 들면 미터기 설치장소 근처에) 위치하도록 한다. 인버터의 절연 모니터링과 함께 전기충격 보호기의 작동상태도 원격 모니터링 없이 기록될 수 있다.

제조업자가 과전압 보호 기능을 제공한 태양광 발전 보호소자(배리스터)를 이용하면 대기 과전압에 대해 외부 보호 시스템과 같이 보호 기능을 수행한다. 배리스터가 트리거될 때마다 인버터의 절연 모니터링이 인식되어 위험을 경보한다.

다. 피뢰장치가 없는 건물에 설치된 PV 시설의 과전압 보호대책

건물 자체에 특별한 피뢰장치가 없을 때는 태양광 설비 중간 중간에 낙뢰의 간접피해를 예방할 수 있는 장치를 마련해야 한다. 〈그림 4.64〉에서와 같이 어레이 접속함에는 충격전압을 빠르게 흡수할 수 있는 배리스터를 각 선로마다 설치하고, 인버터 앞 DC 선로 측과 인버터 이후 AC 선로 측에도 각각 피뢰기를 설치한다.

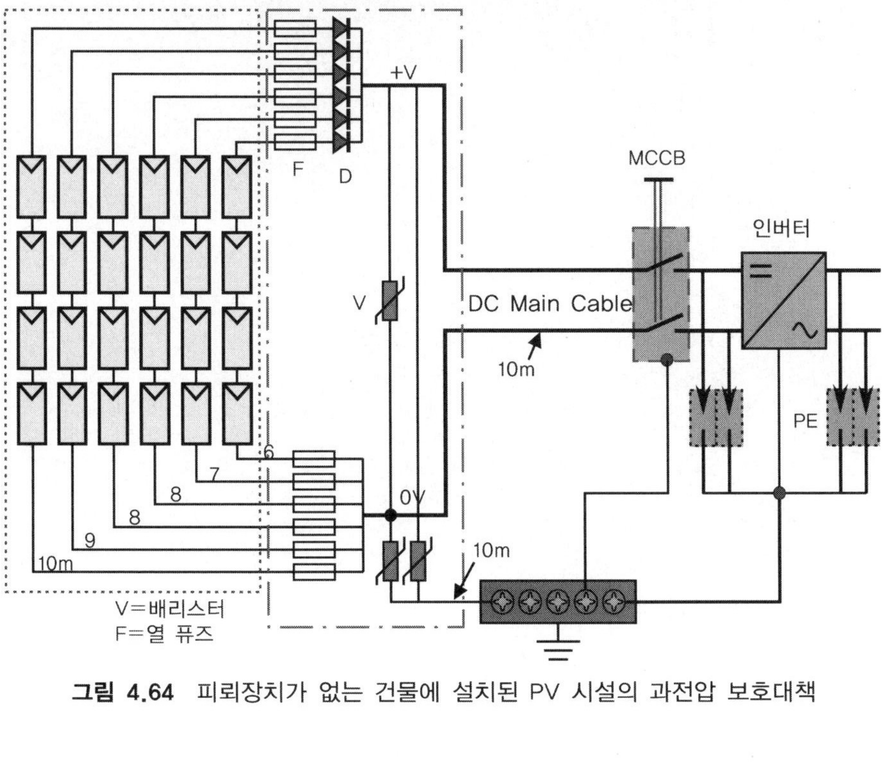

그림 4.64 피뢰장치가 없는 건물에 설치된 PV 시설의 과전압 보호대책

대형 PVG시스템이 복합건물이나 가연성 재질의 지붕에 설치될 때에는 떨어진 거리를 다음 식으로 계산할 수 있다.

$$s = k_i \times \frac{k_c}{k_m} \times l$$

떨어진 거리[m]	s	피로도선의 수	k_c
보호등급에 따른 상수	k_i	이격구간의 재질 상수	k_m
수직 간격(인접 피뢰도선까지)	l		

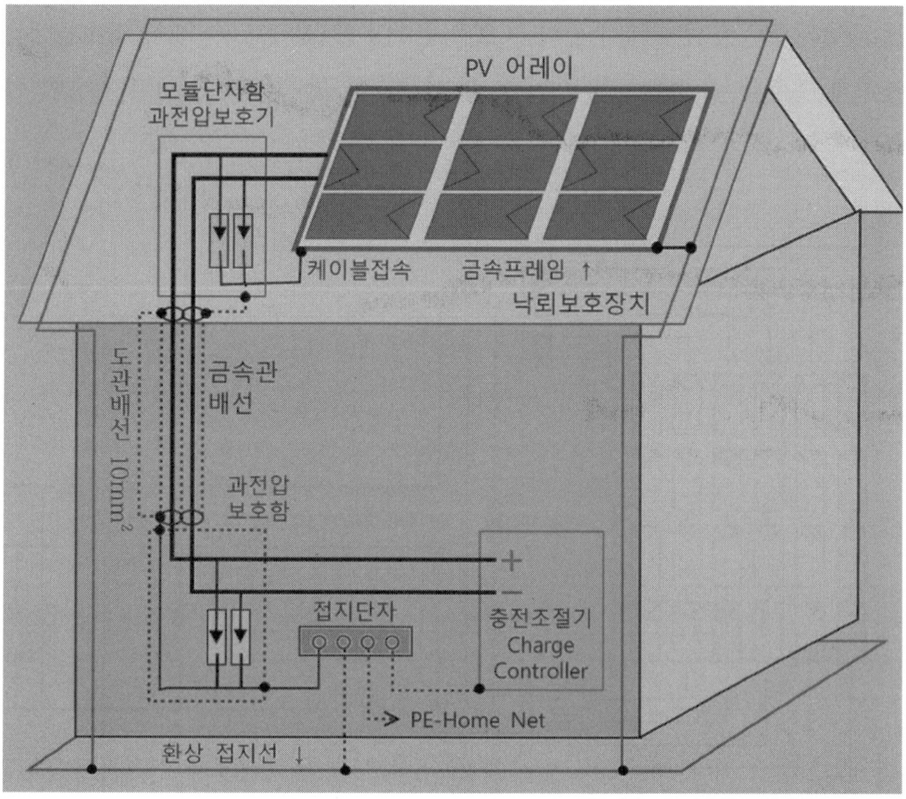

그림 4.65 지붕에 설치된 PV 설비의 피뢰배선 예

표 4.4 지붕 재질에 따른 상수

재 질	k_m
벽돌/황토벽돌	0.5
공 기	1
PVC	20
폴리에칠렌(PE)	60

표 4.5 보호등급에 따른 상수

보호 등급	k_i
I	0.1
II	0.075
III	0.05
IV	0.05

라. 피뢰장치가 구비된 건물에 설치된 PV 시설의 과전압 보호대책

피뢰시설이 구비된 건물에서 PV 시설을 위한 과전압 보호회로의 구성 예를 아래 〈그림 4.66〉에 나타내었다. 과전압 보호는 높은 신뢰성을 담보해야 한다. 이 그림에서는 중앙 집중형 인버터를 사용하는 PVG 설비의 내부 낙뢰보호회로를 모델로 하였다.

이 방식의 인버터에는 낙뢰에 대비한 과전압 보호 장치가 내장되어 있다. 이 경우에라도 간접 벼락피해가 5 kV 이상이 되면 보호받지 못할 수 있다.

피뢰시설이 구비된 PV 시스템에서 과전압 보호기는 인버터와의 간격이 5 m 이내에 설치해야 하고 DC 주 전력선의 시작과 끝부분에도 각각 설치해야 한다. 그리고 DC 케이블은 차폐된 선로(shielded cable)를 사용해야 하고 실드선(외피도선)은 각각 접지해야 하고, 어레이 설치대의 금속 프레임은 〈그림 4.68〉과 같은 요령으로 접지해야 한다.

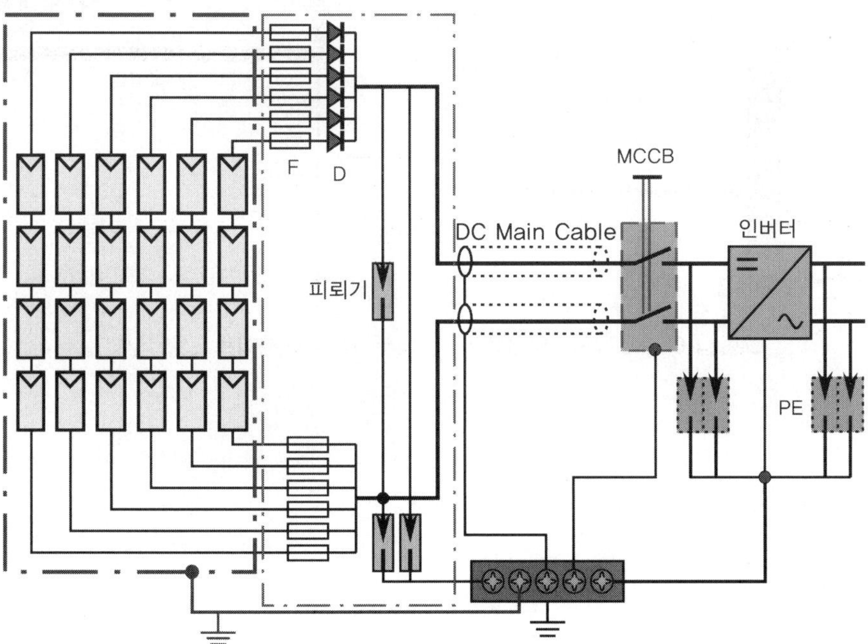

그림 4.66 피뢰장치가 구비된 건물에 설치된 PV 시설의 과전압 보호대책

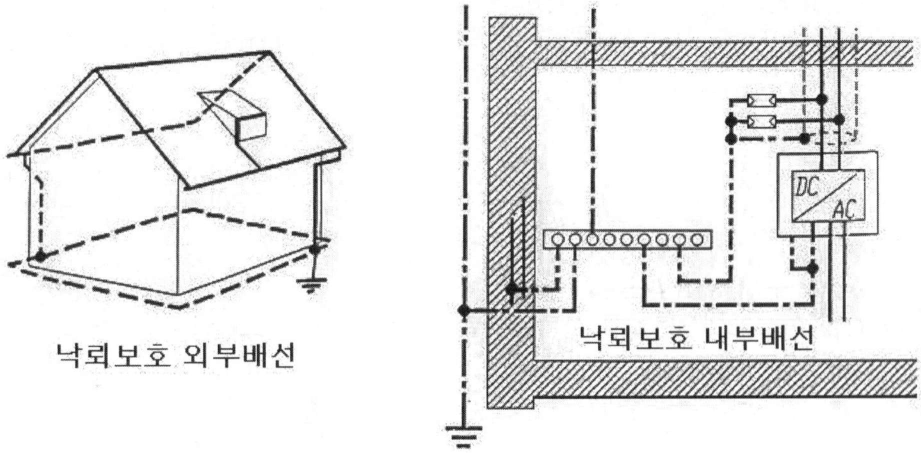

그림 4.67 낙뢰보호를 위한 옥 내외 배선의 예

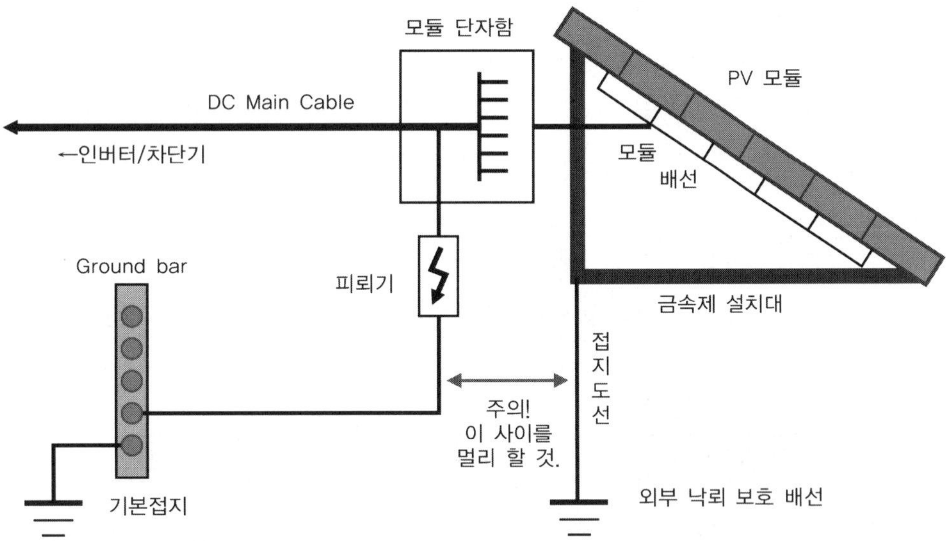

그림 4.68 소규모 PV 설비에서 외부-내부 보호회로 간 연결법

8 여러 가지 보호 장치

가. 이상전압 보호용 직렬 다이오드

옥외에 설치된 PV 어레이는 하나의 커다란 금속 구조물이다. 따라서 구름으로부터의 정전기 영향을 받기도 하고, 벼락을 직접 맞기도 한다. 수100 V 또는 순간적으로 수 1,000 V가 모듈배선에 유도되기도 한다. 따라서 모듈라인에 유도되는 높은 역전압으로부터 PV 모듈들을 보호하기 위한 다이오드(String Diode)의 접속은 필수적이다. 다이오드는 전류가 흐르는 순방향으로 설치하고 내압은 1,000 V 이상으로 높은 것을 사용한다.

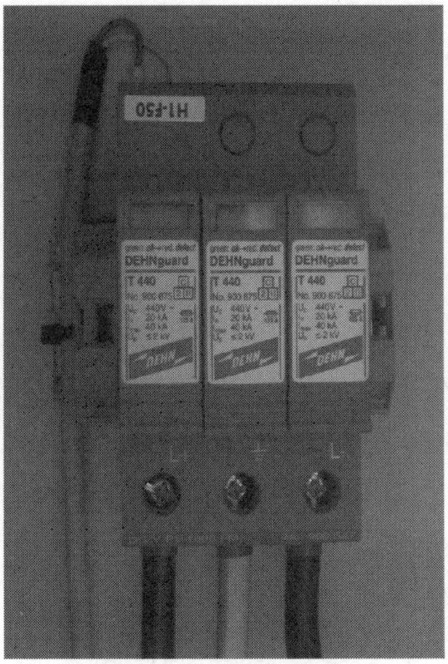

그림 4.69 DC차단기

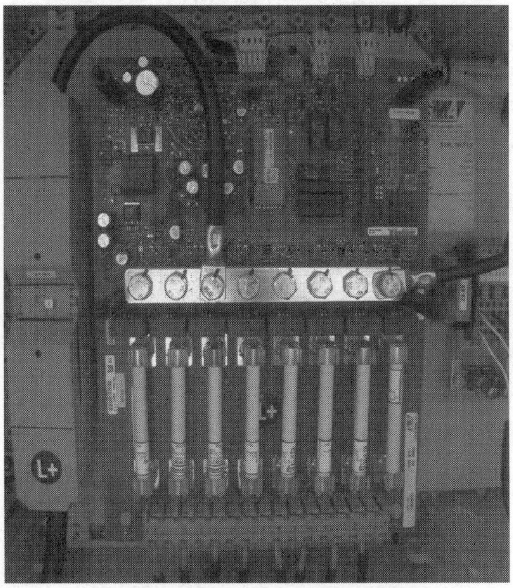

그림 4.70 스트링퓨즈와 원격 모니터링 회로를 내장한 어레이 접속함

나. 과전류 대비용 퓨즈

직렬접속된 모듈라인에 낙뢰가 발생하거나, 직류선로에 지락, 또는 선간 단락 등의 사고가 발생하면 모듈은 단락전류 또는 그보다 큰 이상전류가 흐를 수 있다. 이에 대한 대비수단으로 퓨즈를 설치한다. 퓨즈를 설치하는 곳에 따라 스트링(열) 퓨즈, 메인 퓨즈 등으로 나뉜다.

그림 4.71 배리스터 소자

그림 4.72 열 퓨즈의 장착 예

다. 과전압 보호용 어레스터(=배리스터)

TVS(transient voltage suppressor, 제품명 : Arrester)는 피뢰기 또는 충격전압 흡수기라고도 불리며 영문으로는 어레스터(Surge Arrester)라고도 한다. 이 서지 흡수용 소자는 평상시 낮은 전압에 대해서는 높은 저항을 가져 전류가 거의 흐르지 않는다. 그러나 낙뢰와 같은 원인으로 높은 전압이 이 어레스터에 걸리면 내부저항이 급격히 낮아져서 도통상태로 바뀌게 되고 전류를 접지 쪽으로 통과시켜 주는데, 반도체 소자인 배리스터로 만들어진다.

직류선로가 길어지면 모듈 단자함에 피뢰소자를 설치하고, 인버터 입구와 출구에도 각각 별도로 설치해야 한다. 어느 선로 어느 쪽에 낙뢰가 발생할지 알 수 없을 뿐더러 비상시엔 선로자체의 안전에도 문제가 생길 수 있기 때문이다.

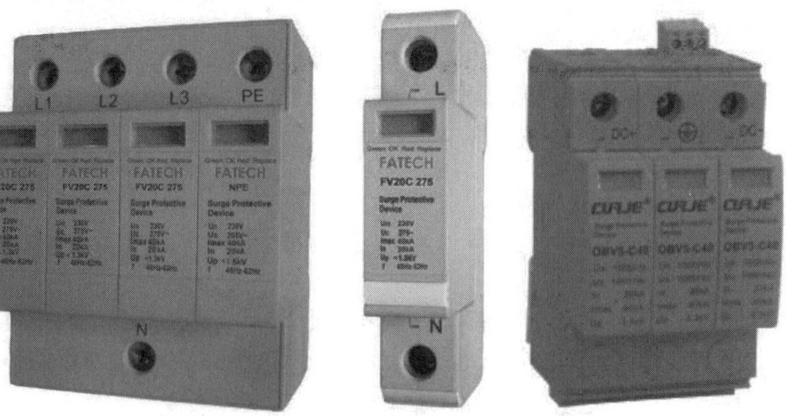

그림 4.73 낙뢰 등 충격전압 보호용 소자들

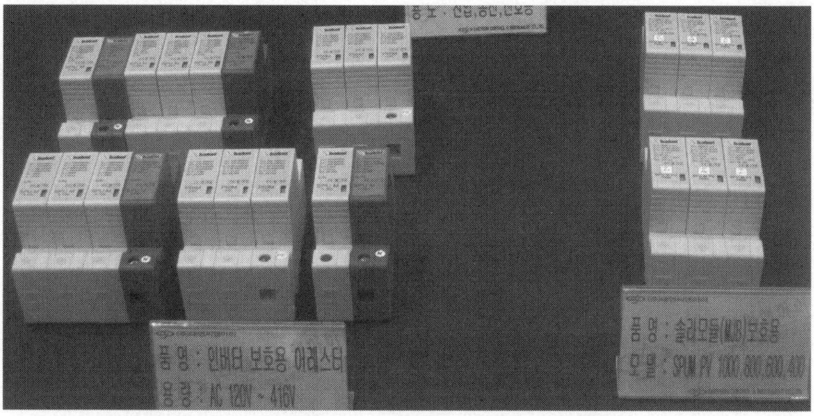

그림 4.74 충격전압 흡수용 어레스터 제품들

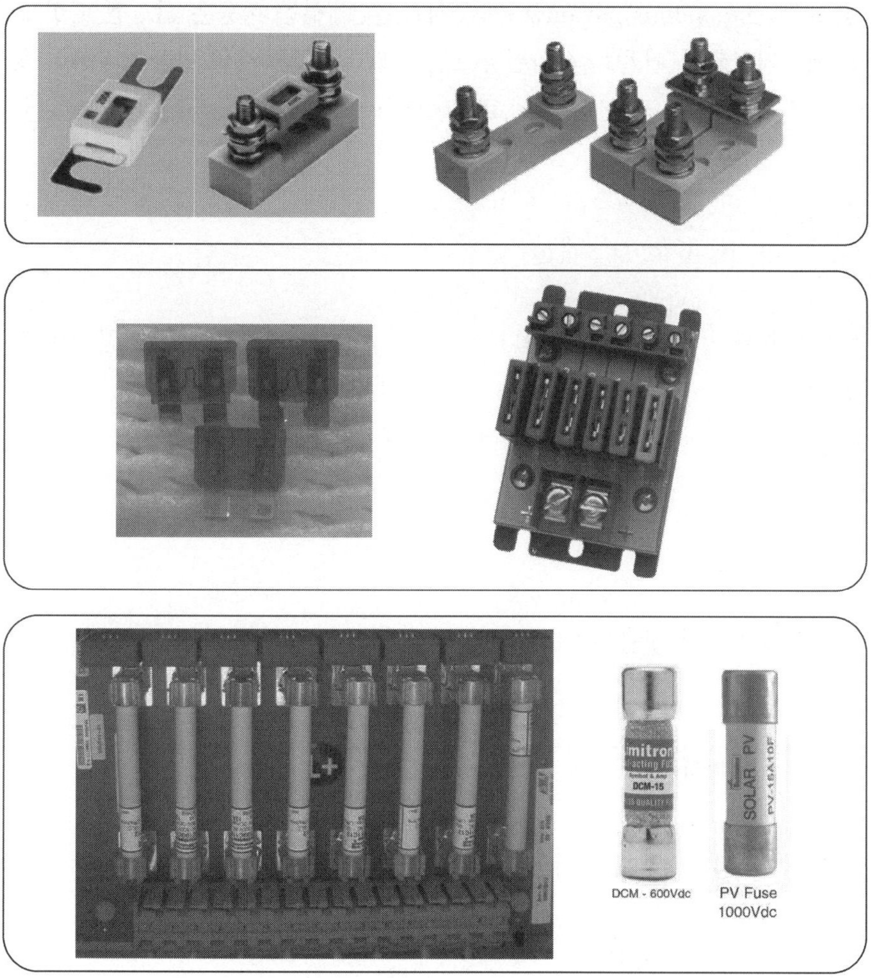

그림 4.75 여러 가지 퓨즈와 퓨즈홀더

제 5 절 수율 예상 (Yield Forecast)

수율 예상(연간 얼마의 전기적 출력을 얻을 수 있는지 예상하는 것)을 하기 위해서는 태양광 발전 시스템의 위치나 전체 시스템의 효율을 조사해야 한다. 이를 위해 태양광 발전 시스템 개개의 손실 요소는 태양광 발전 어레이의 에너지 수율 예상치, E_{ideal}로부터 계산된다. 그림 4.34를 통해 개개의 손실 요소와 E_{ideal}에 의해 계산된 평균 백분율은 태양광 발전 어레이로부터 나온다는 것을 알 수 있다.

설치의 질을 평가하기 위해 성능 비율(PR : performance ratio)로 알려진 위치 독립 파라미터(location independent parameter)가 사용된다. 성능 비율은 시스템의 실제 출력 에너지와 공칭 에너지양과의 비율로 정의된다(E_{ideal}/STC 조건에서의 발생 에너지). 성능 비율은 시스템의 실제 출력과 손실 없이 동작하는 이상적인 시스템의 출력을 비교하는 지표이다.

$$PR = \frac{E_{real}}{E_{ideal}}$$

태양광 발전 어레이의 이론적인 에너지 발생 기대치, E_{ideal}은 이상적인 에너지 출력으로 불린다. 태양광 발전 어레이의 이상적인 에너지 수율 기대치, E_{ideal}은 A_{PV}의 면적을 가지는 태양광 발전 모듈의 태양광 복사와 태양광 발전 모듈의 효율의 곱으로 나타내어진다.

$$E_{ideal} = g_{PV} \times \eta \times A_{PV}$$

여기서 효율은 다음과 표시된다.

$$\eta = \frac{P_{PV}}{1000\,W/\,m^2 \times A_{PV}}$$

그리고 성능비율은 다음과 같이 간단하게 정의된다.

$$PR = \frac{E_{real}}{g_{PV}}\left[\frac{kW_P}{m^2}\right]$$

E_{real}은 출력 미터 kWh/kW_P인 시스템에서 측정된 연간 태양광 발전 수율이다.

g_{PV}는 수평 복사가 아닌 비스듬한 어레이 표면의 복사에 의해 구해진 값이다.

비스듬한 표면의 복사는 기상 서비스에서 제공되고 태양광 어레이 평면에 대해 값이 변환된 지역의 수평 방사의 장기간에 걸친 평균치에 기초한 수율 예보에 의해 계산된다. 결론적으로 시뮬레이션 프로그램은 적절한 방법으로 시간단위로 변환된 20년 치의 월 단위의 값들을 이용한다. 기상 서비스로부터 계산된 평균값은 기상 센터의 일조량 측정과 기상 위성의 측정에 의해 계산된다.

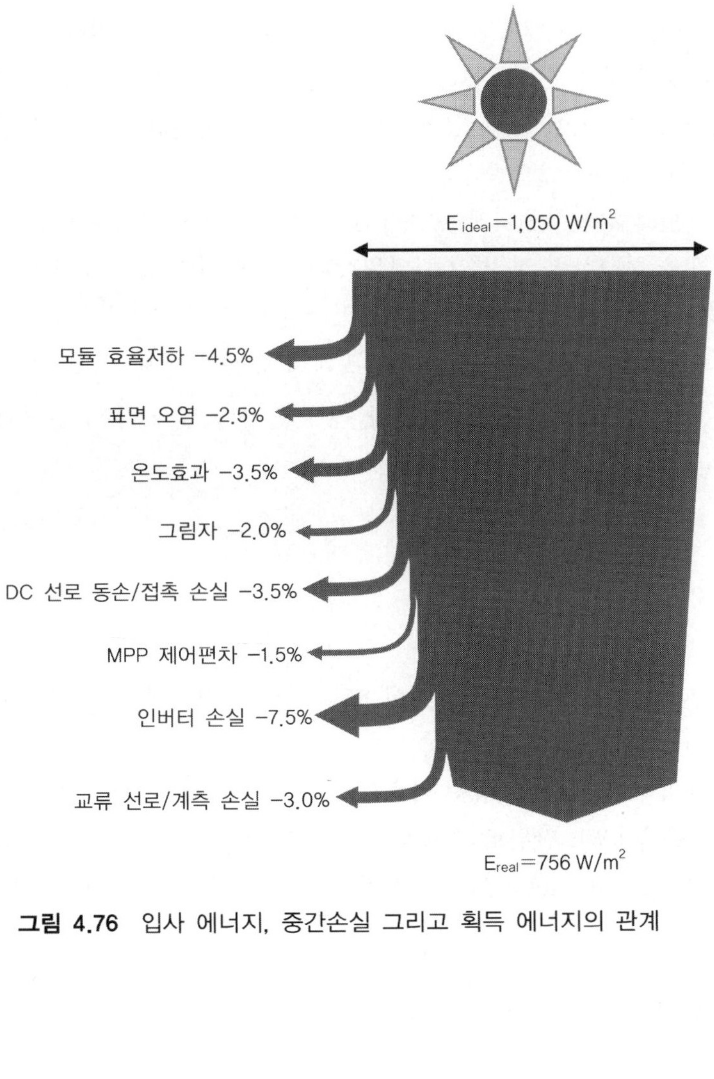

그림 4.76 입사 에너지, 중간손실 그리고 획득 에너지의 관계

어떤 경우에는 시스템 모니터링을 위해 비스듬한 평면의 방사를 측정하여 성능 비율을 계산하는 데 쓴다. 이 경우 온도 보상 태양광 발전 방사 센서가 일반적으로 쓰인다. 태양광 발전 센서의 스펙트럼 편차에 따르면 일조계를 쓸 때보다 더 낮은 방사량이 측정된다. 그리하여 지역 방사 계산에 기초한 성능 비율 계산은 높은 성능 비율을 보이는 기상 서비스 측정 값보다 훨씬 정확하다. 정확한 측정을 위해서는 값비싼 일조계를 사용해야 하고 정기적인 점검 및 교정을 실시해야 한다.

성능 비율은 다른 지점의 태양광 발전 시스템을 비교하는데 쓰인다. 시스템의 기술적 질을 비교하기 위해 그림자 손실(shading loss)을 찾아내어 계산에서 제외시켜야 한다.

소비자는 수율의 예상치를 보고 싶어 한다. 수율 예보에 대한 시뮬레이션 프로그램의 사용은 실제 측정의 기준이 된다.

시뮬레이션 프로그램이 사용되지 않는다면 지역의 방사 다이어그램이 평가 기준이 된다. 방사 다이어그램을 사용하면 첫 번째로 방위각과의 기울기(앙각)로부터 태양광 발전 어레이의 연간 방사량, g_{PV}가 계산된다. 그림자가 있다면 방사 에너지로부터 그림자 손실을 빼야 된다. 연간 방사량, g_{PV}와 성능 비율(PR)을 곱하면 태양광 발전 시스템의 연간 에너지 수율을 계산할 수 있는데, 그 크기는 설치 용량 매 kW_P마다 몇 kWh의 전력이 얻어지는 지로 표시된다.

$$e_{real} = g_{PV} \times PR \left[\frac{kW_P}{m^2} \right]$$

설치 방법에 따라 성능 비율은 70%에서 85% 정도로 정해진다. 매우 좋은 시스템이라면 더 높은 값을 가질 수도 있다.

다른 시스템과의 비교를 위해 성능 비율과 마찬가지로 시설 용량 매 kWh마다 연간 획득할 수 있는 전력량을 kWh 단위로 수율을 표시한다. 시스템을 평가하기 위한 또 다른 변수는 최종 수율(FY : Final Yield Factor)이라고 불리는 최대 부하 시간이다.

$$\text{최종수율 FY} = \frac{\text{획득에너지}}{\text{명목상정격전력}} = \frac{E_{real}}{P_{NPV}}$$

최대 부하 시간은 태양광 발전 어레이의 특정 시간 주기와 공칭 전력에 대한 수율지수이다. 기준 시간은 하루, 일주일, 한 달 또는 일 년을 주기로 할 수 있다.

5 장

Photovoltaic
Power Generation

계통 연계형 태양광 발전 시스템

제 1 절 계통연계형의 개념과 이점

계통연계형 태양광 발전이란 태양광 발전에서 생산된 직류전력을 인버터를 거쳐 교류로 바꾼 다음 상용교류 전력선 망에 연계시키는 방식을 말한다. 이 경우 양쪽의 주파수와 전압이 정확하게 같아야하기 때문에 기술적으로 어려운 점은 있지만 환경보호의 본래 뜻대로 축전지를 사용하지 않는 이점과 에너지이용의 효율성 때문에 최근에는 대부분의 태양광 발전 시스템이 계통연계형으로 설치되고 있다.

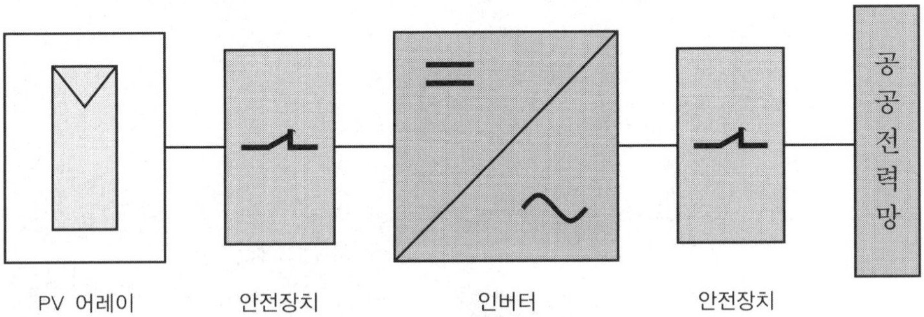

그림 5.1 계통연계형 태양광 발전 시스템의 기본 구성

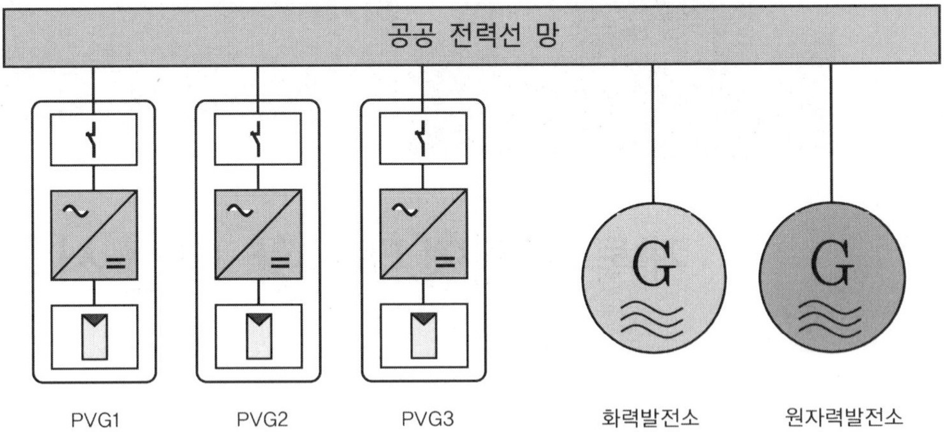

그림 5.2 계통연계형 태양광 발전 시스템의 광역 개념도

계통연계형에서는 축전지에 전기를 저장하지 않고, 전력이 생산되는 즉시 교류로 바꾸어 공공전력망으로 보내버린다. 즉, 각각의 태양광 발전소는 하나의 작은 발전소와 같은 기능을 하는 것이다.

그리고 필요할 때, 예를 들면 저녁에 가족들이 모두 귀가하여 전기를 사용할 필요가 생기면 연결된 공공전력망의 전력을 사용할 수 있다.

연계형 태양광 발전 시스템은 최대전력수요의 시간대에 태양광 발전량이 최대로 공급되어 최대전력수요를 분담할 수 있기 때문에 기존 화력발전소의 전력예비율을 높일 수 있는 것은 국가적으로 큰 장점이다.

태양광 발전은 화력발전소나 원자력발전소에 비하면 매우 작은 발전소이다. 그러나 10만 호의 지붕에 각각 3 KW 용량의 태양광 발전소가 지어진다면 화력발전소 하나를 대신하는 결과가 될 수 있고, 미국이나 독일과 같이 100만호 프로젝트(1 Million Solar-Loops Project)가 완성되면 원자력발전소 하나와 같은 능력을 보유하게 된다.

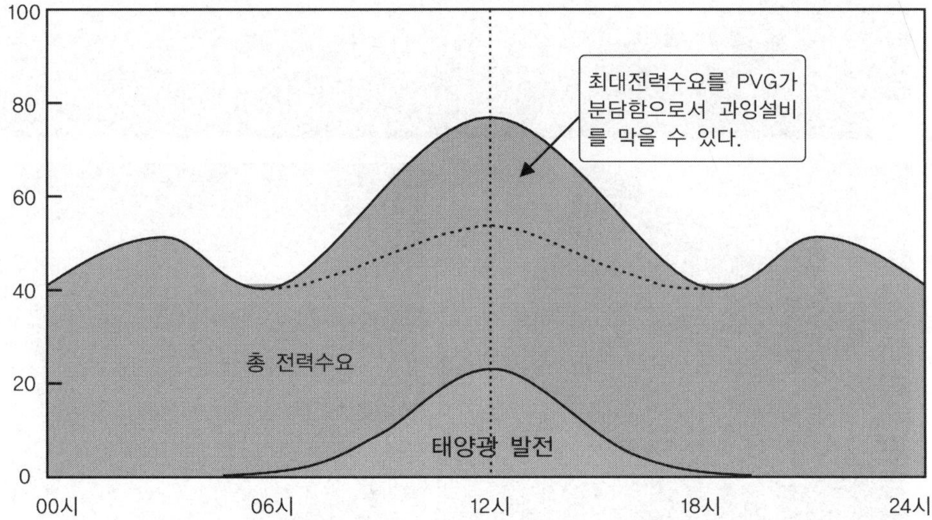

그림 5.3 총 전력수요에서 태양광 발전(PVG)의 역할 분담

이제 계통연계형의 가장 작은 단위인 가정용 PV 시스템의 세부적인 구성을 알아보도록 하자.

그림 5.4 정부의 태양광 발전 시범 보급사업으로 2004년 건설된 3kW 주택용 시스템

ⓐ : 75 W급 PV 모듈 40개로 3 kW용량을 이룬다. 보급초기의 모듈은 대부분 100W 이하였으나 지금은 200W 내외의 대형모듈이 주를 이룬다.

ⓑ : 슬래브지붕 위의 철제 설치대. 지금은 가볍고 튼튼한 알루미늄 랙과 프로파일이 사용된다.

ⓒ : 3 kW 용량의 DC-AC 계통형 인버터. 옥상 창고방에 설치되어 있다.

ⓓ : 전력요금 청구서. 최근 1년간의 사용량통계도 표시되어있다. 동지(12월)이후 점차 발전량이 증가하면서 청구사용량은 감소하고있다. 6월분 한전전력 사용량은 3 kWh, 청구금액은 2,369원에 지나지 않는다.

〈그림 5.5〉는 PV 모듈 어레이에서 공공 전력망에 이르기까지 단계별 기능을 구체적으로 나타낸 것으로, ①번으로 표시된 것이 PV 어레이이다. 그림 〈그림 5.5〉의 보기에서는 4개의 PV 모듈이 모여 하나의 열(String)을 이루고 4개열은 어레이 접속함(PV Array Connection Box)속에서 병렬로 접속된 다음 굵은 두 가닥의 도선(DC Main cable)을 통하여 인버터로 전달된다.

교류로 바뀐 다음에는 교류 차단 스위치를 거친 다음, 저전압 및 고전압 판별 릴레이를 통과하고 이어서 수전 전력량계와 송전 전력량계를 거쳐 공공전력망(예 : 한국전력)에 연결된다.

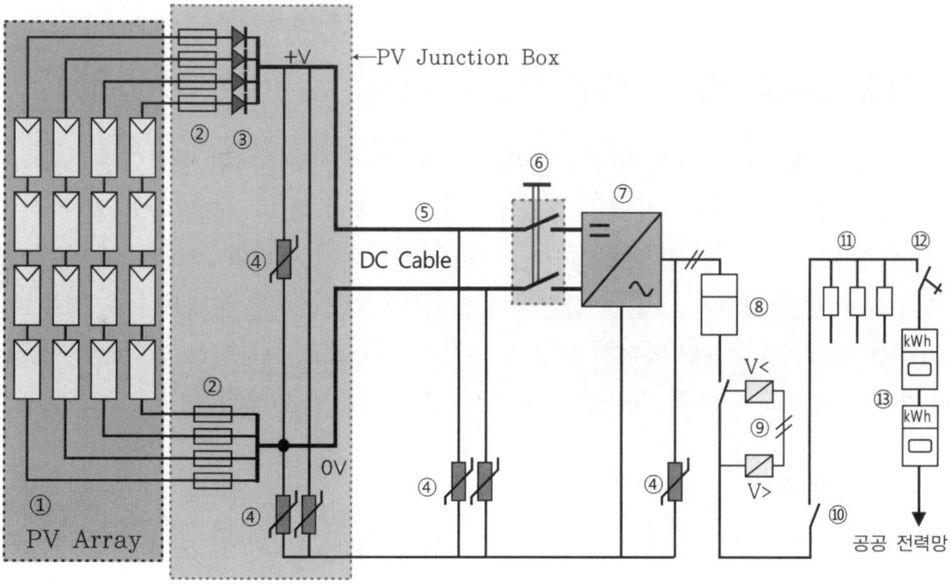

그림 5.5 계통연계형 태양광 발전 시스템의 구성 예

- 시스템 구성 요소

1) PV 어레이(Array)
2) 열 퓨즈(String fuse)
3) 열 다이오드(String diode)
4) 과전압 보호기(Surge arrester=Varistor)
5) 직류 전송선로(DC Main Cable)
6) 인버터 보호용 차단기(MCCB for DC)
7) 인버터(DC-AC Inverter)
8) 차단기 (인버터의 AC측)
9) 전력선 안전장치(과/부족 전압검출)
10) 전력 인입선 차단기
11) 옥내 분배기
12) FI 스위치
13) 전력계량기(송전/수전)

제 2 절 어레이와 인버터의 접속방식

태양광 발전 시스템의 성능을 결정하는 2대 요소는 태양전지 즉, PV 어레이와 인버터이다. PV 어레이를 접속하는 방식은 발전소의 규모, 설치장소, 기후조건 등에 따라 달라질 수 있고 선정된 인버터의 전기적 특성에 따라 큰 영향을 받을 수 있다.

지금부터는 계통연계형 PV발전소에서 다양한 조건을 고려한 PV 어레이와 인버터의 접속방식에 대해서 알아보기로 한다.

1 집중 인버터 방식 어레이구성(Central Inverter Concept)

어레이를 구성하는 방식은 인버터의 능력과 직결된다. 그래서 어떤 방식으로 어레이를 구성하여 인버터로 보내는지에 따라 계통연계형의 시스템 방식이 정해진다고 말할 수 있다.

그 중 첫 번째가 집중 인버터 방식이다. 이것은 하나의 인버터가 처리할 수 있는 만큼의 전압 전류용량이 될 때까지 모듈을 집합하여 처리하는 방식이다. 문제가 없는 경우에는 관리에 편리한 점이 있다. 5 kW_P 이하의 솔라 하우스에서 주로 사용하는 방식인데 규모가 큰 태양광 발전소에서도 다수의 집중형이 모여서 전체 시스템을 구성하는 경우가 많다.

가. 저전압 방식(1)

대형 인버터를 사용하는 집중 인버터 방식도 전압크기에 따라 저압, 고압, 마스터-슬레이브 등의 방식으로 세분할 수 있다. 그 중 저전압 방식은 모듈들의 직렬접속 합계가 120V 이하인 경우를 말한다.

이 방식에서는 하나의 열에 3~5개 모듈을 달고 이 열을 길게 병렬로 접속하여 하나의 중앙 집중형 인버터에 인도한다.

이와 같은 소규모 직렬접속형의 장점은 그림자가 생겨 발전 출력이 부분적으로 줄어드는 경우에 대한 영향을 최소화 할 수 있는 것이다. 그리고 이 방식은 저압이기 때문에 태양광 발전 시스템의 '안전등급Ⅲ'을 적용한다.

한편 이 저전압 방식의 단점은 병렬접속의 수가 증가할수록 직류전류가 증가하기 때문에 저항에 의한 손실을 줄이기 위해서 선로의 단면적을 크게 해야 한다는 것이다. 그래서 이 방식은 주로 건자재 일체형 모듈을 사용하는 태양광 발전 시스템에 사용된다.

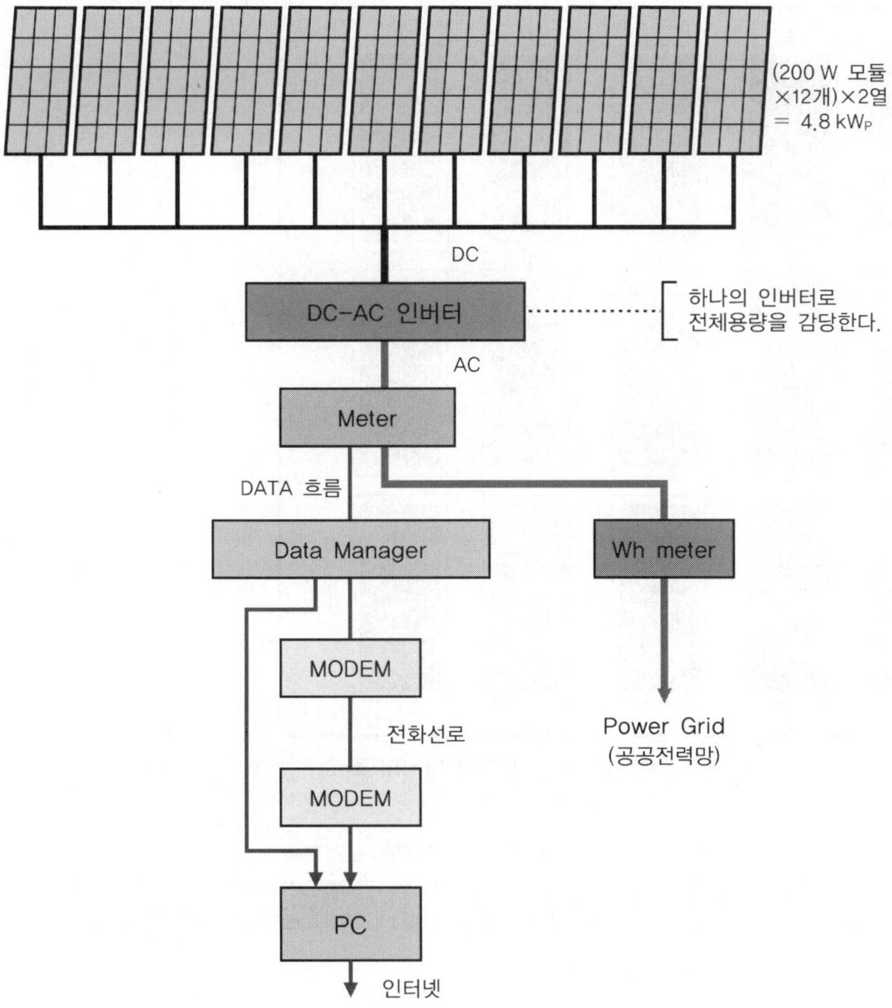

그림 5.6 집중 인버터 방식을 채택한 계통형 태양광 발전소의 예

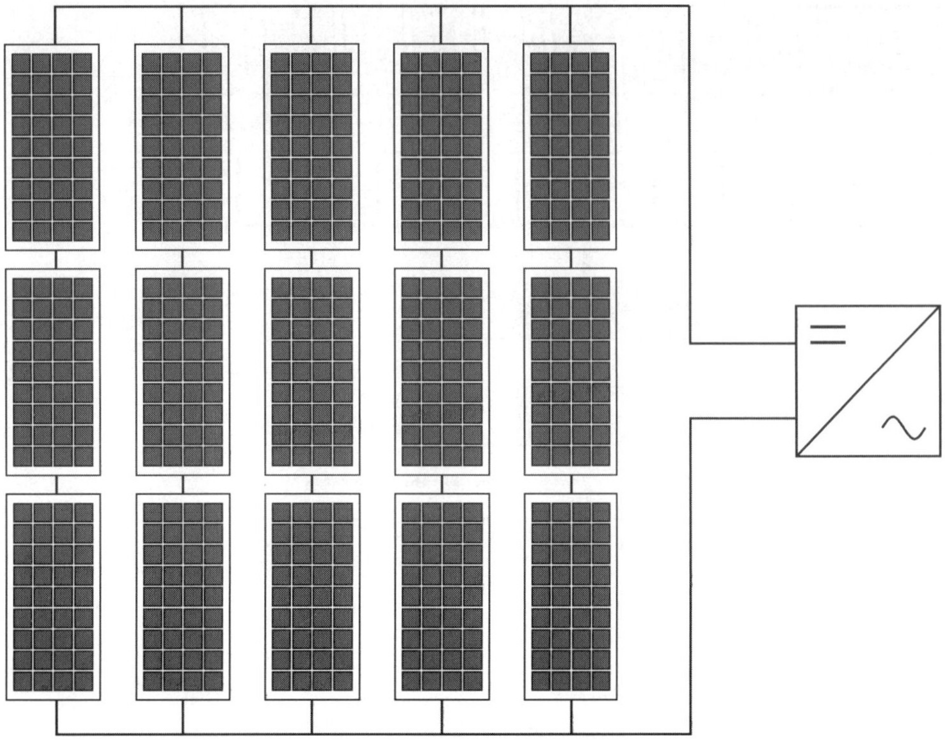

그림 5.7 저전압-중앙 집중형 방식의 회로구성 예

표 5.1 전기적 보호등급 분류와 표시기호

전기적 보호등급 분류		기호
	부품(소자)들을 접지함.	
CLASS Ⅱ	안전 설치(2배/절연 강화) (DC 1500V 이하, 국가에 따라서는 DC 1000V 이하로 규정함.)	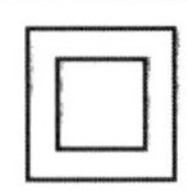
CLASS Ⅲ	안전등급. 충분히 낮은 전압 (최대 DC 120V, AC 50V)	

나. 저전압 병렬방식(2)

비와 눈으로 인해 잦은 노광결함이 발생하는 경우에는 좀 더 적극적인 방법을 생각해 볼 수 있다. 그것은 완전한 병렬접속방식인데 아래의 〈그림 5.8〉과 같은 식으로 모듈들을 구성한다. 전압은 작고 전류가 커서 선로 손실이 증가되는 것이 단점이다.

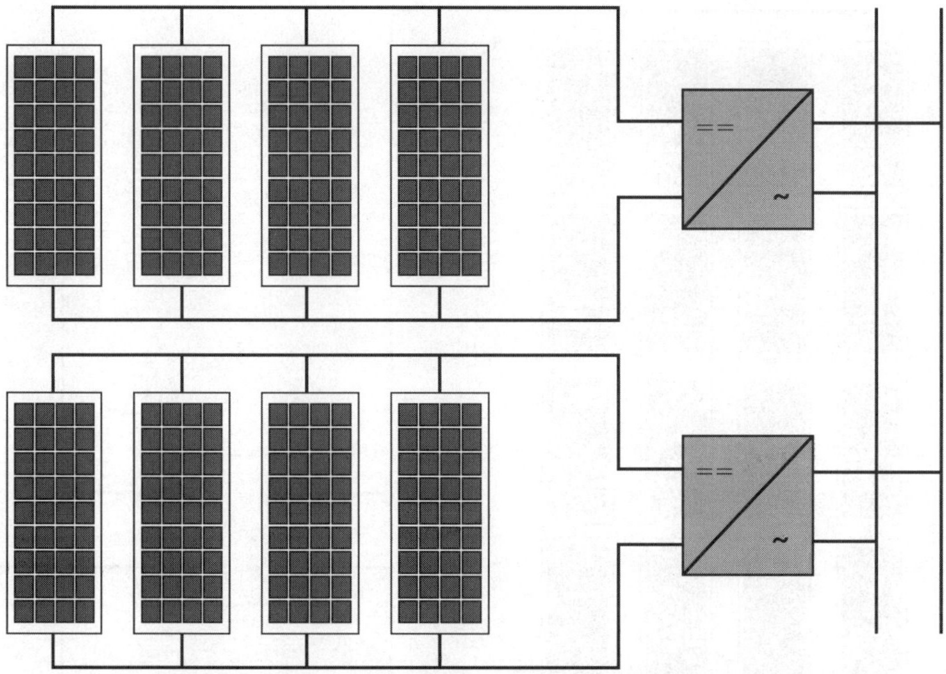

그림 5.8 저전압 방식(순 병렬회로)의 구성 예

그러나 이 방식은 하나의 모듈에서 발생된 문제가 다른 모듈에게 전혀 영향을 미치지 않기 때문에 전류가 커져서 발생하는 선로 손실을 충분히 보상할 수 있는 장점이 있다. 눈, 비 등 기상변화가 많은 지역에서는 하나의 효과적인 방법으로 선호된다.

다. 고전압 직·병렬방식

긴 직렬접속으로 120V 이상의 높은 전압, 가능한 인버터가 요구하는 전압을 만든 다음 필요한 출력이 될 때까지 병렬로 접속해 가는 방식이다. 전압이 높은 대신 전류가 작기 때문에 선로의 굵기가 작아도 되는 것이 장점이다. 그러나 긴 직렬구간의 어딘가에 그림자 상황이 발생하면 손실이 커진다는 것이 단점이다. 이 방식은 '보호등급Ⅱ'가 적용된다.

눈이 쌓일 염려도 없고 불의의 그림자가 생길 염려도 없다면 추천할 만한 시스템이다.

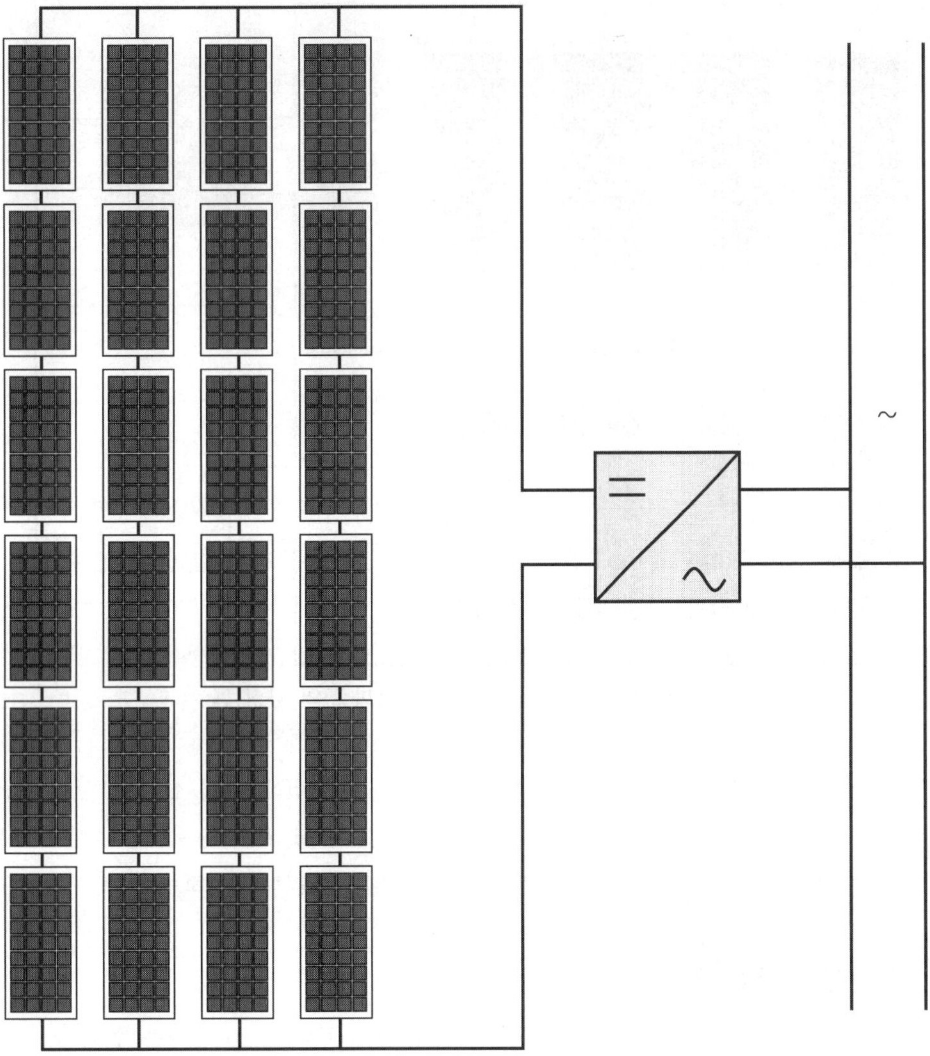

그림 5.9 중앙 인버터를 사용한 고전압 직병렬방식

라. 마스터-슬레이브 방식

대규모의 태양광 발전 시스템에서는 인버터의 사고에 대비하기 위해 〈그림 5.10〉과 같은 마스터-슬레이브(Master-Slave=주-종=主-從)방식을 채택하는 경우가 있다. 이 방식에서는 집중형 인버터를 2개 내지 3개씩 설치한다. 그리고 총 전력량을 인버터의 수에 맞추어 분담시켜 둔다. 제1 인버터는 작은 입력범위에서 동작하도록 설정하고 그 이상의 입력이 들어오면 자동으로 제2 인버터가 운전되도록 하는 방법이다. 또 하나의 운전법으로는 동일한 기능의 두 대 또는 세 대의 인버터를 주기적으로 교대 운전하는 방법도 사용한다.

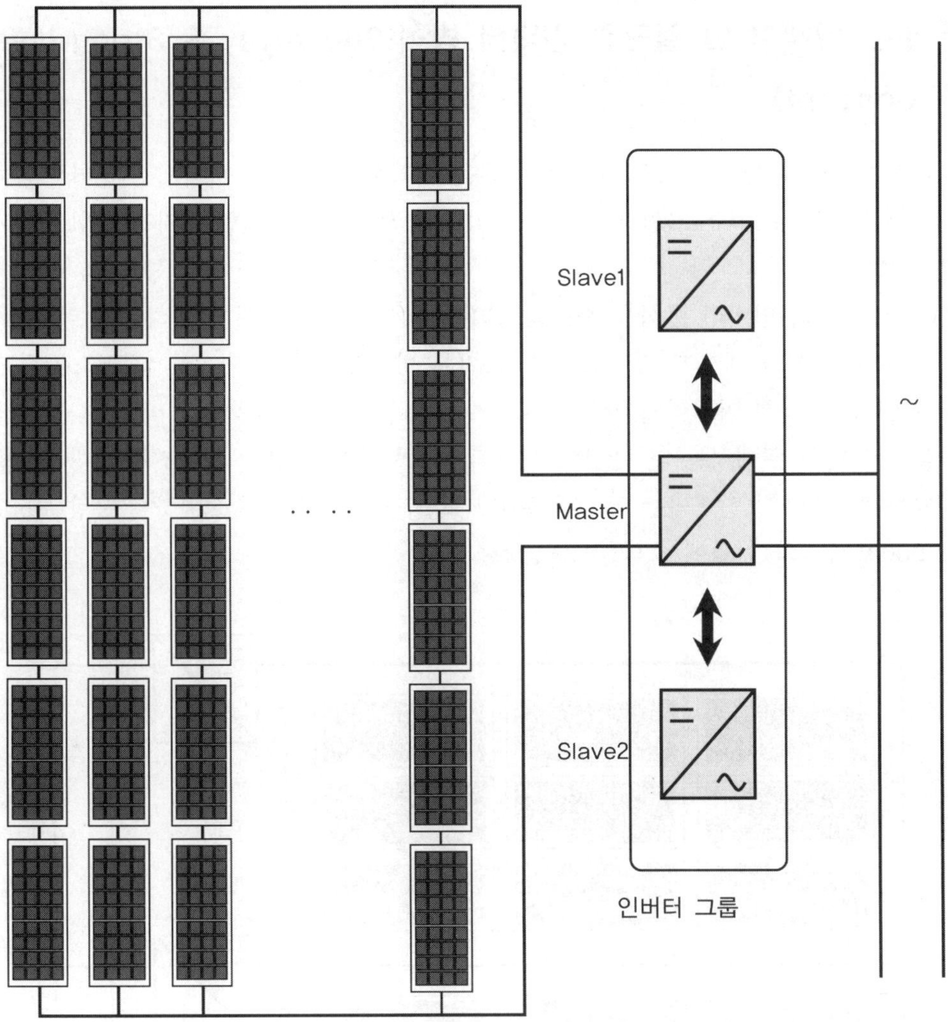

그림 5.10 마스터-슬레이브 고전압방식

작은 입사광에서는 소용량의 첫 번째 인버터(슬레이브 인버터)만 사용하고 최대 입사광이 되면 용량이 큰 주력 인버터(마스터 인버터)를 사용한다. 이 방식의 장점은 변환 효율을 극대화 할 수 있다는 것이다. 하나의 커다란 인버터만 사용하면 흐린 날, 저 전력에서는 효율이 더 나빠진다. 그 대신 이 '마스터-슬레이브 방식'을 채택하면 설치비용이 증가하는 것은 감수해야 한다.

2 부분 어레이 및 열단위 인버터 방식(Sub Array & String Inverter Concept)

직렬과 병렬을 혼합한 소규모 어레이 묶음을 형성한 다음 각각 하나의 인버터를 배치하는 방식이 부분 집합형이다. 그림자의 영향도 비교적 적으면서 고전압과 저전압의 중간 정도의 특성을 지닌다.

열(String)단위 인버터 방식은 하나의 열마다 하나의 인버터를 배치하고 이런 열들을 원하는 출력용량이 될 때까지 병렬로 추가해 가는 방식이다. 고전압, 저전류, 소용량 인버터의 조합이다. 따라서 어레이의 장단점은 앞서 소개한 고압 직렬방식과 비슷하다. 그리고 이 방식을 사용하기 위해서는 열 단위로 설치되는 모듈들이 동일한 지형조건(방향 및 앙각)에 설치되어야 한다. 이 인버터는 열 단위로 PV 모듈과 매우 가까이 설치하며 용량은 500 W에서 3,000 W까지의 범위에서 다양하게 생산된다.

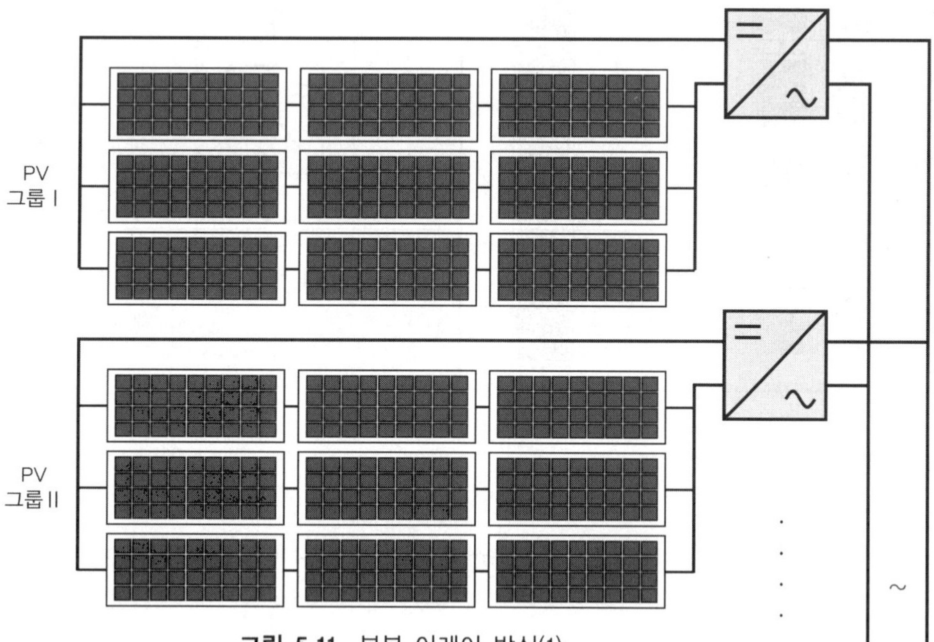

그림 5.11 부분 어레이 방식(1)

3 분산형-일명 모듈 인버터 방식(Module Inverter Concept)

한 개 또는 3개 이내의 모듈마다 하나의 인버터를 설치하고 변환된 AC 220 V 교류선로를 결합하는 방식으로 5 kWP까지의 소규모 시스템에서 사용한다.

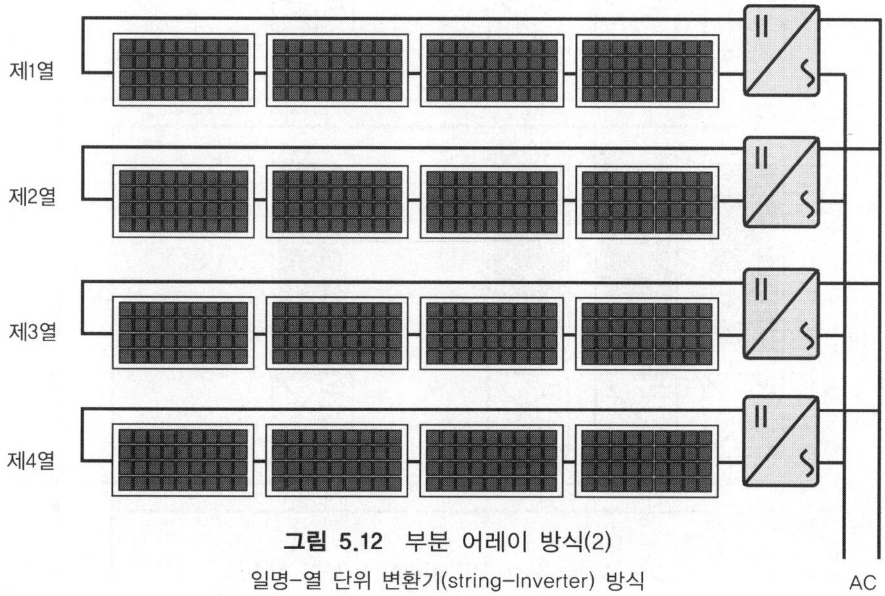

그림 5.12 부분 어레이 방식(2)

일명-열 단위 변환기(string-Inverter) 방식

높은 시스템 효율을 위한 조건은 PV 모듈과 인버터를 최적의 상태로 조정하는 것이다. 그런데 이 방식은 각 모듈이 독립적으로 운전되기 때문에 각각의 모듈들에서 최대전력점 제어(MPPT)가 가능하다는 것이 커다란 장점이다. 여기 사용되는 인버터는 모듈-인버터라고 부르는데 그 크기가 매우 작아서 모듈의 단자함 속에 내장할 수도 있다.

또 이 방식은 선로가 단축되고 효율이 높아지며 사고위험을 분산할 수 있는 장점이 있다.

이와 같은 '모듈 인버터방식'을 채택하면 소용량의 인버터가 많이 필요하다. 그 대신 전체적인 설치비용은 크게 절약된다.

이 방식의 또 하나의 장점은 동일한 규격의 모듈과 인버터를 추가함으로서 전체 시스템의 규모를 간단하게 증설할 수 있다. 반면에 이 방식의 단점은 작은 전력규모 때문에 인버터의 효율이 상대적으로 다소 떨어진다. 〈그림 5.15〉는 중앙집중식 인버터와 모듈형 인버터의 효율을 비교한 것이다. 서로 규모가 달라도 용량대비 입력 전력의 비율이 높을 때와 아주 낮을 때, 모두 모듈단위 인버터의 효율이 낮은 것을 볼 수 있다. 여기서 X축의 눈금은 인버터의 정격용량을 100이라 하였을 때 이 인버터의 입력 전력의 크기를 (%)로 나타낸 것이다.

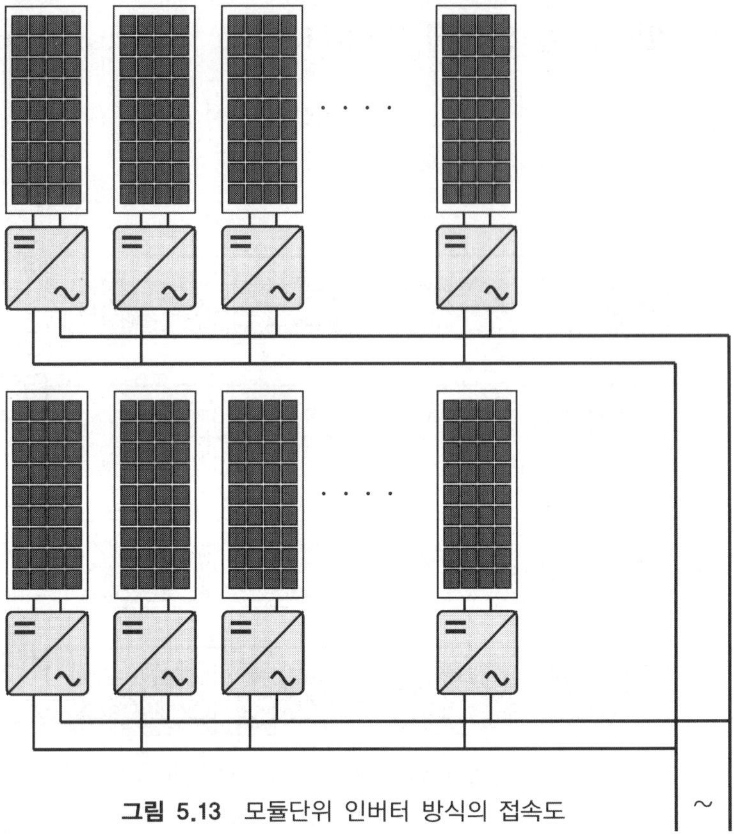

그림 5.13 모듈단위 인버터 방식의 접속도

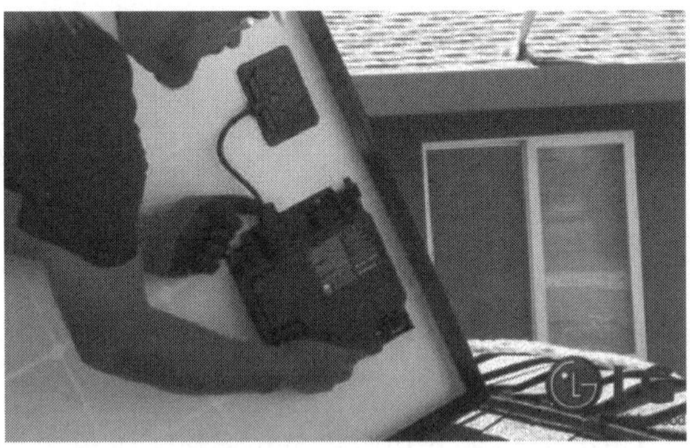

모듈-인버터의 주요 규격

1) 공칭 입력전압 : 12V/24V형
2) 허용입력전압 : 22V/45V_{max}
3) 연속사용전력 : 200 ~500W
4) 순간 허용출력 : 공칭전력의 1.6배 정도
5) 출력전압 : 110V/220V/230V (나라별로 상용전압이 다름)

그림 5.14 PV모듈 뒷면에 직접 부착하는 마이크로 인버터

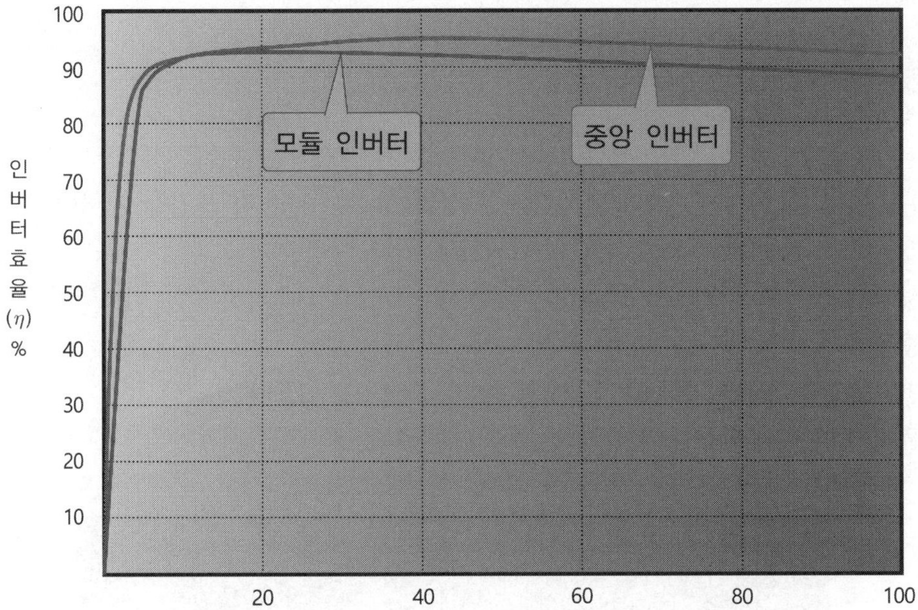

그림 5.15 인버터의 출력전력 비율에 따른 변환효율(P/PN)%

현재까지는 모듈-인버터의 가격은 비교적 비싸다. 만약 모듈 인버터가 부착된 교류모듈이 시장에서 대량으로 보급되면 가격은 더 하락할 것으로 전망된다.

벽면 조립형 시스템에서는 이 모듈-인버터방식이 적합하다. 특히나 통로 또는 도심지 벽면에 설치된 모듈에는 심한 그림자가 자주 발생하는데, 이럴 경우에 손실을 최소화 할 수 있기 때문이다.

제 3 절 인버터의 설치장소

인버터 설치 장소를 선정하는 것은 인버터 제작사가 제시하는 환경조건(습도나 온도 등)들을 갖추고 있어야 한다. 인버터의 이상적인 설치 장소는 다음의 조건을 지녀야 한다.

- 시원하고 건조한 장소
- 통풍이 잘되는 곳
- 먼지 또는 유독가스가 발생되지 않는 곳
- 옥내(비와 습기에 노출되지 않는 곳)

그림 5.16 750 kW 용량의 변전실 모습(무안 SDY 태양광 발전소)
(인버터(좌)와 변압기(우) 그리고 환풍기 시설(좌단) 등이 한 방에 모여 있다.)

그리고 이상적인 장소로는 계량기 옆이거나 가까운 장소가 좋다. 만약 주변 조건이 허락한다면 인버터는 PV 모듈의 단자함 부근에 설치하는 것이 이상적이다. 직류 주전류 도선(DC main cable)의 길이를 단축하는 것이 시스템 건설 비용을 낮추는 한 방법이 된다.

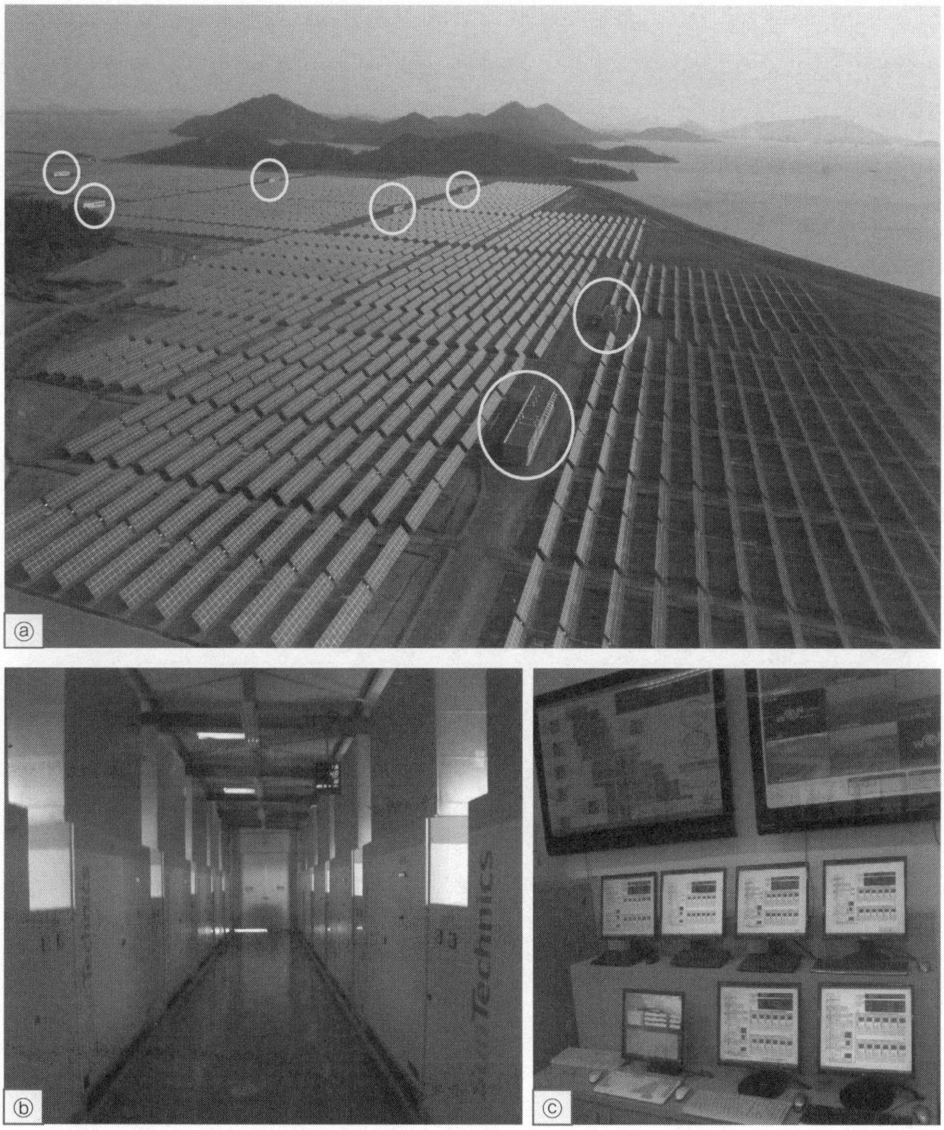

그림 5.17 변전실과 그 내부 모습

(a) : 동양태양광 발전소-O표 내의 건물은 변전실 (b) : 변전실 내부 = 출력전압 3 φ /380 V, 275 kW 용량의 인버터 12개가 있다. 변압기에서 229 kV로 승압되어 한전 송전선로에 인도된다. (c) : 발전소 전체 상황을 실시간으로 표시하는 모니터링 시스템. 이곳에서는 연간평균 35,000,000 kWh의 전력이 생산된다. 이 전력량은 도시가구 10,000세대의 1년간 사용전력량에 해당한다.

대규모 태양광 발전소의 경우에는 중앙 집중방식이기 때문에 인버터의 용량규모도 크고 수량도 많기 때문에 모듈의 근접거리에 설치할 수는 없고 별도의 장소에 인버터를 집합하여 설치한다. 이 별도의 장소는 모듈어레이의 중간정도 위치에 피뢰시설과 통신시설, 냉각 및 환풍시설 및 접근도로까지 잘 갖추어진 하나의 건축구조물 형태로 만드는 것이 일반적이다.

〈그림 5.16〉은 무안군 소재 동영태양광 발전소의 변전실 내부 모습이다. 이 시설의 정격용량은 총 750 kW이다.

〈그림 5.17〉의 (a)는 신안군 지도면에 위치한 동양태양광 발전소의 전경으로, 단지 내에 총 7개의 변전실이 있다. 〈그림 c〉는 변전실 내부의 모습으로 전면 좌우에 인버터가, 뒷부분에는 대형 환풍기가 설치되어 있다. 여기에 사용되는 인버터의 용량은 275 kW, 출력 전압은 3상/380 V이다. 〈그림 d〉는 모니터실의 모습으로 발전에 관련된 모든 데이터가 실시간으로 표시되고 인터넷을 통해 본사 상황실과 에너지 관리공단에도 전송된다.

제 4 절 인버터와 어레이의 규격 선정

1 인버터의 출력용량

PV 시스템의 총 출력을 확인하고 어레이의 방식을 선정하게 되면 인버터의 수와 출력규격을 정할 수 있다. 입력측 피상전력 4.6 kW_P 까지는 단상 병렬공급 방식으로 전력망에 연결하도록 규정되어 있다. 인버터의 교류 출력(P_{nAC})은 이 입력의 크기에 따라 결정되며 4.6 kW_P 이상은 3상으로 변환하도록 규정되어 있다.

$$\text{최대 인버터출력(AC)} = S_{\mathrm{MAX\ 10min}} \leqq 1.1\, S_{\mathrm{N}}$$

태양전지(PV 어레이)와 인버터는 각각의 출력 값을 서로에게 최적화해야만 한다. 인버터의 정격출력은 태양전지 정격출력의 ±20%범위 이내로 하여야 한다.

경험치와 기술적인 고려 하에 추천하는 인버터의 출력은 태양전지의 80%에서 120% 범위로 설정한다.

$$0.8 \times P_{\mathrm{PV}} < P_{\mathrm{INVac}} < 1.2 < P_{\mathrm{PV}}$$

인버터의 용량을 정하기 위하여 태양전지의 정격출력과 인버터의 정격 교류출력의 비를 '인버터의 용량 설정비'라고 정의한다.

$$C_{INV} = \frac{P_{PV}}{P_{INVac}}$$

위 조건을 바탕으로 계산하면 용량 설정비는 0.83에서 1.25 범위 안에 들도록 해야 한다.

$$0.83 < C_{\mathrm{INV}} < 1.25$$

인버터를 옥외 또는 지붕 가까이 설치하는 경우라면, 높은 온도의 운전조건으로 인하여 낮은 용량설정비가 되도록, 즉 인버터의 출력 용량을 높은 쪽으로 설계해야 한다.

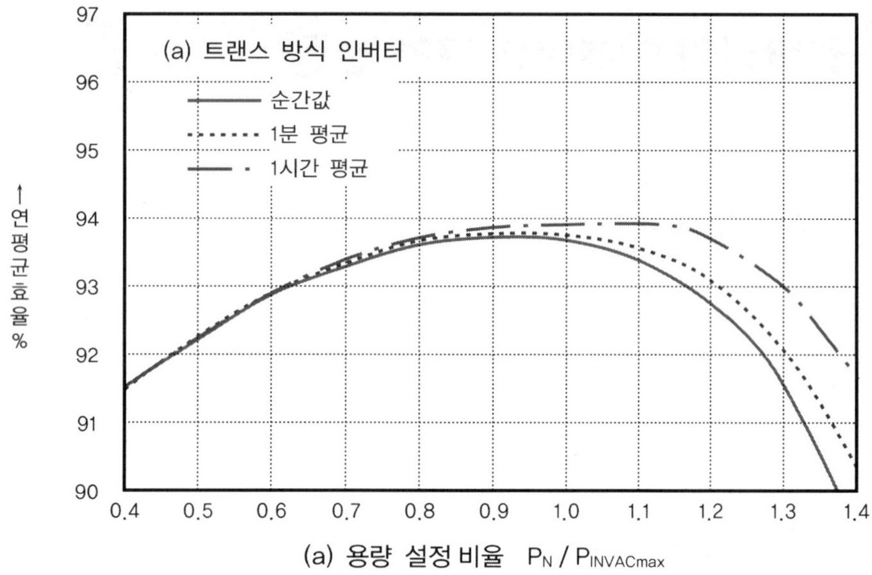

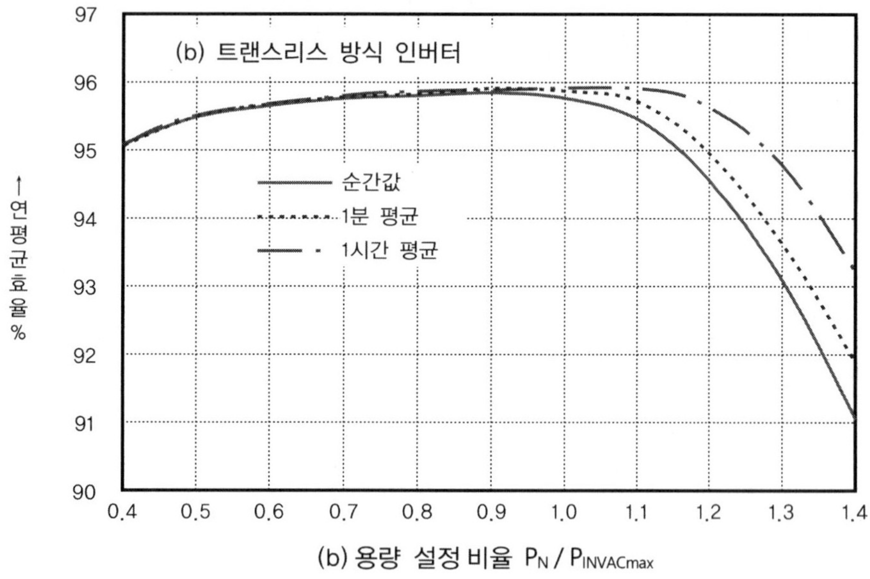

그림 5.18 트랜스 유무에 따른 인버터의 연평균 효율(브라운호퍼 연구소)

〈그림 5.18〉의 그래프는 브라운호퍼 연구소(Braun Hoffer Institute)에서 실증적 연구를 통해 다양한 용량설정비율 조건에서 순간적인 효율과 분단위 평균 효율, 그리고 시간 단위 평균 효율을 각각 시험해 본 결과이다. 두 가지 경우의 실험, 즉 트랜스를 사용한 인버터와 트랜스리스 방식의 인버터에서 용량설정비율을 달리할 때마다 얻어지는 전력변환효율 곡선을 비교해 보면 트랜스를 사용하지 않은 방식이 더 높은 효율을 가지는 것을 알 수 있고, 각각의 경우에서 용량설정비율이 0.8에서 1.25의 범위에서 있을 때 상대적으로 높은 효율을 발휘하는 것을 알 수 있다.

2 인버터의 전압 선택

인버터의 입력 단에 주어지는 전압의 크기는 하나의 직렬 모듈그룹에서 만들어지는 전압이다. 그런데 이 PV 모듈 전압은 온도에 따라 좌우된다. 특히 여름과 겨울의 극단적인 조건이 설계에 반영된다.

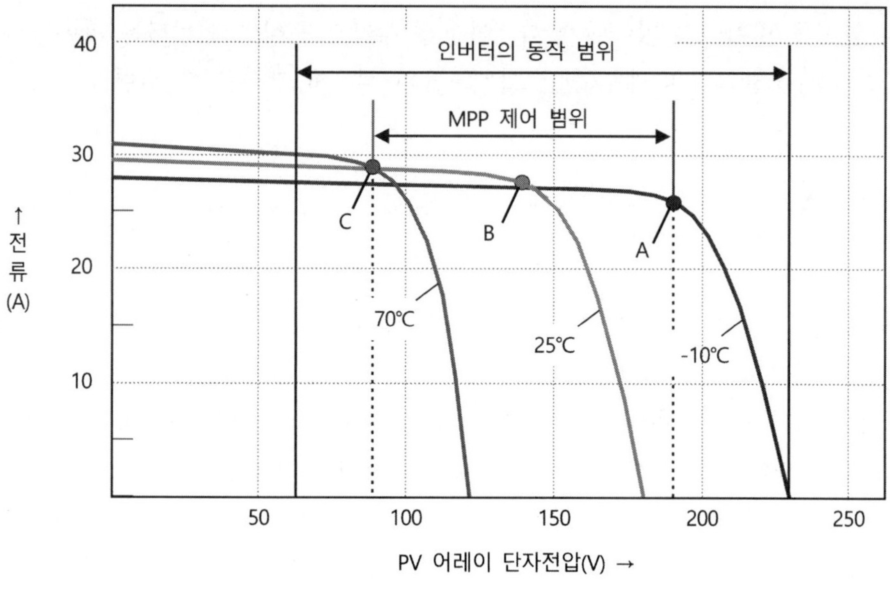

그림 5.19 온도에 따른 솔라 셀의 전압-전류 특성

PV 모듈의 전압-전류 특성은 온도조건에 크게 영향을 받고 이 온도는 입사광의 세기에 좌우된다. 인버터의 동작범위는 PV 모듈의 특성곡선에서 확인할 수 있다.

인버터의 최적 동작점(MPP)은 〈그림 5.19〉에서 확인할 수 있다. 최적 동작점은 변화하는 온도조건에 따라 계속 이동하는데, 예를 들면 겨울 아침에는 A점, 온도가 상승하면서 B점, 여름철에는 C점까지 옮겨간다. 그리고 이 온도에 따른 동작점의 변동이 안전에 특별히 주의를 요하는 경우가 있다. 예를 들면, 영하 10℃의 겨울 아침 만약 부하선로가 단선되는 사고가 일어난다면 PV 모듈의 전압은 평상시 동작전압의 1.67배까지 높아지며 이때 선로가 복구되면서 인버터에 가해지는 고압을 견딜 수 없다면 파손과 같은 사고로 이어질 수 있다.

3 하나의 열(String)접속에 필요한 최대 모듈 수

하나의 모듈이 내는 정격전압은 17.4 V(36셀) 또는 36.0 V(72셀)이지만 무부하 전압은 22 V~45 V이다. 그러나 -10℃에서의 무부하 전압은 25 V~51.3 V까지로 상승한다.

어떤 맑은 겨울날 전력선의 고장 등으로 인해 인버터가 차단되었다가 다시 복구되는 순간에는 매우 높은 전압이 인버터에 가해질 것이다. 그러나 이 전압은 인버터에 가해지는 직류전압의 한계를 벗어나지 않아야 한다. 이것을 지키지 못하면 인버터는 파손될 수 있다.

직렬접속된 모듈그룹의 개수(N_{max})는 다음의 식으로 계산할 수 있다.

$$N_{max} = \frac{V_{max(INV)}}{V_{max(Module-10℃)}}$$

여기서 $V_{max(INV)}$는 인버터 입력 최대직류전압, $V_{max}(\text{Module}-10℃)$는 영하 10℃에서의 PV 모듈의 출력전압이다.

그런데 인버터 제조회사에서 발표하는 특성표(data sheets)에 영하 10℃에서의 출력특성을 별도로 표시하지 않기 때문에 온도특성을 이용하여 계산할 수 있다.

온도변화에 따른 전압출력의 변동(ΔV)은 [%] 또는 [mV/℃]로 표시되는데 증감률은 부(–)의 값이다.

- 전압 변동률(ΔV)이 %로 표시되는 경우 -10℃($\Delta T = -35$)때의 모듈출력전압(V_L) 계산하기

$$V_{L(-10℃)} = (1 - \frac{\Delta T \times \Delta V}{100}) \times V_{L(STC)}$$

• 전압 변동률(ΔV)이 [mV/℃]로 표시되는 경우 −10℃(ΔT= −35)때의 모듈출력전압 계산하기

$$V_{L(-10℃)} = V_{L(STC)} - \Delta T \times \Delta V$$

만약 메이커에서 어떠한 기술정보도 제공되지 않은 경우에는 단결정 및 다결정 모듈의 평균치로 계산하였을 때 영하 10℃에서는 표준조건(25℃)에 비해 약 14%의 전압이 상승한 것으로 보고 설계에 반영할 수 있다.

$$V_{L(-10℃)} = 1.14\, V_{L(STC)}$$

4 하나의 열 접속에 필요한 최소 모듈 수

겨울의 경우와는 반대로 여름이 되면 모듈의 온도는 높이 올라간다. 특히 통풍이 원활하지 못한 지붕의 경우에는 모듈온도가 70℃ 이상이 되기도 한다.

우리가 알고 있는 표준 온도조건의 모듈 출력전압은 제 2장의 〈그림 2.36~37〉과 같이 온도 상승에 따라 낮아진다. 직렬접속 모듈을 설계함에 있어 최악의 경우, 즉 70℃ 정도의 고온에서도 낮아진 모듈 직렬전압이 인버터의 최저 한계전압 이하로 떨어져서는 안 된다는 것이다.

하나의 직렬접속(String)에 필요한 최소 모듈의 수(N_{min})는 다음 식으로 표시된다.

$$N_{min} = \frac{V_{MPP(INV\,min)}}{V_{MPP(Module\,70℃)}}$$

• 전압 변동률(ΔV)이 %로 표시되는 경우 70℃(ΔT= 70−25=45)때의 모듈출력전압 계산하기

$$V_{L(70℃)} = (1 - \frac{\Delta T \times \Delta V}{100}) \times V_{L(STC)}$$

• 전압 변동률(ΔV)이 [mV/℃]로 표시되는 경우 70℃(ΔT= 45)때의 모듈출력전압 계산하기

$$V_{L(70℃)} = V_{L(STC)} - \Delta T \times \Delta V$$

만약 메이커에서 어떠한 기술정보도 제공되지 않은 경우에는 단결정 및 다결정 모듈의 평균치로 계산하였을 때 70℃에서 약 18% 저하된 것으로 보고 설계에 반영할 수 있다.

$$V_{\mathrm{MPP\,(Module\,70\,℃)}} = 0.82 \cdot V_{\mathrm{L(STC)}}$$

5 전압의 최적화

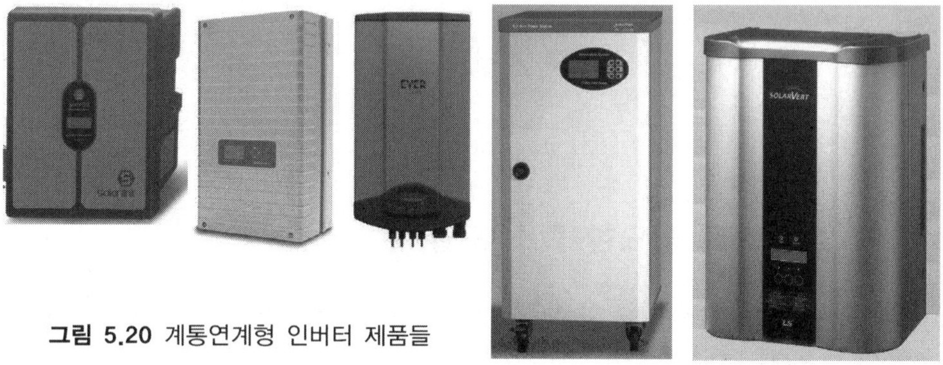

그림 5.20 계통연계형 인버터 제품들

(왼쪽 3 kW에서 오른쪽 300 kW까지 다양한 용량의 국내외 제품을 구할 수 있다.)

앞서와 같은 순서에 따라 최대 및 최소 모듈의 수를 결정할 수 있었다. 그러나 인버터를 최고의 효율로 운전하기 위해서는 메이커마다 각기 다른 제품규격, 예를 들면 먼저 트랜스의 사용 여부, 용량의 대소, 입력 전압의 크기 등을 참고해야 한다.

외국의 경우 이러한 정보의 투명성을 제고하기 위하여 인터넷으로 모든 허가 제품의 성능 시험 결과를 공개하고 있기 때문에 이곳의 자료를 참고하는 것을 권장한다.

* 인버터성능시험센터 : www.pvtest.ch

6 열(String)의 수 결정하기

이제 마지막으로 태양광 발전 시스템에서 필요로 하는 출력을 만들어 내기 위한 모듈-열들의 수, 즉 병렬 수를 정해야 한다.

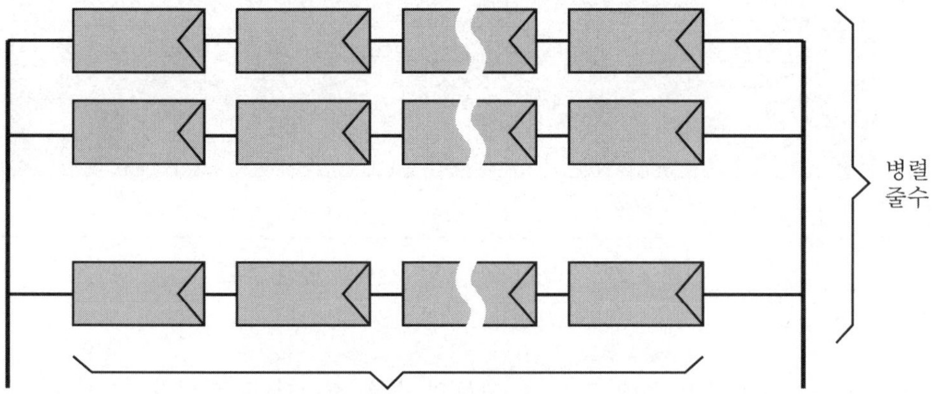

그림 5.21 한 개 열의 모듈 개수와 병렬 줄 수를 곱하면 어레이의 총 모듈수가 된다.

병렬 라인의 수는 '인버터의 최대전류'를 '열(String) 전류'로 나눈 값으로 결정한다.

$$N_{\mathrm{String}} \leq \frac{I_{\max \mathrm{INV}}}{I_{\mathrm{n\,String}}}$$

예를 들면, 인버터의 전류 용량이 18 A이고, 한 개 열의 최대 전류가 5 A라면 병렬 라인의 수는 3.66개로 계산되지만 이보다 작은 정수를 취하면 3개열이 적합하다.(어레이 용량=15 A 〈 18 A=인버터 용량)

만약 인버터의 용량이 PV 용량보다 낮게 선정되었다면, 인버터가 초과전류의 상태에 얼마나 오래 또는 얼마나 자주 노출되는지를 한 번 체크해 보아야 한다. 예정하고 있는 인버터 용량보다 조금 또는 아주 많은 과부하에 노출될 수 있을지를 미리 예상해봐야 한다는 것이다.

이러한 작업은 전문적인 '모의설계 프로그램'(Simulation Program)으로 확인해 볼 수도 있는데 아래 〈그림 5.22〉는 용량이 낮게 선정된(=과부하가 자주 걸리게 된) 인버터의 예이다.

이 그림에서 10 A를 초과하는 전류가 총 수광시간(발전시간)의 약 6%에 해당한다는 결과를 보여준다. 이러한 경우는 인버터의 수명을 단축하거나 전자부품의 파손 가능성을 높인다.

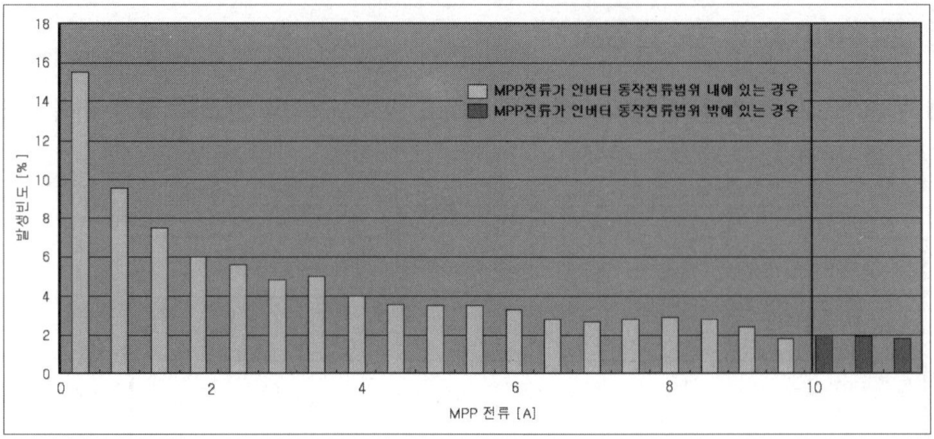

그림 5.22 인버터에서 MPP 전류의 발생 분포

앞서와 같은 순서에 따라 최대 및 최소 모듈의 수를 결정할 수 있었다. 그러나 인버터를 최고의 효율로 운전하기 위해서는 메이커마다 각기 다른 제품규격, 예를 들면 먼저 트랜스의 사용 여부, 용량의 대소, 입력 전압의 크기 등을 참고해야 한다.

제 5 절 전력배선과 전선의 규격 선정

〈그림 5.23〉는 2 kW$_P$ 용량의 PV 시스템의 모듈배선에서 인버터까지의 배선도이다. 여기서 도선의 규격을 선정하는 데에는 세 가지 요소를 고려하였다. 첫째는 전압의 고정, 도선에 흘릴 수 있는 최대 전류, 그리고 도선의 전력손실을 최소화하는 것이다.

1 전자유도를 최소화하는 배선법

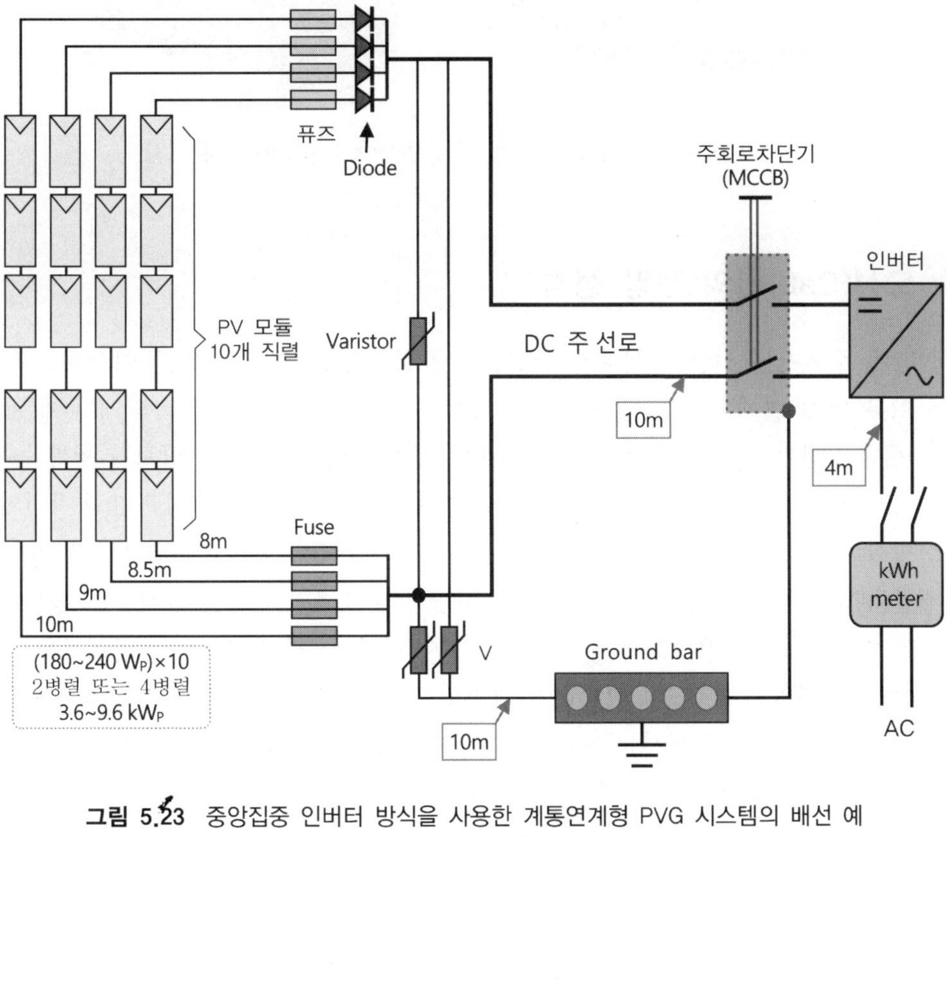

그림 5.23 중앙집중 인버터 방식을 사용한 계통연계형 PVG 시스템의 배선 예

PV 모듈들을 지붕에 설치하고 전력배선을 함에 있어 무엇보다도 안전을 먼저 고려하여야 한다. 그 첫째는 배선의 방법이고 둘째는 인버터에 이르기까지의 긴 배선 구간에서 전압강하를 적정값 이내로 낮추는 것이다.

〈그림 5.24〉는 지붕위 모듈 배선의 보기인데, 전자유도를 가장 최소화할 수 있는 것은 접속법은 (b)이다. (a)는 반듯해 보이는 배선 같지만 모듈을 연결하는 배선의 루프 면적이 크기 때문에 나쁜 배선 방법에 속한다.

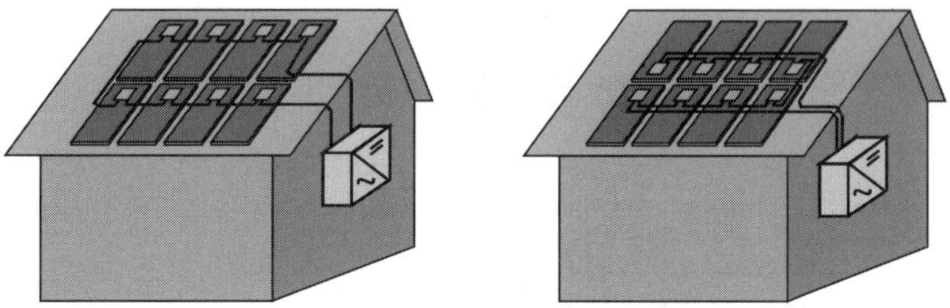

(a) 나쁨 (b) 좋음

그림 5.24 모듈의 연결법(루프 면적이 작을수록 좋다)

2 도선(Cable)의 전압 정격

도선 간에 주어지는 전압은 선로의 규격전압(공칭전압 450 V~1000 V) 이상을 초과하지 않도록 여유 있게 설계되어야 한다. 대규모 PV 시스템이나 긴 직렬접속의 경우에는 저온(−10℃)에서 발생할 수도 있는 최대 무부하 단자전압이 알려진 정격전압보다 훨씬 높게 나타날 수 있음을 우선 고려하여야 한다. 예를 들면 상온(25℃)에서 정상적인 동작전압, 즉 최대 전력점 전압이 300V_{dc}라고 하자. 그러나 부하가 걸리지 않는 초기상태라면 25% 정도 높은 전압(375V)이 나타나고, 겨울철 −10℃의 낮은 온도라면 전압은 다시 21% 정도 더 높아지므로 결국 출력 전압은 454 V에 이르게 되는 것이다. 우리가 도선의 전압정격을 설계할 때 기준이 되는 전압은 300 V가 아니라 극단적인 조건의 출력 전압인 454V가 되어야 한다.

PV 시스템에서 Class-II에서는 600V, Class-I에서는 1000V의 내압 제품을 사용하도록 정해져있으며, 시중에 판매되는 모든 PV도선 제품에는 이 전압규격이 표시되어 있다.

3 도선의 허용 전류 용량

도선의 단면적은 전류의 최대 크기에 따라 결정된다. 여기, IEC60512에서 정한 케이블의 허용전류 값 〈표 5.3〉이 있는데, 이것은 반드시 지켜야 한다.

모듈-도선 또는 열-도선을 관통하여 흐를 수 있는 최대전류(I_{max})값은 태양광 발전기(PV 어레이)의 단락전류($I_{SC(PV)}$)에서 한 개 열의 단락전류($I_{SC(string)}$)를 뺀 크기이다.

$$I_{max} = I_{SC(PV)} - I_{SC(string)}$$

단, $I_{SC(PV)}$=발전기(어레이) 단락전류, $I_{SC(string)}$=열 단락전류

표 5.2 온도 조건에 따른 선로 면적과 허용 전류용량 관계

케이블 종 류	단면적 [mm2]	최대허용전류 [A]/외선 주변온도 조건 30℃	55℃	70℃	묶음 배선(6선) 주변온도 조건 55℃	70℃	비고 AWG 비교
AEG Solar Module Cable(Max. 90℃)	2.5	42	32	24	17	13	AWG#13의 단면적은 $2.62mm^2$
	4	56	42	32	22	17	
Radox 125 (Max. 125℃)	2.5	49	38	34	20	18	
	4	66	51	45	27	24	AWG#11의 단면적은 $4.17mm^2$
Titanex 11 (Max. 85℃)	2.5	33	24	17	13	9	
	4	45	33	23	17	12	

도선(케이블)의 규격은 이 전류의 크기로부터 선정되어지기도 하고 또한 과부하로부터 케이블을 보호하기 위해 사용되는 열-퓨즈의 선정에도 연관된다.

최대전류(I_{max})는 케이블의 치수에 따른 허용전류용량보다 작거나 같아야 하며, 동시에 보호용 반도체 소자의 최대 허용전류(I_Z) 이내이어야 한다.

$$I_{max} \le I_Z$$

4 PV도선(Solar Cable)이 갖추어야 될 특성

태양광 발전 시스템에 사용되는 도선은 수10년 간 강한 햇볕에 직접 노출되어야 하고, 추위와 습기에도 주기적으로 노출되기 때문에 이와 같은 환경에 견딜 수 있는 재질특성을 지녀야 한다. 그밖에 PV도선이 지니는 특성을 열거하면 아래와 같다.

- 최대 내열온도범위 : -40~90℃
- 도선 재질 : 연성이 좋은 풀림단조의 주석 도금 연동선을 사용한다.
- 분리재, 절연체, 외피를 갖추어 절연과 내환경성을 가진다. 이에 적합한 절연체 재질로는 XLPE, 외피에는 PVC가 사용된다.
- 내열, 내습은 물론이고 자외선과 오존에 견디어야 한다.
- 최소 절곡반경 : 도선 직경의 8~10배

현재 시중에서 구할 수 있는 PV용 도선의 규격제품은 'AWG 선번호'를 사용하는 미국계열 제품과 미터법의 [mm^2] 단면적으로 표시하는 유럽계열 제품이 있다.

미터법을 사용하는 PV전선 제품에는 2.5, 4, 6 mm^2 규격선이 있고, AWG선번호를 사용하는 제품에는 8번 선에서 18번 선까지가 있다. 그러나 현장에서 주로 사용하는 제품으로는 AWG 12번과 14번 선이 가장 많다.

단면적 2.5 mm^2는 AWG-13번 선의 면적과 비슷하고, 단면적 4 mm^2는 AWG-11번 선의 면적과 근사하다.

그림 5.25 (a) 미터법 단위를 사용하는 유럽계열 제품

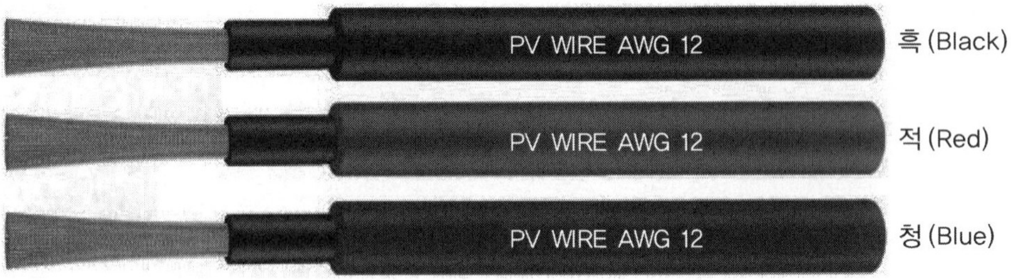

그림 5.25 (b) AWG선번호를 사용하는 미국계열 제품

표 5.3 PV전선 제품규격

AWG [mm2]	10m당 선로저항 [Ω]	허용전류 [A]@30℃	절연두께 [mm]	외피두께 [mm]	외 경 [mm]	포장길이		포장중량 [Kg]
						[m]	[Feet]	
18 (0.823)	0.213	16	1.219	0.838	5.461	305	1,000	12.5
						1,524	5,000	60.1
16 (1.31)	0.134	19	1.219	0.838	5.766	305	1,000	15.2
						1,524	5,000	72.8
14 (2.08)	0.084	27	1.219	0.838	6.172	305	1,000	18.6
						1,524	5,000	90.7
12 (3.31)	0.053	35	1.219	0.838	6.477	305	1,000	22.5
						1,524	5,000	110.0
10 (5.26)	0.033	48	1.219	0.838	7.315	305	1,000	29.7
						1,524	5,000	145.1
8 (8.36)	0.021	62	1.600	0.838	9.246	305	1,000	47.6
						1,524	5,000	240.9

5 퓨즈의 규격선정

'열(String)접속 방식'을 적용할 때 PV발전기의 단락전류는 줄(Joule)의 공칭 전류와 거의 동일하다. 퓨즈는 반복되는 충격전류에 의해서만 용단되기 때문에 열(스트링) 퓨즈를 사용하는 것만으로 도선을 보호하는 것은 불가능하다. IEC규정(60364-7-712)에 따르면 누전 보증 및 단락 회로 보증을 위해서 열(String) 접속도선은 PV발전기의 단락전류보다 1.25배 큰 전류를 수용할 수 있어야 한다.

도선의 크기 변환은 물론 배선에 관한 요구사항도 IEC60512 3부를 통해 조사해야 한다. 도선의 허용전류는 주변온도, 다른 도선과의 묶음, 설치 방법(관 내/목재 내/석고 내)에 의해서 영향을 받는다. 예를 들면 기와에 설치될 모듈이나 열 도선은 기와의 주변 온도인 70℃에 따라서 크기 변환을 해야 한다.

스트링 퓨즈는 다수의 스트링과 함께 태양광 발전시스템에 주로 쓰이며 누전이 모듈에 큰 역기전력을 일으키는 시스템에서는 4개 내지 더 많은 열을 시스템에 이용해야 한다. 또한 퓨즈 또는 소형 차단기(MCB : Miniature Circuit Breakers)가 배치되어야 한다. 스트링 퓨즈의 트리거 전류에 따라 모듈이나 열 도선의 단면적 크기가 결정된다. 도선 허용전류(I_{zCable})는 스트링 퓨즈의 용단전류와 같거나 커야 된다.

$$I_{Z\,Cable} \geq I_{a\,StringFuse}$$

$$I_{max\,String} \geq I_{z\,Cable}$$

표준 시험조건(STC : Standard Test Conditions)에 따르면 퓨즈의 규격은 스트링 단락전류의 2배 이하에서 용단되어야 한다.

$$2 \times I_{SC(String)} > I_{a\,String\,Fuse} > I_{SC(String)}$$

잘못된 동작을 막기 위해 열-퓨즈의 전류규격은 열-정격전류보다 최소 1.25배 커야 된다.

$$I_{n\,StringFuse} \geq 1.25 \times I_{n\,String}$$

과전류는 (+)선로와 (-)선로 모두에서 발생할 수 있으므로 퓨즈는 접지가 되지 않은 모든 도선에 설치되어야 한다. 또한 DC 동작이 검증된 퓨즈나 소형 차단기가 사용되어야 한다.

6 도선의 손실이나 전압 강하를 최소화하기 위한 방법

도선 단면적을 선정할 때 도선의 손실이나 전압 강하를 최소화하는 방법을 고려해야 한다. 1998년에 발표된 독일의 태양광관련 설계표준 VDE 0100 Part 712에서는 다음과 같은 조건을 추천하고 있다.

'DC선로의 전압 강하는 표준 시험 조건하에서 태양광 발전 시스템의 공칭 전압의 1%보다 작아야 한다.'

이것은 표준 시험 조건에서 모든 DC 도선의 손실 전력을 1%로 제한한다는 것이다. 실제적으로 높은 DC 입력 전압(V_{MPP} 120 V)에서 인버터가 동작하는 태양광 발전 시스템에서는 위의 1% 조건이 아무런 문제없이 지켜질 수 있다. 스트링 인버터가 있는 시스템이 좋은 예가 된다.

낮은 전압에서 동작하는 인버터를 가지는 태양광 발전 시스템에서 6 mm^2 도선을 쓴다고 하더라도, 인버터와 PV 어레이가 많이 떨어져 있다면 배선의 전압 강하가 1% 제한을 넘을 수도 있는데 이러한 시스템 설계의 경우, 열배선의 1% 전압 강하와 주 DC 도선에서의 1% 전압강하기준은 가능한 충족되게 하는 것이 좋다.

태양광 발전전류는 복사조건에 따라 좌우되는데, 실제로 흐르는 전류의 대부분은 표준 시험조건(1,000 kW/m^2)에서 측정한 것보다 더 적다.

만약 발전 전류(I)가 반으로 줄면 전력손실 $P = I^2 \times R$ 공식에 따라 도선 손실은 기준 조건의 손실에 비해 1/4로 감소한다. 발전 전류가 최대전류의 반 또는 그 이하로 동작하는 경우가 많기 때문에 표준 시험조건에서 2% 전압 강하 크기 제한을 적용한다 하여도 DC측의 연간 에너지획득 손실은 약 1% 정도에 머무른다.

7 모듈과 열 도선(String Cable)의 크기 조절

허용전류용량을 고려하여 선로 단면적(A_M)의 크기를 선정한 후에 앞에서 제시한 1% 조건에 부합하는지를 검토하여 최종적으로 선택한다. 다음의 세 가지 공식에서는 모듈이나 열 도선의 단면적이 거의 동일한 크기의 열 도선 길이에 의해 계산된다. 표준 시험조건에서 도선은 1% 스트링 전력 손실을 가진다고 가정한다.

$$A_{\mathrm{M}} = \frac{2 \times L_{\mathrm{M}} \times P_{\mathrm{St}}}{1\% \, V_{\mathrm{MPP}^2} \times k}$$

$$A_{\mathrm{M}} = \frac{2 \times L_{\mathrm{M}} \times I_{\mathrm{St}^2}}{1\% P_{\mathrm{St}} \times k}$$

$$A_{\mathrm{M}} = \frac{2 \times L_{\mathrm{M}} \times I_{\mathrm{St}}}{1\% \, V_{\mathrm{MPP}} \times k}$$

모듈이나 열 도선의 단면적(A_{M})에 대한 계산된 결과가 표준도선 단면적(2.5mm^2, 4 mm^2, 6mm^2)사이에 있을 때는 가까운 큰 쪽으로 반올림한다. 다음 공식들은 모든 모듈배선과 열배선용 도선의 단면적에 대한 전체 손실을 계산할 때 쓰인다.

표 5.4 파라미터의 기호와 단위

파라미터(parameter)	기호	단위
선로길이(직류 주 선로)	L_{M}	m
선로손실(직류 주 선로)	P_{M}	W
도선 단면적(직류 주 선로)	A_{M}	mm^2
전기 전도도	k	m/Ω·mm^2
열 전력(String Power)	P_{st}	W
열 정격전압(String Voltage)	V_{MPP}	V
열 전류(String-Current)	I_{St}	A
PV 어레이의 열 수	n	

$$P_{\mathrm{M}} = \frac{2 \times n \times L_{\mathrm{M}} \times P_{\mathrm{St}^2}}{A_{\mathrm{M}} \times V_{\mathrm{MPP}^2} \times k}$$

$$P_M = \frac{2 \times n \times L_M \times I_{St^2}}{A_M \times k}$$

태양광 발전 시스템의 레이아웃은 일반적으로 다른 열 도선 길이를 가지며 그 결과 모듈과 열 도선에 대해 다른 크기의 단면적을 가지게 된다. 이러한 경우 다음과 같은 일반적인 공식이 쓰이게 된다.

$$P_M = \frac{2 \times I_{St^2}}{k} \times \left(\frac{L_1}{A_1} + \frac{L_2}{A_2} + \frac{L_3}{A_3} + \frac{L_4}{A_4} + \ldots\right)$$

모듈과 열 배선(구리전선)의 적정한 길이는 주어진 단면적과 인버터의 작동전압(MPP전압값 : V_{mpp})을 알면 〈그림 5.26〉에서 〈그림 5.31〉까지 해당되는 한 가지 곡선을 통해 간편하게 구할 수 있다. 유도 과정에서는 허용되는 1% 손실에 대한 부분도 동시에 고려되었다.

〈그림 5.26〉의 경우는 인버터의 작동전압(V_{mpp})이 300 V 이하인 인버터를 사용하고 선로의 단면적(A)이 2.5 mm^2 케이블을 사용하는 태양광 발전시스템에서, 선로전류에 따른 총 배선의 허용길이를 알아보는 도표이다.

예를 들어 인버터의 작동전압이 300 V이고 선로에 흐르는 최대 전류가 4.2 A인 경우에 배선용 전선(케이블)의 최대 길이는 몇 m까지 가능한지를 〈그림 5.26〉으로 알아보자.

1) 인버터의 작동전압(V_{mpp})이 300 V이므로, 10개의 곡선 중 맨 위 300 V 곡선을 취한다.
2) x축의 열전류 4.2 A와 300 V 곡선이 만나는 곳을 체크하고 '점 P'로 표시한다.
3) 점 P에서 y축으로 수평선을 그어보면 케이블의 길이 50 m를 얻는다.

이 50 m는 최대 길이이므로 이것보다 짧아야 한다. 만약 예정된 배선경로가 50 m를 초과한다면 케이블의 단면적을 한 단계 높은 4 mm^2로 선택하고 다시 〈그림 5.28〉로 확인해 보면 케이블 길이는 80 m까지 사용할 수 있음을 알 수 있다.

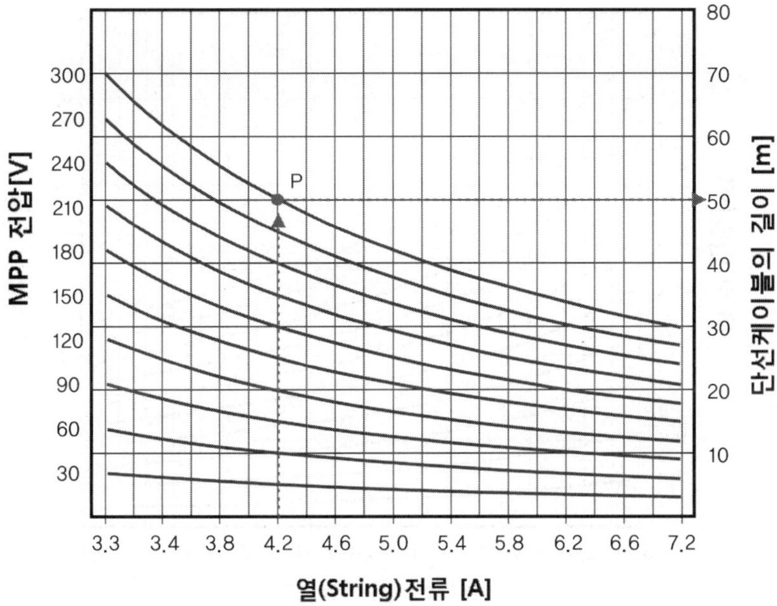

그림 5.26 V_{mpp}=300 V 이하 A=2.5 mm^2 조건의 열 배선 적정길이
〈자료 : Haselhuhn R.〉

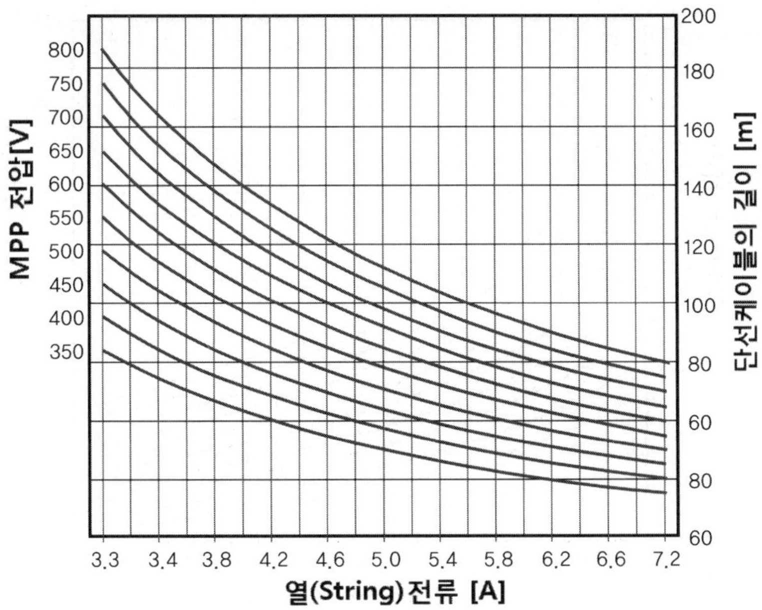

그림 5.27 V_{mpp}=300 V 이상 A=2.5 mm^2 조건의 열 배선 적정길이
〈자료 : Haselhuhn R.〉

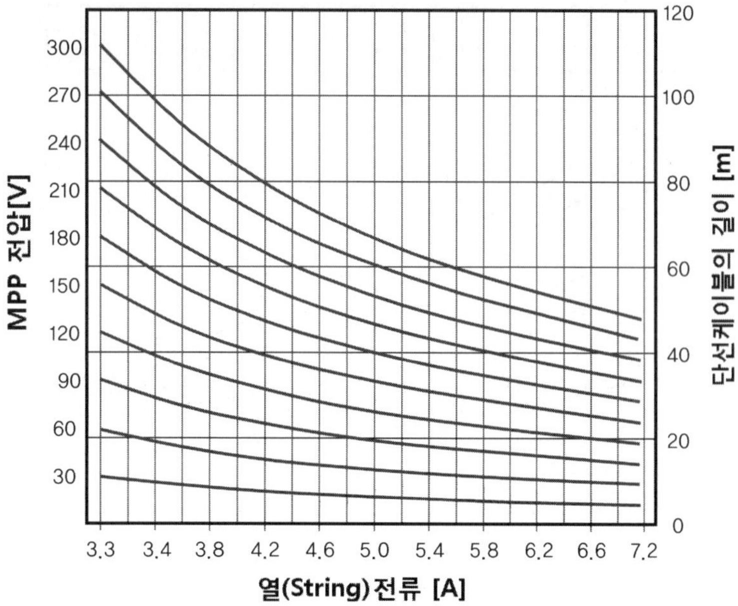

그림 5.28 V_{mpp}=300 V 이하 A=4 mm^2 조건의 열 배선 적정길이
〈자료 : Haselhuhn R.〉

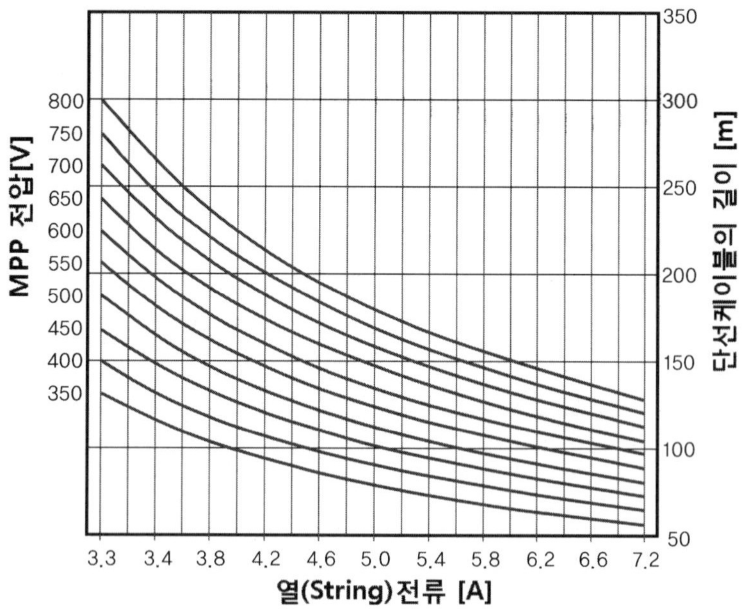

그림 5.29 V_{mpp}=300 V 이상 A=4 mm^2 조건에서 열 배선 적정길이
〈자료 : Haselhuhn R.〉

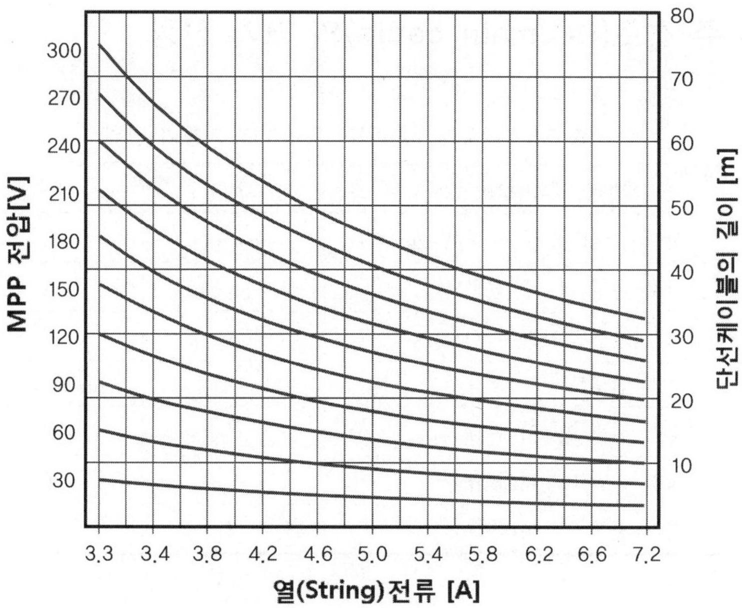

그림 5.30 V_{mpp}=300 V 이하 A=6 mm^2 조건의 열 배선 적정길이
〈자료 : Haselhuhn R.〉

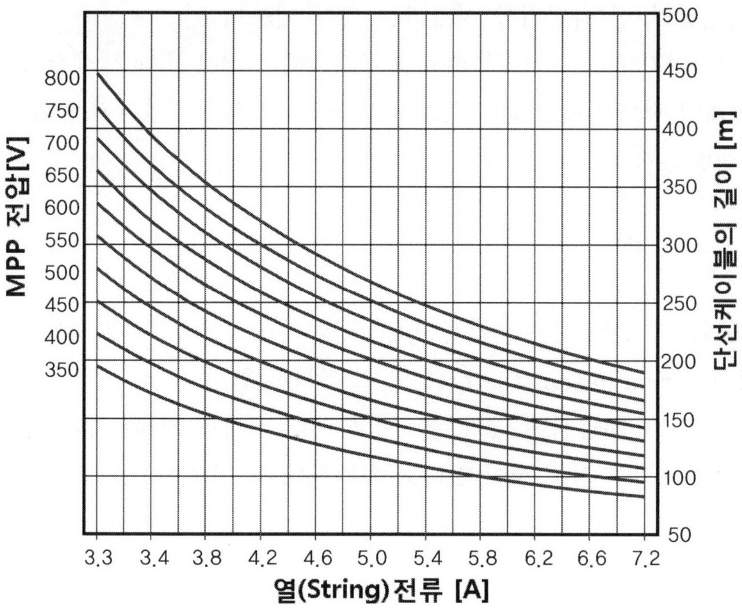

그림 5.31 V_{mpp}=300 V 이상 A=6 mm^2 조건의 열 배선 적정길이
〈자료 : Haselhuhn R.〉

8 직류 주 선로(DC main cable)의 크기 선정

표 5.5 선로계산을 위한 파라미터 기호와 단위

파라미터(parameter)	기호	단위
선로 길이(DC 주 선로/단선기준)	$L_{DC\ Cable}$	m
선로 손실(DC 주 선로)	$P_{DC\ Cable}$	W
도선 단면적(DC 주 선로)	$A_{DC\ Cable}$	mm^2
전기 전도도	k	$m/\Omega \cdot mm^2$
정격 전력(PV 어레이)	P_{PV}	W
정격 전압(PV 어레이)	V_{MPP}	V
정격 전류(PV 어레이)	I_n	A

태양광 발전의 하위 어레이(PV sub-arrays)의 직류 주 선로와 직류 연결도선들은 PV 어레이에 의해 발생된 최대 전류를 수용할 수 있어야 한다. PV 어레이의 단락 전류는 공칭 전류보다 조금 클 뿐이므로 퓨즈를 용단시킬 수는 없다. 절연과 접지와 같은 보호 방법으로 DC 반응 접지전류 누전 차단기를 사용하는 것이 가능하다.

일반적으로 IEC 60364-7-712에 따르면 주요 DC 도선은 최대 발생 전류가 표준 시험조건에서 PV 어레이 단락회로 전류의 1.25배가 되도록 크기 조절이 가능하다.(국제 코드 및 법규를 참조해야 한다.)

$$I_{max} = 1.25 \times I_{SC(PV)}$$

도선의 단면적은 도선의 허용된 전류 용량에 따라 선택한다. 또한 온도 감쇄 요인과 도선 묶음, 축적비율(accumulation factor)등을 고려해야 한다.

도선의 단면적은 다음 공식에 따라 에너지에 대해 최적화 될 수 있다. PV 어레이의 공칭 전력에 관련하여 1%의 도선 손실이 있다고 가정한다면, 단면적 크기 $A_{DC\ Cable}$은 다음과 같이 유도된다.

$$A_{DC\ Cable} = \frac{2 \times L_{DC\ cable} \times I_{n^2}}{(v \times P_{PV} - P_M) \times k}$$

저전압 조건에서 손실 요인 v는 1%~2%의 값을 가진다.

주요 DC 도선 단면적의 계산된 값 $A_{DC\ cable}$은 표준도선 단면적(2.5 mm^2, 4 mm^2, 6 mm^2,

10 mm², 16 mm² 등) 중에서 가까운 더 큰 값으로 반올림된다.

주요 DC 도선의 실제 도선 손실 $P_{\mathrm{DC\ cable}}$은 선택된 도선 단면적에 대해서 다음과 같이 계산된다.

$$P_{\mathrm{DC\ Cable}} = \frac{2 \times L_{\mathrm{DC\ Cable}} \times I_{\mathrm{n}^2}}{A_{\mathrm{DC\ Cable}} \times k}$$

$$P_{\mathrm{DC\ Cable}} = \frac{2 \times L_{\mathrm{DC\ Cable}} \times P_{\mathrm{PV}^2}}{A_{\mathrm{DC\ Cable}} \times V_{\mathrm{MPP}^2} \times k}$$

안정적인 접지와 단락방지를 위해 (+), (-)극의 선로에 대해 각각 단일 코어로 외장된 도선(단선)을 쓰는 것이 좋다. 다중 코어 도선을 사용할 때는 녹/황색 선(대지 접지-European colour code)에 전압이 인가되지 않도록 해야 한다. 낙뢰에 위험이 있는 태양광발전 설치에는 차폐전선(shield cable=screened cable)이 사용되어야 한다. DC와 AC 도선을 나란히 배선하게 되면 국제 코드와 법규에 명시된 요구사항들을 조사해야 하며 이러한 도선들에는 명확한 식별표기를 해야 안전사고를 예방할 수 있고, 추후 정비시 수고를 덜 수 있다.

9 교류 도선(AC Cable)의 크기 선정

AC 연결 도선의 단면적을 계산할 때는 공칭 계통선로 전압(nominal grid voltage)의 3% 만큼의 전압강하가 있다고 가정한다. 단상용 선로의 단면적 $A_{\mathrm{AC\ cable}}$은 다음과 같다.

$$A_{\mathrm{AC\ cable}} = \frac{2 \times L_{\mathrm{DC\ cable}} \times I_{\mathrm{n\ AC}} \times \cos\psi}{3\%\ V_{\mathrm{n}} \times k}$$

또한 3상 AC 도선에 대칭 3상전류가 공급되었을 때는 다음과 같다.

$$A_{\mathrm{AC\ cable}} = \frac{\sqrt{2} \times L_{\mathrm{AC\ cable}} \times I_{\mathrm{n\ AC}} \times \cos\psi}{3\%\ V_{\mathrm{n}} \times k}$$

표 5.6 AC선로계산을 위한 파라미터 기호와 단위

파라미터(parameter)	기호	단위
선로 길이(AC 선로/외선 기준)	$L_{AC\ Cable}$	m
선로 손실(AC 선로)	$P_{AC\ Cable}$	W
도선 단면적(AC 선로)	$A_{AC\ Cable}$	mm^2
전기 전도도	k	$m/\Omega \cdot mm^2$
인버터 정격전류(AC)	$I_{n\,AC}$	A
전력망 전압(단상 220V, 3상 380)	V_n	V
역률(0.8~1.0)	$Cos\theta$	

5 kW가 넘는 태양광 발전 시스템에서는 교류선로의 단면적($A_{AC\ cable}$)은 6 mm^2 이상의 규격을 사용한다.

선택된 도선의 손실 $P_{AC\ cable}$은 다음과 같은 공식으로 확인해 볼 수 있다.

단상 인버터회로의 경우;

$$P_{AC\ cable} = \frac{2 \times L_{AC\ cable} \times I_{n\ AC^2} \times \cos\psi}{A_{AC\ cable} \times k}$$

3상 인버터회로의 경우;

$$P_{AC\ cable} = \frac{\sqrt{3} \times L_{AC\ cable} \times I_{n\ AC}}{V_n \times k \times \cos\psi} \times P_n = \frac{3 \times L_{AC\ cable} \times I_{n\ AC^2}}{A_{AC\ cable} \times k}$$

다중 단일 위상 신호원으로부터 비대칭 3상 신호가 인가되었을 때 도선 손실은 다른 위상과 중성도체(neutral conductor)의 선로 손실의 합으로 계산된다.

$$P_{AC\ cable} = P_{L1} + P_{L2} + P_{L3} + P_N$$

위 계산을 위해서 각각의 위상 도선 L1, L2, L3, N에 흐르는 전류를 구해야 한다. 비대칭 부하는 각 위상 간의 전력 차이가 4.6 kVA 이상 될 때 가능하다.

또한 인버터의 입력에서 루프 저항(loop resistance)으로 알려진 계통선로 임피던스(grid impedance)는 1.25 Ω 보다 크지 않아야 된다. 이 저항값은 인버터 전원선의 특정 저항값이

다. 이 저항 값은 AC 연결 도선의 길이(신호 공급 지점으로부터의 거리)와 단면적에 의해서 결정된다.

그림 5.32 여러 가지 차단 스위치

제 6 절 PV 어레이 접속함과 DC주회로 차단기

다수의 열 단위 모듈들을 병렬로 접속하여 굵은 도선(DC main Cable)을 통해 인버터로 보내기 위한 중간 배선연결부가 '어레이 접속함'인데 대개 방수장치가 된 금속 또는 PVC박스 형태로 만들어진다. 같은 의미로 'PV 단자함' 또는 '어레이 접속함'이라고 부르기도 한다.

이 접속함에는 다이오드와 퓨즈, 그리고 직류 차단기(DC Circuit Breaker/ Isolator)도 설치된다. 최근의 접속함에는 단순히 모듈을 접속해 주는 기능 외에 차단기나 퓨즈의 동작 상태를 디지털신호로 전송하는 기능까지 가진 것이 많다. 중앙 통제소에서는 이 신호를 바탕으로 모듈 또는 어레이의 동작유무를 무인 원격 감시할 수 있다.

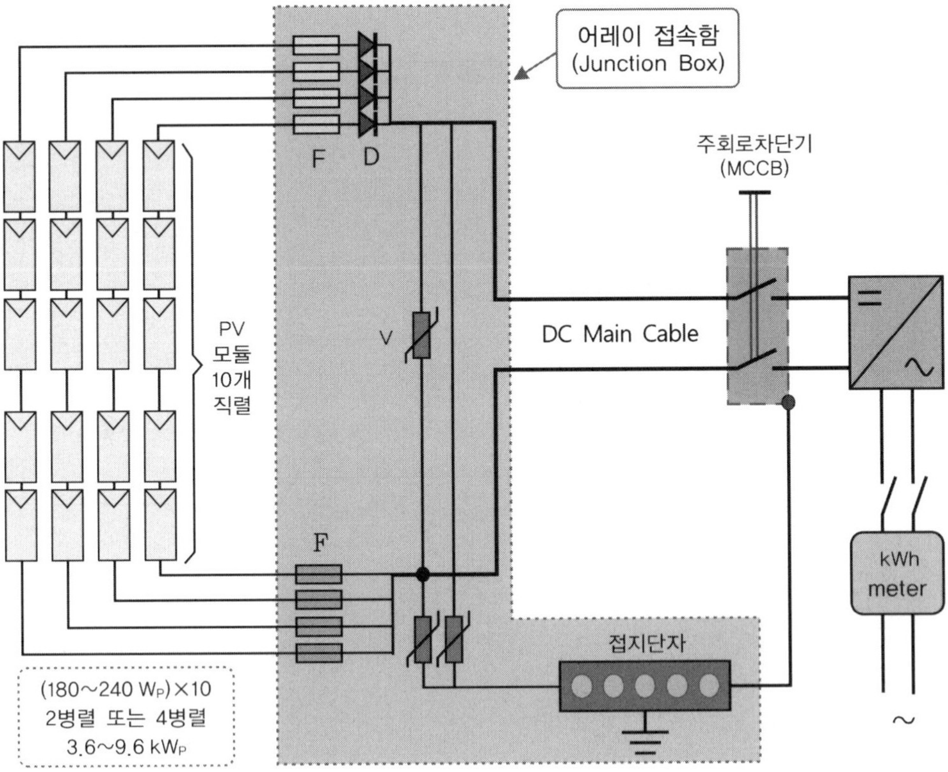

그림 5.33 어레이 접속함(점선)의 구성 – 다이오드, 퓨즈, 배리스터 등이 포함된다.

많은 시스템에서 PV 어레이 접속함은 태양광 발전 부품업체 또는 도매상으로부터 기성 제품으로 구입된다. 모듈과 인버터 제조자들은 표준 시스템에 부합하는 다양한 종류의 제품을 제공한다. PV 어레이 가까운 곳에 설치되는 이 어레이 접속함은 IP54로부터 보호받아야 하며 자외선 저항력을 갖추어야 한다. 또한 설치 장소는 빗물이나 직사광선으로부터 보호받을 수 있는 곳이어야 한다.

그리고 모듈-열(PV-String)에 적합한 단자가 있는지도 점검해야 한다. 태양광 발전 어레이 접속함은 '보호등급-II'에 관한 법규를 따라야 하며 유지 보수를 위해 쉽게 접근 가능해야 한다. 나사 모양의 단자(screw terminals)를 가진 접속함에서는 연결이 잘못되면 전체 열의 연결이 되지 않을 수도 있으므로 정확하게 연결해야 한다.

3 A의 단락회로 전류가 흐르는 모듈에서는 보통 4 A 퓨즈를 이용하지만 최근에 출하되는 대형 모듈들은 4~18 A의 단락회로 전류가 흐른다. 그러므로 적합한 스트링 퓨즈를 선택하기 위해 주의를 기울여야 한다. 또한 퓨즈는 DC 동작을 고려하여 설계되어야 한다.

그림 5.34 모듈 접속함과 인버터가 근접 배치된 예 (4.8 kW 용량을 2개의 인버터로 분담한다.)

그림 5.35 차단기가 내장된 범용 어레이 접속함. 왼쪽 아래에서 2개의 열(String)의 DC 입력선(직선)이 들어와 퓨즈-차단기-인출구(점선)를 거쳐 인버터로 전송된다.

개개의 모듈-열들을 반결합(Decoupling)시키는 열-다이오드(String-Diode)는 매우 열악한 환경의 시스템에만 쓰이거나 '보호등급-II'와 같은 법규를 따르지 않은 태양광 발전 모듈을 쓸 때 이용된다. 또한 발열이 거의 없을 때는 접속함에 내장한다. 그리고 과전압 보호를 위한 전기충격 보호기(surge arrester=V)는 접지 전위를 유지하기 위해 (+), (-)선로 양쪽에 모두 연결해 준다. 같은 이유로 주요 DC 차단기가 PV 어레이 접속함 속에 내장되기도 한다.

인버터를 거치기 직전에 독립적으로 DC 주전류 차단기를 배치하는 것이 좋은데 이렇게 하면 다른 사람에 의해 사고가 발생하는 것을 예방할 수 있다. 예를 들면 인버터의 유지 보수 작업을 할 DC 주전류 차단기를 사용하면 전원과 안전하게 분리되어 작업할 수 있기 때문이다.

IEC 표준 60364-7-712에 따르면 태양광 발전 어레이와 인버터 사이에는 접근 가능한 단로기(절연기)가 필요하다. 두 개의 극을 가지는 주요 DC 단로기의 전류규격은 최대 어레이 전류(최대 복사에 의한 단락회로 전류, $I_{SC(PV)}$)의 125%만큼 여유를 가지도록 설계한다.

$$I_{DC\ MS} = 1.25 \times I_{SC(PV)}$$

DC 주전류 단로기 스위치를 고를 때는 적절한 DC 전류가 흐르는지 체크해야 한다. 접촉 보증(touch proof) 플러그 연결기는 부하 없이 단지 절연기로만 동작하며 주 DC 스위치(Main DC Switch)로는 사용되지 못한다.

태양광 발전 어레이 접속함은 충격 보증 표준 전기소자들로 구성하는 것이 바람직하다. 스위칭 동작을 할 수 있도록 할 때 탑-햇 레일(top-hat rails)이 탑재된 단자 블록을 이용할 수도 있다. 이 때 양극과 음극은 지락과 단락을 방지하기 위해 완전히 분리되어야 한다.

큰 시스템에서는 여러 개의 접속함이 필요하다. 열단위 인버터(String Inverter)가 쓰이는 시스템에는 접속함을 사용하지 않고 열(string)배선을 직접 인버터에 연결할 수도 있다. 전기충격 흡수기는 스트링 인버터 내에 집적된다.

〈그림 5.35〉의 경우, 왼쪽 아래에서 2개열(String)의 DC입력선이 화살표방향(→)으로 들어와 퓨즈→차단기→인출구를 거쳐 옥내에 설치된 인버터로 보내진다.

(a) 모듈 프레임에 설치된 접속함 (b) 컨트롤 박스에 설치된 집중 접속함

그림 5.36 여러 가지 형태의 어레이 접속함

그림 5.37 어레이 접속함과 인버터의 설치사례(아래 : 대구 EXCO)

(왼쪽 : 어레이 접속함, 오른쪽 : AC-DC 인버터)

제 7 절 DC-AC 인버터

직류-교류 변환기는 직류전력을 교류전력으로 변환해 주는 장치이다. 영문으로는 DC-AC Inverter로 표기하지만 이 인버터를 태양광 발전에 사용할 때는 흔히 'Solar Inverter'라고 부르기도 한다.

1 인버터의 역할

이것의 기본적인 역할은 태양전지에서 얻어진 직류전력을 60 Hz 상용 교류전력으로 변환시키며 가정용 전력선의 전압 크기 또는 송전선로의 전압 크기에 일치시키는 기능을 한다.

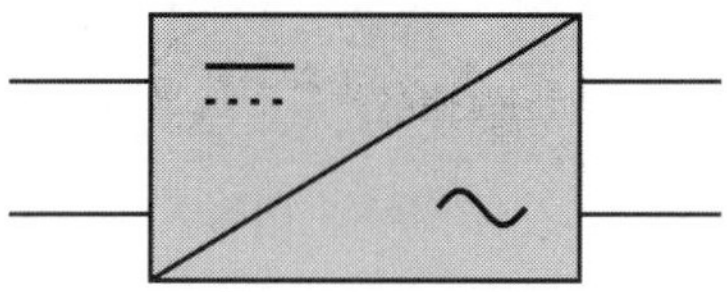

그림 5.38 인버터의 기호

인버터는 기본적으로 계통연계형과 독립형 인버터로 나눌 수 있다.

독립형에 사용되는 인버터는 기존의 교류전력기기 사용자들이 공공 전력망이 없는 곳에서도 종래와 같은 방법으로 사용할 수 있도록 교류를 만들어 준다.

계통연계형의 인버터는 공공 전력망의 3상 송전망에 직접 연결하거나, 가정용 전력선에 접속하여 호환성 있게 사용할 수 있도록 만들어준다. 가정용 전력선에 연결된 태양광 발전 전력은 먼저 가정 내에서 소비되고, 잉여분의 전력은 공공 전력망에 유입된다.

규모가 큰 태양광 발전소에서 사용되는 계통형 인버터는 정밀성으로 인해 보급초기에는 가격이 비싸 태양전지 전체 가격의 절반 정도에 이르렀으나 최근에는 전력전자 기술의 발전 덕분에 효율은 높아지고 가격은 낮아져서 태양광 발전의 단가인하에도 한몫을 하게 되었다.

5 kW_P(또는 50m^2) 이하의 소규모 태양광 발전소에서는 대체로 단상 방식을 사용하고 대형 시스템이 되면 3상 방식을 사용한다.

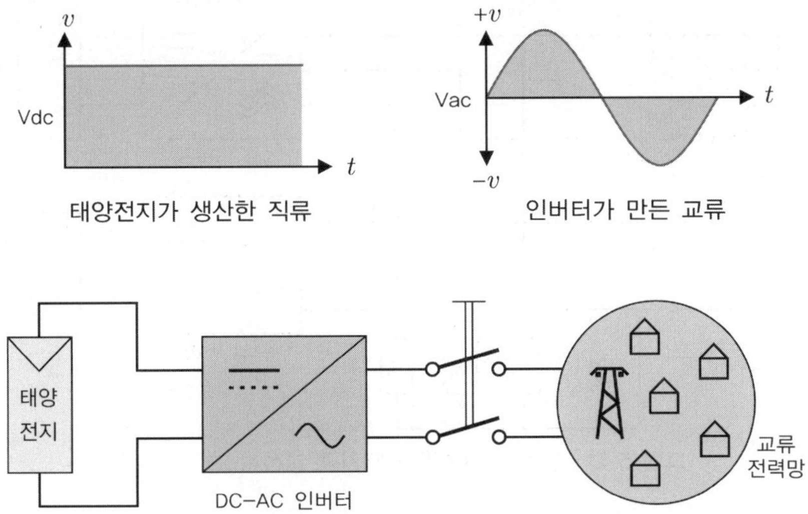

그림 5.39 계통연계형 인버터의 원리도

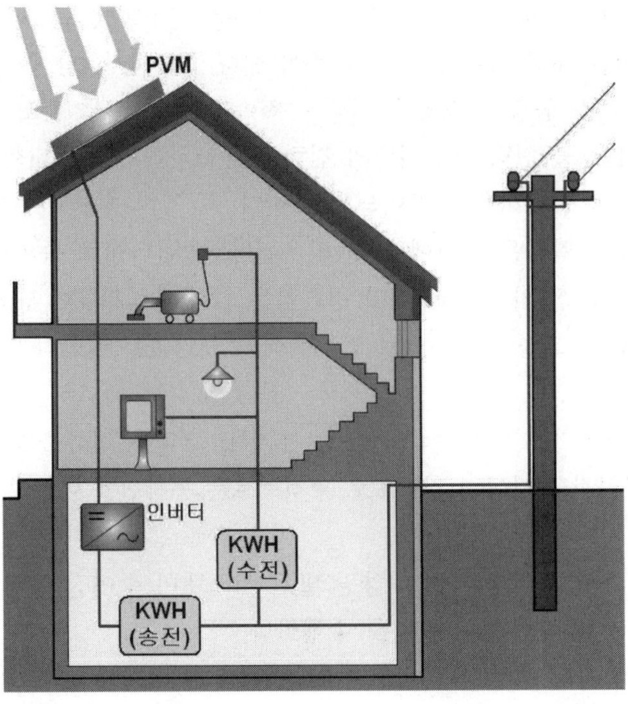

그림 5.40 계통형 인버터를 가진 솔라-하우스의 개념도

PV 모듈에서 만들어진 직류 전기가 인버터에서 교류로 변환된 다음 계량기를 거쳐 전력선 계통으로 보내진다. 가정에서 필요한 전력은 수전용 계량기를 거쳐 계통전력망에서 공급받는다.

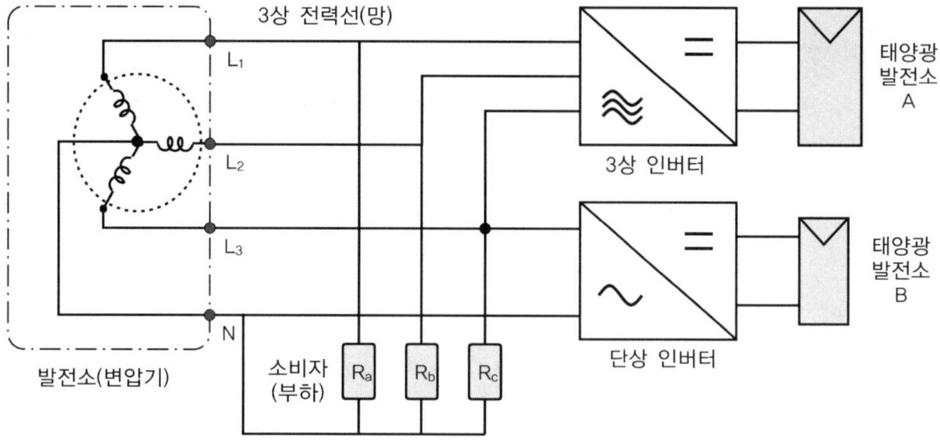

그림 5.41 전력선 계통망과 태양광 발전시스템의 연결

소규모 가정용 태양광 발전소가 많이 보급된 외국의 경우를 보면 3~5 kW의 비교적 작은 용량의 가정용 인버터들이 각각의 전력(단상 전력)을 전력망에 공급함으로써 이들이 모여 3상 전력을 형성하는 것과 같은 효과를 만들어 낸다. 〈그림 5.41〉에서는 태양광 발전소의 3상 및 단상 인버터가 공공 전력망에 어떻게 접속되는지를 보여주고 있다.

태양광 인버터가 공공 전력망에 최대의 전력을 공급하려면 인버터회로가 태양전지의 최대 전력점(MPP)에서 동작하도록 제어되어야 한다.

태양전지의 최대 전력점은 일기에 따라 좌우된다. 인버터회로 속의 최대 전력점 추적기(MPP Tracker)가 일조량의 상황에 따라 변화하는 최적 출력전류에 연동되도록 작동하는데 이러한 기능은 최근의 고성능 마이크로 컨트롤러와 끊임없는 실험적 연구와 노력으로 얻어진 결과이다.

구름에 의해 그림자가 짙어질수록 전압은 서서히, 그러나 전류출력은 급격히 저하한다. 이에 따라 최대 전력점도 낮아질 것이므로 추적회로는 동작점을 이동시켜 상황에 알맞은 최적의 출력이 얻어지도록 하는 것이다.

이와 같이 최대 전력점 추적기는 태양광 발전 시스템이 주어진 상황에서 항상 최대한의 출력을 공공 전력망에 공급하는 역할을 수행한다.

최대 전력점 추적기의 기본원리는 전자제어방식의 직류전압 변환기와 같다.

현대적인 태양광 인버터들이 가져야 하는 기능들은 다음과 같다.

1) 태양전지에서 얻은 직류전력을 전력망이 요구하는 형태의 교류전력으로 변환해야 한다.(전력망의 전압과 주파수에 일치시킨다.)
2) 태양전지의 최대 전력점에 인버터의 동작점을 일치시켜야 한다.

3) 작동 데이터의 신호처리가 가능해야 한다.(예; 전기적 데이터의 표시, 저장 및 전송 기능구비)
4) 직류 및 교류회로에 보호 장치를 구비해야 한다.(예; 극성오류보호, 과전압, 과전류 및 낙뢰 보호)

2 인버터의 종류

가. 전원 유도형 인버터(Line-commutated inverter)

5 kW_P 이하의 단상 인버터의 동작 원리도는 〈그림 5.42〉와 같다. 4개의 전력제어소자가 브리지 형태를 구성하고 있다. 대각선으로 배치된 T_1과 T_3가 동작할 때는, 트랜스의 1차측에 순방향으로 전류가 흐르고, T_2와 T_4가 동작할 때는 트랜스의 1차측에 역방향으로 전류가 흐르게 됨으로서 트랜스의 2차측에는 교류전류가 흐르게 되는 것이다.

전원 유도형 인버터는 전원전압으로부터 반도체 전력소자들을 ON, OFF할 스위칭 펄스를 만들어 낸다. 브리지회로에서 각각 두 개씩으로 구성된 사이리스터 쌍들은 직류전류를 초당 60번의 주기로 방향을 바꾸도록 스위칭한다.

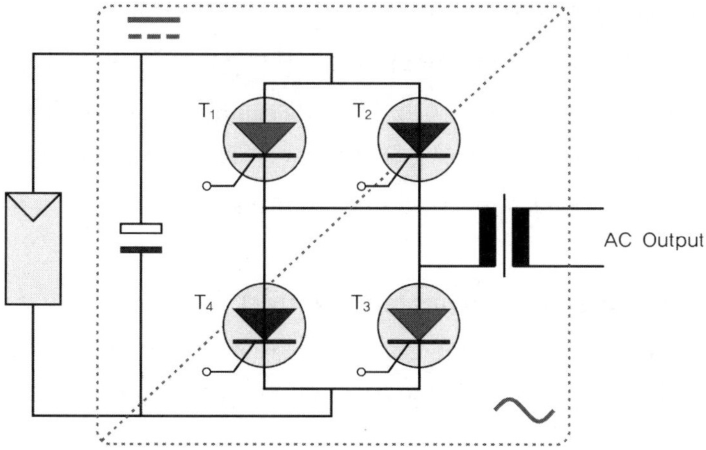

그림 5.42 전원 유도형 인버터의 원리도

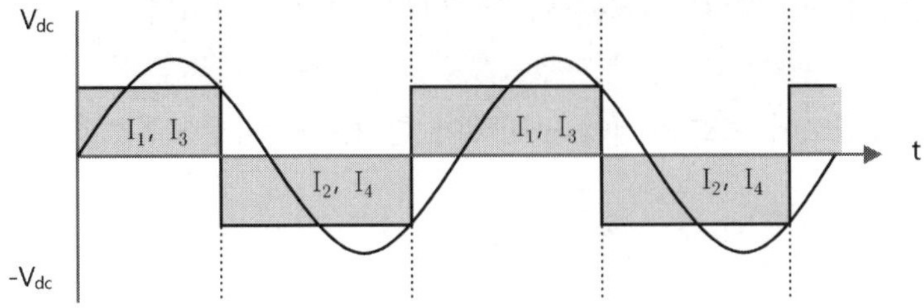

그림 5.43 전원 유도형 인버터의 동작 파형

전류(轉流 : 흐름의 방향을 바꿈)의 순간, 전기 에너지는 입력 회로에 병렬로 접속된 정전용량 속에 임시 저장된다. 이들 사이리스터(SCR)에 전류가 도통되어 흐르면, 다시는 멈출 수가 없다. 그래서 사이리스터를 차단시키기 위해 또다시 전원전압이 필요하게 된다. 그래서 이런 인버터를 전원 유도형 인버터라 부른다.

이 방식은 인버터의 스위칭동작이 전원 회로로부터 시작되기 때문에 전력선이 들어오지 않는 곳, 즉 독립형 시스템에서는 사용이 불가능하다.

〈그림 5.43〉에서 본 바와 같이 여기에는 구형파전류가 흐른다. 그래서 흔히들 구형파 인버터라고도 부른다.

전원 사인파의 위상과 구형파의 위상이 어긋나는 것은 상대적으로 높은 과진동(충격파)을 유발하는 원인이 되며, 동시에 전원으로부터 큰 무효전력을 유입시키기도 한다. 이 과진동의 허용 상한값은 공업규격 등에 규정되어 있다.

과진동을 제한하기 위해서는 보상회로와 출력 여파기(필터)가 필수적이다.

전원 측과의 전기적 절연을 위하여 60Hz 변압기(Transformer)가 필요하다. 최신의 사이리스터장치에서는 마이크로프로세서가 점화펄스를 만든다. 점화펄스의 시간적 지연(점화각도제어)을 통하여 최대 전력점 제어가 가능하게 되었다.

나. 자기전류형 인버터(self-commutated inverter)

자기전류(自己轉流)형 인버터의 경우, 〈그림 5.44〉와 같은 브리지회로에 고속스위칭이 가능한 반도체를 사용하고 있다. 현재 사용되는 반도체 전력제어소자는 다음과 같다.

- MOS FET(대출력 전계효과 트랜지스터)
- Bipolar Transistor(일반적인 양극성 트랜지스터)
- GTO(Gate turn off Thyristor : 게이트 신호로 도통과 차단이 가능한 SCR)
- IGBT(절연게이트 바이폴라 트랜지스터)

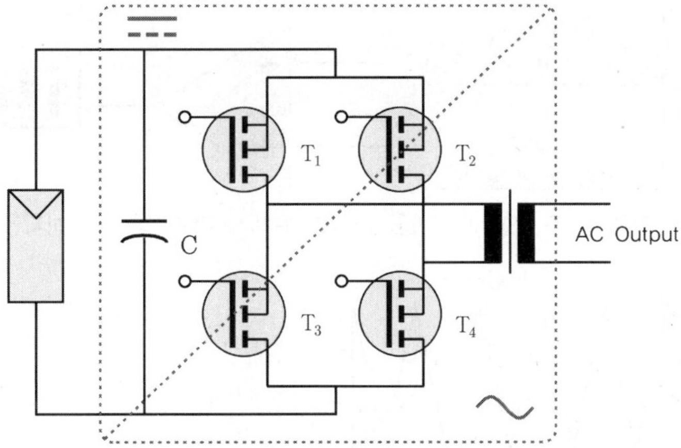

그림 5.44 브리지방식의 스위칭회로

이러한 전력소자를 18 kHz 정도의 빠른 스위칭속도로 ON-OFF하면 구형파 펄스 전압이 만들어지는데, 이것의 주기와 극성은 정현파전압에 비례하도록 만들어졌기 때문에 '펄스폭변조(Pulse Width Modulation)파'라고 한다. '펄스의 폭'을 사인파에 비례하도록 만드는 방법은 〈그림 5.45〉와 〈그림 5.46〉에 나타내었다. 이렇게 제어되는 스위칭회로를 통과한 태양광 전류가 저역통과 필터(평활회로)를 거치게 되면 사인파 전력이 되어 전원라인에 흘러들게 되는 것이다. 그런데 이 인버터출력에는 작은 크기이기는 하지만 다수의 고조파 진동이 포함될 수도 있는데 그 허용정도는 나라마다 법규로 정해져 있다.

자기전류식 인버터에는 무효전력의 크기도 매우 작다. 그러나 임펄스를 만들기 위한 높은 스위칭 주파수로 인해 고주파장애(EMI)가 발생할 가능성에 대비해야 한다.

적절한 보호회로를 사용하고 회로기판과 케이스 등을 실드(차폐막으로 접지)하면 EMI발생을 대부분 경감시킬 수 있다.

자기 전류형 인버터는 EMI강도에 대한 허용 임계값을 가지며, 해당 기기에서의 EMI규정이 법률로 정해져 있고 시판되는 인버터 제품은 이 규격을 통과해야 한다.

자기 전류형 인버터는 원리적으로 독립형 시스템에도 사용이 가능하다. 인버터의 전원결합에는 공급 전원의 주파수와 전원 주파수가 동기되어야 한다.

브리지회로의 점호는 전원 주파수에 대응하여 만들어진다. 전원 전류형 인버터와 마찬가지로 자기 전류형 인버터에서도 가끔 60Hz 저주파수 트랜스포머가 전원전압에 일치시킬 목적으로 사용되기도 한다. 이 방식에서는 변압기의 자계를 매개로 직류회로망과 교류회로망이 결합되지만 전기적 도통은 차단된다.(직류 전류가 흐를 수 없는 상태를 galvanic isolation이라고 표현한다.)

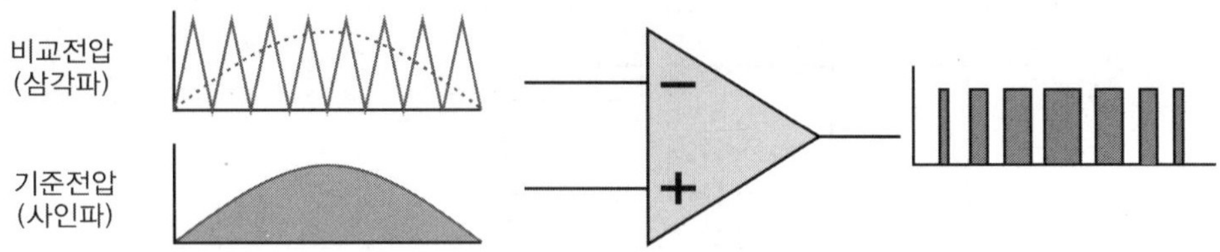

그림 5.45 PWM 파형을 만들기 위해서 비교기가 필요하다.

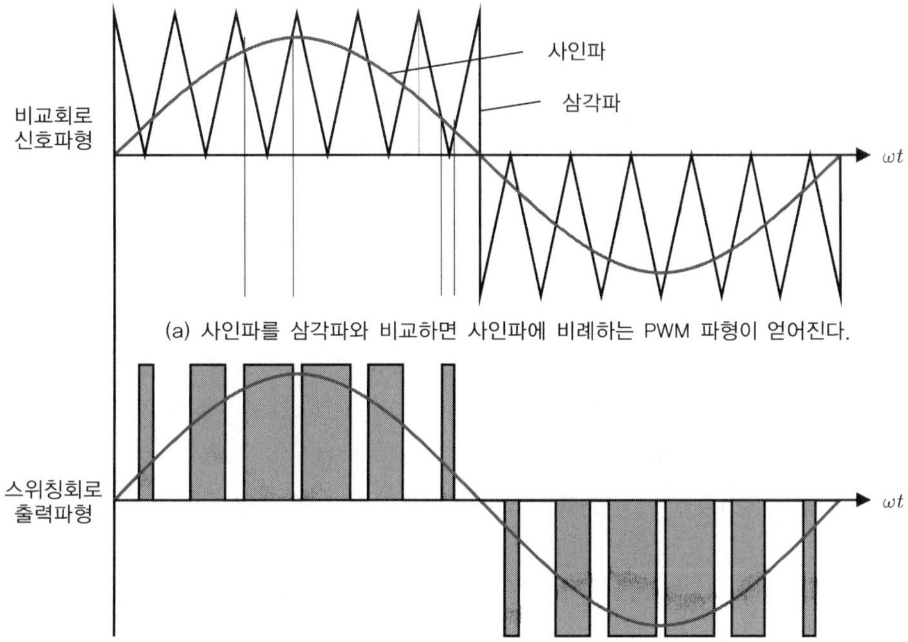

그림 5.46 사인파진폭에 비례하는 PWM 신호가 만들어지는 원리도

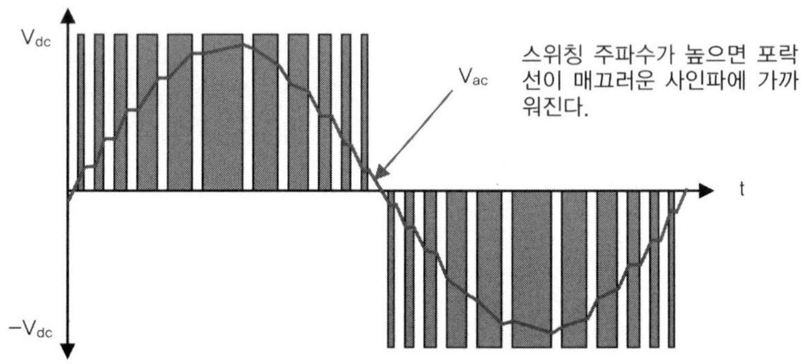

그림 5.47 PWM파가 평활회로를 통과하면 사인파가 된다.

〈그림 5.48〉은 저주파 변압기를 가진 대표적인 자기 전류형 인버터의 원리적 구성도를 보여준다. 여기에 포함되는 회로의 주요 구성요소는 다음과 같다.

- 회로제어기(Step-down converter)
- 브리지회로(Full Bridge)
- 전원 변압기(Transformer)
- 최대 전력 추적기(MPP-Tracker)
- 모니터링을 위한 회로(Monitoring circuit)

변압기를 통한 전기적 절연이 확보되면 태양전지를 낮은 보호전압상태로 유지하는 것이 가능해진다. 그 밖에도 태양전지 프레임의 위치 조정도 필수적이지 않다. 동시에 변압기는 전자기의 영향도 감소시키는 장점이 있다.

그러나 변압기를 사용하면 전력 손실이 증가하는 것을 피할 수는 없다. 에너지 효율의 측면이 강조될수록 전력 손실은 부담이 될 수 있다. 변압기를 사용하는 방식은 그 외에도 부품의 크기와 무게, 그리고 제조원가의 상승이 단점으로 꼽힌다. 그래서 몇몇 메이커에서는 변압기를 최소화하거나 아예 없애는 방향으로 가고 있다.

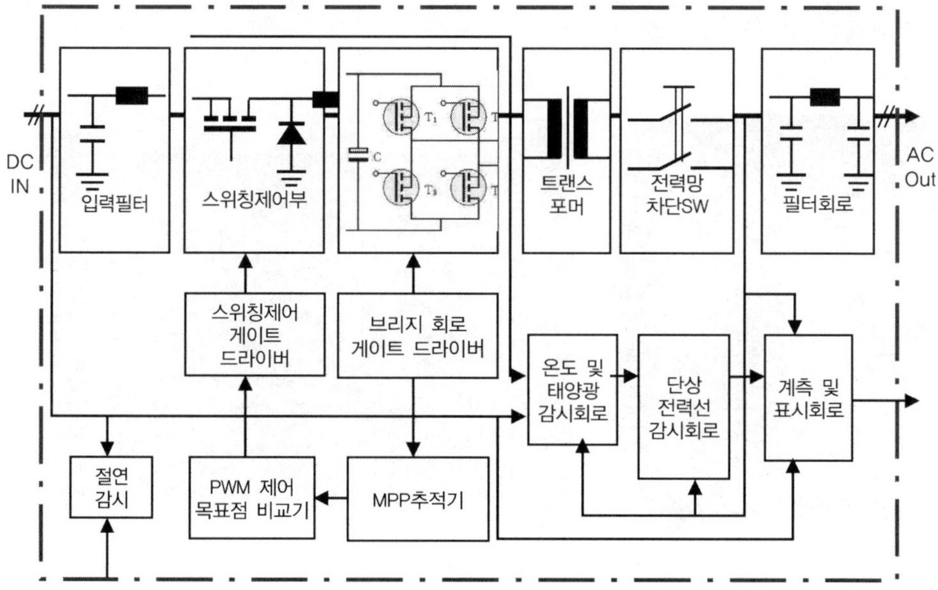

그림 5.48 저주파트랜스를 가진 인버터의 구성도(Skytron)

다. 고주파 트랜스를 사용한 자기전류형 인버터

50 kHz에 가까운 고주파(HF)를 사용하는 변압기라면 부품의 소형화가 가능하다. 고주파에서는 규소강판 철심을 쓰지 않고 페라이트 코어를 사용하기 때문에 부피가 작고 효율적이기 때문이다. 이런 변압기는 저주파(LF)변압기 방식에 비해 낮은 전력 손실, 보다 작아진 부품의 크기와 중량, 그리고 상대적으로 낮은 제조원가를 나타낸다. 물론 고주파 트랜스를 사용한 인버터에서도 회로비용은 높아진다. 그러나 저주파 트랜스 방식과의 가격 차이는 그리 크지는 않다.

라. 트랜스리스(Transformerless) 방식 인버터

출력용량이 작은 범위에서는 변압기가 생략된 인버터가 제공될 수 있다. 인버터의 손실은 변압기를 없애면 대폭 줄일 수 있다. 그 밖에도 부품들의 크기, 무게 그리고 제품원가까지도 감소시킬 수 있다. 태양전지의 전압을 정확히 전원전압의 최대값에 도달하도록 공급하던지 또는 DC-DC 스텝-업 콘버터의 투입으로 인버터에 맞추어주는 방법 중 하나를 채택해야 한다.

후자의 경우, DC-DC 콘버터의 사용에 의해서 추가적인 손실이 발생하는데 이로 인해 부분적으로는 트랜스사용으로 인한 손실과 별로 다를 것이 없어진다.

트랜스리스 방식 인버터에서 직류부와 교류부의 전기적 절연막이 없기 때문에 보다 높은 전기적 안전대책이 강구되어야 한다.

그림 5.49 계통연계형 트랜스리스 인버터의 외형과 내부모습
(아래쪽 2개의 코일뭉치는 고조파 제거를 위한 초크 코일Choke Coil이다.)

전기적 절연막의 생략으로 인해 태양전지가 전자기 충격펄스(전기스모그)에 노출되기 쉬워질 것이다. 이 말은 트랜스가 생략된 인버터는 외부환경, 특히 강한 전자기적 영향에는 취약하다는 것을 의미하는 것이다.

마. 인버터의 동작방식에 따른 특징 비교

표 5.7 트랜스와 트랜스리스 방식의 비교

구 분	트랜스 방식	트랜스리스 방식
특 징	· 입-출력 간 전기적 절연확보 · 확장성이 좋음. · 중앙 집중식 인버터 방식에 주로 사용됨.	· 태양전지의 단자전압은 전원전압의 최대값 이상이거나, DC-DC 스텝-업 컨버터를 추가로 사용해야함. · 주로 열 또는 블록단위 인버터로 사용됨.
장 점	· 낮은 보호전압이 가능함. (120 V 이하 : 예를 들면 DC측에 인체가 접촉되었을 때도 위험한 계전류 이하가 됨.) · 장기간의 운전경험이 축적됨. · 전자기적 영향의 감소. · PV 모듈의 전위비교가 불필요.	· 높은 변환효율(단, DC-DC 컨버터 투입이 없는 경우에 한함.) · 제품중량과 크기가 작아진다. · 열 또는 블록단위의 인버터 방식인 경우 직류배선망의 간소화가 가능하다.
단 점	· 트랜스에 의한 손실발생. (철손 및 동손) · 제품의 중량 및 크기 증가.	· 추가적인 보호 장치의 필요. · 직류민감성 오작동 보호회로를 인버터에 내장해야함. · 동작점의 이탈 가능성이 있음. · 전압유도식 회로부 · 통행도로에 설치시 보호등급Ⅱ에 따라야 함 · 전자기적 영향을 많이 받는다.

인버터의 두 가지 큰 분류, 트랜스 방식과 트랜스리스방식의 차이점을 비교하였다.

3 인버터의 효율

가. 변환효율(Inverting efficiency) η_{con}

인버터의 변환효율이란 직류에서 교류로 변환되는 과정에서 발생하는 손실률에 관한 정의이다.

이 손실은, 트랜스식 인버터의 트랜스 속에서 발생하는 손실과 전력소자의 스위칭 손실, 그리고 시스템의 제어 조정 및 데이터 관리에 따른 자가 전력소비 등을 모두 포함한다.

$$\eta_{con} = \frac{P_{AC}\ 출력유효전력(기본파)}{P_{DC}\ 입력유효전력}$$

변환효율은 입력 측의 전력 크기에 크게 의존하며, 마찬가지로 인버터의 입력전압에 따라서도 몇 % 정도는 가변된다. 그러나 이 효과는 오랫동안 무시되어왔다.

스위스 연구소 두 군데서 솔라-인버터의 강한 전압 의존성을 확인하였는데, 이들 연구소는, 전기측정시스템을 위한 NTB(New Technikum Buchs) 연구소와 버거-도르프의 베르너 공과대학(BFH) 태양광연구소이다.

NTB의 바움가르트너가 운전 중에 있는 태양광 발전소에서 메이커 측정법에 따라 다양한 일기조건(광량과 온도)을 일일이 대조하면서 교류 인버터의 효율 연구를 진행하는 동안, BFH의 하인리히 해버린은 연구소에서 태양전지의 동특성 모의실험과 측정을 통해 인버터 변환효율을 확인하였다. 실험실 측정에서 수많은 특성, 특히 매칭효율에 대해서도 정밀하게 확인할 수 있었다.

나. 결합효율(Matching efficiency) η_m

최초의 태양광인버터는 고정식 제어방식을 사용하였다. 이것은 인버터의 동작점이 일정한 전압에 맞추어져 있었다는 의미다. 그러나 이 방식은 여러 가지 기상조건하에서 최적의 결합을 유지할 가능성이 낮았다.

오늘날의 계통연계형 인버터는 태양전지의 특성곡선 상에 있는 최적의 결합을 통하여 출력을 뽑아내도록 한다.

하루 중 태양전지의 운전량(발전량)은 계속 변동한다. 또한 다양한 입사광량이나 온도에 따라 태양전지의 최대 출력점(MPP)도 이동한다.

태양전지 출력을 항상 최대한의 전류로 변환하기 위해서는 인버터가 최적의 동작점을 찾아 자동적으로 이동할 수 있도록 해야 한다.

최적의 동작점에 따라 가동되는 인버터의 결합 관계식을 결합효율이라 부른다.

$$\eta_m = \frac{P_{DC}\ 순간유효입력전력}{P_{PV}\ 순간최대발전량}$$

(주 : P_{PV}는 PV 모듈에서 태양광에 비례하여 생산되는 최대 전력량을 의미하고, P_{DC}는 태양전지에서 인출되어 인버터 입구에 공급되는 직류전력을 말하는데 부하가 적절할 때 최대전력을 모두 사용할 수 있지만 부하가 적절하지 못하면 가용전력이 감소한다.)

여기서 직류회로 쪽에서 전원주파수의 간섭으로 유발되는 동작점의 이탈은 가능한 작아야 한다. 이 효과는 트랜스리스 방식 인버터에서 유독 강하게 나타난다.

MPP 추적기의 제어속도는 주간의 변화무쌍한 구름에 노출될 때와 같은 짧은 시간동안의 입사광 피크 값을 활용할 수 있는지에 따라 영향을 받는다.

1000 W/m^2 이상의 높은 피크전력은 대부분 인버터의 한계전력제한으로 인해 차단 될 수도 있다.

다. 평균 동작 효율 η_w

인버터의 평균적인 동작 효율은 제품 속에서 'AC-DC 변환 효율'과 '동작점 매칭 효율'의 합성으로 이루어진다.

$$\text{평균 동작 효율 } \eta_w = \eta_{con} \times \eta_m$$

이러한 평균 동작 효율은 다양한 부하조건하에서 확인할 수 있다.

데이터시트 상의 공칭 효율은 대개 「인버터의 정격 범위 내에서 운전 중 도달할 수 있는」 DC-AC 변환 효율만을 제공한다. 또 이 값은 그 밖에도 가끔 정격출력의 80~50% 범위에서 얻어지는 최대 동작효율로 표시하기도 한다.

4 인버터와 배전반의 설치 예

〈그림 5.50〉은 계통연계형으로 설계된 가정용 태양광 발전 설비의 회로도이다.

35 V, 170 W 정격의 PV 모듈 9개가 직렬로 접속되어 열(String)전압 315 V를 만들고, 다시 2열이 병렬로 접속되어 있다. 인버터의 입력전압 범위는 250~450 V이기 때문에 적절한 접속법으로 판단된다.

인버터의 DC 선로와 AC 선로에는 각종 센서(전압/전류/주파수)가 설치되어 스위칭제어에 관여하고 안전용 차단기도 복수로 설치되어 있다.

〈그림 5.51〉은 규모가 다소 큰 태양광 발전 시스템의 계통도이다.

중앙집중 인버터방식 3회로가 병렬로 접속된 시스템인데, 3개의 인버터에서 각각 출력된 380 V의 교류출력은 전압 전류량을 표시하고 차단스위치(MCCB)를 거쳐 합쳐진 다음 다시 ACB를 거쳐 승압트랜스포머로 들어간다. 여기서 22,900 V로 승압된 전력은 VCB(진공차단기), PT(계기용변압기), MOF(역송전용계량기) 그리고 LSB(배선용차단기)를 차례로 거쳐 공공전력선망(예 : 한국전력) 선로에 접속된다.

대부분의 계통연계형 태양광 발전은 현재의 발전상황을 실시간으로 에너지관리공단 서버로 전송하여 데이터를 수집, 저장할 수 있도록 하는데 여기에 사용되는 모든 발전 정보는 인버터의 센서에서 채취되어 이더넷 신호로 변환된다.

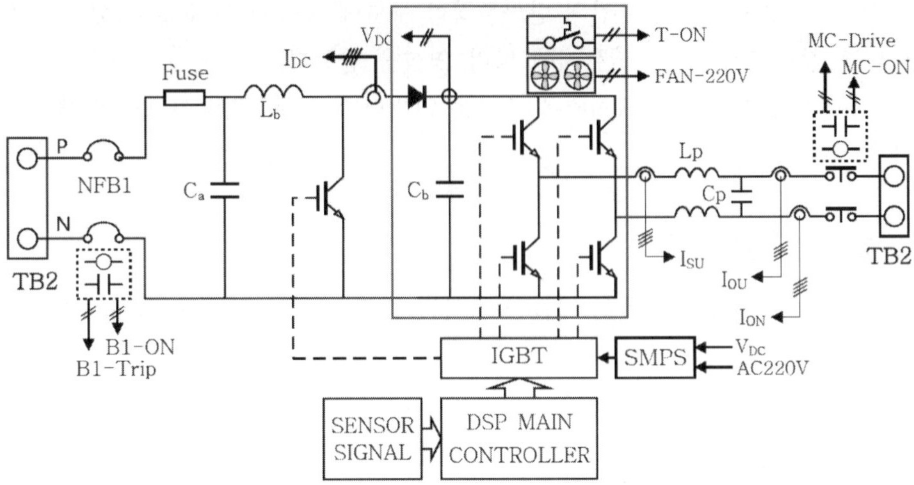

(a) 인버터(4각형) 전후의 DC 및 AC 회로도

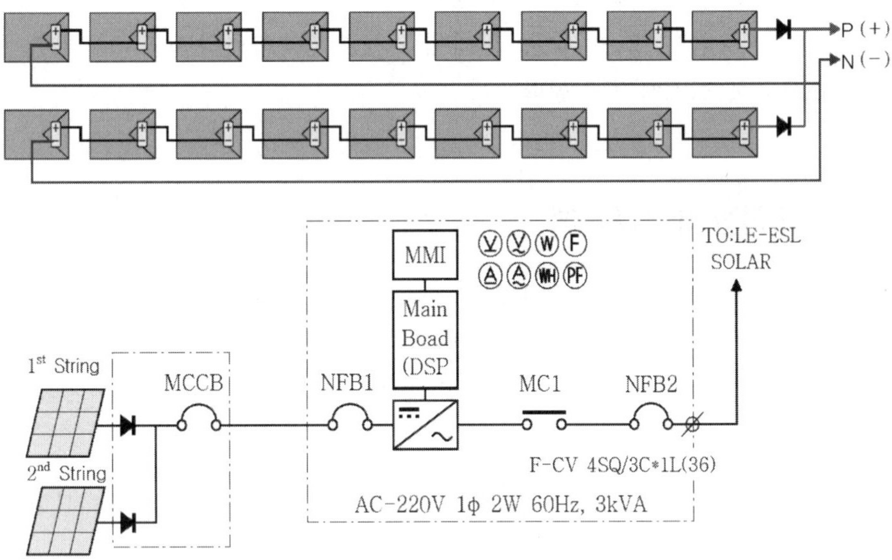

(b) 시스템 전체 접속도-점선(— · —)내부의 회로도는 (a)에 표시함.

그림 5.50 3 kW 용량의 가정용 태양광 발전 시스템 회로도

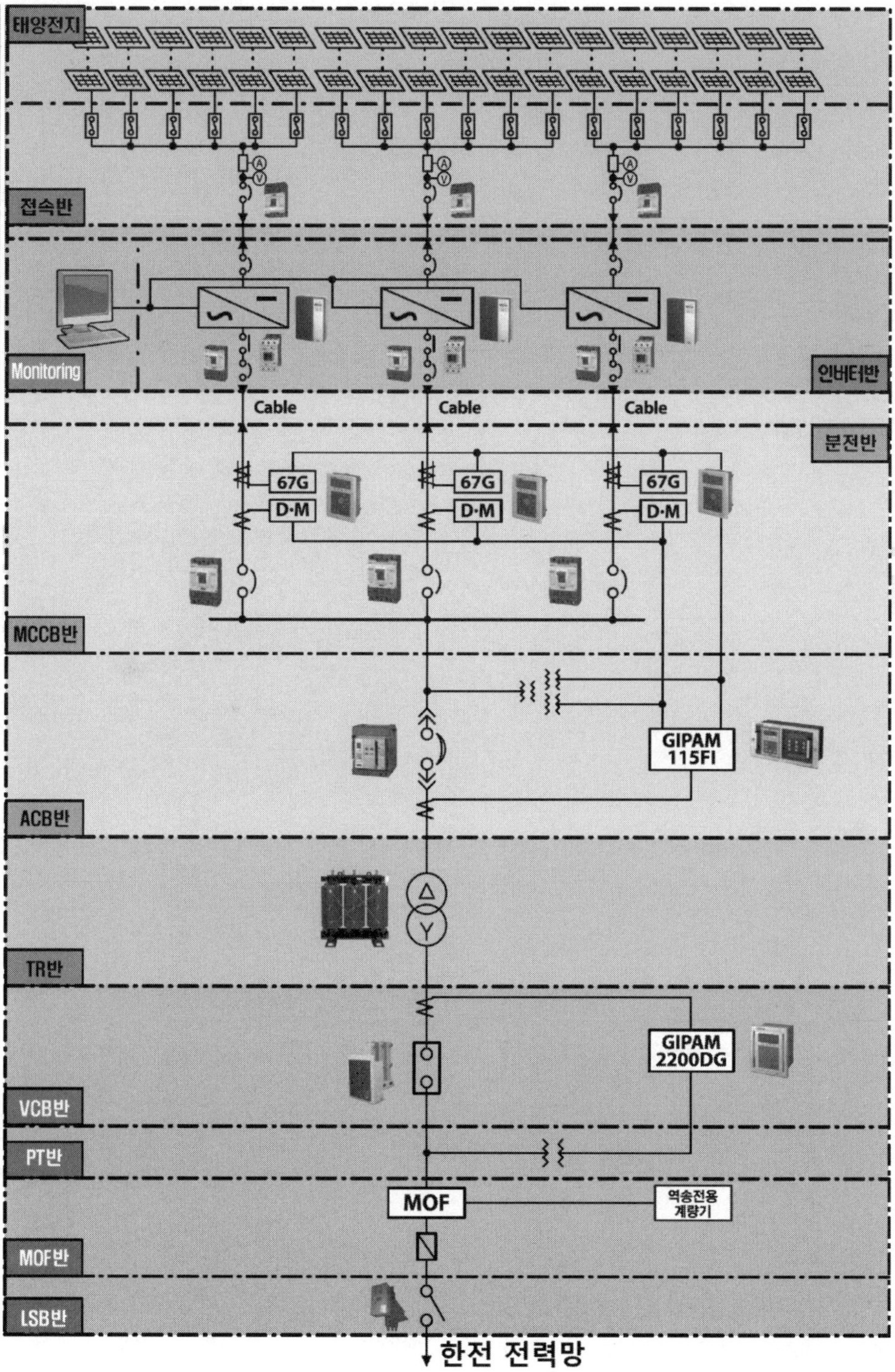

그림 5.51 30∼300 kW급 계통연계형 태양광 발전 설비의 계통도

6 장

Photovoltaic
Power Generation

독립형 태양광 발전 시스템

독립형 태양광 발전소는 외부의 전력 시스템과 관계없이 홀로 전기를 생산하고 소비하는 시스템을 말한다. 그래서 이 시스템에서는 전기를 저장하는 축전지의 역할이 태양전지보다 더 중요하다. 태양전지는 설치가 끝나면 별다른 관리기술이 필요하지 않다. 그러나 축전지는 제품의 종류도 많을 뿐더러 관리기술에 따라 시스템의 효율이 달라지기도 하고 축전지의 수명이 단축되거나 연장될 수도 있다. 그리고 태양전지의 전 수명기간에 축전지는 최소 3~5회 정도 새 제품으로 교환해야 하는 등 많은 관리가 필요하기 때문이다.

태양광 발전을 우리의 일상생활에 이용하려면 하루 24시간, 연중 안정적인 공급이 가능해야 한다. 일광의 특성상 야간에는 발전이 불가능하고, 비가 오는 날에는 수요를 충족하기 어렵기 때문에 평상시의 잉여전력을 저장해 두는 축전지(Battery)가 필수요소가 된다.

제 1 절 독립형 PV 시스템의 구성

1 소형 독립형 PV 시스템

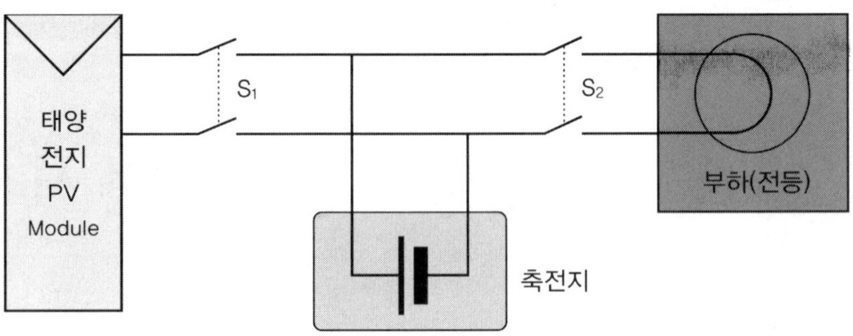

그림 6.1 독립형 PVG 시스템의 기본 구성

소규모로 태양전지를 이용하려는 경우에 최소한 PV 모듈, 축전지, 차단기(스위치) 그리고 전기부하의 네 가지 요소는 갖추어져야 한다.

야외에서 전등만을 사용하려는 목적이라면 위와 같은 소규모 시스템이 적합하다. 이러한 시스템에서 사용하는 부하는 직류 전용이어야 한다. 예를 들면, 전등의 경우 직류 12V에서 동작하는 형광등이나 LED램프여야 하고, 가전기기들도 12V용으로 만들어진 제품만 사용할 수 있다. 태양광 발전이 일찍 보급된 독일의 경우는 가장 흔히 사용하는 전등의 경우는 물론이고, 라디오, TV, 냉장고, 커피메이커, 급수펌프까지 거의 모든 가전기기들이 태양광시스템에서 사용할 수 있도록 개발되어 있다.

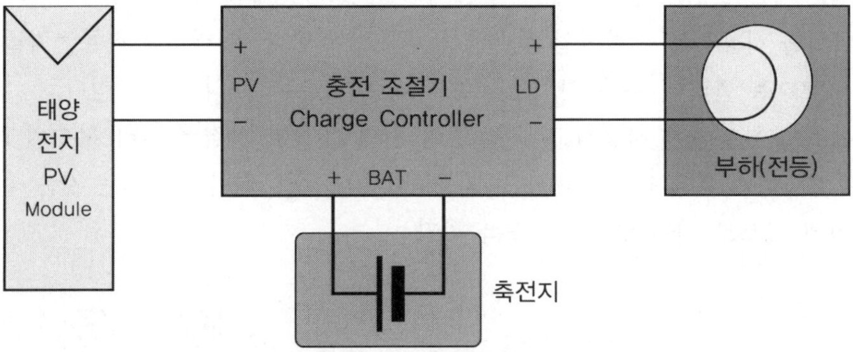

그림 6.2 충전조절기를 사용하는 독립형 PVG 시스템

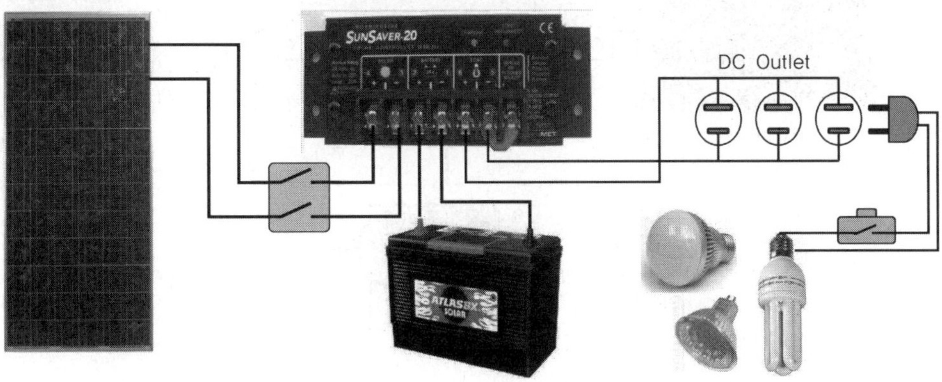

그림 6.3 소규모 독립형 PVG 시스템의 적용 예

〈그림 6.1〉의 기본형에서 배터리의 보호를 위하여 두 개의 스위치가 붙어있다. S_1은 과도한 충전을 방지하기 위한 목적이고, S_2는 과도한 방전을 방지하기 위한 목적으로 설치한 것이다. 그러나 언제나 배터리의 상태를 감시할 수 없는 형편이라면 두 가지 목적을 자동적으로 수행할 수 있는 전자제어장치를 설치하는 것이 편리할 것이다. 이와 같은 기능을 하는 것이 「배터리 충전 조절기」이며, 〈그림 6.2〉는 충전조절기 접속도고 〈그림 6.3〉는 적용

예이다.

이러한 소규모 태양광 발전 시스템은 PV 모듈 수 2~3개 정도, 전력 용량 크기 기준으로 300W 이하일 때 적용할 수 있는 간이형이라 할 수 있다.

그러나 전력용량이 500 W 이상이거나, 주거용의 안정적인 독립 전원을 만들기 위해서라면 제대로 된 설계 원칙에 따라 시스템을 구성할 필요가 있다.

2 인버터를 사용하는 독립형 PV 시스템

교류부하, 예를 들면 선풍기, 세탁기, 에어컨 등을 사용해야 하는 경우라면 〈그림 6.4〉과 같은 인버터를 사용하는 본격적인 시스템을 채용해야 한다. 인버터란 직류전력을 상용교류(220V, 60Hz)로 변환해 주는 장치로서 DC to AC Inverter의 줄임말이다.

이와 같이 교류부하를 사용하고, 시스템의 전력 용량이 커짐에 따라 다수의 PV 모듈을 어레이로 결합하여 옥외에 설치하는 것과 용량에 맞는 인버터를 선정하는 것은 중요한 기술적 과제인데 앞으로 하나씩 알아보도록 하자.

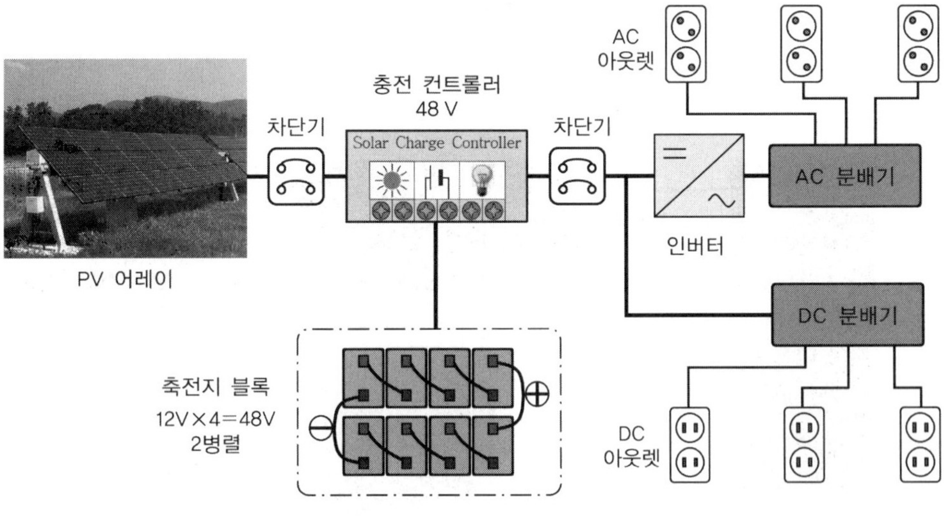

그림 6.4 인버터를 사용하는 독립형 태양광 발전 시스템의 구성 예

제 2 절 독립형 태양광발전 시스템의 설계법

농어촌의 독립형 가옥이나 전원주택 등에서 영구적으로 사용할 수 있는 독립형 태양광 발전 시설을 설계한다는 가정 하에서 단계별로 설계 방법을 익혀보기로 하자.

1 제1단계 : 1일 전력수요량 판단하기

전력 소비량을 바탕으로 독립형 태양광 발전 시스템이 부담해야 할 부하량을 계산하는 과정이다. 먼저, 〈표 6.1〉과 같이 사용해야 할 전기장치를 나열하고 각각의 정격소비전력과 1일 사용예상 시간수를 곱하여 1일 평균 소비전력량을 구한 다음 손실률 1.2를 곱하여 1일 부하량을 구한다.

표 6.1 보미양 전원주택의 전력수요 판단

<table>
<tr><th colspan="2">구 분</th><th>전기 기기명</th><th>수량</th><th>소비전력
[W]</th><th>사용시간
[h]</th><th>1일 소비전력량
[Wh]</th></tr>
<tr><td rowspan="10">AC</td><td>1</td><td>LED전등(A)</td><td>2</td><td>7.1</td><td>5</td><td>71</td></tr>
<tr><td>2</td><td>LED전등(B)</td><td>1</td><td>4.4×3</td><td>3</td><td>39.6</td></tr>
<tr><td>3</td><td>냉장고</td><td>1</td><td>주1) 참조</td><td></td><td>993</td></tr>
<tr><td>4</td><td>청소기</td><td>1</td><td>800</td><td>15분</td><td>200</td></tr>
<tr><td>5</td><td>LED TV 32″</td><td>1</td><td>100</td><td>4</td><td>400</td></tr>
<tr><td>6</td><td>세탁기(10 kg)</td><td>1</td><td>주2) 참조</td><td>2일1회</td><td>380</td></tr>
<tr><td>7</td><td>카세트라디오</td><td>1</td><td>15</td><td>2</td><td>30</td></tr>
<tr><td>8</td><td>컴퓨터(노트북)</td><td>1</td><td>60</td><td>2</td><td>120</td></tr>
<tr><td>9</td><td>기타 전자레인지 등</td><td>1</td><td>800</td><td>20분</td><td>267</td></tr>
<tr><td colspan="5">소 계</td><td>2,500.6</td></tr>
<tr><td>비고</td><td colspan="6">주1) 월간 소비전력 29.8 kWh의 1/30=0.993 kWh
주2) 최대용량으로 1회 세탁 시 소비전력=760 Wh</td></tr>
</table>

표 6.2 1일 전력 수요량 판단을 위한 계산표

제 1단계 : 1일 전력 수요량 판단					
전원 구분	1일 소비전력량(Wh)	×	손실률(20%)	=	1일 부하량
AC	2,500	×	1.2	=	3,000 Wh
비고	손실원인=선로저항, DC-AC 변환손실, 모듈오염 등				

[보기 3.1] 위의 〈표 6.1〉에서와 같이 1일 전력소비량이 2,500 Wh일 때 전력 공급 시스템에서 실제적으로 감당해야 할 1일 부하량은 얼마인가?

[풀 이]

1일 부하량은 1일 전력소비량에 손실 보정율 1.2를 곱하여 구한다.

1일 부하량=(1일 전력소비량)×1.2 = 2,500 Wh × 1.2 = 3,000 Wh

[문제 3.1] 표 6.3의 직류 부하를 참고하여 표 6.4에서 1일 부하량을 계산하시오.

표 6.3 소규모 직류 전용부하의 전력소요판단 예

		전기 기기명	수량	소비전력 [W]	사용시간 [h]	1일 소비전력량 [Wh]
DC 전용	1	LED전등	3	7.1	5	107
	2	지하수펌프	1	150	1	150
	3	펠티에 냉장고	1	주) 참조		600
	4	컬러TV 10″	1	60	5	300
	5	노트북컴퓨터	1	70	3	210
	6	카세트 라디오	1	15	8	120
	7	선풍기	1	15	6	90
	소 계					1,577
	주) 월간 소비전력 18 kWh의 1/30=600 Wh					

표 6.4 DC 전용부하를 위한 1일 부하량 판단 계산표

문제풀이 : 1일 전력 수요량 판단(DC 전용부하)					
전원 구분	1일 소비전력량(Wh)	×	손실률(20%)	=	1일 부하량
DC		×	1.2	=	[Wh]

2 제2단계 : 축전지 설비용량 판단하기

전력 소요량 판단을 기준으로, 설치해야 할 축전지의 총 용량을 판단하는 단계이다. 〈표 6.5〉의 각 항목별 의미를 설명하면 다음과 같다.

가. 부조일수(C)

부조일수(不照日數)란 구름 또는 장마로 인해서 연속적으로 발전이 불가능한 일수를 말하는데, 지역의 특성에 따라 좌우된다. 우리나라는 보통 4~6일로 한다.

〈예〉 C=5일

표 6.5 축전지 설비용량 판단을 위한 계산표

제 2단계 : 축전지 설비용량 판단(1)										
구분	부조일수 C(day)	×	1일 부하량 (Wh/day)	×	축전지손실 보상율	÷	방전심도 (60%)	=	축전지 설비용량(Wh)
AC	5	×	3,000	×	1.2	÷	0.6	=	30,000

주) 축전지 손실= 전기↔화학 에너지의 변환손실, 입력전압과 축전지전압 간의 정합손실

나. 가용 축전용량(D)

발전이 불가능한 기간 동안 축전지로부터 뽑아 쓸 수 있는 축전지 용량을 의미한다. 「1일 부하전력량」에 부조일수(C)를 곱하여 산출하며, 단위는 [Wh]이다.

가용 축전용량(D)=(부조일수 : day)×(1일 부하량 : Wh/day)

〈예 : AC부하에서 가용 축전용량〉 Dac=5×3,000=15,000[Wh]

다. 축전지 손실률

축전지의 전기-화학적 변환과정에서 약 20%의 손실이 생기기 때문에 용량계산 시 이를 추가해 주기 위한 것이다.

라. 방전심도

축전지에 표시된 용량(Ah) 중에서 실제로 사용(방전)이 가능한 용량의 비율을 의미하며 10진수로 표시하거나 %로 나타낸다. 일반적인 축전지의 방전심도는 50~70% 범위에서 설정하는데, 방전심도를 30~40% 정도로 낮게 설정하면 전지수명이 길어지고, 방전심도를 70~80%까지 깊게 하면 전지 이용률은 높아지는 대신 그만큼 전지수명이 단축된다.

마. 이상을 종합하여 축전지 설비용량은 다음의 식으로 구할 수 있다.

$$\text{축전지설비용량 } B = \frac{(\text{발전공백일수}) \times (1\text{일부하량 } L_d) \times \text{축전손실률}}{\text{방전심도}} \text{ [Wh]}$$

또는

$$\text{축전지설비용량 } B = \frac{\text{가용축전용량}(D) \times \text{축전손실률}}{\text{방전심도}} \text{ [Wh]}$$

만약, 부조일수=5일, 방전심도=60%로 한다면, 축전지 설비용량을 구하는 식은 다음과 같이 간략화된다.

$$\text{축전지 설비용량 } B = \frac{5 \times L_d \times 1.2}{0.6} = 10\ L_d \text{ [Wh]}$$

축전지 설비용량(B)은 1일 부하량(L_d)의 10배로 한다.

[보기 3.2] 1일 부하량(L_d)이 3,000 Wh이고 부조일수=5일, 방전심도=60%일 때 축전지 설비용량은 얼마인가?

[풀 이]

간략화된 공식 $B = 10L_d$ 에 대입하면,

$B = 10 \times 3{,}000 = 30{,}000\,\text{Wh}$

∴ 축전지 설비용량 = 30 kWh

[문제 3.2] 〈표 6.5〉의 DC전용 부하를 위한 1일 부하량 판단 계산표를 바탕으로 축전지의 설비용량을 계산하시오.

표 6.6 직류전용 부하를 위한 축전지 설비용량 계산표

문제풀이 : 축전지 설비용량 판단 (DC전용 부하용)									
구분	부조일수 C [day]	×	1일 부하량 [Wh/day]	×	축전지 손실률 (20%)	÷	방전심도 (60%)	=	축전지 설비용량[Wh]
DC	5	×	1,577	×	1.2	÷	0.6	=	15,770

3 제3단계 : 시스템 전압과 전지 규격 선정

독립형 태양광 발전에서 축전지는 PV 모듈 선정보다 더 중요하다. 따라서 지금 단계에서는 축전지의 전기적 규격만을 선정하기로 하고 축전지 선택과 관리를 위한 기술적인 내용은 다음 단원에서 다루기로 한다.

가. 시스템전압을 결정한다.

독립형 태양광 발전 시스템에서는 발전된 직류전기를 축전지에 저장한 다음, 직류부하를 사용하기도 하고 인버터를 거쳐 교류 부하를 사용하기도 하기 때문에 축전지의 전압이 곧 시스템 전압이 된다.

시스템 전압을 선택할 때 고려할 사항은 다음과 같다.

(1) 부하로 사용할 수 있는 공통적인 전압일 것.

전기 또는 차량용 전문점에는 직류 12 V 또는 24 V용 전등이나 공구 등이 시판되고 있어 선택이 가능하다. 단, 48 V시스템일 경우에는 DC/DC 컨버터를 사용하여 전압을 낮추면 12~24 V 부하를 사용할 수 있다.

(2) 태양전지(PV 모듈)의 출력 전압과 매칭이 되는지 고려할 것.

36셀 PV 모듈의 출력 전압은 17.5 V인데 이것은 12 V 축전지와 결합하는데 적합하고, 72셀 PV 모듈은 24 V 축전지와 매칭이 적합하도록 설계된 것이다.

(3) 인버터의 입력 전압 규격에 적합한지 고려할 것.

인버터는 반도체 제품이기 때문에 다양한 입력 전압을 제공하고 있어 어려움이 없으며, 주문 제작도 큰 추가비용 없이 가능하다.

(4) 선로 손실

시스템 전압이 낮으면 선로에 흐르는 직류전류는 증가한다. 반대로 전압이 2배씩 증가할 때마다 전류는 1/2, 1/4 등으로 감소하고, 선로에서의 전력 손실은 1/4, 1/16 등으로 감소한다. 따라서 시스템의 규모가 커질수록 시스템 전압을 높게 선정하는 것이 절대적으로 유리하다.

이상을 고려하였을 때 적합한 시스템 전압은 다음과 같다.

표 6.7 독립형 태양광시설의 적절한 시스템 전압

PV 어레이 용량	600 W 이하	1.2 kW 이하	1.2 kW 이상
축전지 설비용량	900 Wh	3,600 Wh 이하	3,600 Wh 이상
시스템 전압 (축전지 전압)	12 V	24~48 V	48~100 V
비 고	DC 부하 위주	DC/AC 부하 겸용	AC 220V 부하 위주

나. 축전지 규격을 결정한다.

(1) 시스템 전압=축전지 전압

〈표 6.7〉에서 축전지 설비용량 30 kWh일 경우 축전지 전압은 48 V가 적합하다.

(2) [암페어·시] 용량 구하기

(축전지 설비용량 : Wh)=(시스템 전압 : V)×(암페어·시 용량 : Ah) 이므로 [Ah] 용량은 다음 식으로 구할 수 있다.

$$\therefore \text{암페어·시 용량 [Ah]} = \frac{\text{설비 용량 [Wh]}}{\text{시스템 전압 [V]}}$$

[보기 3.3] 시스템 전압 48 V, 축전지 용량 30,000 Wh일 때 [Ah] 용량은 얼마인가?

[풀 이]

$$\text{암페어·시 용량 [Ah]} = \frac{[\text{Wh}]}{[\text{V}]} = \frac{30,000}{48} = 625\,\text{Ah} \Rightarrow 600\,\text{Ah}$$

다. 축전지의 제품 선정

시중에는 다양한 용량의 태양광 발전용 축전지가 시판되고 있다. 실용적으로는 100, 120, 150, 그리고 200 Ah까지가 출하되고 있으나 관리의 편의상 대용량의 200 Ah 제품을 선택한다.

라. 축전지 수량 계산

총 [암페어·시] 용량을 제품 규격용량으로 나누면 축전지의 수량이 된다.

$$\text{축전지 수량} = \frac{\text{축전지 총용량 [Ah]}}{\text{제품 규격 [Ah]}}$$

2단계에서 얻은 축전지 설비용량 30,000 Wh를 기준으로 해서 축전지의 규격을 〈표 6.8〉에서 구해 보기로 하자.

표 6.8 축전지 규격선정을 위한 계산표

제 3 단계 : 축전지 규격 선정									
축전지 설비용량 [Wh]	÷	시스템 전압 [V]	=	암페어 시 용량 [Ah]	÷	제품규격 [Ah]	=	48V 축전지 수량[조]	12V 축전지 수량[개]
30,000	÷	48	=	625≒600	÷	200	=	3	12

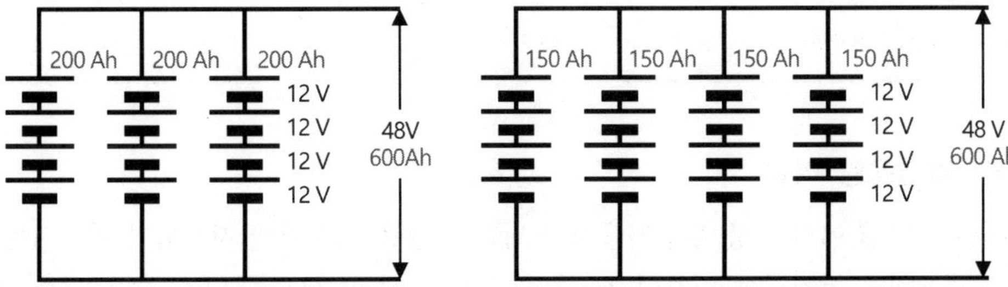

(a) {12 V . 200 Ah×4직렬} 3병렬 (b) {12V . 150Ah×4직렬} 4병렬

그림 6.5 축전지 회로 구성

주1) 시스템 전압 48V를 만들기 위해서 12 V 축전지 4개를 직렬로 접속한다.

주2) 용량 600Ah를 만들기 위해서 48 V, 150 Ah 용량의 축전지 열(String)을 4열로 병렬접속하거나, 48 V, 200 Ah 용량을 3열 병렬접속한다.

4 제4단계 : PV 어레이 발전용량 판단하기

필요한 전력을 충분히 생산할 수 있도록 PV 어레이의 설비용량을 판단하는 과정이다. 태양전지는 1일 부하량을 감당하면서, 장마기간 최장 5일 동안 사용할 수 있는 전력을 비축할 수 있는 발전 능력을 가지도록 설계해야 한다.

표 6.9 PV 어레이의 설비용량을 판단하기 위한 계산표

제 4 단계 : 일조량 및 PV 어레이 용량 판단											
구분	1일 부하량 (Wh)	×	여유율	×	감쇄보상	÷	PV-축전지 정합 효율	÷	평균일조시간 h/day	=	PV 어레이 설비용량(W_P)
AC	3,000	×	1.25	×	1.13	÷ ×	0.68 or 1.47	÷	3.63	=	1,712

가. 발전용량 여유

하루의 발전 에너지 중에서 사용하고 남는 분량을 축전지에 저장하기 위해서는 태양전지의 설비용량을 부하량에 비하여 20~30% 정도 크게 할 필요가 있다. 예를 들어 부하량보다 25% 크게 설계한다면 여유율은 1.25이다.

나. 감쇄보상

(1) 경년변화

태양전지는 구동부가 없는 반도체이기 때문에 수명이 반영구적이다.

그러나 해가 갈수록 발전성능은 조금씩 저하하여 25년이 지나면 처음 성능의 85%에 달하게 되며 이때를 수명이 다 한 것으로 본다. 따라서 전체 수명기간동안 평균하여 8% 정도의 성능저하를 설계에 반영할 필요가 있다.

(2) 오염

먼지(황사), 눈, 조류의 분비물 등 예상치 못하는 오염으로 인한 발전량의 손실을 5%로 예상한다. 태양전지를 잘 관리하는 것 중의 하나는 PV 모듈 표면을 항상 청결한 상태로 유지하는 것이다. 이상의 두 감쇄요인들을 감안하여 13%를 추가하면 보상률은 1.13이 된다.

다. PV-축전지 정합효율

구 분	발전(태양전지) 부	저장(축전지) 부	비 고
PV= 발전 중 축전지= 대기분리	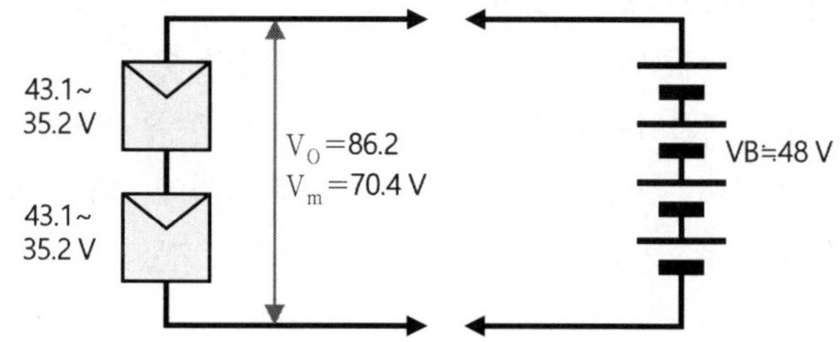		공칭전압 =12 V×4 =48 V (직렬)
PV-축전지 결합 충전 중	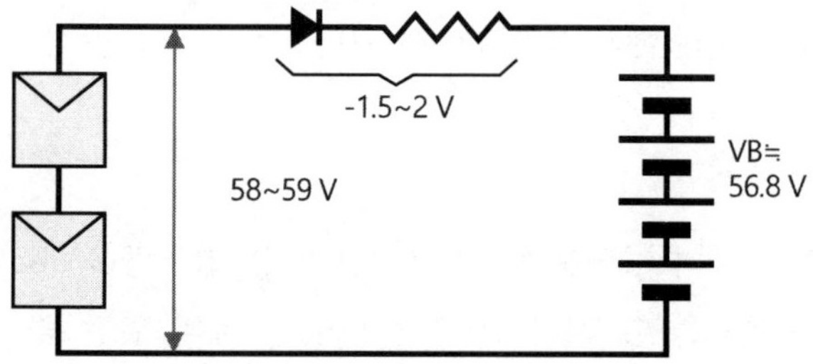		충전전압 =14.2×4 =56.8 V
(야간) PV⇒ 발전정지 축전지⇒ 방전	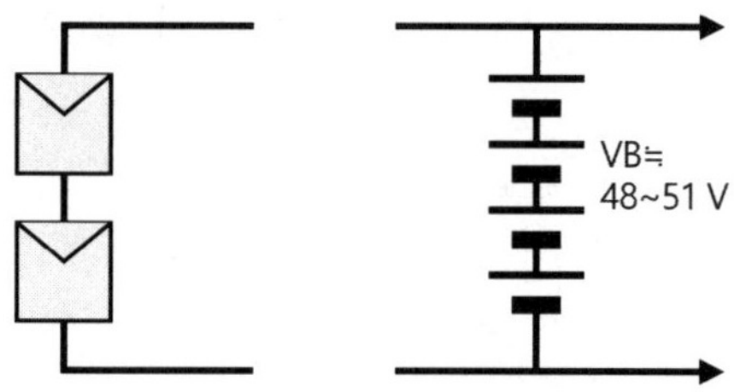		완전 충전후 대기전압 =12.8×4 =51.2 V 정률방전시 전압 =12 V×4 =48 V
정 격	어레이 전압 V_m=70.4 V 어레이 전류 I_m=7.2 A	충전/방전 전압 V_B=56/48 V 충전/방전 전류 I_{Bm}=7.2 A	전압은 하강 전류는 동일
(축전/발전) 정합효율	$\eta = \frac{V_B\ I_m}{V_m\ I_m} = \frac{V_B}{V_m} = \frac{48}{70.4} = 0.682$		

그림 6.6 태양전지와 축전지의 정합 상태 판단

출력 255 W, 전압 35.2 V인 72셀 PV 모듈 2개를 직렬접속하면 출력 전압은 70.4 V, 정격전류는 7.2 A이다. 그런데 이 태양전지로 공칭전압 48 V 축전지에 충전하는 경우에는 전류는 태양전지의 정격전류대로 충전이 되지만 전압은 48 V~51 V로 제한된다. 그리고 이 축전지를 정격부하(10시간 방전율)로 사용하면 48 V로 안정화된다.

이와 같이 태양전지와 축전지를 결합하여 충전하는 경우, 태양전지의 특성 상 정합에 따른 손실이 발생하는데 이를 정합손실(Matching loss)이라 한다.

태양전지에서 발생된 전력을 1이라 할 때 축전지에 저장한 후 사용 가능한 전력의 크기는 0.66~0.69 정도인데 이것이 '정합효율'이다. 그리고 축전지에 1의 에너지가 저장되도록 하기 위해서는 효율의 역수, 즉 보상률(1.52~1.45) 만큼 PV 모듈의 전력 용량을 크게 해주면 될 것이다.

예를 들어 최대출력=255 W_P, 최대전압 35.2 V, 최대전류 7.2 A인 모듈 2개를 직렬로 접속하여 시스템 전압 48 V, 200 Ah 용량의 축전지에 충전한다고 할 때 발전용량과 축전지 저장용량의 관계를 〈그림 6.6〉에서 확인할 수 있다.

라. 평균일조시간

기상청에서 보유한 30년간의 기상통계에서 1년간의 총 일조량을 365일로 나눈 값을 평균일조량으로 정의한다. 예를 들면, 최근 30년간 평균 한국의 연간 총 일조량 1,325kWh을 365일로 나누면 크기가 3.63kWh인데 최대 강도(1kWh/m^2)의 빛으로 3.63시간, NTSC 80%의 강도의 빛으로는 4.54시간 동안 일조시간이 유지된다는 의미이다. 〈그림 6.7〉과 같이 유효한 일광시간에서 정오를 중심으로 한 4각형이 차지하는 x축의 시간길이가 평균 일조시간이다.

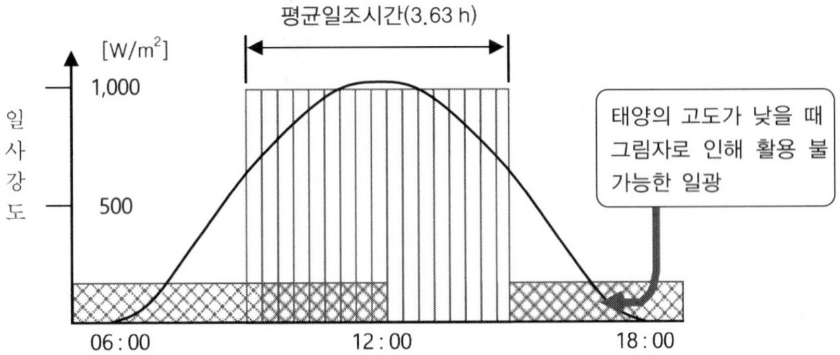

그림 6.7 일조량 곡선-평균 일조시간 계산 예

표 6.10 평균 일조시간 계산표

단위면적당 1일 일조량 계산	연간 일조량 [kWh/y]	÷	연간 일수 [day]	=	1일 평균 일조량 [KWh/day]	·	최대 일조강도 [KW/m^2]
	1,325	÷	365	=	3.63	·	1

(1) 한국의 단위면적 당 연평균 일조량 = 1,325 kWh/m^2/Y

(2) 5월 최대 일조량=5.11 KWh/d 12월 최소 일조량 2.04 KWh/d

(3) 하루 일조시간수가 8~14시간이지만 일조 강도 1[KW/m^2]의 빛으로 환산했을 때 3.63 시간동안 조사된 것과 같다는 의미이다.

(4) 1982년 ~ 2012년 동안의 30년간 평균값

〈그림 6.8〉의 세 가지 곡선은 각각 하루 중의 일조 강도를 디지털기록계로 관측한 그래프이다. 지표면에 도달하는 일조량은 구름의 정도에 따라 절대적으로 영향을 받는데, 구름이 거의 없는 대체로 맑은 날씨일 때 관측한 일조량 기록은 그림 (a)에 나타낸 바와 같고, 구름이 많은 날씨의 경우는 그림 (c)와 같다. 이와 같이 총 일광시간은 10시간 정도로 길지만 완전한 부조일수를 제외한다면 하루의 평균 일조시간은 '최대 일조량의 세기로 5.1시간 지속된다'는 의미이며, 전력량으로 표시하면 5.1 kWh에 해당한다.

마. PV용량 간편 계산법

지금까지 살펴 본 독립형 시스템의 'PV어레이 용량계산법' 은 다소 복잡하였다. 이를 대신할 수 있는 실용적이면서 간편한 계산법을 소개한다.

전 단계에서 확인한 **부하량**에다 가용일조시간을 나누어주면 **PV 어레이용량**이 얻어진다.

1일 부하량 [Wh]	÷	가용 일조시간 [h]	=	PV어레이 용량 [W]	비 고 (가용 일조시간)	가정용=2.4
예) 3,000	÷	2.4	=	1,250		산업용/보안시설=2.0

〈가용 일조시간〉 기상청에서 발표한 지역별 총 일조량을 365로 나누면 1일 평균일조량(kWh)이 나오는데 이 값에다 0.7~0.56 정도의 보정률을 곱해주면 실제로 활용가능한 일조시간(2.5~2)이 되는데 이것이 가용 일조시간이다. 예를 들면, 기상자료에 따른 한국의 평균 일조량은 1,325 [kWh/m^2] 정도인데, 이것을 365로 나누면 매일 최대 일사강도 1 [kW]로 3.63시간 동안 빛을 받는다. 그리고 이 시간의 70 %가 2.5시간, 55 %가 2시간이다.

현장 적용이 가능한 가용일조시간은 2~2.4 h 범위이다. 낮게 잡으면 시스템을 안정되게 운용할 수 있고, 최대한 경제적으로 활용하려면 2.4로 크게 잡아준다.

예를 들면 산업용이나 보안시설에 설치하는 태양광 발전 시스템이라면, 가용일조시간 수를 2h로 잡는 것을 추천하고, 가정용이라면 2.4h을 추천한다. 그러나 농가의 추가 전원시스템이라면 조금 더 큰 값, 예를 들면 2.6h을 선택하는 것도 가능하다.

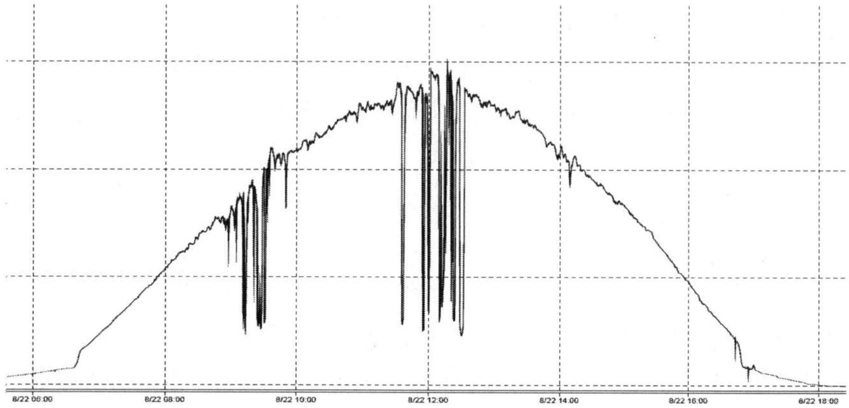

(a) ‘대체로 맑은 날’의 일조 강도

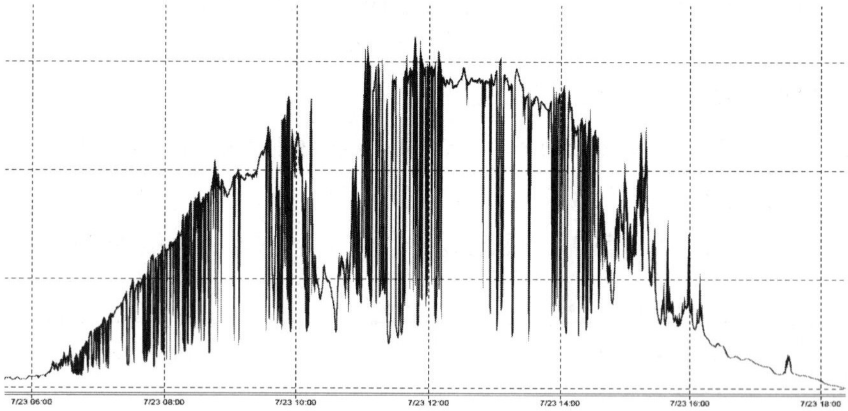

(b) ‘다소 구름 낀 날’ 의 일조 강도

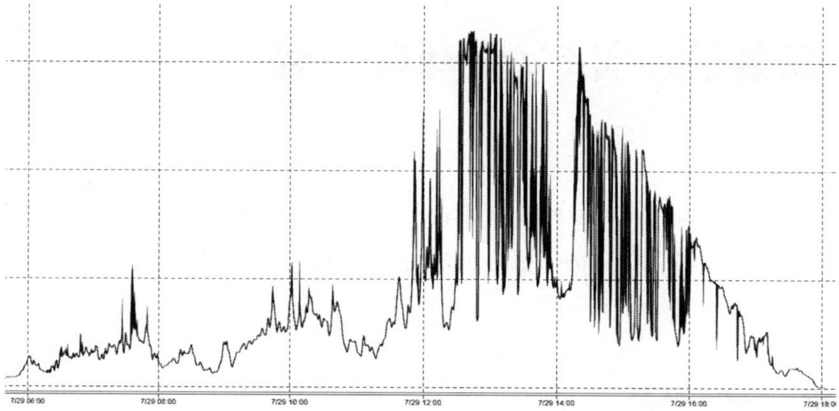

(c) '구름이 많다가 오후에 갠 날씨'의 일조 강도

그림 6.8 일기상황에 따른 일조 강도 기록

바. PV 어레이의 설비용량 계산식

이상의 설계과정을 거쳐 얻어진 태양광 발전 설비용량은 $[W_P]$ 또는 $[kW_P]$로 표시되며, 다음과 같이 계산한다.

$$\text{PV 어레이 설비용량} = \frac{(\text{1일부하량}) \times (\text{여유율}) \times (\text{감쇄보상})}{(\text{정합효율}) \times (\text{최대일조시간})}$$

$$= \frac{3{,}000 \times 1.25 \times 1.13}{0.682 \times 5.1} = 1{,}218\ W_P$$

지금까지의 4단계 설계과정을 요약하면 다음과 같다.

표 6.11 1~4단계까지의 설계 결과 요약

제 1 단계		제 2 단계	제 3 단계	제 4 단계
전력 수요 판단 [Wh]		축전지 설비 용량 판단 [Wh]	축전지 규격선정 [Ah]	태양전지 설비용량 판단 [WP]
1일 소비전력	1일 부하량	30,000	12 V, 200 Ah 4×3=12개	1,712
2,500	3,000			

제 3 절 모듈선정 및 PV 어레이 구성

지금까지의 설계로 구한 '태양전지의 용량'크기를 바탕으로 어떤 규격의 PV 모듈을 구입하고, 어떻게 어레이를 구성해야 축전지와 궁합이 맞을지 검토하는 단계이다.

1 전압 규격 선정

사용할 수 있는 PV 모듈의 조건은 '시스템 전압에 일치하는 전압'이어야 한다. 현재 사용되는 시스템 전압은 12, 24, 48 V이기 때문에 36셀의 배수로 구성되는 PV 모듈이어야 한다. 그리고 전압출력으로 따지면 18 V의 배수가 되어야 한다. 예를 들어 24V시스템에서, 모듈 출력 전압이 36V이고 축전지 전압이 24V이므로 여유가 너무 많다고 생각하여 66셀 모듈(V_m=31.9 V)이나 60셀 모듈(V_m=29 V)을 사용하면 낭패를 볼 수 있다. 모듈의 출력 전압 29 V에서 블로킹 다이오드와 선로전압강하 그리고 제어회로를 지나면서 생기는 전압강하 2~2.5 V를 제하면 축전지를 정상 충전하는 전압(28.4V)에도 미치지 못하기 때문이다.

표 6.12 시스템 전압에 따른 태양전지 전압과 축전지 전압의 균형관계

시스템 전압	12V	24V	48V
모듈의 셀 구성	36셀	72셀	72셀 모듈 2직렬
모듈 출력전압	18V	36V	36×2=72V
축전지 공칭전압	12V	24V	48V
축전지 전압변동 범위 (정률방전~정상충전~등화충전)	12~14.2~15.2	24~28.4~30.4	48~56.8~60.8

2 전력용량 맞추기

〈표 6.13〉의 제품 규격표를 보면 72셀 모듈의 전력용량은 250~380 W 범위에서 다양하다. 주어진 설비용량 1,720 W_P를 2로 나누면 모듈 당 전력용량이 860 W_P인데 이정도로 큰 PV 모듈은 없기 때문에 모듈 2개를 직렬접속한 다음 다수의 병렬접속으로 해결해야 한다. 병렬 수를 알아보기 위해 〈표 6.13〉의 ★표 줄에서 '어레이전력'(PV 목표설비용량)을 '열전력'으로 나누면 병렬접속의 수를 알 수 있다. 낭비가 없으려면 자리올림한 후의 정수가 병렬접속의 수가 된다.

표 6.13에서 300 W 모듈 2개를 직렬로 접속하여 만든 한 개 열의 전력은 600 W이므로 총 어레이 전력(목표용량) 1,720 W를 600 W로 나누면 2.87이 된다. 이것보다 큰 정수는 3이므로 필요한 병렬접속의 수는 3열이 된다.

표 6.13 PV 어레이 전력용량 1,218 WP를 구성하기 위한 제품규격 검토

구 분		단위	PV 모듈의 제품 규격				
			12V 모듈제품		24V 모듈제품		
PV 모듈 규격		W_P	210	215	250	300	380
모듈 최대전압		V	20.2	18.5	37.9	36.3	37
직렬 개수(n)			4	4	2	2	2
열(string) 최대전압		V	80.8	74	75.8	72.6	74
열 최대전류		A	10.4	11.6	6.93	8.3	10.3
열 최대전력		W_P	840	860	500	600	760
★ (목표설비용량)/(열전력)			2.05	2	3.44	2.87	2.26
병렬 수(m)		열	2	2	4	3	3
모듈 총 수($n \times m$)		개	**8**	**8**	**8**	**6**	**6**
설계 용량			1,680	1720	2,000	1,800	2,280
모델명/제조회사			ESM210 Q Cell	SCM215 Sunpower	SCM250 Sunpower	SCM300 Sunpower	ESM380 Q Cell
목표 설비용량	1,720W_P	비고	2.3% 부족	설계용량 과 일치	16% 초과	5% 여유	32% 초과

3 어레이 구성

이상의 검토 결과 전체 PV 어레이의 구성은;

- 72셀 형 모듈로서, 300 W_P 제품 6개 또는 250W제품 8개를 사용하여
- 2-직렬, 3-병렬 접속하거나, 2-직렬, 4-병렬 접속으로 구성할 수 있다.

그리고 이들 제품의 정확한 규격은 제조사의 인터넷 홈페이지를 방문하여 특성표(Data sheets)를 내려 받아서 작업에 참고한다. 〈그림 6.9〉는 표 6.13의 제품 중에서 300 W 및 250 W급 모듈의 제품을 이용하여 어레이를 구성한 것이다.

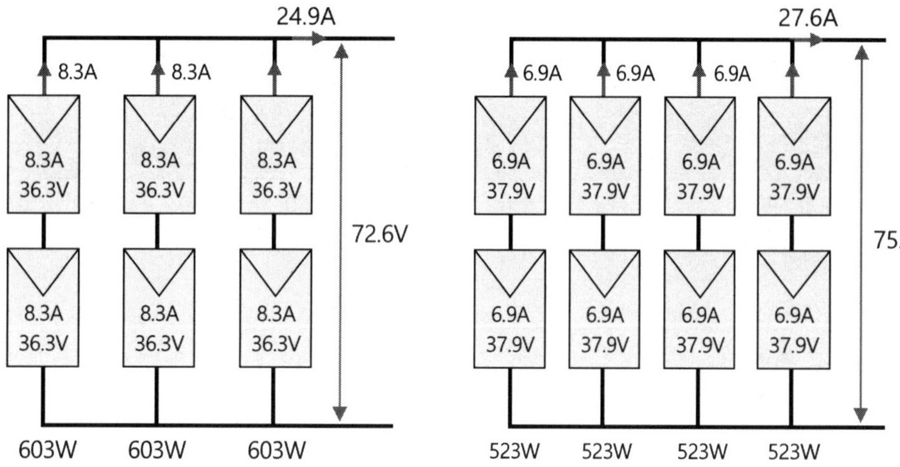

(a) 300W급 모듈을 사용한 예　　(b) 250W급 모듈을 사용한 예

그림 6.9 샘플 회로의 PV 어레이 구성도

〈그림 6.11〉과 〈그림 6.12〉는 최신의 대형 모듈을 6개 또는 8개 사용한 어레이 구성 예이다. 하나의 열에 2개의 모듈이 연결되고 (+)선과 (-)선 두 가닥만 어레이 접속함을 향해 인출하고, 두 모듈을 연결하는 짧은 배선은 모듈 접속함을 열고 별도로 연결한다.

규격(단위) \ 모델 명		SCM300WN -36V	SCM250WN -36V
전기 특성	최대출력(W_P)	300	250
	개방전압(V)	44.2	46.2
	단락전류(A)	9.0	7.4
	최대출력전압(V)	36.3	37.9
	최대출력전류(A)	8.3	6.9
	모듈 효율(%)	18.0	18.0
외형 치수	길이(mm) ⓐ	1630	1406
	폭(mm) ⓑ	990	990
	두께(mm)	40	40
	중량(kg)	18	16

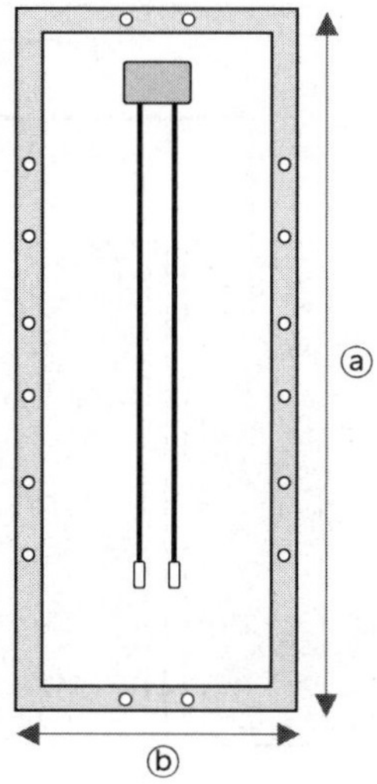

그림 6.10 제품 규격서(Data sheet)

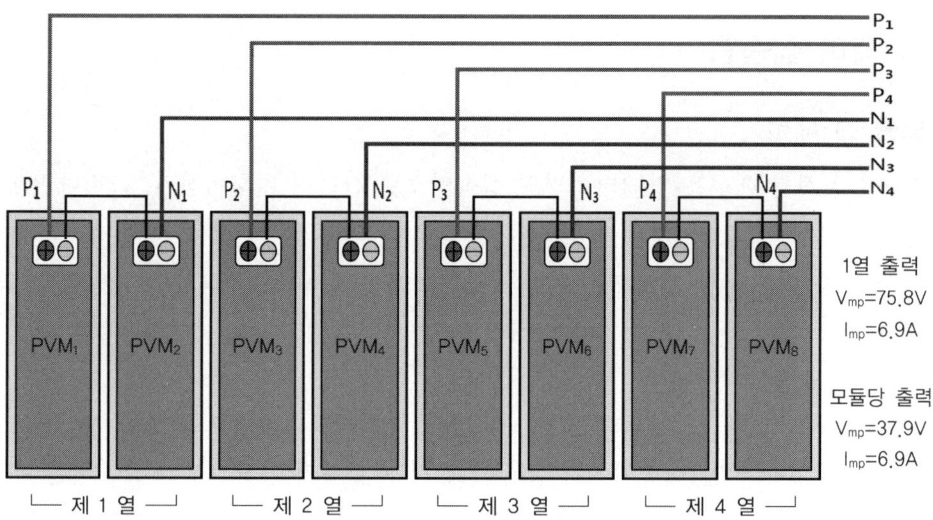

그림 6.11 48 V 시스템의 모듈 배선도 : 1(PV 모듈=SCM250WN-36V)

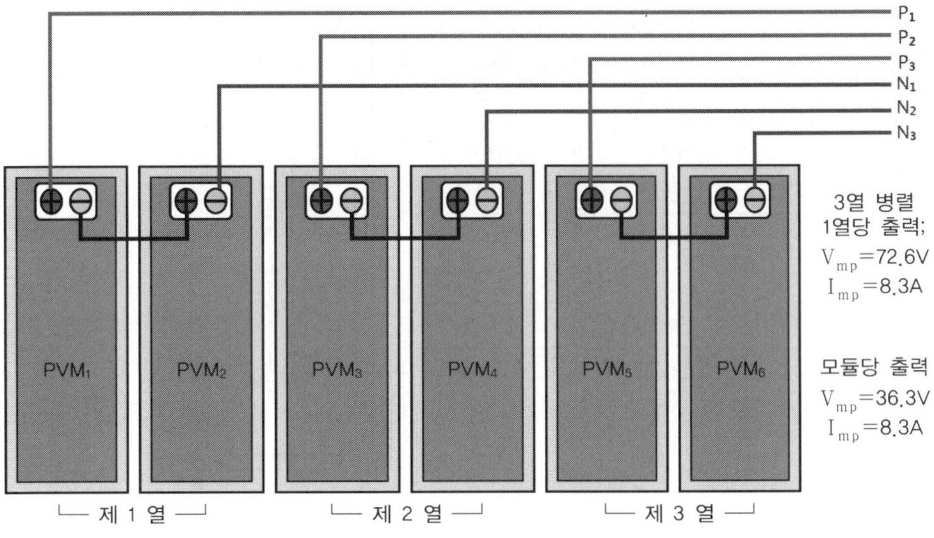

그림 6.12 48V시스템의 모듈 배선도 : 2 (PV 모듈=SCM300WN-36V)

4 어레이 접속함

가. 모듈 간 배선

PV 모듈간의 직렬 배선은 커넥터끼리의 접속만으로 간단히 이루어진다. 그러나 8개의 병렬선로($P_1 \sim P_4$, $N_1 \sim N_4$)는 어레이 접속함 속으로 인도되고 이곳에서 각각 접속되어야 한다. 모듈의 단자 박스에서 인출되는 (+)와 (-)의 두 선로 끝에는 원터치 타입의 커넥터가 붙어서 출하되기 때문에 모듈 뒷면에서 직렬접속을 하고 열(String)출력 단자만 어레이 접속함 쪽으로 인출하면 된다.

〈그림 6.14〉에서 모듈 간 배선의 예를 보여주고 있는데, 수평으로 닥트를 설치하고 배선을 이 닥트 안에 수용하면 배선처리가 깔끔하고 먼지나 습기 등으로부터 보호받을 수 있다〈그림 a〉. 그러나 소규모 어레이의 경우 닥트 없이 설치하는 것도 가능하다〈그림 b〉.

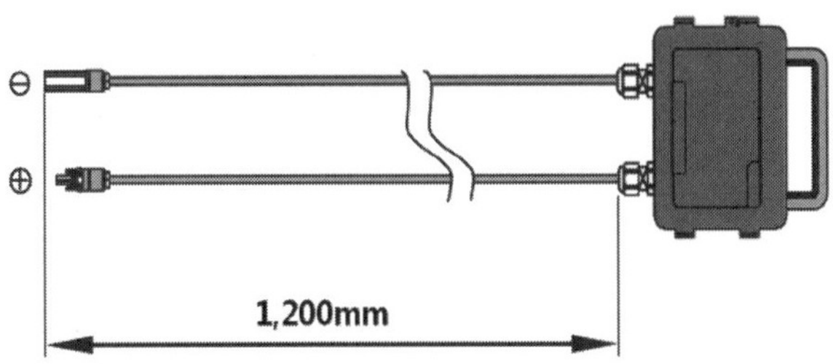

그림 6.13 모듈 단자함과 출력 인출선

(a) 닥트를 사용하여 PV 케이블을 배선한 예

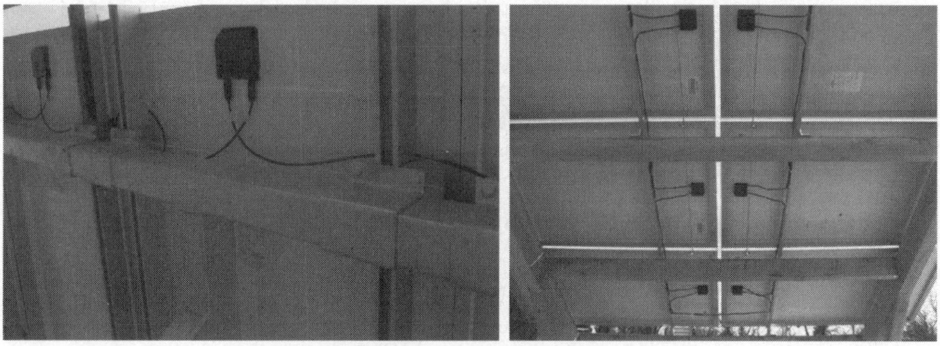

(b) 닥트 없이 PV 케이블을 배선한 예

그림 6.14 어레이 뒷면 모듈 간 배선의 예

나. 어레이 접속함

〈그림 6.15〉의 경우와 같이 4개 열 선로가 병렬로 접속되는 회로인 경우 (+)극 4개 선로와 (−)극 4개 선로는 어레이 접속함으로 인도되고 이곳에서 접속이 이루어진다.

어레이 접속함은 설치대의 기둥에 부착하거나 어레이 아래 중간쯤에 별도의 지지대를 사용하여 설치할 수 있으며, 누수피해를 예방하기 위해 방수케이스를 사용한다.

PV 어레이를 옥상에 설치하는 경우에는 처마 밑에 설치하거나 금속도관을 이용하여 옥내로 열배선을 유도한 후 접속함을 설치할 수도 있다.

병렬접속을 위해서는 터미널 블록(단자대)을 이용한다. (−)측 단자대의 좌우상하 12개 나사(단자)는 구리판으로 연결되어 있기 때문에 납땜 없이 각 선로를 접속할 수 있다.

(+)측 단자대는 4개 단자의 좌우가 구리판으로 서로 접속되어 있다.

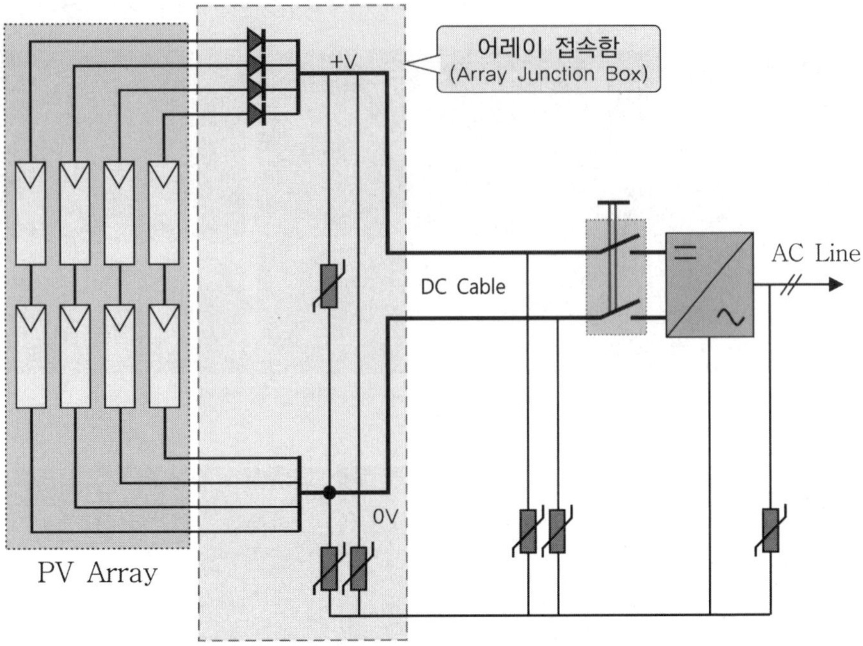

그림 6.15 48 V 독립형 태양광 발전 시스템의 직류 회로부 구성 예

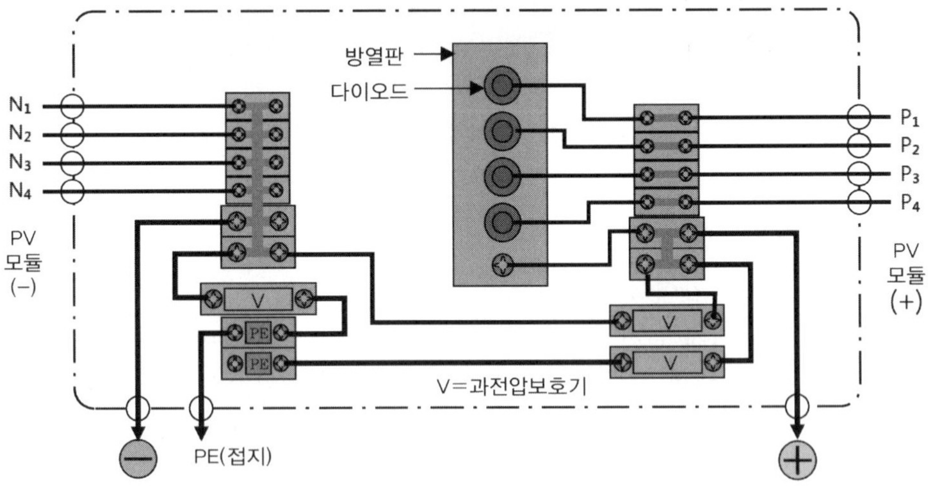

그림 6.16 어레이 접속함의 배선 예

금속 케이스 다이오드를 사용하는 경우, 캐소드전극인 금속 케이스가 방열판에 공통으로 부착되기 때문에 (+)선로끼리 방열판에서 접속이 이루어진다. 다이오드는 방열판에 나사를 조여 고정하고, 또 방열판은 ㄷ자형(┌─┐)으로 만들어 접속함에 고정한다.

어레이 접속함에서 인출되는 (+), (-)선로를 직류 주 선로(DC Main Cable)라 부르는데, 금속도관을 이용하여 인버터 또는 축전지로 인도된다.

다. DC차단 스위치

DC 주 선로의 끝부분, 인버터 또는 축전지의 직전에 차단 스위치를 설치한다. 아주 소규모 시스템에서는 생략하기도 하지만, 고장 수리를 하는 경우나 낙뢰의 위험을 예방할 경우를 위하여 차단 스위치는 반드시 설치하는 것이 좋다.

설치 위치는 인버터(또는 축전지) 바로 앞, 건조하고 조작이 쉬운 위치가 좋다. 그러나 용량이 작은 시스템의 경우 어레이 접속함 내부에 설치하기도 한다.

차단 스위치에는 DC용과 AC용 제품이 있는데 'DC 주선로'에는 DC차단 스위치를 사용할 것을 권한다. 차단 스위치를 영문으로는 MCCB(Moulded case circuit breaker)라 한다.

제4절 전선(PV 케이블)의 규격 선정

태양광 발전에 사용하는 전선은 옥외용 케이블(PV-Cable)과 실내 배선용 전선으로 나눈다. PV 케이블은 직사광의 노출에 견디는 강도를 지닌 규격제품이어야 하며 제5장 계통연계형의 규격이 그대로 적용되기 때문에 이를 참고하기 바란다.

옥내용 전선은 일반 전력배선을 그대로 사용할 수 있으나 총 연장 길이에 대하여 최대 3% 이내의 전압강하가 허용됨을 감안하여 전선의 단면적 또는 AWG 선번호를 결정한다.

〈표 6.14~16〉은 독립형 PV 시스템에서 AWG전선번호가 허용하는 배선의 총 길이를 알기 쉬운 도표로 정리한 것이다.

이 표의 왼쪽에 있는 전류와 용량은 축전지로 출입하는 전류와 전력용량을 나타낸다. 시스템전압과 축전지 전압은 같기 때문이다.(∴시스템전압 12 V×전류 1 A=용량 12 W)

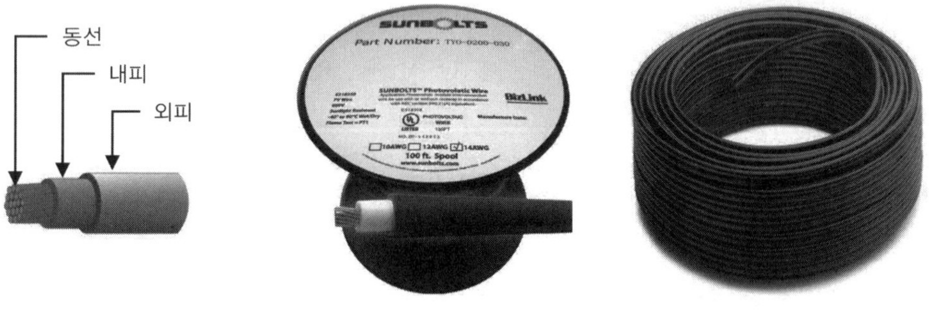

그림 6.17 PV 시스템용 전선

표 6.24 12V PV 시스템에서 도선의 최대허용 길이(Meters)

3% 전압강하/**12V**시스템/연동선/온도20℃

AWG규격번호 →		14	12	10	8	6	4	3	2	1	0
전선의 직경(mm) →		1.63	2.05	2.59	3.26	4.11	5.19	5.83	6.54	7.35	8.25
저항[Ω/100m] →		0.82841	0.52100	0.32772	0.20610	0.12963	0.08153	0.06463	0.05128	0.04065	0.03225
전류 (A)	용량(W)	허용길이 (m)	허용길이 (m)	허용길이 (m)	허용길이 (m)	허용길이 (m)	허용길이 (m)	허용길이 (m)	허용길이 (m)	허용길이 (m)	허용길이 (m)
1	12	21.8	34.6	54.9	87.5						
2	24	10.8	17.2	27.4	43.7	69.5	110				
3	36	7.3	11.6	18.3	29.1	46.3	73.6	93.0	117		
4	48	5.5	8.7	13.7	21.8	34.7	55.2	69.6	87.8	111	
6	72	3.7	5.8	9.1	14.6	23.2	36.7	46.5	58.5	73.8	93.0
8	96	2.7	4.3	6.9	11.0	17.4	27.6	34.7	43.9	55.3	69.8
10	120	2.1	3.5	5.5	8.7	13.9	21.9	27.9	35.1	44.3	55.8
12	144		2.9	4.6	7.3	11.6	18.3	23.2	29.3	36.9	46.5
14	168		2.4	4.0	6.2	9.9	15.8	20.0	25.1	31.7	39.9
16	192		2.1	3.5	5.5	8.7	13.7	17.4	21.9	27.7	34.9
18	216		2.0	3.0	4.9	7.8	12.2	15.5	19.5	24.5	31.1
20	240			2.7	4.4	7.0	11.0	13.9	17.5	22.1	27.9
25	300			2.1	3.5	5.5	8.8	11.1	14.0	17.7	22.4

[보기] 전력용량=80W, 최대 동작전압=17.6V, 최대전류=4.54A 인 PV모듈 1개를 12V 축전지와 연결하여 초소형 독립형 시스템을 구성하려고 한다. PV 모듈이 설치된 곳에서 축전지가 있는 곳까지의 거리는 25m, 전등과 축전지와의 거리는 10m이다. 적합한 전선의 규격을 〈표 6.15〉에서 찾아보시오.

[풀 이]

① 모듈의 최대 출력전류(4.54 A)와 가장 가까운 크기 4 A를 선택한다.

② 허용 배선길이 25 m보다 큰 34.7 m를 선택하고 상단의 선번호를 보면 AWG_6번선이 된다.

표 6.25 24V PV 시스템에서 도선의 최대허용 길이(Meters)

3% 전압강하/**24V**시스템/연동선/온도20℃

AWG규격번호 →		14	12	10	8	6	4	3	2	1	0
전선의 직경(mm) →		1.63	2.05	2.59	3.26	4.11	5.19	5.83	6.54	7.35	8.25
저항[Ω/100m] →		0.82841	0.52100	0.32772	0.20610	0.12963	0.08153	0.06463	0.05128	0.04065	0.03225
전류 (A)	용량(W)	허용길이 (m)	허용길이 (m)	허용길이 (m)	허용길이 (m)	허용길이 (m)	허용길이 (m)	허용길이 (m)	허용길이 (m)	허용길이 (m)	허용길이 (m)
1	24	43.6	69.2	110	175						
2	48	21.6	34.4	54.9	87.5	139	221				
3	72	14.6	23.2	36.6	58.2	92.7	147	186	234		
4	96	11.0	17.4	27.4	43.6	69.5	110	139	176	221	
6	144	7.3	11.6	18.3	29.3	46.3	73.5	93.0	117	148	186
8	192	5.5	8.5	13.7	21.9	34.7	55.2	69.5	87.8	111	140
10	240	4.3	7.0	11.0	17.4	27.7	43.9	55.8	70.1	88.7	112
12	288	3.7	5.8	9.1	14.6	23.2	36.6	46.3	58.5	73.8	93.0
14	336	3.0	4.9	7.9	12.5	19.8	31.7	39.9	50.3	63.4	79.9
16	384		4.3	7.0	11.0	17.4	27.4	34.7	43.9	55.5	69.8
18	432		4.0	6.1	9.8	15.5	24.4	31.1	39.0	49.1	62.2
20	480		3.4	5.5	8.8	14.0	21.9	27.7	35.1	44.2	55.8
25	600			4.3	7.0	11.0	17.7	22.3	28.0	35.4	44.8

표 6.26 48V PV 시스템에서 도선의 최대허용 길이(Meters)

3% 전압강하/48V시스템/연동선/온도20℃

AWG규격번호 →		14	12	10	8	6	4	3	2	1	0
전선의 직경(mm) →		1.63	2.05	2.59	3.26	4.11	5.19	5.83	6.54	7.35	8.25
저항[Ω/100m] →		0.82841	0.52100	0.32772	0.20610	0.12963	0.08153	0.06463	0.05128	0.04065	0.03225
전류 (A)	용량(W)	허용길이 (m)	허용길이 (m)	허용길이 (m)	허용길이 (m)	허용길이 (m)	허용길이 (m)	허용길이 (m)	허용길이 (m)	허용길이 (m)	허용길이 (m)
1	48	87.2	138	219	350						
2	96	43.3	68.9	110	175	278	441				
3	144	29.3	46.3	73.2	116	185	294	372	468		
4	192	21.9	34.7	54.9	87.2	139	221	279	351	443	
6	288	14.6	23.2	36.6	58.5	92.7	147	186	234	295	372
8	384	11.0	17.1	27.4	43.9	69.5	110	139	176	221	279
10	480	8.5	14.0	21.9	34.7	55.5	87.8	112	140	177	223
12	576	7.3	11.6	18.3	29.3	46.3	73.2	92.7	117	148	186
14	672	6.1	9.8	15.8	25.0	39.6	63.4	79.9	101	127	160
16	768	4.9	8.5	14.0	21.9	34.7	54.9	69.5	87.8	111	140
18	864		7.9	12.2	19.5	31.1	48.8	62.2	78.0	98.1	124
20	960		6.7	11.0	17.7	28.0	43.9	55.5	70.1	88.4	112
25	1200		5.5	8.5	14.0	21.9	35.4	44.5	56.1	70.7	89.6

[보기] 〈표 6.15~16〉을 참고하여 태양전지 설비용량 1,246 W를 위한 샘플 시스템의 선로규격을 정하시오. 단, PV 어레이에서 축전지실까지의 거리는 40m이다.

[풀 이]

165 W 모듈을 선택할 때 이 제품의 최대전류는 4.6 A이고, 4열 병렬접속이므로 어레이 총 전류는 18.4 A이다. 〈표 6.17〉에서 전류값은 18.4 A보다 큰 20 A를 취한다.

다음으로 20 A의 오른쪽으로 거리 40 m에 가장 근접한 43.9 m를 취하고 여기서 상단의 선번호를 읽으면 4번선이 된다. ∴선택한 전선규격=AWG 4번선/직경 5.19 mm

〈표 6.14~16〉의 보다 상세한 규격표는 부록을 참고하기 바란다.

제 5 절 축전지

태양광 발전 시스템이 외부의 도움 없이 독립된 전원공급 시스템으로서의 역할을 다하기 위해서는 전력저장의 수단으로 축전지가 필수적으로 구비되야 하는데 이러한 독립형 태양광 발전 시스템 이외에도 다음과 같은 경우에는 아직도 태양전지와 축전지의 조합이 널리 사용된다.

1) 인공위성
2) 해상, 산악 등에 설치된 고정 통신시설
3) 차량 등 이동시설의 전자기기 운용(버스, 요트 등)
4) 군용 통신장비(일반화 되어있음)

다음에 소개되는 내용들은 PV 시스템에서 축전지의 일방적인 사용법이나 응용에 관련된 내용과 전문용어 등을 알기 쉽게 해설한 것이다.

1 PV 시스템의 축전지

독립형 태양광 발전 시스템에서 모든 전력은 태양전지에서 생산된다. 그러나 생산되는 순간 모두 소비되지도 않고, 필요할 때는 생산되지도 않는다. 요약하면 전력의 생산과 소비는 늘 일치하지 않는다. 그래서 전기를 저장할 수 있는 축전지가 필수적이며, 관리자에겐 PV 어레이보다 더 중요하고 까다로운 존재이다. PV 시스템에서 축전지의 1차적인 역할은 다음과 같다.

(1) 독립수요에 필요한 에너지의 저장

생산되는 전력을 저장하고, 필요할 때는 전기부하에 공급할 수 있는 기능을 가진다.

(2) 전압이나 전류의 안정화

PV 어레이에서 얻어지는 전압이나 전류는 매우 불규칙하다. 그러나 이것을 저장한 다음 부하에 공급할 때는 안정된 전압이나 전류가 되도록 하는 기능이 있다.

(3) 순간적인 부하전류 공급

전기부하가 필요로 하는 만큼의 순시전류 또는 최대전류를 공급하는 능력을 가져야 한다.

태양전지는 이런 능력이 부족하다.

2 축전지의 구조

축전지에는 많은 종류가 있으나 기본적인 구성요소들은 대부분 동일하게 적용된다.

가. 단위전지(Cell)

셀이란 축전지를 구성하는 기본적인 전기·기계 장치이다. 하나의 상자 속에 황산과 물이 혼합된 전해액이 채워져 있고, 이 속에 분리막을 경계로 양쪽에 양극과 음극이 담겨 설치되어 있다. 이와 같은 기본적인 구조를 가진 납축전지의 단위전지(Cell)는 2 V의 기전력을 가지며 6개 셀을 하나의 패키지로 묶어 12 V 축전지가 된다. 〈그림 6.18〉은 축전지를 구성하는 하나의 단위전지 구조도이다.

나. 활성물질(Active material)

축전지의 활성물질이란 양극판과 음극판에서 화학반응을 주도하는 구성 물질이다. 납축전지의 활성물질은 양극에는 산화납(PbO_2), 음극에는 스펀지 모양의 납(Pb)이 사용된다.

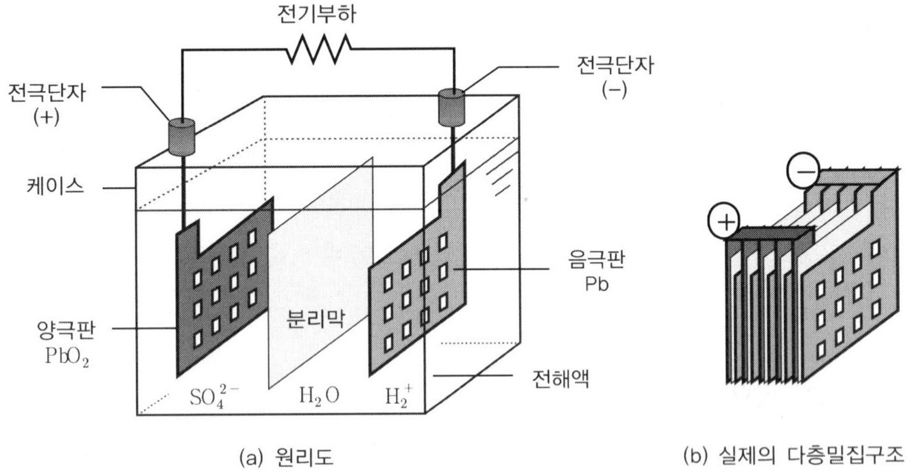

그림 6.18 납축전지의 구조

다. 전해액(Electrolyte)

전해액이란 이온을 매개로 전류의 흐름을 유도하고, 전극판 사이에서 전자를 교환해주는 중간물질이다. 납축전지의 전해액으로는 황산을 물에 희석한 용액이 사용된다. 전해액이 액체 상태인 것이 일반적이지만, 흐르지 않는 젤 형태의 경우도 있다.

라. 격자(Grid)

납축전지에서 격자는 납과의 합금으로 만들어진 틀로 양극판의 활성물질을 지지해주는 역할을 한다.

합금의 소재로 사용되는 안티몬이나 칼슘은 납전극의 강도를 높여주기도 하고 충·방전특성이나 가스발생특성을 개선해주는 효과를 가진다.

마. 분리막(Separator)

분리막은 양극판과 음극판 사이에 놓이는 다공질의 막으로서, 두 판의 전기적 접촉이나 단락은 방지하지만, 전해액이나 이온 이동은 허용한다. 분리막의 재질은 다공질의 고무나 플라스틱, 또는 유리섬유 등이 사용된다.

바. 극판(Plate)

활성물질과 격자가 합쳐진 금속판을 전극이라고도 불린다. 하나의 전지 속에는 다수의 양극판과 음극판이 교대로 설치되어 있고 같은 극성의 극판은 연결막대로 병렬접속되어 케이스 밖의 전극단자(Terminal)로 인출된다.

사. 단자(Terminal post)

축전지의 케이스 밖으로 전기를 인출하고 부하선로와 접속하기 쉽도록 만든 금속막대. 납재질로 환봉처럼 만든 것도 있고, 스텐리스 재질의 납작한 사각형 모양도 있다.

아. 배기변(Cell vent)

축전지를 충전할 때에는 수분이 소모되면서 가스가 발생된다. 액체형 축전지에서는 종류에 따라 다소 차이는 있지만 가스의 발생을 피할 수 없기 때문에 배기구를 통해 외부로 방출되도록 도와주어야 한다. 이때 필요한 것이 가스 배출구, 즉 배기변이다. 이 배기변은 압력에 반응하는 구조로 만들어졌다. 평상시 압력에는 닫혀있지만 압력이 증가하면 배출구가 열리는 원리로 동작된다. 배기변은 종종 과충전의 경우나 축전지 내부의 온도가 높아질 때에도 작동한다.

표 6.17 축전지의 종류와 특징

종 류	가격	과방전특성	정비편이성	종합(추천등급)
액상 전해질 납축전지				
① 납-칼슘합금/개구형	낮음	나쁨×	중간□	하
② 납-칼슘합금/봉입형	낮음	나쁨×	낮음▽	하
③ 납-안티몬 합금	낮음	좋음◎	높음△	상
④ 납-칼슘/안티몬 하이브리드	중간	나쁨×	중간□	중
밀폐 전해질 납축전지				
⑤ 젤 타입 축전지	중간	보통○	낮음▽	중
⑥ 글라스매트 축전지	중간	보통○	낮음▽	중
니켈-카드뮴 축전지				
⑦ 소결 전극	높음	좋음◎	-	중
⑧ 포켓 전극	높음	좋음◎	중간□	중
⑨ 니켈-수소 축전지(젤 타입)	높음	좋음◎	낮음▽	상

3 축전지의 종류

가. 액상 전해질형 납축전지

(1) 납-칼슘 축전지/배기구형

황산용액 전해질 속에 납 전극이 담겨있는 가장 일반적인 축전지에서 납 전극을 격자형 납-칼슘 합금 전극으로 대체한 것으로 원리적 구조는 앞서 소개한 납축전지의 구조와 같다.

전극금속에 사용되는 칼슘은 화학반응에는 참여하지 않으나 반응을 촉진하는 활성물질의 역할을 수행한다. 납축전지의 동작원리는 전극에서의 화학 반응식으로 설명할 수 있다. 황산용액 전해질 속에 담겨진 납(Pb)과 산화납(PbO_2)은 다음과 같은 반응을 거쳐 전기를 방전하고 또 충전을 수행한다.

양극 전해액 음극

PbO_2 + $2H_2SO_4$ + Pb — 만충상태

방전시의 반응 { ↓ ↓ ↓

$PbSO_4$ + $2H_2O$ + $PbSO_4$ — 완전방전

충전시의 반응 { ↓ ↓ ↓

PbO_2 + $2H_2SO_4$ + Pb — 만충상태

방전이 진행될수록 물이 많이 생기고 황산 용액은 묽어진다.

납축전지의 공칭 기전력은 2.0 V이며, 6개 셀을 직렬로 접속하여 12 V 패키지로 제품화하여 사용하는 것이 가장 일반적이며, 버스나 트럭, PV 시스템 등 24 V가 필요할 곳에는 12 V 패키지를 2개 묶어서 사용하고 48 V가 필요하면 12V 패키지 4개를 직렬로 연결하여 사용한다. 용량은 수Ah의 아주 작은 규모에서부터 1,000 Ah까지 다양한 제품이 공급된다.

이 방식의 축전지는 내부저항이 적어 순간방전 능력이 크고, 자기방전이 적은 것, 그리고 전해액 중 수분의 감소가 적은 것이 장점이며, 그리고 최대 20년까지 대기 또는 플로팅 동작도 가능하다. 그러나 과방전 특성이 나쁜 것은 큰 단점이다. 그래서 불규칙한 충·방전이 예상되는 PV 시스템에는 그다지 적합하지 않다.

(2) 납-칼슘 축전지/밀봉형

앞서 소개한 배기형 납-칼슘 축전지를 개량하여 전해액 보충이 필요 없는 정비가 불필요한(Maintenance free)형태로 만든 것이어서 일명 MF형 축전지, 또는 자동차용 축전지(Car Battery)라 불린다. 자동차에서와 같이 비전문가도 축전지를 쉽게 다룰 수 있게 하기 위하여 고안된 이 축전지는 용량이 50~120Ah 범위이고, 높은 온도와 깊은 방전 사이클에도 잘 견디는 특성이 있지만, 과충전에는 특히 약한 것이 단점이다.

이 전지는 증류수를 보충하지 않아도 되는 장점이 있지만, 전해액(수분)이 모자라도 보충할 수가 없기 때문에 전해액이 일정 레벨 이하가 되면 그 순간 수명이 종료되어 그것이 오히려 단점이 될 수도 있다.

이 방식의 축전지는 일반적으로 PV 시스템에 추천되지 않는다. 그러나 낮은 가격, 짧은 기대수명, 조심스러운 관리를 전제로 농촌의 전등 전원과 같은 소규모 PV 시스템에서 가끔 사용되기도 한다.

(3) 납-안티몬 축전지

황산용액 전해질에, 기존의 납 전극을 납-안티몬 합금으로 대체한 개량품이다. 이 전지의 특징은 순수 납 전극에 비하여 기계적 강도가 높고, 순간방전 또는 깊은 방전 사이클에 잘 견디면서 납-칼슘 전지보다 더 긴 수명을 유지한다. 단점으로는 과충전 시 발열과 동시에 가스가 발생하고 전해액이 줄어든다. 따라서 충전제어를 정밀하게 자동화 할 필요가 있고, 주기적 점검을 통해 전해액을 보충해 주어야 한다.

가격도 비교적 저렴한 이 방식의 축전지는 소규모 PV 시스템에 적합하며, 시중에는 ‘Solar Battery’란 이름으로 100~200 Ah 용량의 제품이 판매되고 있다.

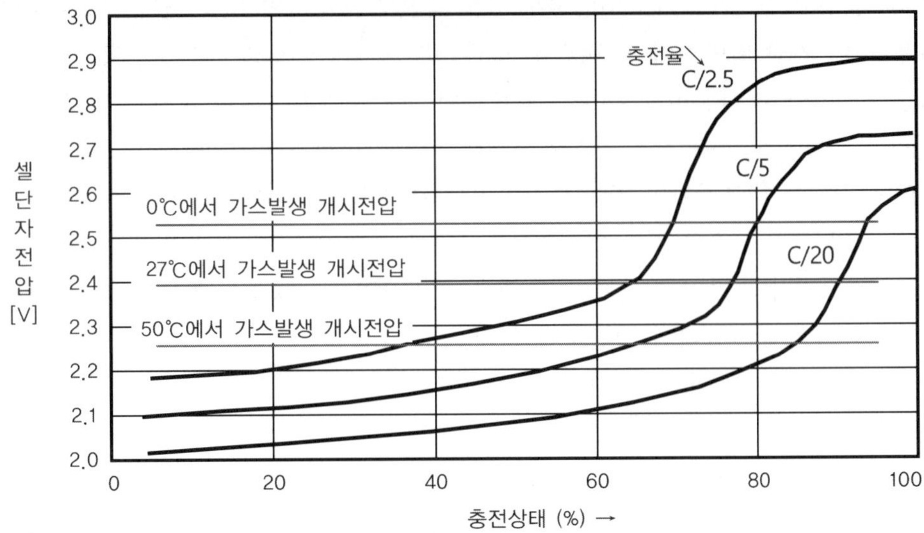

그림 6.19 납-안티몬 축전지의 충전상태와 단자전압의 관계

〈그림 6.19〉는 납-안티몬 축전지의 충전 특성곡선인데, C/20곡선은 정격전류의 1/20크기로 서서히 충전하는 경우 100% 충전이 완료되는 시점에서 셀 전압 2.6 V, 전지단자전압은 15.6 V가 되는 것을 보여준다. 한편, C/2.5로 급속충전할 때는 만충시의 단자전압이 17.4 V까지 높아진다. 그러나 PV 모듈 하나에서 공급되는 전압이 17.5 V 내외이고, 블로킹 다이오드에서 1~1.3 V, 선로전압강하로 0.5 V를 공제하고 나면 실제로 축전지에 당도하는 전압은 16 V 이하이기 때문에 과충전의 위험은 억제되는 셈이다. 이러한 이유로 납-안티몬 축전지가 PV 시스템에 적합한 축전지로 추천되는 것이다.

나. 밀폐전해질 납축전지

이 축전지는 기존의 액상형 납축전지의 개량형이다. 전극간의 화학반응에는 지장을 주지 않으면서 전해질을 움직이거나 흐르지 못하도록 붙잡아두는 방법을 사용한 것이다.

밀폐하였기 때문에 가스가 새지 않고 수분의 보충도 필요 없는 장점이 있지만 과충전에 대한 관용도가 낮기 때문에 매우 조심스러운 관리가 필요하다.

이 방식의 축전지는 이동이나 관리의 편리성 때문에 PV 시스템에 널리 사용된다. 특히 증류수의 보충과 같은 정기적 관리가 생략되기 때문에 상주인력이 없는 원격지에 설치하는 용도로 적격이다. 그러나 이 축전지의 최대 약점은 급속한 온도 상승에 의한 전해액의 손실과 과충전에 의한 손상이다. 그래서 충전 컨트롤러의 동작점을 과충전이 예방되는 위치에 설정하고 온도와 연계되도록 한다.

이 축전지의 충전 방법은 제어수단이나 온도특성에 따라 매우 민감하기 때문에 메이커가 권장하는 방법에 따르는 것이 좋다. 만약 특별한 권장 방법이 없다면, 25℃를 기준했을 때

6셀 패키지 기준으로 14.2V를 초과하지 말아야 한다. 권장하는 충전 방법으로 '온도 보상이 동반된 정전압 충전법'이 과충전을 예방하는데 가장 효과적이다.

밀폐전해질 납축전지에는 젤 타입과 그라스매트 타입의 두 가지 종류가 있다.

(1) 젤 축전지(Gel Battery)

처음 만들어진 젤 축전지는 납-칼슘 축전지로부터 변형한 것이었다. '젤'형 전해질은 기존의 황산용액에 산화실리콘을 추가해서 만들었다. 이 전해질은 가열되면 점성용액(리퀴드)이 되지만 식으면 젤 형태가 된다. 젤 배터리는 내부에서 발생하는 가스를 재결합하는 공정을 사용함으로서 수분 손실을 억제한다.

(2) 그라스매트 함침형 축전지(AGM Battery)

이 전지에서는 전해질을 스펀지 모양의 유리섬유 매트에 함침시켜 전극판 사이에 샌드위치처럼 배치하였다. 유리섬유가 삼투작용으로 전해액을 붙들어 주고 그 자신은 부도체로서 거푸집의 역할만 하는 것이다. AGM은 젤이 아니지만 여러 특성들은 밀폐형 배터리의 일반적 특성과 같다.

다. 니켈-카드뮴 축전지

2차전지의 일종인 니켈-카드뮴(Ni-Cd) 전지는 여러 가지 매력적인 장점들 때문에 PV 시스템에서 종종 사용되고 있는데, 그 장점들이란 수명이 길고, 정비를 별로 필요로 하지 않으며, 깊은 방전에도 크게 손상되지 않고, 저온에서 용량이 감퇴되는 현상도 거의 없다는 점 등이다.

단점이라면 가격이 높은 것과 납축전지에 비해서 아직 이용도가 제한적이라는 것이다.

일반적인 니켈-카드뮴 전지의 구조를 보면, 양극에는 수산화니켈[NiO(OH)]을, 음극에는 카드뮴[Cd]을, 그리고 전해액으로는 수산화칼륨[KOH]을 사용한다.

니켈-카드뮴 전지가 방전할 때는 수산화니켈[NiO(OH)]이 중수산화니켈[$Ni(OH)_2$]로, 카드뮴[Cd]이 중수산화카드뮴[$Cd(OH)_2$]으로 변한다. 그리고 전해액의 농도는 화학반응이 진행되는 동안 변하지 않기 때문에 빙점은 낮은 온도를 그대로 유지한다.

양극		음극		전해액 +KOH		양극		음극
2NiO(OH)	+	Cd	+	$2H_2O$	⇔	$2Ni(OH)_2$	+	$Cd(OH)_2$

니켈-카드뮴 전지의 공칭전압은 1.2V이다. 사용 중 전압강하는 미미하지만 대부분의 용량을 방전할 때쯤이면 단자전압은 급격히 강하한다. 이 전지를 12V PV 시스템에 사용하려면 10개를 직렬로 접속하고, 24V시스템에는 20개를 직렬로 접속한다.

니켈-카드뮴 전지는 고율 충전, 예를 들면 최대 C/1(총 용량을 1시간 만에 충전하는 비율)율로 충전하는 것도 가능하다. 그리고 과충전에도 관용도가 높은데 최대 C/15율로 연속되는 과충전에도 견딜 수 있다. 니켈-카드뮴 전지는 소결형 전극과 포켓형 전극의 두가지 형태로 세분할 수 있다.

(1) 소결형 Ni-Cd 전지

소결형 니켈-카드뮴 전지는 활성금속전극을 열처리 공법으로 가공하고 둥글게 말아서 원통형 금속 케이스에 수납한다. 전해액은 니켈-카드뮴의 안쪽에 흐르지 않도록 고정되기 때문에 설치 방향에 구애되지 않아 휴대성이 좋다.

소결형 Ni-Cd 전지의 주된 단점은 소위 '메모리 효과'라는 것이다. 그것은, 배터리가 자신의 정격용량의 몇 %만 반복적으로 사용한다면 최종적으로 이 반복 형태를 기억해버리고, 그대로 고착되어 배터리의 용량이 손실되는 결과를 초래하는 현상이다.

(2) 액상 포켓전극 Ni-Cd 전지

이러한 전지 방식은 규모가 큰 전지에 적용되며, 원격지의 통신중계 시설이나 상업용 설비의 전원으로 종종 사용된다. 납축전지와 같이 액체 전해질을 사용하며, 주기적으로 물을 보충한다는 점이 공통적이지만, 중요한 것은 전자는 전해질이 황산이지만 Ni-Cd 전지는 수산화칼륨이라는 것이다.

이 전지는 납축전지보다 깊은 방전과 극한의 온도 상황에 잘 견디는 특성을 지닌다. 그리고 소결형 Ni-Cd 전지와 달리 기억 효과도 나타나지 않는다.

이 전지의 주된 결점은 초기 설치비용이 높다는 것인데, 가격을 긴 제품수명으로 나눈다면 PV 시스템에서 가장 경쟁력이 있는 배터리 종류가 될 수 있을 것이다.

라. 니켈-수소 축전지

니켈-카드뮴 전지에서 사용하는 음극의 카드뮴 대신 수소저장합금(망간-수소 : MH)을 다공질 형태로 사용하고 전해액으로는 수산화칼륨을 주성분으로 하는데 액상형태와 젤 전해액의 두 종류가 있으며 젤 타입은 무보수형이어서 태양광 발전용으로 추천할 만하다. 셀 전압은 니켈-카드뮴 전지와 같은 1.2 V이기 때문에 솔라-시스템에 사용하기 위해서는 10개 셀을 직렬로 접속해야 12 V를 얻을 수 있다.

표 6.18 니켈-수소전지의 셀 내부 구성

양 극			음 극			격리막	전해질
집전체	활물질	첨가제	집전체	활물질	첨가제		
발포성 Ni	수산화니켈 $Ni(OH)_2$	결착제 +도전체	천공체	수소저장화합물 (MH)		폴리올레핀	KOH^+ 도전첨가제

니켈-수소전지의 특징은 에너지 밀도가 높고, 급속충전이나 고율방전, 과충전이나 과방전에도 잘 견디는 성질이 있다. 그리고 자기 방전율도 낮으며 기대수명도 양호한 관리조건에 따라 20년까지 가능하다.

4 축전지의 전해질

납축전지에 사용되는 전해질은 황산을 물에 희석한 황산용액이다. 축전지가 만충전되어 있을 때 이 전해질 속의 황산이 차지하는 중량비율은 36%이고 부피로 계산하면 25%를 차지한다.

축전지에서 이 용액의 비중은 충전상태와 관련이 있고, 전해질의 농도나 온도에 중점을 둔 설계 방식에 따라서도 달라지는 수가 있다.

비중이란 순수(純水) 1cc에 대한 비교물질 1cc의 중량의 비이다. 일반적인 액상 전해질 납축전지의 비중은 1.25에서 1.28범위이고 계측온도조건은 27℃이다.

축전지가 방전을 개시하면 황산용액속의 수소이온(H^+)과 이산화황이온(SO_4^{2-})은 양쪽 극판의 활물질들(Pb, PbO_2)과 결합하여 각각 황산납($PbSO_4$)으로 바뀌면서 부산물로 물(H_2O)이 생겨난다.

방전이 진행될수록 용액속의 황산은 소모되고 물은 증가하기 때문에 결과적으로 황산용액의 비중은 점점 낮아진다. 축전지가 한계를 넘어 깊은 방전을 하면 용액에는 이온이 없는 '비중 1'의 순수한 물만 남게 된다.

■ 황산용액의 비중과 빙점의 관계

물의 빙점은 0℃이지만 축전지에 사용되는 비중 1.25의 황산용액은 빙점이 -52℃로 매우 낮다. 그러나 비중이 1.15로 낮아지면 결빙온도는 -15℃로 높아진다. 이것은 추운지방에서 축전지의 전해질 농도가 낮아지게 되면 예상치 못한 결빙의 사태를 맞을 수도 있다는 의미가 된다.

표 6.19 황산용액의 비중과 빙점의 관계

비 중	황산의 중량비 [%]	황산의 체적비 [%]	빙점 [℃]	방전심도 [%]	충전상태 [%]
1.00	0.0	0.0	0	100	0
1.05	7.3	4.2	-3.3	80	20
1.10	14.3	8.5	-7.8	60	40
1.15	20.9	13.0	-15	40	60
1.20	27.2	17.1	-27	20	80
1.25	33.4	22.6	-52	0	100
1.30	39.1	27.6	-71	*	*

〈표 6.19〉에서 전해질의 농도와 결빙온도를 나타내고 있는데, 겨울철 온도가 영하 15℃ 이하로 떨어지는 지역에서는 축전지가 50% 정도 방전이 되면 결빙되어 축전지를 못 쓰게 되는 피해를 일으킬 수 있다.

이런 문제가 심각한 고랭지(高冷地) 등에서는 이 문제를 개선하기 위하여 전해액의 비중을 1.29~1.30 정도로 높이는 것도 하나의 방법이다. 이렇게 하면 빙점을 낮추어 결빙을 막고, 저온으로 인한 용량의 감소를 개선하는 효과를 볼 수 있으나, 축전지의 기대 수명은 단축된다.

납축전지의 전해액 비중을 측정하면 충전 상태나 현재의 잔량을 알 수 있는데, 이 과정에서 직렬접속된 축전지의 농도가 각각 다르게 나왔다면, 황산화현상(Sulfation)이나 계층화현상(Stratification) 또는 등화(Equalization)처치의 결핍 등이 발생하였음을 짐작할 수 있다. 그리고 간혹, 저농도 현상이 발견된 축전지를 조사해 보면 셀 구조의 결함이나 내부단락이 발견되기도 한다. 이와 같이 전해액의 주기적인 농도계측은 PV 시스템 속에서 축전지 문제를 진단하고 정비하는데 결정적 역할을 할 수도 있다.

- 황산화

납축전지의 양극 극판에 황산납이 결정모양을 형성하여 쌓이는 현상으로 용량을 저하시키고 수명을 단축하는 나쁜 영향을 끼친다. 축전지가 방전되고 나서 곧바로 충전이 이루어지면 황산납에서 납으로 환원되는 과정이 순조롭게 이루어진다. 그러나 방전된 상태, 다시 말해 황산납의 형태에서 오랜 시간(수일 또는 수주) 방치된 후 충전하거나, 완전 충전이 덜 된 상태로 방치된다면 이런 황산화는 쉽게 발생할 수 있다.

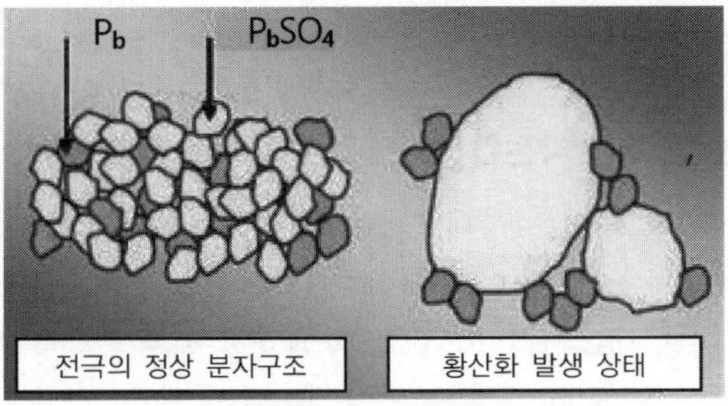

황산납이 결정 덩어리 모양으로 굳어져 더 이상 본래의 납으로 환원되지 못하는 현상. 용량이 줄어들고 수명도 단축된다.

그림 6.20 전극의 황산화 현상 발생전과 후의 모습

- 계층화

계층화는 액체 상태의 전해질을 사용하는 축전지에서 전해질 상하의 농도가 다르게 층이 생기는 현상이다. 주로 전극의 아랫부분은 화학반응으로 일찍 소모되고 윗부분은 좋은 형태를 유지한다. 용량과 제품 높이가 큰 축전지에서 저율충전을 행하는 경우에 흔히 발생한다.

등화충전이라는 방법을 사용하여 주기적으로 충분하게 충전하면 전해액을 섞어주는 효과가 있어 계층화를 예방할 수 있다.

5 축전지의 여러 가지 성질

가. 무부하 단자전압과 방전 중의 단자전압

완전 충전된 축전지가 방전하지 않고 있는 상태에서는 셀 당 약 2.13 V의 기전력을 가진다. 6셀 패키지 축전지로 환산하면 12.8 V가 되는 것이다. 그리고 방전이 진행될수록 충전율은 낮아지면서 단자전압도 조금씩 내려간다. 이와 같은 관계를 거꾸로 이용하면, 축전지의 무부하 단자전압 측정만으로 잔여 용량을 추산해 낼 수 있다.

표 6.20 6셀 축전지에서 무부하 단자전압과 잔여용량의 관계

무부하 단자전압 [V]	11.8	12.0	12.2	12.4	12.6	12.8
잔여용량=충전율 [%]	0	20	40	60	80	100

나. 방전에 따른 축전지의 단자전압

〈그림 6.21〉과 같이 축전지가 큰 전류로 방전을 할수록 내부저항에서의 전압강하 때문에 단자전압은 점점 더 낮아지게 된다. 그러나 20시간 비율로 저율 방전하는 경우에는 방전 초기 12.15 V였던 단자전압이 5시간 30분이 지나도록 12 V 이상을 유지하다가 서서히 감소하는 추세를 보인다.

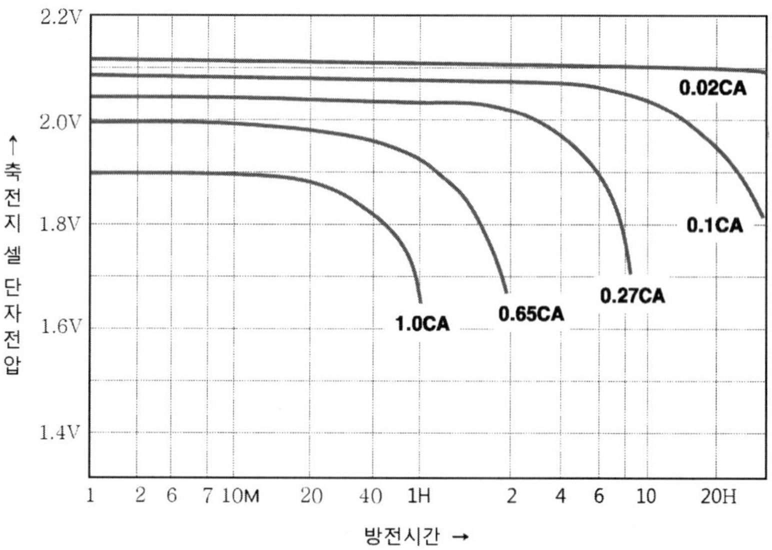

그림 6.21 축전지의 방전 특성

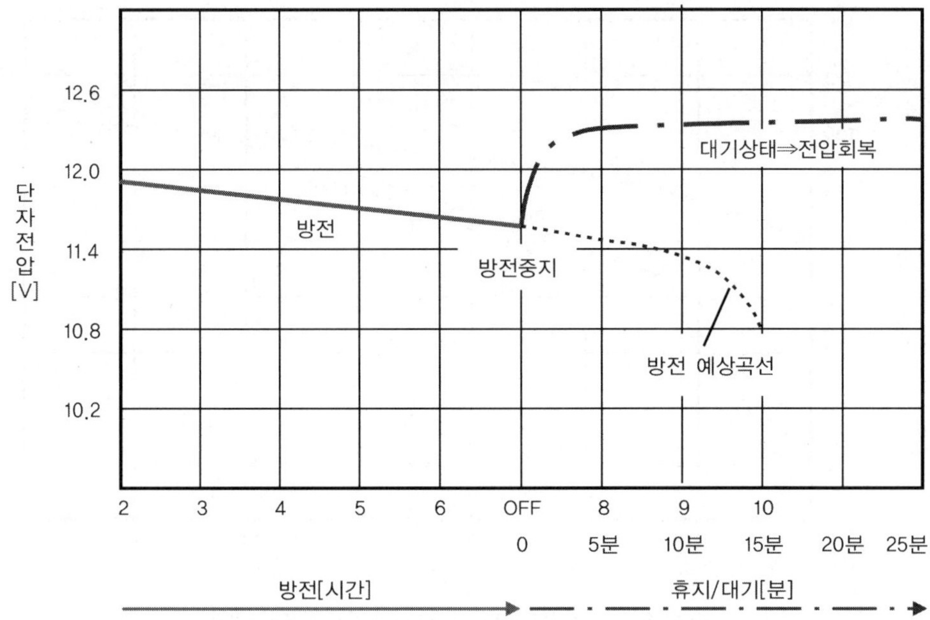

그림 6.22 '방전 중'일 때와 '대기 중'일 때의 축전지 단자전압

축전지가 방전을 멈추면 단자전압은 서서히 상승하여 잔여용량에 상응하는 전압에 이른다. 〈그림 6.22〉에서와 같이 서서히 하강하던 방전곡선이 방전중지 순간부터 상승하여 무부하 단자전압으로 회복하게 되는데, 이때까지 방전하고 남아있는 충전량, 즉 잔여용량은 〈표 6.20〉과 같다.

다. 전해액의 온도와 전지용량

기온이 올라가면 전해액도 올라간다. 따라서 다소의 시차는 있어도 기온과 전해액의 온도는 같다고 볼 수 있다. 다만, 충전율이나 방전율이 높은 때는 발열현상으로 인하여 전해액의 온도가 기온보다 높아지는 것을 감안해야 한다.

〈그림 6.23〉은 축전지의 온도가 용량에 미치는 영향을 나타낸 그래프이다. 실선의 경우는 자연방전에 가까운 매우 낮은 방전율로 축전지를 사용할 때 영하 20℃에서는 표준용량의 88%만 발휘할 수 있다. 그러나 C/5의 고율방전일 경우에는 영하 20℃에서 상온(25°) 용량의 65%만 출력할 수 있다는 것을 알 수 있다. 겨울철에는 햇볕의 양도 줄어드는 판에 기온 저하로 인해 전지의 저정능력까지 크게 저하되는 것은 전력공급에 큰 문제가 된다.

따라서 축전지의 저장고는 통풍의 문제도 고려해야 하지만 보온을 우선적으로 고려할 필요가 있다.

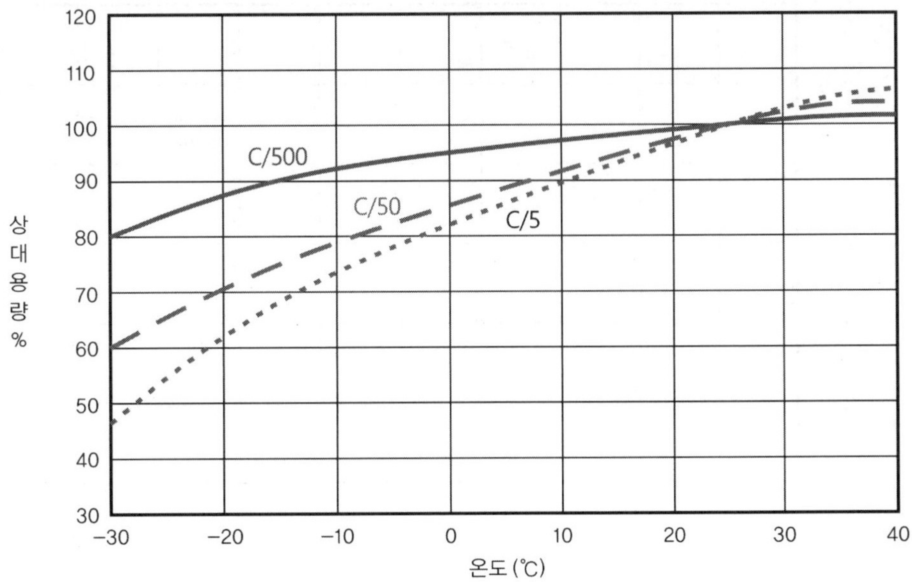

그림 6.23 축전지의 전해액 온도와 용량의 관계

6 축전지의 강점과 약점

각각의 축전지들은 제각기 특정한 용도에 적합하도록 성능이나 디자인을 결정한다. 다르게 표현하면 PV 시스템의 모든 응용에 적합한 이상적인 배터리는 없다는 것이다.

설계자는 각 축전지의 장점과 단점, 그리고 전기부하가 요구하는 특징들을 모두 고려해야 하는데, 예를 들면, 심방전 특성, 높은 온도와 과충전에 대한 관용도, 전지의 수명과 정비법 등이다. 〈표 6.21〉은 각각의 축전지가 가지는 장점과 단점들을 정리한 것이다.

표 6.21 축전지들의 장점과 단점

종 류		장 점	단 점
납축전지계열	① 납-칼슘합금/개구형	저가, 넓은 적용도, 수분소모가 적음, 전해액보충가능	낮은 방전 사이클 특성. 고온 및 과충전에 약함.
	② 납-칼슘합금/밀봉형	저가, 넓은 적용도, 수분소모가 적음	낮은 방전 사이클 특성. 고온 및 과충전에 약함. 전해액보충 불가능.
	③ 납-안티몬 합금	저가, 넓은 적용도, 심방전 및 내온특성 우수, 전해액보충가능	수분소모가 많아 주의 깊은 관리가 필요함.
	④ 납-칼슘/안티몬 하이브리드	중간 가격, 적은 수분손실.	제한적인 용도, 계층화발생 가능
	⑤ 젤 축전지	중간 가격, 정비 불필요, 결빙위험이 없음. 전해액이 흐르지 않아 설치가 자유롭다.	보통의 방전심도특성, 온도와 과충전에 대한 관용도가 나쁨. 용도가 제한적.
	⑥ 글라스매트 축전지	중간 가격, 정비 불필요, 결빙위험이 없음, 설치위치 방향에 구애 없음.	보통의 방전심도특성, 온도와 과충전에 대한 관용도가 나쁨. 용도가 제한적.
NiCd 축전지	⑦ 소결 전극	탁월한 온도특성, 정비 불필요. 용도에 제한이 없음.	용량이 적고 단가는 높음. '기억효과'를 겪을 수 있음.
	⑧ 포켓 전극	탁월한 방전심도 및 온도특성, 과충전에 대한 관용도가 큼.	높은 단가, 수분 보충이 필요함. 용도가 제한적임.

7 축전지의 성능 특성

축전지의 성능이나 특성에 관련된 전문용어를 정리하였다.

가. 암페어-시(Ampere-Hour : Ah)

축전지의 수용능력을 계측하는 일반적인 단위. 방전시간(h)과 방전전류(A)의 곱.

나. 용량(Capacity), 전류용량(Ah)

축전지에 저장하거나 인출할 수 있는 전기에너지의 능력이며, 일정한 시간에 걸쳐 일정한 세기로 방전할 수 있음을 [Ah] 단위로 나타내는 것이 가장 일반적인 표시 방법이다.

$$\text{전류용량 } (C_n) = \text{방전전류}(I_n) \times \text{지속시간}(T_n)$$

축전지의 용량은 여러 가지 요인들에 의해 결정되는데, 예를 들면 활성물질의 양, 극판의 외형 크기 및 수, 전해질의 비중 등이다. 그리고 축전지를 동작시키는 요인에 따라 용량이 좌우되기도 한다. 예를 들면, 방전율, 방전심도, 차단전압, 동작온도, 사용이력 등이다.

다. 전력 용량 Wh

전력 용량(Wh)은 축전지가 어느 정도의 에너지를 가졌는지를 나타낼 때 사용하는 용량표시법으로 전압, 전류 및 사용시간의 곱으로 나타낸다.

전력 용량(Wh) = 전압(V) × 전류(I) × 시간(h)

예를 들어 6셀, 12 V 배터리의 전류 용량이 100 Ah이라면, 이 배터리의 전력 용량은

12V × 100 Ah = 1,200 Wh 또는 1.2 kWh

이다. 만약, 1회 방전에 이 전력의 60%를 소비한다고 하면 사용할 수 있는 전력은 720 Wh이고 20 W 전등 6개를 6시간 동안 사용할 수 있는 전력량이 된다.

라. 방전(Discharge)

배터리가 부하를 통해 전류를 흘리면서 스스로의 전극이 산화반응을 일으키는 현상. 에너지가 소모되는 과정이다.

마. 방전 전류

부하를 통해 흘리는 소비전류. 축전지의 적정 방전전류는 Ah용량의 10% 크기를 권장하는데 이를 기호로 나타내면 0.1 CA이고, 만약 Ah용량의 100%로 급속방전한다면 1 CA로 표시한다.

바. 방전주기(Cycle)

완전한 재충전에 이어서 주어진 방전심도까지 방전하기를 반복하는 것을 하나의 주기로 보고, 이를 반복할 수 있는 횟수.

사. 방전심도(Depth of discharge : DOD)와 충전상태(State of charge : SOC)

축전지의 방전심도란 축전지가 가진 최대 용량에 대한 소모된 용량의 비율(%)이고 충전상태는 최대용량에 대한 잔류용량의 비율(%)이다. 따라서 정의상으로는 방전심도와 충전상태

를 합하면 100%가 된다.

아. 충전(Charge)

외부의 전원으로부터 배터리로 전류를 공급함으로써, 축전지가 방전시와는 반대로 환원 반응을 일으켜 에너지를 축적하는 현상.

자. 충전전류와 충전율/방전율(Charge/Discharge Rate)

충전율 또는 방전율이란, 주어진 최대용량을 몇 시간에 걸쳐서 충전 또는 방전하는지 시간수로 나타낸 것이다. 예를 들어 정격용량(C)이 100 Ah일 이 용량을 10시간에 걸쳐 방전한다면 방전율은 C/10으로 표시하며 방전전류는 10 A가 된다. 그리고 이 전지를 5A의 전류로 충전한다면 충전율은 C/20이 되고 충전지속시간은 20시간이 될 것이다.

수명을 기준으로 한 가장 바람직한 충전법은 20시간 충전율을 권장한다. 그러나 태양광 발전으로 주간에 충전하고 야간에 조명등을 사용하는 경우라면 20시간율로 충전하는 것은 비효율적이다. 10시간율 충전이 20시간율 충전에 비해 다소의 수명단축은 있지만 더 현실적이기 때문에 현장에서는 대부분 10시간율 충전을 선호하고 있다. 그리고 단시간의 급속충전은 모든 배터리의 수명을 급격히 단축시키는 행위이기 때문에 긴급한 경우를 제외하고는 피하는 것이 좋다.

차. 개방단자전압(Open Circuit Voltage, 기호=V_{OC})

배터리가 충전이나 방전회로와 완전히 차단된 상태로 낼 수 있는 출력 전압이다. 측정조건은 상온에서 규정된 전해액 비중으로 만충상태일 때 개방단자전압은 셀 당 2.13V, 전지묶음으로는 12.8 V이다.

카. 차단전압(Cut Off Voltage)

배터리 시스템이 전원을 공급하면서 허용 가능한 최저 단자전압. 공칭전압의 90% 수준

8 축전지의 충전법

독립형 PV 시스템에 사용될 수 있는 축전지의 종류도 다양하다. 뿐만 아니라 공급 전력원(태양전지)의 규격이나 소비하는 형태도 제각각이기 때문에 충전하는 방법 또한 다양할 수 밖에 없다. 그러나 축전지의 메이커들은 대체로 다음의 세 가지 충전 방법을 제시하고 있다.

가. 정상(평시)충전(Normal Charge, Bulk Charge)

충전주기의 앞부분, 용량의 대부분을 담당하는 충전으로, 가스가 발생되는 한계전압을 초과하지 않는 범위에서 행하는 충전으로 정격용량의 80~90%까지를 담당한다.

나. 마무리충전 또는 부동충전(Finishing Charge/Float Charge)

배터리가 완전충전에 가까워지면, 내부의 활성 물질들은 원래 상태로의 변환이 완료된다. 그리고 이때부터는 전압이나 전류제어장치가 축전지에게 과충전상태로 가지 않도록 제한할 필요가 있다. 마무리충전은 통상 중간 또는 저율 충전방식을 유지한다.

비상전원장치의 백업(Back-up) 전원으로서 사용되는 축전지는 평상시 만충 상태를 유지하는 것이 최선이므로, 이를 위하여 자연방전을 보충하는 방법으로 「항상 충전기에 연결된 상태」를 유지하는데 이것을 부동(浮動)충전이라 한다. 자동차의 배터리도 운행 중에는 부동충전 모드로 동작한다.

다. 등화충전(Equalizing Charge)

예를 들어, 12 V 축전지는 6개 셀을 직렬로 접속한 것이다. 이와 같이 직렬접속된 전지군에서, 동일 메이커, 동일 규격의 축전지를 사용했더라도 오랜 기간 사용하게 되면 전극의 상태, 예를 들면 황산화(Sulfation)현상의 진행정도가 제각각이 되고, 그에 따라 전지마다의 용량이 달라지는데 전지블록 전체의 용량은 최저용량의 셀에 따라 좌우된다. 이런 경우에 직렬접속된 전지의 내부상태를 동일한 상태로 회복시켜주는 방법이 등화충전(等化充電)이다.

등화충전 방법은 부동충전보다 높은 전압을 사용하면서 전류를 제한하는 회로로 구성한다. PV 시스템에서 축전지를 매일 깊은 심도로 방전한다면 매주 또는 격주에 한번 꼴로 등화충전을 하는 것이 좋다. 그러나 방전심도가 낮은 시스템이라면 매월 또는 격월마다 하는 것을 권장한다. 등화충전은 전압과 전해액비중을 동일하게 유지한 상태로 몇 시간동안 시행한다.

표 6.22 축전지 종류별 충전전압(24 V 축전지 기준)

축전지 종류→ (24 V형 기준)	젤/밀폐형 납축전지	AGM 납축전지	MF형 RVI해양	심방전/리퀴드전해질 납-안티몬 축전지	Ni-Cd/NiFe 알카라인
일반충전전압	28.2	28.8	28.8	29.2	32.0
부동충전전압	27.2	26.8	26.8	26.8	29.0
등화충전전압	불필요	최대 31V까지	불필요	최대 31V까지	불필요

라. 납축전지의 충전법과 충전 특성

축전지가 거의 방전상태에 있을 경우에는 정전류 충전법으로 서서히 충전하는 것이 좋다. 그리고 어느 정도, 예를 들면 총 용량의 70% 이상 충전이 되면 정전압 충전으로 전환하며 이때의 충전전압은 14.2 V를 계속 유지한다. 그리고 유입되는 충전전류가 'C_{10}'값의 3% 수준이하로 떨어지면 충전완료로 보고 충전을 종료한다. 예를 들면 100 Ah 축전지의 C_{10}값은 10 A이므로 이것의 3%에 해당하는 0.3 A가 충전종료를 검출하는 한계전류가 된다.

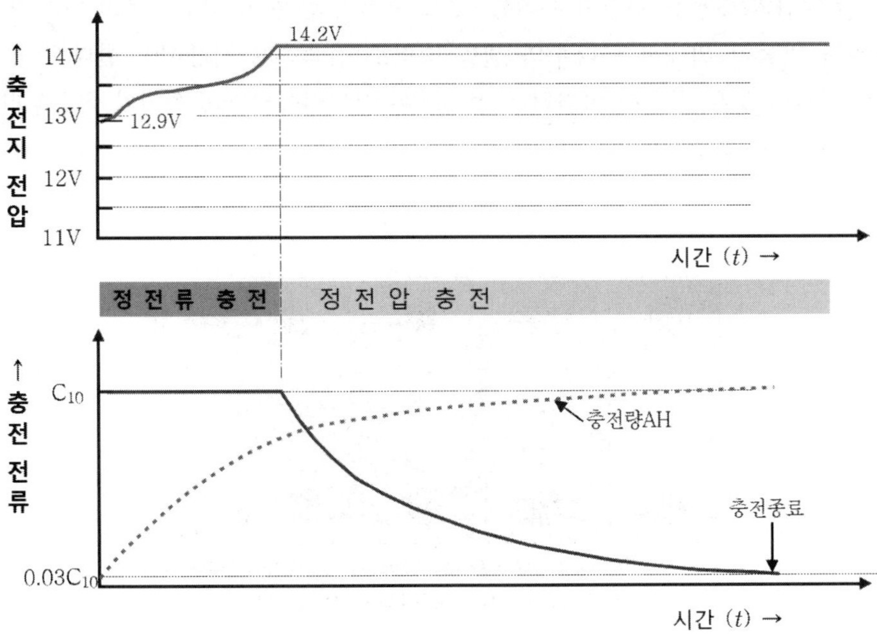

그림 6.24 납축전지의 충전 특성

마. 납축전지의 방전 특성

충전이 완료된 축전지의 단자전압은 공칭전압보다 약 7~8% 정도 높다. 예를 들면 납축전지의 경우 만충시의 무부하 단자전압은 12.8 V, 잔여용량이 20%일 때의 단자전압은 12.0 V이다. 그리고 축전지의 단자전압은 방전전류를 많이 흘릴수록, 시간이 경과할수록 빠르게 내려간다.

완전 충전된 12.8 V 납축전지를 10시간 방전율로 전류를 흘리면 단자전압은 공칭전압과 같은 크기인 12.0 V가 된다. 다시 말해 축전지가 놀고 있을 때는 12.8 V이지만 일을 할 때는 12 V가 되기 때문에 공칭전압을 12 V로 하는 것이다.

9 축전지의 연결법

축전지는 2V 셀 단위로 제조되는 것과 12V단위로 제조되는 것이 있다. 자동차용 축전지를 비롯한 대부분의 소용량 축전지는 6개 셀을 하나의 패키지로 하여 12V로 만들고 24V 또는 48V가 필요할 때는 12V축전지를 2개 또는 4개 직렬로 접속하여 사용한다.

한편, 젤 타입의 대용량 축전지나 리튬-수소 축전지 등은 셀 단위로 출하되기 때문에 12V 또는 48V를 만들기 위해서는 다수의 셀을 직렬로 접속하여 사용해야 한다.

이런 축전지의 경우 셀들을 연결하는 접속선은 메이커에서 제공하거나 처음부터 10개 단위(12V)로 묶어서 출하하기도 한다.

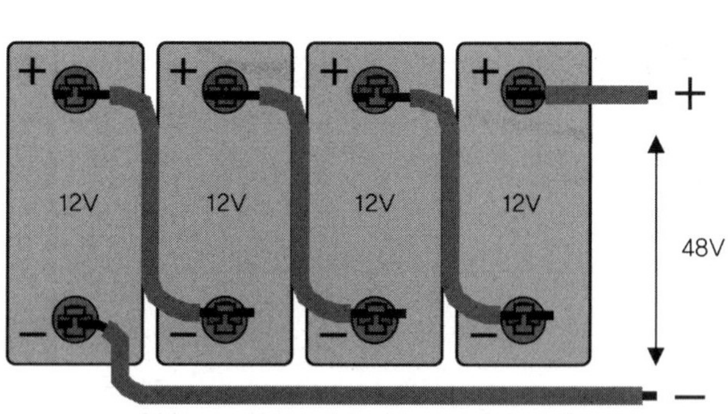

그림 6.25 12 V 축전지의 직렬접속법

(a) 1.2 V 리튬-수소 축전지 팩(총 12 V)

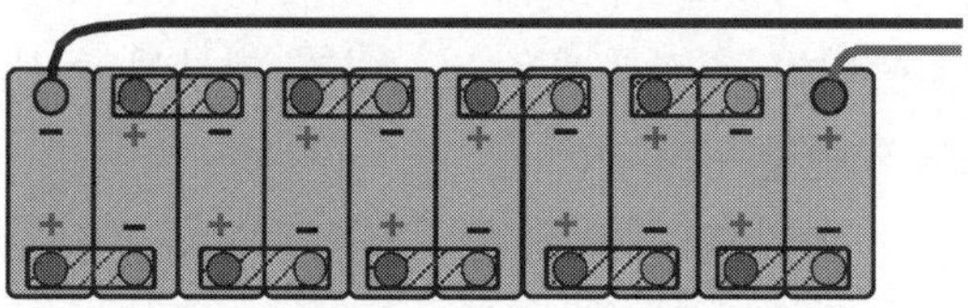

(b) 전지배열과 커넥터 연결법

(c) 대규모 축전지 저장고

그림 6.26 단위 축전지의 연결법

제 6 절 충전 조절기(Battery Charge Controller)

제1절에서 소개한 대로, 매우 작은 규모의 독립형 태양광 발전 시스템에서는 36셀 PV 모듈과 12V 납축전지를 직접 연결하여 사용할 수는 있다. 매일매일 축전지를 관찰하고 과충전 과방전의 경우에는 수동으로 차단기를 조작할 수 있는 여유가 있다면 가능하다는 말이다.

실제로는 아무리 간단한 독립형 시스템이라고 하더라도 축전지의 충·방전을 수동으로 제어하는 것을 능률적인 일이라고 할 수 없는데 이것을 자동으로 해결해 주는 장치가 충전 조절기이다. 인간을 대신하여 마이크로컨트롤러가 충전레벨을 감시하기 때문에 축전지를 보호할 수 있고 표시기를 통해 충전상태를 확인할 수도 있다.

1 회로 구성과 동작

충전 컨트롤러의 내부에는 PV 모듈과 축전지 사이를 연결하는 스위치(S_1)와 축전지와 부하 사이를 연결하는 스위치(S_2)가 있고 이것을 마이크로컨트롤러가 제어하는 구조로 되어 있다.

마이크로컨트롤러가 제어하기 위해 각각의 조건들을 사전에 프로그래밍 해두고 축전지 전압이나 온도신호가 입력되는 순간 제어동작을 수행한다. 예를 들면, 마이크로컨트롤러에 포함된 A/D변환기가 축전지의 단자전압을 검출하여 디지털 신호로 바꾼 다음 프로그램에 입력되어 있는 방전 한계전압 및 충전 상한전압과 비교하여 부하 쪽

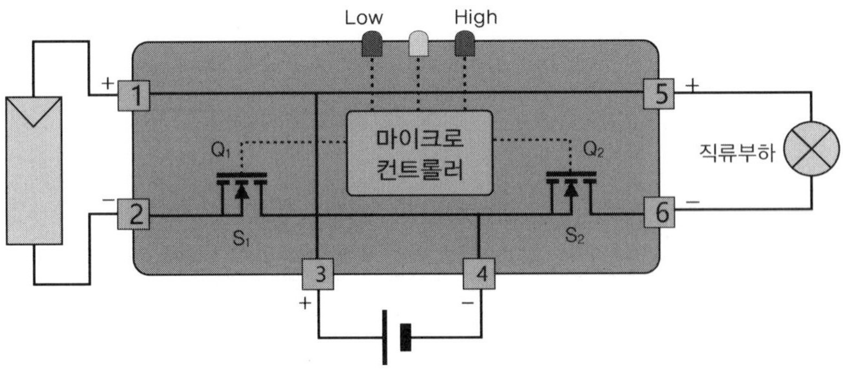

그림 6.27 충전 조절기의 내부 등가회로

스위치(S_2)와 PV 모듈 쪽 스위치(S1)를 ON 또는 OFF상태로 만들어 준다.

스위칭 소자에는 VMOS FET 또는 IGBT가 주로 사용된다. VMOS FET는 Power MOS

FET로도 불리는 데 이 전력소자는 ON동작시의 내부저항이 수 mΩ에 지나지 않을 정도로 매우 작다. 따라서 큰 전류가 흐르는 태양광 전류를 스위칭할 때 손실을 최소화할 수 있다.

충전시의 동작은 다음과 같다.

PV 모듈(+) → 단자 1 → 충전조절기 내부회로 → 단자 3 → 축전지(+), (-) 단자 4 → Q1의 D-S → 단자 2 → PV 모듈(-)로 폐회로가 완성된다.

충전전류가 흐르기 위해서는 축전지가 충전만료전압(약 14.2 V) 이하여야 하고, 발전기로부터 공급되는 전압이 현재의 축전지 단자전압 이상이어야 한다.

방전시의 동작을 보면, 축전지 (+) →단자 3 → 충전조절기 내부회로 → 단자 5 → 부하(전등) → 단자 6 → Q2의 D-S →단자 4 → 축전지(-)까지 폐회로가 완성된다.

2 제품 규격

충전 조절기는 축전지의 전압에 따라 12 V, 24 V 또는 48 V 시스템용이 있다. 또 각각의 전압에서도 충방전 전류크기에 따라 6 A, 10 A, 15 A, 20 A, 30 A 정격 제품으로 세분되어 있다.

그리고 12 V 시스템용의 경우 사용하는 축전지와 부하의 정격전압은 12 V이지만 태양전지로부터 공급되는 전압은 15~30 V까지 넓은 범위가 허용된다. 다만 36셀 PV 모듈의 경우, 태양광이 충분한 조건이라면 최대출력전압 22 V, 적정부하에서 17.4 V, 약간의 과부하상태에서 충전전압 13~14.2 V가 된다. 그러나 심하게 흐린 날은 전류 출력이 대폭감소하고 그래서 단자전압도 13 V 이하가 되어 충전이 불가능해진다.

24 V 시스템용 충전 컨트롤러의 입력 전압 범위는 30~60 V까지이다.

표 6.23 충전 조절기의 종류와 규격

시스템전압	허용입력전압 [V]	전류정격 [A]	충전완료전압 [V]	방전차단전압 [V]	등화충전전압 [V]
12V	30	6/10/20/30	14.2	12.4	15.2
24V	60	10/20/30	28.4	24.8	30.4
48V	120	10/20/30	56.8	49.6	60.8

3 과충전/과방전 보호기능

충전 조절기의 기능은 배터리의 저장능력까지 최대한 충전할 수 있도록 제어하는 기능과 부하전류가 과도하게 흐르거나 배터리의 방전한계 이상으로 소비되는 것을 막아주는 역할을 담당한다. 예를 들면, 방전제어용 소자 Q_2가 ON되어 부하전류가 흐르기 위해서는 축전지 잔여용량이 최소 30~40% 이상이어야 한다. 이것이 잔여용량(=충전상태 : SOC) 설정값이다. 만약 충전 없이 방전을 계속하다가 잔여용량이 설정값 이하로 떨어지면 마이크로컨트롤러는 Q_2를 OFF상태로 반전시켜 부하와의 접속을 차단한다. 마이크로컨트롤러에 이러한 동작이 되도록 프로그래밍 하는 이유는 축전지가 한계값 이하로 방전을 반복하는 경우에는 축전지의 수명이 급속히 단축되기 때문에 이를 방지하기 위함이다.

〈표 6.23〉은 충전 조절기에서 과충전과 과방지를 방지하기 위해 설정하는 충전완료전압과 방전차단전압의 설정값을 예시하고 있다.

4 PWM(펄스폭 변조) 제어방식

축전지의 충전상태에 맞추어 태양전지로부터의 입력 전압을 조절해 주면 효율적인 충전이 될 뿐만 아니라 충전만료전압(예 : 14.2V) 이상으로 과충전되지도 않을 것이다. 최근의 충전 조절기들은 충전전압을 PWM 방식으로 제어함으로써 해결하고 있다.

축전지의 충전상태가 낮은 레벨일 때는 펄스폭(스위치의 ON시간)을 길게 하여 충전전류가 많이 흐르게 하고 축전지의 단자전압이 상승하여 충전만료전압에 가까워지면 스위치의 ON 주기를 짧게 하여 평균 전류가 작아지게 해 주는 방식이다.

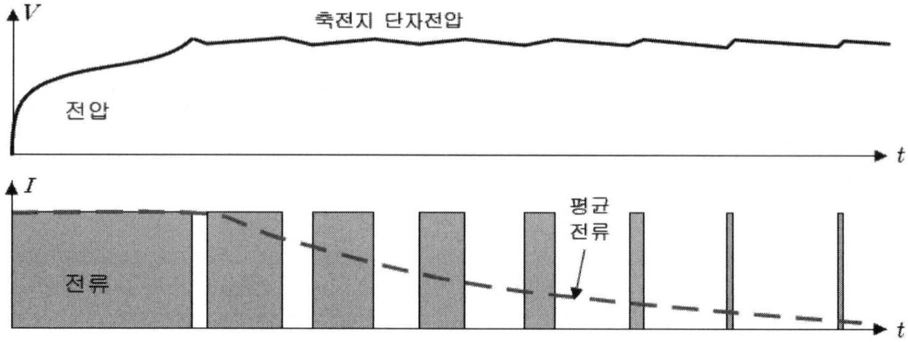

그림 6.28 PWM 충전전류와 축전지 단자전압

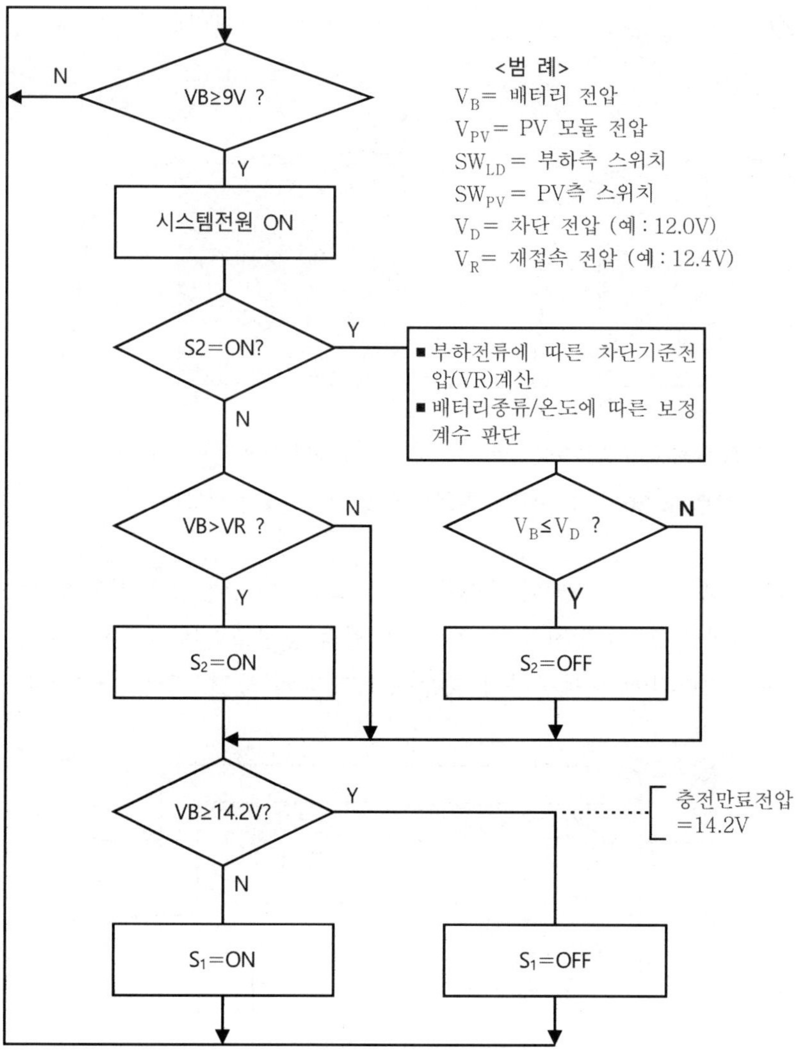

그림 6.29 충전 컨트롤러의 제어 알고리즘

5 MPP(최대 전력점)추종 제어방식

일반적인 충전 조절기는 PV 모듈의 전압-전류 특성곡선 중에서 최대 전력점보다 전류가 많이 흐르는 지점, 즉 배터리 단자전압 부근에서 평형을 이루는 원리를 사용하였다.

그러나 이 방식은 간단하고 문제가 적은 방식이긴 하지만 PV 모듈이 최대 전력점에서 제공할 수 있는 전력을 다 사용하지 않고 허비할 수 있다. 그래서 이 점을 개선하기 위하여 고안된 것이 MPP제어방식 충전 조절기이다.

이 충전조절기는 PV 모듈과 접속되는 맨 앞단에 DC/DC 컨버터를 설치한다.

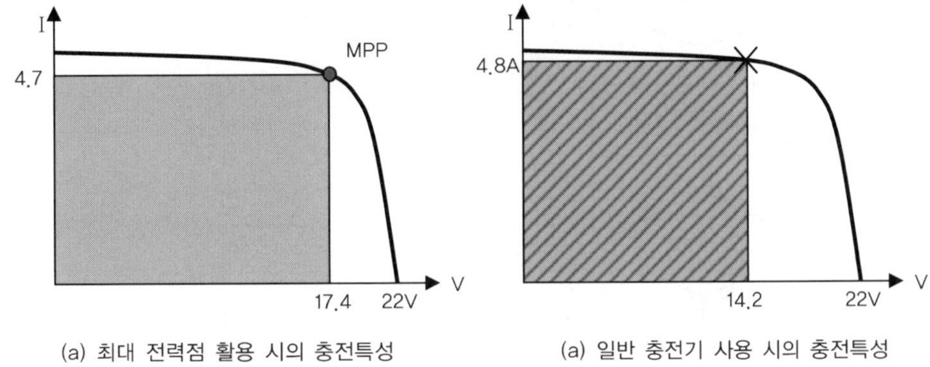

그림 6.30 일반적인 충전방식과 MPP 충전방식의 비교

이 컨버터가 PV 모듈의 부하가 되기 때문에 PV 모듈의 최대 전력점에 해당하는 전류가 흐르도록 제어하면서도 DC 출력전압은 배터리의 최적 충전조건에 맞도록 제어한다. PV 모듈은 언제나 최대 전력점에서 동작하기 때문에 배터리의 충전시간은 단축된다.

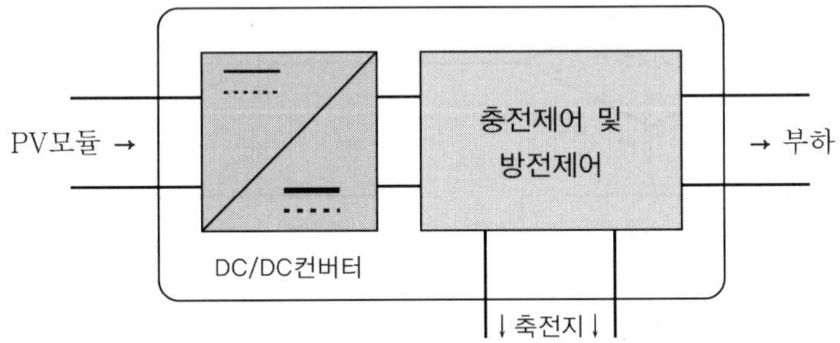

그림 6.31 MPP 제어방식의 충전컨트롤러

이 MPP 제어방식 충전 조절기에서 사용하는 DC/DC 컨버터의 효율은 90에서 96% 범위이고 가격은 일반형 조절기보다 비싸다. 200 W_P급 이상의 독립형 시스템에서는 이상적인 방식이다. 그러나 이보다 소규모의 시스템에서는 조절기에서의 변환손실이 최적제어에서 얻는 이득보다 클 수 있기 때문에 도움이 되지 않을 것이다. 장치의 가격 등 경제적인 측면을 고려한다면 500 W_P급 이상의 시스템에 적합한 충전 조절기이다.

그림 6.32 각종 충전 컨트롤러 제품

6 충전 조절기 활용사례

다음의 〈그림 6.33〉은 농가 비상용 200 W_P급 독립형 태양광 발전 시스템의 구성 예이다. PV 모듈은 100 W_P급 모듈 2개 또는 200 W_P급 모듈 1개를 사용하는 방법도 가능한데, PV 모듈의 규모가 커질수록 용량 대비 가격이 낮아진다. 최근의 PV 모듈 국제가격은 1 W 당 $0.2대로 떨어졌지만, 국내 아마추어들의 공급처에선 1 W 당 1,350원 대를 유지하고 있다.

〈시스템 설계 예〉

1) PV 모듈의 규격
   최대출력=200 W_P, 정격전압최대(V_{mpp})=18.2 V, 최대전류=10.9 8A
2) 축전지(Battery) 규격
   12 V, 100 ~ 200 Ah (납-안티몬 배터리, 일명 솔라 배터리를 추천함)
3) 충전 컨트롤러 규격 : 시스템 전압=12 V, 최대전류=10 A
4) 직류 부하 : 12 V 절전 3파장램프(12 V, 10~20 W), LED램프 12 V용(10 ~20W)
   소비전력 합계로 계산하여 100 W까지

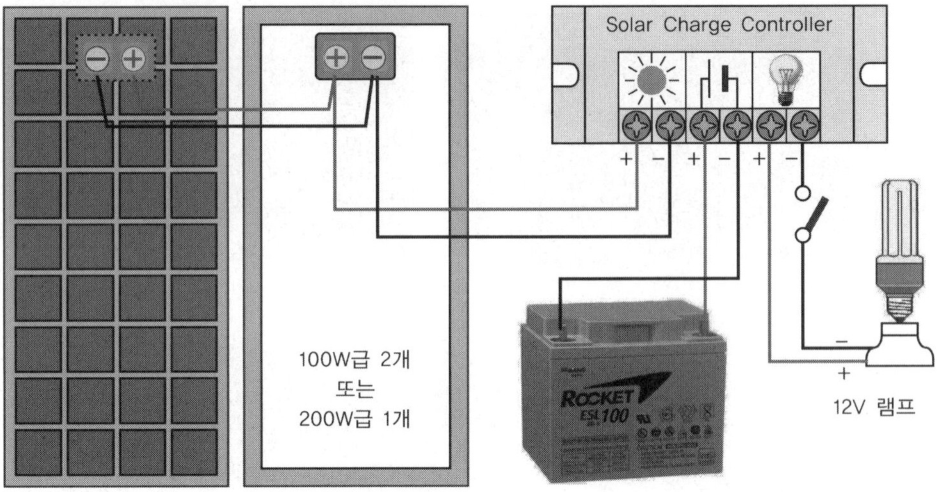

그림 6.33 (a) 충전 조절기를 사용한 소규모 독립형 PV 시스템의 구성 예

모델	ESM-200W
시스템 전압 (V)	12 V
최대전압(Vmp/V)	20.23V
최대전류(Imp/A)	9.89A
개방전압(Voc/V)	24.89V
단락전류(Isc/A)	10.71A
사이즈(mm)	1600*660*35mm
무게(Kg)	11KG
전선길이	90CM
커넥터	MC4 Compatible
전력오차 허용도	±3%
최대 시스템 전압	1000VDC
표준테스트 조건 (STC)	1000W/m², 1.5 AM cell temperature

모델	ESM-100W
시스템전압	12V
최대전압(Vmp/V)	18.2V
최대전류(Imp/A)	5.49A
개방전압(Voc/V)	22.4V
단락전류(Isc/A)	5.95A
사이즈(mm)	1010*510*35mm
무게(Kg)	8KG
전선길이	1M
커넥터	MC커넥터
전력오차 허용도	±3%
최대 시스템 전압	1000VDC
표준테스트 조건 (STC)	1000W/m², 1.5 AM cell temperature

그림 6.33 (b) 독립형 용도로 제작된 PV모듈의 규격표

제 7 절 독립형 시스템을 위한 인버터

독립형 시스템이라도 청소기나 선풍기, 냉장고나 세탁기 등 회전기기를 사용해야 하는 경우에는 DC-AC 인버터를 사용할 필요가 있다.

독립형 시스템에서 인버터의 입력전압은 축전지전압과 동일하며 그 크기는 DC 12 V, 24 V 또는 48 V 등으로 규격화되어 있고 출력전압은 AC 220 V 또는 380V이다.

'출력전압의 파형'을 기준으로 할 때 독립형 인버터는 다음의 세 가지로 분류한다.

1) 구형파 인버터
2) 유사 사인파 인버터
3) 사인파 인버터

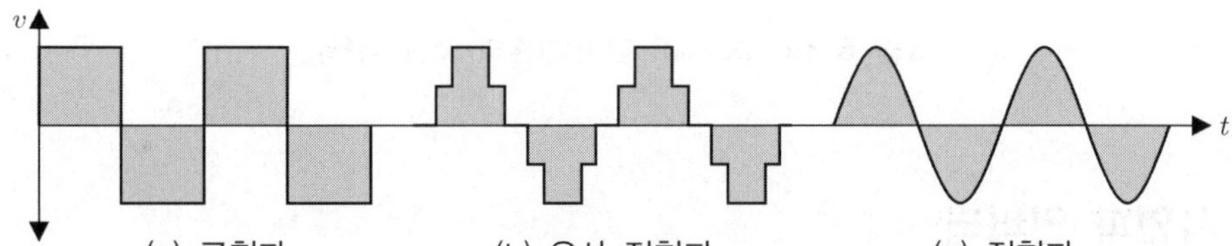

그림 6.34 인버터의 출력파형 비교

1 구형파/유사 정현파 인버터

구형파 인버터는 회로구성이 간단한 만큼 가격도 싸다. 그러나 출력에는 60 Hz 성분의 전류 외에도 180 Hz, 300 Hz, 420 Hz 등 수많은 고조파가 섞여있어 백열등과 같은 저항부하에는 문제가 없으나 정밀 교류기기를 사용하기에는 적합하지 않다. 그러나 전자기기 중 SMPS 전원부가 설치된 곳에는 사용이 가능하다.

노트북 컴퓨터나 라디오, 하이파이 등의 가전제품은 제품 내부의 안정화전원회로를 통해서 일정한 전압의 직류로 바뀌어 사용된다. 따라서 교류의 품질이 크게 문제되지는 않기 때문에 비용이 적게 드는 구형파 또는 유사 정현파 인버터를 사용하여도 무방하다. 그리고 전등이나 전열기의 경우에도 구형파 인버터가 경제적이다. 입력은 축전지로부터 공급되기 때문에 자동차용과 구분되지 않고 사용법도 동일하다. 제품 규격을 보면

1) 입력 전압 : 12V, 24V, 48V

2) 출력 전압 : 220~230V

3) 전력 용량 : 100W, 200W, 300W, 500W, 1000W, 2000W

4) 안전 사항 : 220V 전원의 사용상 주의사항은 기존의 상용교류 안전규칙과 같다.

다음은 구형파 인버터 제품의 규격과 제품 외관이다.

제품의 주요 특성

연속 출력 : 300 Watts
순간 출력 : 600 Watts
출력 전압 : 115/220V (+/−10 volts) AC
주파수 : 60 Hz +/− 4Hz
파형 : 구형 사인파
입력허용범위 : 10−15V_{DC}
최적효율 : 90%
무부하전류 : 0.18A

그림 6.35 DC−AC 인버터(솔라/차량 겸용)

2 사인파 인버터

시스템 개발 초기에는 소규모 태양광 발전에 사인파 인버터를 사용하는 것은 어려운 일이었다. 우선 비용이 높을뿐더러 효율도 낮았기 때문이다. 그러나 최근에는 고성능의 스위칭 소자를 사용한 전자회로의 개발로 매우 저렴하면서도 효율이 높은 사인파 인버터가 개발되었다.

사인파 인버터의 원리로 사용하는 펄스폭변조(PWM)방식은 제5장에서 이미 설명한 바와 같다. 다만 발전소 규모의 중대형 시스템에 사용되는 인버터는 수 백만 원의 가격이지만 전원주택이나 캠핑, 아마추어의 용도로 사용하는 500 W 내외의 소용량 인버터는 출력전압이나 주파수를 계통전원에 일치시킬 필요도 없고 정밀도의 수준도 낮출 수 있기 때문에 비교적 저렴한 가격(예를 들면 600 W에 15만 원대)에 쉽게 구입할 수 있다.

그림 6.36 사인파 출력의 DC-AC 인버터(솔라/차량 겸용)

3 인버터의 효율

일반적으로 인버터는 동작의 신뢰성을 확보하고 수명을 고려하여 정격 용량보다 25%정도 여유 있게 설계한다. 그리고 모든 인버터의 전력변환효율은 작은 소비전력(부하 이용률)에서는 아주 낮고 정격대비 30% 이상의 소비전력에서는 효율이 최고수준으로 높아진다. 따라서 인버터의 용량을 넉넉하게 설정하는 것 보다 PV 어레이의 최대 전력용량과 같거나 조금 큰 정도의 규격을 선택하는 것이 좋다.

〈그림 6.37〉은 인버터의 부하 이용률과 DC-AC 변환효율의 관계를 나타내는 그래프이다. X축에는 인버터의 정격출력에 대한 사용부하의 비를 백분율로 표시한 것이고 Y축은 변환효율이다. 그리고 곡선의 바깥쪽 빗금부분은 손실전력 영역이다.

예를 들면 정격출력 2.5 kW인 인버터로부터 1 kW의 전력을 사용한다면 부하 이용률은 40%가 되므로 이곳에서 수직선을 올려 효율곡선과 만나는 곳에서 Y축을 보면 인버터 변환 효율은 90% 정도임을 알 수 있다. 그러나 인버터의 정격출력을 10 kW인 제품 또는 20 kW인 제품으로 선정하였다면 부하 이용률은 정격출력의 10%와 5%에 각각 해당하고, 인버터 효율은 64%와 35%로 각각 낮아지는 것을 알 수 있다.

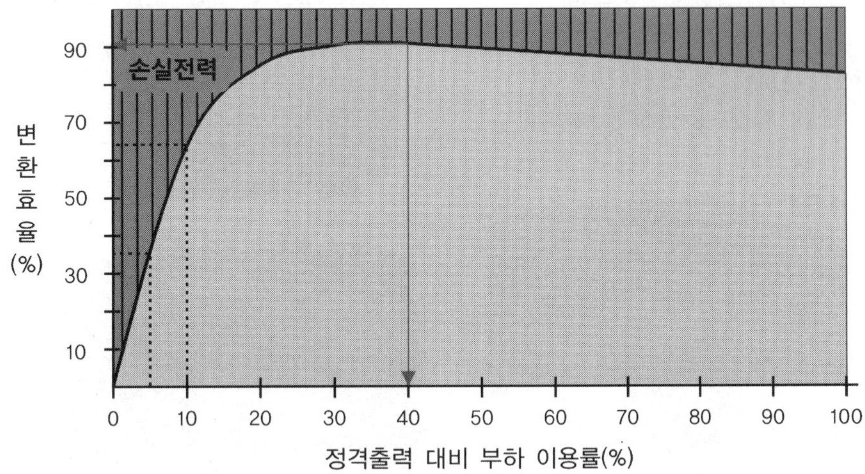

그림 6.37 부하 이용률과 인버터 효율의 관계

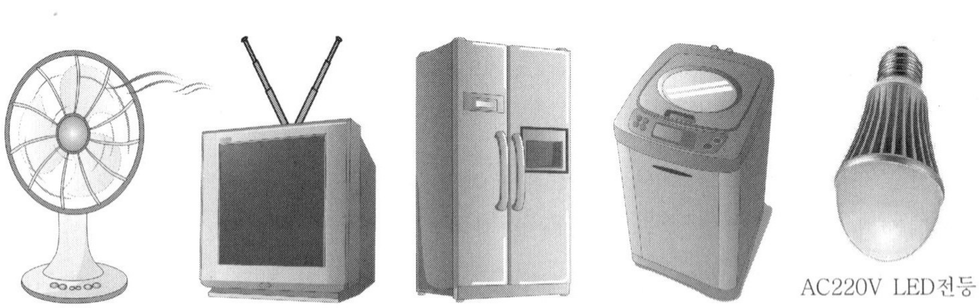

그림 6.38 교류 전기부하 제품들

제 8 절 직류 부하

독립형 태양광 발전 시스템에서 생산된 전기로 사용하게 될 부하는 주로 가전기기들이다. 이 중에서 회전기기가 포함된 냉장고, 세탁기, 선풍기, 전자레인지 등의 전력기기가 아니라면 직류전원을 사용하는 것이 훨씬 효율적이다.

태양광 발전 산업이 우리나라보다 10여년 앞서있는 독일이나 일본 등에서는 전등은 물론이고 믹서, 커피메이커, 급수펌프, 펠티에 냉장고 등 대부분의 가전기기들을 12V 또는 24V 축전지 전원에 접속하여 사용할 수 있도록 제품의 라인업이 구성되어 있다.

1 LED 전등(LED bulb)

LED를 사용하면서, 기존의 전구 소켓에 꽂아 사용하기 쉽도록 만든 제품을 통상 LED전등이라 부른다. 구동전압은 직류 12 V 또는 24 V, 또는 교류 220 V 제품으로 나뉘며 소비전력은 2 W 정도의 작은 용량에서부터 15 W 정도의 비교적 큰 용량의 제품이 있다. LED전구의 발광효율은 지금까지 알려진 전구제품 중 가장 높은데, 판단의 기준은 단위 Watt 당 Lumen의 크기 [lm/W]이다. 최근의 LED전등의 발광효율운 85~100[lm/W] 범위이고 클수록 밝다.

고휘도 백색 발광 다이오드 칩을 방열이 용이한 기판에 부착하여 만드는 LED전등은 구동에 필요한 전압도 칩 당 3.5 V정도이며 LED 3개와 저항을 직렬로 접속하면 12V 독립형 태양광전원에는 안성맞춤이라고 할 수 있다. (**그림 6.41 참조**)

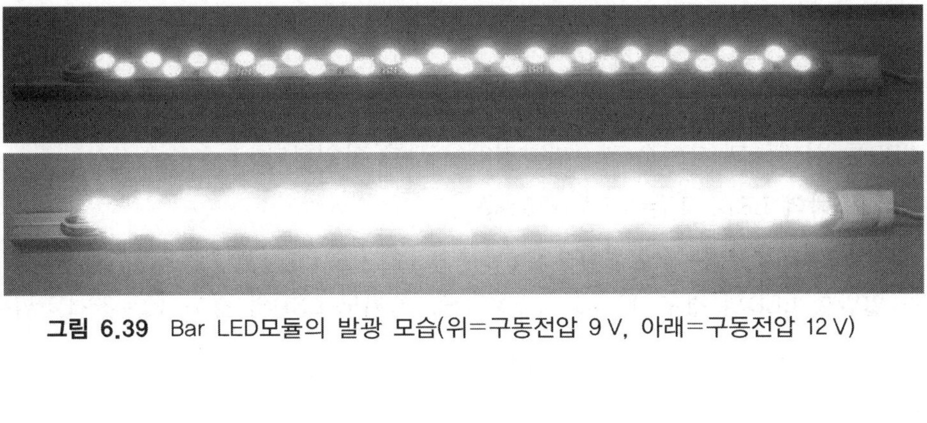

그림 6.39 Bar LED모듈의 발광 모습(위=구동전압 9 V, 아래=구동전압 12 V)

(a) AC 220V LED (b) DC 12~85V (c) DC 12V only

그림 6.40 여러 가지 LED전등 제품들

또 최근에는 12 V 전압에 무한정 병렬로 접속하여 사용할 수 있는 막대(Bar)형 LED전등도 출시되었고, 기존의 220 V 전등용 E27 소켓을 그대로 사용할 수 있도록 개발한 전구(Bulb)형 LED등도 출시되고 있다.

또한 최근에는 12V에서 85V까지 모든 태양광발전 시스템 전압에 사용할 수 있는 LED 전등도 시장에 나타났다. [그림 6.40(b)]

LED전등은 열에 약한 반도체 소자를 사용하고 있기 때문에 통풍이 잘되는 곳에 설치하여야만 고장 없이 긴 수명을 유지할 수 있다.

2 스스로 만드는 LED램프

고휘도 발광다이오드(HB LED)를 사용하여 직접 조명 회로를 만들 수 있다. 다음 순서대로 따라해 보자.

1) 시스템 전압(VB)을 확인한다.
   ☞ 시스템 전압=축전지 전압=12 V 또는 24 V
2) LED를 선택하고 다이오드 순방향전압(V_d)를 확인한다.
   고휘도 백색 LED, V_d=3.5 V@25 mA
   ∴백색 LED의 적정 구동전압=3.5 V
   ※ 일반형 LED의 경우 V_d=2~2.5 V정도, 고휘도 LED의 경우 V_d=3~4V 범위이다.

3) LED 점등회로도를 그린 후 축전지 전압에 적합한 직렬LED 개수를 정한다.

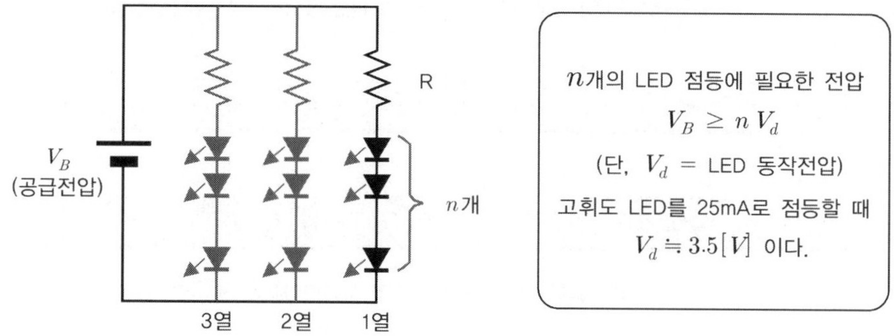

그림 6.41 LED점등회로의 설계

4) 위의 공식에 대입하면 12 V 축전지의 경우 LED 3개, 24 V 축전지의 경우 LED 6개가 적정수량이다.

5) 전류제한저항 R의 값을 계산한다. 단, I_d = 다이오드 구동전류이다.

$$R = \frac{V_B - n\,V_d}{I_d}$$

V_B = 12V, LED의 수(n)=3개, I_d = 50mA일 경우 R=30 Ω 이다.

☞ 전류값 50mA까지는 별도의 방열판 없이도 안전하게 사용할 수 있으며 LED칩에 방열판을 부착할 경우에는 100~200 mA까지 흘릴 수 있다.

6) 필요한 밝기에 맞게 제2열, 제3열 또는 제4열을 계속해서 병렬로 추가할 수 있다.

7) 기판에 LED와 저항을 삽입하고 납땜한다.〈그림 6.43〉

8) 만약 12V LED 스트립 2개를 직렬로 연결하면 24V, 그리고 4개를 직렬로 접속하면 48V 정격의 조명기가 된다. (그림 6.44)

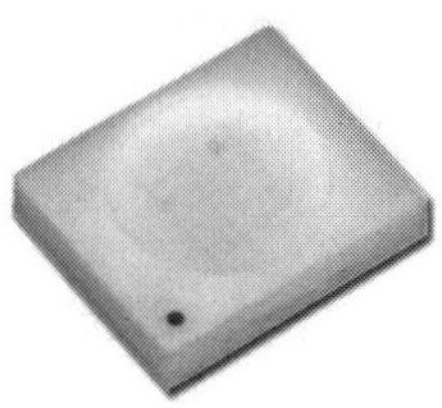

그림 6.42 칩 LED

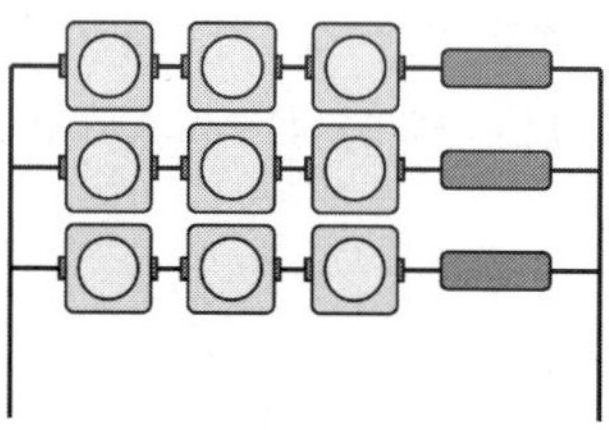

그림 6.43 LED조명회로 배선도(12V용)

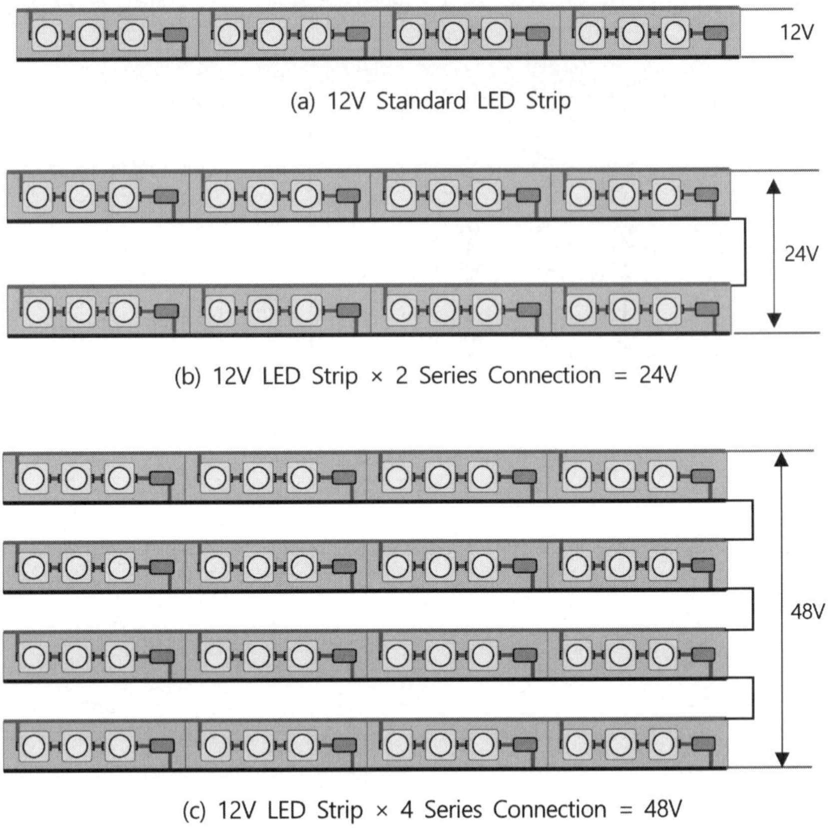

(a) 12V Standard LED Strip

(b) 12V LED Strip × 2 Series Connection = 24V

(c) 12V LED Strip × 4 Series Connection = 48V

그림 6.44 12V 스트립으로 24V 또는 48V 스트립 만들기

3 DC 형광등(Incandescent Lamp)

직류 12 또는 24 V에서 동작하는 절전 형광등은 태양광 시스템에 사용하기 적합하다.

12 V 규격 형광등의 경우 12~14 V 범위에서 사용할 수 있는데, 납축전지의 동작전압이 대략 12~14 V 범위이기 때문에 이에 맞추어 개발된 것이다. 절전 형광등의 소비전력은 5 W에서 20 W까지 다양한 제품 라인업이 구비되어 있다.

전등 선로를 배선할 때는 색선을 사용하는 것이 안전하며, 220 V 배선기구와 혼돈되지 않도록 100 V 플러그와 콘센트를 사용하고 극성표시를 하는 것이 좋다.

(a) 캠핑용 12V 랜턴 (b) M11 소켓 12V 램프 (c) E24 12V 램프

그림 6.45 DC 12 V용 전구들

4 DC 모터

아마추어들이 가장 많이 사용하는 구동장치가 소형 직류모터이다.

직류모터는 아마추어의 취미용 기구를 작동시키기 위한 소형 모터와 농업용이나 작업용 공구에 사용되는 모터 또는 아마추어 전기 자동차에 사용하는 용도로 나눌 수 있다.

전자의 경우 정격 3 V에서 1,800 rpm으로 회전하는 제품이 많고, 소비전류는 50~100 mA 정도이다. 물론 구동 토크가 커지면 전압과 전류도 더 필요하지만 솔라 셀의 능력을 감안해서 12V 이내의 전압에 100 mA 내외의 전류용량을 선택한다. 감속기어로 회전속도를 10분의 1로 낮추면 구동 토크는 10배로 커지기 때문에 웬만한 구동력은 감당할 수가 있다.

후자의 경우는 전자에 비해 용량이 비교적 크다. 양수펌프의 경우, 12~24V에 100W 이상의 제품이 많고, 아마추어들이 만드는 자작 자동차의 경우도 5W 미니모터에서부터 1000W의 고출력 모터들도 쉽게 구할 수 있다. 그림 6.45에서 (a)는 100W급 수중 양수펌프, (b)는 DC 12V 기어 모터, (c)는 자작 DC 자동차에 모터와 휠을 결합한 상태를 보여준다. 그리고 그림(d)는 인터넷에 공개된 자작 전기차의 조립과정을 소개하는 영상이다. 이 차에는 12V 축전지 4개를 직렬로 연결하여 동력을 공급하는데, 관심이 있는 독자들께서 여기에 솔라 패널을 결합하고 충전회로를 설치한다면 솔라 자동차가 될 것이다.

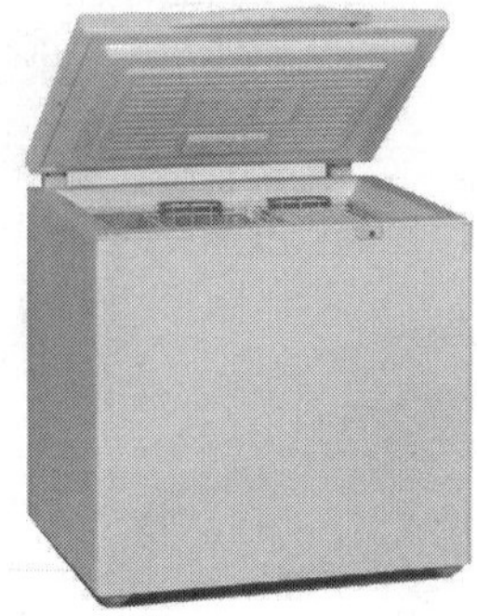

(a) 펠티에 냉장고

(b) 12/24 V 양수펌프

그림 6.46 PV 시스템용 가전기기

(a)

(b)

(c)

(d) 자작 전기차 만들기 https://youtu.be/DwNzn-_G5_M

그림 6.47 여러 가지 직류 모터 부하들

5 그 밖의 전자기기 부하들

태양전지에서 생산된 전기를 활용할 때는 축전지를 거치는 것이 필수적이다.

조명제품의 경우는 12V 또는 24V제품으로 규격화 된 제품들을 선택할 수 있지만, 특별한 전압을 사용하는 정밀 전자기기들은 DC-DC컨버터를 사용한다.

DC-DC컨버터에는 전압을 높여주는 승압(Step-up) 또는 부스터 컨버터와 전압을 낮추어 주는 강압(Step-down) 또는 벅 컨버터로 구분된다.

예를 들면, 48V 독립형 시스템의 경우에는 시중에 48V 규격의 조명기나 전자기기가 없기 때문에 강압용 컨버터를 사용해야한다.

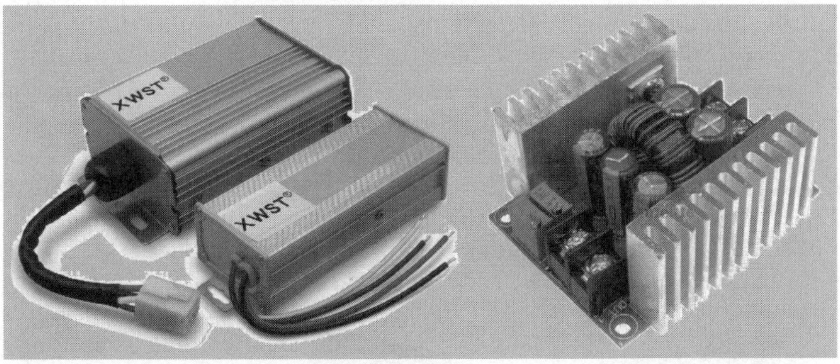

그림 6.48 DC-DC 벅 컨버터 제품들(100~300W)

기존의 전자제품에 솔라 셀을 덧붙여 재탄생시킨 제품들이 많이 나와 있다. 예를 들면, 솔라 시계, 셀 폰이나 노트북을 위한 휴대용 충전기, 솔라 라디오, 솔라 랜턴, 솔라 가로등, 솔라 보안등, 솔라 해양부표, 솔라등대 등 수 없이 개발되고 있다.

(a) 솔라 워치 (b) 해양 부표등 (c) 솔라 보안등

그림 6.49 솔라 셀 응용 제품들(1)

① 솔라 자동차

② 솔라 정원등

③ 솔라 가로등

④ 통신 중계소

⑤ 솔라 랜턴

⑥ 솔라 텐트

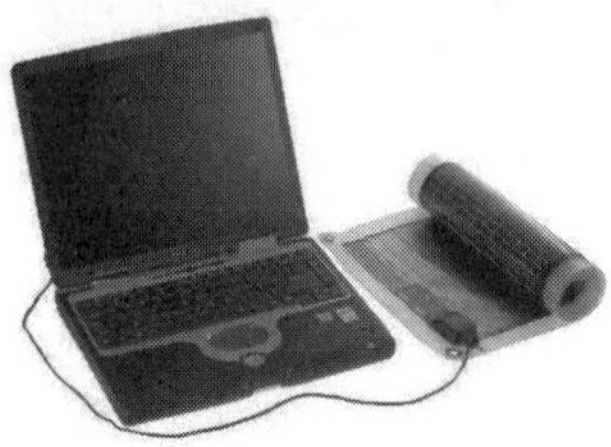

⑦ 노트북 충전기

⑧ 캠핑 램프

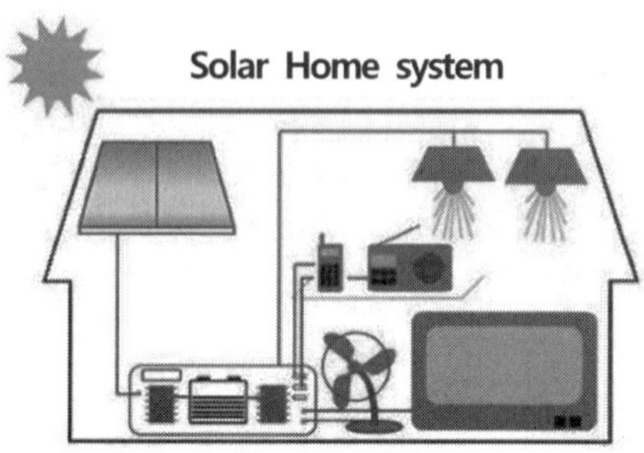

⑨ 솔라 홈 시스템

⑩ 전기자동차(EV) 충전소

그림 6.50 솔라 셀 응용 제품들(2)

그림 6.48 호주에서 2년마다 개최되는 솔라 카 경주대회(World Solar Challenge)

https://worldsolarchallenge.org/

https://en.wikipedia.org/wiki/World_Solar_Challenge

표 6.24 12V PV 시스템에서 도선의 굵기와 허용길이(Meters)

3% 전압강하/12V 시스템/연동선/20℃

AWG 선번호		14	12	10	8	6	4	3	2	1	0
선의 직경		1.63	2.05	2.59	3.26	4.11	5.19	5.83	6.54	7.35	8.25
선로저항 [Ω/100m]		0.824	0.521	0.328	0.206	0.125	0.082	0.064	0.051	0.041	0.032
전류 [A]	시설용량 [W]	Length [m]	Length [m]	Length [m]	Length [m]	Length [m]	Length [m]	Length [m]	Length [m]	Length [m]	Length [m]
1	12	21.8	34.6	54.9	87.5						
2	24	10.8	17.2	27.4	43.7	69.5	110				
3	36	7.3	11.6	18.3	29.1	46.3	73.6	93.0	117		
4	48	5.5	8.7	13.7	21.8	34.7	55.2	69.6	87.8	111	
6	72	3.7	5.8	9.1	14.6	23.2	36.7	46.5	58.5	73.8	93.0
8	96	2.7	4.3	6.9	11.0	17.4	27.6	34.7	43.9	55.3	69.8
10	120	2.1	3.5	5.5	8.7	13.9	21.9	27.9	35.1	44.3	55.8
12	144		2.9	4.6	7.3	11.6	18.3	23.2	29.3	36.9	46.5
14	168		2.4	4.0	6.2	9.9	15.8	20.0	25.1	31.7	39.9
16	192		2.1	3.5	5.5	8.7	13.7	17.4	21.9	27.7	34.9
18	216		2.0	3.0	4.9	7.8	12.2	15.5	19.5	24.5	31.1
20	240			2.7	4.4	7.0	10.4	13.5	16.8	21.5	26.9
25	300			2.1	3.5	5.5	8.8	11.1	14.0	17.7	22.4
30	360				2.9	4.6	7.3	9.3	11.7	14.8	18.6
35	420				2.4	4.0	6.4	7.9	10.1	12.6	16.0
40	480				2.1	3.5	5.5	7.0	8.8	11.1	14.0
45	540				2.0	3.0	4.9	6.2	7.8	9.9	12.3
50	600					2.7	4.3	5.6	7.0	8.8	11.1
60	720					2.3	3.7	4.6	5.8	7.3	9.3
70	840					2.0	3.0	4.0	5.0	6.4	7.9
80	960						2.7	3.5	4.4	5.5	7.0
90	1080						2.4	3.0	4.0	4.9	6.2
100	1200						2.1	2.7	3.8	4.4	5.6

표 6.25 24V PV 시스템에서 도선의 굵기와 허용길이 (Meters)

3% 전압강하/12V 시스템/연동선/20℃

AWG 선번호		14	12	10	8	6	4	3	2	1	0
선의 직경		1.63	2.05	2.59	3.26	4.11	5.19	5.83	6.54	7.35	8.25
선로저항 [Ω/100m]		0.824	0.521	0.328	0.206	0.125	0.082	0.064	0.051	0.041	0.032
전류 [A]	시설용량 [W]	Length [m]	Length [m]	Length [m]	Length [m]	Length [m]	Length [m]	Length [m]	Length [m]	Length [m]	Length [m]
1	24	43.6	69.2	110	175						
2	48	21.6	34.4	54.9	87.5	139	221				
3	72	14.6	23.2	36.6	58.2	92.7	147	186	234		
4	96	11.0	17.4	27.4	43.6	68.1	104	139	176	221	
6	144	7.3	11.6	18.3	29.3	46.3	73.5	93.0	117	148	186
8	192	5.5	8.5	13.7	21.9	34.7	55.2	69.5	87.8	111	140
10	240	4.3	7.0	11.0	17.4	27.7	43.9	55.8	70.1	88.7	112
12	288	3.7	5.8	9.1	14.6	23.2	36.6	46.3	58.5	73.8	93.0
14	336	3.0	4.9	7.9	12.5	19.8	31.7	39.9	50.3	63.4	79.9
16	384		4.3	7.0	11.0	17.4	27.4	34.7	43.9	55.5	69.8
18	432		4.0	6.1	9.8	15.5	24.4	31.1	39.0	49.1	62.2
20	480		3.4	5.5	8.8	14.0	21.3	26.6	33.8	42.2	53.5
25	600			4.3	7.0	11.0	17.7	22.3	28.0	35.4	44.8
30	720			3.7	5.8	9.1	14.6	18.6	23.5	29.6	37.2
35	840				4.9	7.9	12.8	15.8	20.1	25.3	32.0
40	960				4.3	7.0	11.0	14.0	17.7	22.3	28.0
45	1080				4.0	6.1	9.8	12.5	15.5	19.8	24.7
50	1200					5.5	8.5	11.3	14.0	17.7	22.3
60	1440					4.6	7.3	9.1	11.6	14.6	18.6
70	1680					4.0	6.1	7.9	10.1	12.8	15.8
80	1920						5.5	7.0	8.8	11.0	14.0
90	2160						4.9	6.1	7.9	9.8	12.5
100	2400							5.5	7.6	8.8	11.3

표 6.26 48V PV 시스템에서 도선의 굵기와 허용길이 (Meters)

3% 전압강하/12V 시스템/연동선/20℃

AWG 선번호		14	12	10	8	6	4	3	2	1	0
선의 직경		1.63	2.05	2.59	3.26	4.11	5.19	5.83	6.54	7.35	8.25
선로저항 [Ω/100m]		0.824	0.521	0.328	0.206	0.125	0.082	0.064	0.051	0.041	0.032
전류 [A]	시설용량 [W]	Length [m]	Length [m]	Length [m]	Length [m]	Length [m]	Length [m]	Length [m]	Length [m]	Length [m]	Length [m]
1	48	87.2	138	219	350						
2	96	43.3	68.9	110	175	278	441				
3	144	29.3	46.3	73.2	116	185	294	372	468		
4	192	21.9	34.7	54.9	87.2	139	221	279	351	443	
6	288	14.6	23.2	36.6	58.5	92.7	147	186	234	295	372
8	384	11.0	17.1	27.4	43.9	69.5	110	139	176	221	279
10	480	8.5	14.1	21.9	34.7	55.5	87.8	112	140	177	223
12	576	7.3	12.1	18.3	29.3	46.3	73.2	92.7	117	148	186
14	672	6.1	9.8	15.8	25.0	39.6	63.4	79.9	101	127	160
16	768	4.9	8.5	14.0	21.9	34.7	54.9	69.5	87.8	111	140
18	864		7.9	12.2	19.5	31.1	48.8	62.2	78.0	98.1	124
20	960		6.7	11.0	17.7	28.0	43.9	53.5	67.5	84.2	106
25	1200		5.5	8.5	14.0	21.9	35.4	44.5	56.1	70.7	89.6
30	1440			7.3	11.6	18.3	29.3	37.2	46.9	59.1	74.4
35	1680			6.1	9.8	15.8	25.6	31.7	40.2	50.6	64.0
40	1920			5.5	8.5	14.0	21.9	28.0	36.4	44.5	56.1
45	2160			4.9	7.9	12.2	19.5	25.0	31.1	39.6	49.4
50	2400				6.7	11.0	17.1	22.6	28.0	35.4	44.5
60	2880				6.1	9.1	14.6	18.3	23.2	29.3	37.2
70	3360				4.9	7.9	12.2	15.8	20.1	25.6	31.7
80	3840					6.7	11.0	14.0	17.7	21.9	28.0
90	4320					6.1	9.8	12.2	15.8	19.5	25.0
100	4800					5.5	8.5	11.0	15.2	17.7	22.6

Photovoltaic
Power Generation

부 록

1. 독립형 태양광발전 시스템 – I

(Category A : Up to 1 kW_P designed by ISAR AMPERWERKE of Germany)

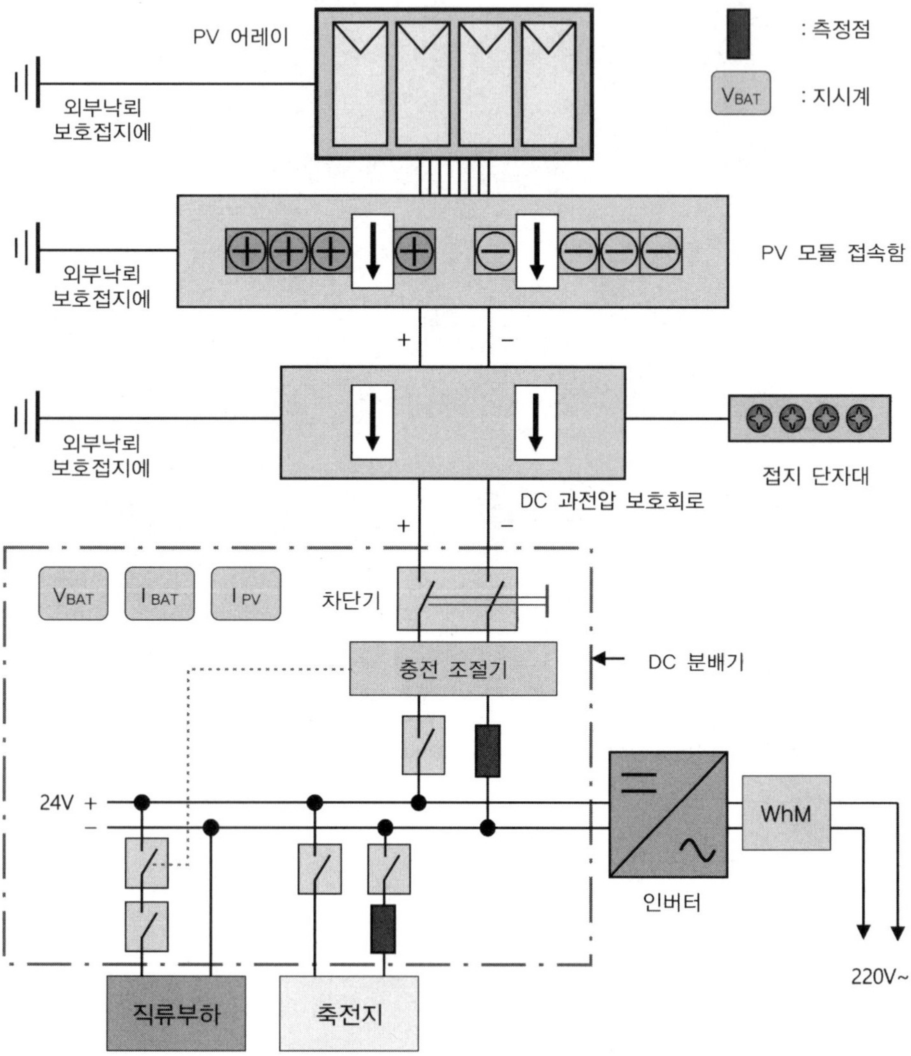

2. 독립형 태양광발전 시스템 – II

(Category B : 1~2kW$_P$ designed by ISAR AMPERWERKE of Germany)

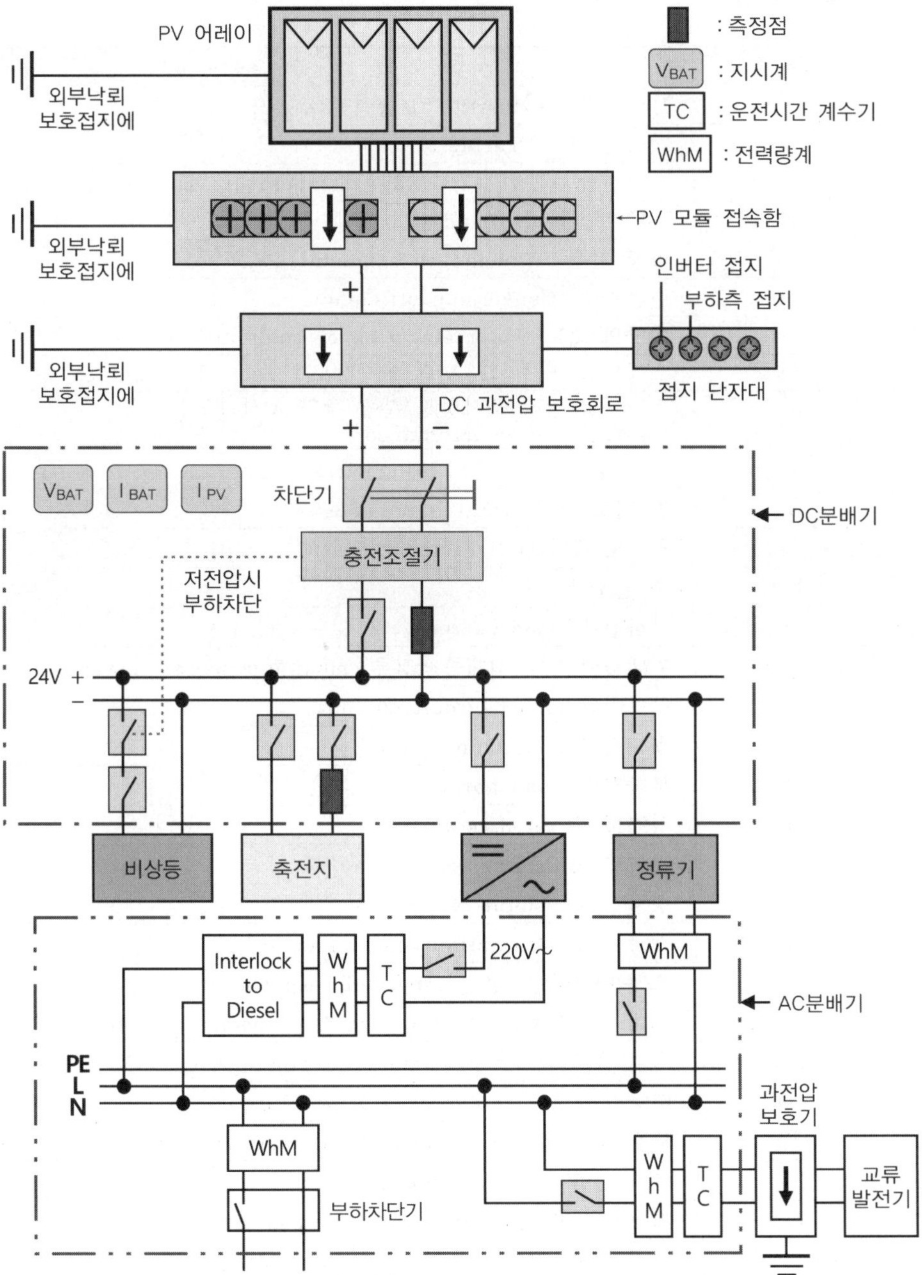

3. 태양광발전 기호, 약어 및 용어 해설

1 기호 해설

기 호	의 미
α	1) 방위각 : Azimuth, 2) 출력전류 온도계수
$\alpha\ D\lambda$	대기 혼탁도 : Turbidity
β	출력전압 온도계수 : Voltage Temperature Coefficient
$\Delta\lambda$	스펙트럼 선폭 : Band width(띠 너비)
ϵ	파장 지수 : Wavelength exponent
η	변환효율 : Conversion efficiency
θ	태양의 고도 : solar elevation or solar altitude
E_{λ}	스펙트럼 조사강도/분광 조사강도 : spectral irradiance
$E_{P\lambda}$	스펙트럼 광자 조사강도/분광 광자 조사강도 : spectral photon irradiance
G	일조 강도(日照强度) : (solar) irradiance
G_T	총 일조 강도 : total Irradiance
H	일조량(日照量) : Irradiance
H_T	총 일조량
I_L	부하전류 : load current
I_{pmax}, I_{pm}	최대출력전류, 최대동작전류 : maximum power current
I_{SC}	단락전류 : short circuit current
P_{max}	최대전력 : maximum power
P_L	부하전력 : load power
P_R	정격출력 : rated power
R_s	직렬 저항 : series resistance
R_{sh}	병렬 저항 : shunt resistance
t	소광 계수 : extinction coefficient
$S(\lambda)$	스펙트럼(분광) 응답 : spectral response
$S(\lambda)_{ref}$	상대 스펙트럼(분광) 응답 : relative spectral response
T_{amb}	주위 온도(외기온도) : ambient temperature
T_j	태양전지 온도 : solar cell temperature
T_m	모듈(표면)온도 : module(surface) temperature
V_L	부하 전압 : load voltage
V_{OC}	개방단자전압(무부하 단자전압) : open circuit voltage
V_{Pmax}, V_{Pm}	최대 출력 전압 : maximum power voltage
V_R	정격 전압 : rated voltage

2 약어 해설

AM	대기 질량 정수 : Air Mass
ARC	반사 방지막 : anti-reflection coating
ATC	검수조건 또는 인수 시험조건 : acceptance test condition
BIPV	건재(建材)일체형 태양광 발전모듈 : building integrated photovoltaic module
BOS	주변 기기 : balance of system
BSF	후면 전기장(효과) : back surface field (effect)
ECT	등가 태양전지 온도 : equivalent Cell temperature
FF	충진율 : fill factor
FOV	시야각 : field of view
IEA	국제 에너지 기구(International Energy Agency)
IGY	국제 관측년 : International Geophysical Year
IPCC	기후변화 관련 정부간 협의체(Intergovernmental Panel on Climate Change)
NOCT	공칭 태양전지 동작온도 : nominal operating Cell temperature
PSOC	부분 충전상태 : partical state of charge
MCM	주감시 제어장치 : master control and monitoring(system)
MIS	금속-절연-반도체 : metal insulator semiconductor
MPPT	최대출력 추종제어 : maximum power point control
NIP	연직입사 직달 조도계 : normal incidence pyrheliometer
PCS	전력 조절기 : power conditioning system
PWM	펄스폭 변조 : pulse width modulation
SOC	표준 동작조건 : standard operating system
SOG	태양전지급 (실리콘) : solar cell grade (silicon)
SRE	표준 기준환경 : standard reference environment
STC	표준 시험조건 : standard test condition
TÜV	독일 기술검인증 협회(인증마크) Technischer Überwachungsverein e.V
UL	미국 보험업자 연구소(인증마크) Underwriters' Laboratories
VDE	독일 전기기술자 협회(인증마크) Verband Deutscher Elektrotechniker e.v
VLLA	밀폐형 납축전지 : valve regulated lead acid battery
WMO	세계 기상기구 : World Meteorological Organization
WRR	세계 방사성측정 기준 : world radiometric reference

3 태양광 발전 용어 해설

• (지면) 반사율 : albedo

어떤 표면에서 입사광의 강도에 대한 반사광 강도의 비율이며, 전 파장 성분에 대한 평균 값으로 표시한다. 태양광 발전에서는 지표면의 반사율을 의미한다.

• 대기 질량(정수) : air mass(AM)

직달 태양광선이 지구 대기를 지나오는 경로의 길이로서, 임의의 해수면상 관측점으로 햇빛이 지나가는 경로의 길이를 관측점 바로 위에 태양이 있을 때 햇빛이 지나오는 거리의 배수로 나타낸 것이다. 즉, 직달 태양광이 지구 대기를 통과하는 거리를 표준 상태의 대기압(1,013hPa)에 연직으로 입사되는 경우의 거리에 대한 비로 나타낸 것이며, AM으로 표시한다.

• 대기 투과율 : atmospheric transmissivity

AM 1일 때의 입사광에 대한 투과광의 비. 즉, 연직 방향 대기의 두께(AM=1)를 단위 거리로 했을 때의 입사광에 대한 투과광의 비.

• 대기 혼탁도($\alpha_{D_1\lambda}$) : turbidty

구름이 아닌 부유 상태의 고체나 액체 입자에 의하여 복사파가 흡수 또는 분산되어 대기의 투명도가 감소하는 정도. 옹스트롱(Ångström)이 정의한 바에 의하면, 대기 혼탁도는 파장 1,000 nm에서 소광 계수(extinction coefficient, t)와 연무(aerosol) 소광 함수의 표현에서 파장 지수(wavelength exponent, ε)와 다음의 관계에 있다.

$$\alpha_{D_1\lambda} = t \cdot \lambda^{-\epsilon}$$

소광 계수가 0.10보다 작으면 매우 깨끗한 상태를 의미하고, 0.20보다 크면 명백하게 탁한 상태를 나타낸다. 옹스트롱은 입자 크기 분포에 따라 달라지는 파장 지수의 평균 값을 약 1.3으로 추정하였다.(단위 : μm)

• 태양의 고도(θ) : solar elevation, solar altitude(θ)

직달 태양 관선과 수평면 사이의 각도이며, 수평면과 태양의 중심이 이루는 각도를 말한다.(단위 : rad)

• 방위각(α) : azimuth(α)

관찰점과 눈에 보이는 태양의 위치를 잇는 직선과 관찰점이 북반구에 있을 경우는 정남향, 남반구에 있을 경우는 정북향 직선이 이루는 각이 지면에 투영된 각도로서 동쪽은 음의 값, 서쪽은 양의 값을 가진다.(단위 : rad)

• 태양 상수 : solar constant

지구가 태양으로부터의 평균 거리에 있을 때, 지구 대기권 바깥에서 태양 광선에 대해 연직인 단위 면적이 단위 시간에 받는 태양 에너지의 양이며, 현재는 1964년 국제 지구 관측년(International Geophysical Year, IGY) 회의에서 결정된 값인 1382 W/m^2가 사용되고 있다.

• 태양 스펙트럼, 태양 복사 스펙트럼 : solar spectrum

태양 복사 에너지의 파장별 분포.

• 주위 온도 또는 외기 온도(T_{amb}) : ambient temperature(T_{amb})

환기가 되는 함(용기, enclosure) 내부에 설치한 온도계를 이용하여 태양 일조, 천공 복사, 지면 복사(solar, sky and ground radiation)를 차폐하고 측정한 태양광 발전 장치(PV generator) 주위의 기온.

■ 태양광 발전 소자 : 태양광 발전 전지(태양전지)와 태양광 발전 모듈

• 태양광 발전 전지 또는 태양전지 : photovoltaic cell, solar cell

태양광 발전 모듈(태양전지 모듈)을 구성하는 최소 단위, 최근에는 태양전지라는 말 대신에 태양광 발전 전지라는 용어의 사용 빈도가 늘어나고 있다.

• (태양전지) 모듈 또는 태양광 발전 모듈 : solar cell module, photovoltaic mudule

서로 결선한 단위 태양전지[태양전지 셀(cell)] 또는 소 모듈(submodule)을 환경적으로 완전히 보호할 수 있게 내환경성을 가진 구조로 봉입하고(encapsulated) 규정된 출력을 갖게 만든 가장 작은 조립체로서 발전소자의 최소 단위이며 어레이 구성의 최소 단위.

• 태양광 발전 소모듈 또는 태양전지 소모듈 : photovoltaic mudule, solar cell module

분할할 수 없는 하나의 기판에 집적되어 있으며, 여러 개의 단위 태양전지로 이루어져 있는 군(group)의 최소 단위.

• 건재 일체형 태양광 발전 모듈 또는 건재 일체형 태양전지 모듈 : building integrated photovoltaic(BIPV) moudle

지붕재, 벽재 등의 건축용 부재에 집적하여 일체화한 태양광 발전 모듈.

• 단결정 : single crystal, monocrystal

결정 재료 전체를 구성하는 원자의 배열이 규칙성을 가지고 있어 단일 결정축을 정할 수 있는 결정 물질의 일반적인 호칭.

• 다결정 : polycrystal(multicrystal)

임의의 결정 방위를 가진 다수의 작은 단결정 입자(grain)가 집합되어 있는 결정.

• 비정질 또는 비결정 : amorphous

원자의 배열에 넓은 범위에 걸치는 질서가 존재하지 않는, 고체의 준안정 상태.

• 기판 : substrate

태양전지 제조의 기본 재료. 결정질 규소 태양전지의 경우에는 규소 웨이퍼를 가리키며, 이 위에 접합과 전극을 형성하여 태양전지를 제조한다. 박막 태양전지의 경우에는 박막을 성장시키는 지지체를 말하며 유리, 스테인리스 스틸(stainless steel) 등이 사용된다. 태양광 발전 모듈에서는 모듈의 기계적 강도를 유지하기 위한 판재를 가리킨다.

• 태양광 발전 소모듈 또는 태양전지 소모듈 : photovoltaic submodule, solar cell submodule

분할할 수 없는 하나의 기판에 집적되어 있으며, 여러 개의 단위 태양전지로 이루어져 있는 군(group)의 최소 단위.

• 건재 일체형 태양광 발전 모듈 또는 건재 일체형 태양전지 모듈 : building integrated photovoltaic(BIPV) module

지붕재, 벽재 등의 건축용 부재에 집적하여 일체화한 태양광 발전 모듈.

■ **태양전지 소재**

• 단결정 : single crystal, monocrystal

결정 재료 전체를 구성하는 원자의 배열이 규칙성을 가지고 있어 단일 결정축을 정할 수 있는 결정 물질의 일반적인 호칭.

• 다결정 : polycrystal(multicrystal)

임의의 결정 방위를 가진 다수의 작은 단결정 입자(grain)가 집합되어 있는 결정.

• 비정질 또는 비결정 : amorphous

원자 배열에 넓은 범위에 걸치는 질서가 존재하지 않는 고체의 준안정 상태.

• 기판 : substrate

태양전지 제조의 기본 재료. 결정질 규소 태양전지의 경우에는 규소 웨이퍼를 가리키며, 이 위에 접합과 전극을 형성하여 태양전지를 제조한다. 박막 태양전지의 경우에는 박막을 성장시키는 지지체를 말하며 유리, 스테인리스 스틸(stainless steel) 등이 사용된다. 태양광 발전 모듈에서는 모듈의 기계적 강도를 유지하기 위한 판재를 가리킨다.

• 확산층 : diffusion layer

pn 접합을 형성하기 위하여 의도적으로 첨가물을 확산시켜 형성시킨 p층 또는 n층의 부분.

• 반사 방지막 : antireflection coating(ARC)

태양전지 표면에서 빛의 반사 손실을 줄이기 위해 형성시킨 막.

• 투명 전극 : transparent conducting electrode

태양전지의 빛이 입사되는 쪽 표면에 형성시킨, 광투과율이 높으면서 전기전도율이 큰 성질을 가진 전극

■ **태양전지의 종류**

• 피엔(PN) 접합 태양전지 : PN junction solar cell

반도체 PN 접합을 이용한 태양전지.

• 이종 접합 태양전지 : heterojunction solar cell

서로 다른 종류의 반도체로 이루어진 이종 접합을 이용한 태양전지.

• 쇼트키(Schottky) 장벽 태양전지 : Schottky barrier solar cell

금속-반도체 계면의 쇼트키(Shottky) 접합을 이용한 태양전지.

• **엠아이에스(MTIS) 태양전지** : metal-insulator-semiconductor(MIS) solar cell
쇼트키(Schottky) 장벽 태양전지에서 기판 반도체와 금속 전극 사이에 매우 얇은 절연층이 끼어 있는 구조를 가진 태양전지.

• **규소 태양전지** : silicon solar cell
반도체 소재로 규소를 사용한 태양전지. 주로 단결정 및 다결정 규소 태양전지와 비정질 규소 태양전지가 있다.

• **박막 태양전지** : thin film solar cell
반도체 박막을 소재로 사용한 태양전지. 주로 비정질 규소, CdTe, CdS, $CuInSe_2$ 태양전지 등이 있다.

• **화합물 태양전지 또는 화합물 반도체 태양전지** : compound semiconductor solar cell
복수의 원소로 이루어진 화합물 반도체를 소재로 사용한 태양전지. 그 구성 원소에 따라서 Ⅲ-Ⅴ 족 태양전지, Ⅱ-Ⅳ 족 태양전지, Ⅰ-Ⅲ-$Ⅵ_2$ 족 태양전지 등으로 나뉜다. GaAs, InP, CdTe, CdS, $CuInSe_2$ 태양전지 등이 있다.

• **집광형 태양전지** : concentrator solar cell, concentrating solar cell
렌즈 등을 이용해서 햇빛을 1 sun 이상으로 집광하여 발전하는 태양전지.

• **집적형 태양전지** : integrated solar cell
한 장의 기판 위에 여러 개의 태양전지를 직렬로 접속한 구조의 태양전지. 이런 구조를 가진 대표적인 것으로는 비정질 규소 태양전지를 들 수 있다.

• **적층형 태양전지** : stacked solar cell, tandem solar cell
흡수 대역이 서로 다른 여러 개의 태양전지를 적층하여 입사광이 이들을 차례로 투과하고 흡수되도록 한 태양전지.

• **습식 태양전지** : photoelectro-chemical cell, liquid junction solar cell
반도체와 전해질의 접합을 이용한 태양전지. 재료의 선택에 따라 반도체/전해질계면은 쇼트키(Schottky) 접합과 같은 정류 특성을 갖게 되며, 빛을 받으면 태양전지로서 동작한다.

• **휘어지는 태양전지 또는 유연한 태양전지** : flexible cell
합성수지나 얇은 금속판과 같은 유연하고 잘 휘어지는 기판에 형성시킨 태양전지, 또는 충분히 얇아 구부러질 수 있는 규소 기판을 소재로 한 태양전지.

■ 태양광 발전 소자의 특성 평가

태양전지와 태양광 발전 모듈의 특성

- **단락 전류 : short-circuit current**

특정한 온도와 일조 강도에서 단락 조건에 있는 태양전지나 모듈 등 태양광 발전 장치의 출력 전류. 단위 면적당 단락 전류를 특별히 J_{sc} 라고 하는 경우도 있다.(단위 : A)

- **개방 전압(V_{oc}) : open-circuit voltage(V_{oc})**

특정한 온도와 일조 강도에서 부하를 연결하지 않은 (개방 상태의) 태양광 발전 장치 양단에 걸리는 전압.(단위 : V)

- **충진율(FF) 또는 곡선 인자 : fill factor(FF)**

개방 전압과 단락 전류의 곱에 대한 최대 출력의 비율, 태양전지로서의 전류전압 특성 곡선의 질을 나타내는 지표이며, 주로 내부의 직·병렬 저항과 다이오드 성능 지수(diode quality factor)에 따라 달라진다.

$$FF = \frac{P_{max}}{V_{ac} \times I_{sc}}$$

여기서 P_{max} : 최대 출력

V_{oc} : 개방 압력

I_{sc} : 단락 전류

- **최대 출력(P_{max}, P_m) : maximum power(P_{max}, P_m)**

전류-전압 특성에서 전류와 전압의 곱이 최대인 점에서의 태양광 발전 장치 출력이다.(단위 : W)

- **변환 요율(η) : conversion efficiency(η)**

태양전지의 최대 출력(P_{max})을 발전하는 면적(태양전지 면적 : A)과 규정된 시험 조건에서 측정한 입사 조사 강도(incidence irradiance : E)의 곱으로 나는 값을 백분율로 나타낸 것으로서, %로 표시한다.(단위 : %)

변환 효율에는 다음의 두 가지 정의가 있으며, 보통은 실효 변환 효율을 가리킨다. 참 변환 효율은 태양전지 자체의 평가를 위하여 주로 사용되나, 최근에는 거의 사용되지 않는다.

a) 실효 변환 효율(η_t) 또는 실용 변환 효율(η_t)

$$\eta_t = \frac{P_{max}}{A_t \times E} \times 100\,[\%]$$

여기서 A_t : 태양전지나 모듈의 전체 면적

P_{max} : 최대 출력

E : 조사 강도

b) 참 변환 효율(η_a) : 진성변환효율이라고도 부른다.

$$\eta_a = \frac{P_{max}}{A_e \times E} \times 100\,[\%]$$

여기서 A_e : 태양전지나 모듈에서 실제 동작하는 부분의 면적

P_{max} : 최대 출력

E : 조사 강도

• 전류-전압($I-V$) 특성 : Current-Voltage characteristics

태양전지의 출력전압에 대한 전류의 관계를 나타내는 특성으로서 특정온도와 일조량에 출력전압의 함수로 표시한 태양광 발전소자나 시스템의 출력전류.

• 최대 출력 전류(I_{MPP}, I_{Pmax}, I_{pm}) : Maximum power current

최대 출력에 해당하는 전류. 즉, 최대전력점 순간의 전류 값.(단위 : A)

• 최대 출력 전압(V_{MPP}, V_{Pmax}, V_{pm}) : Maximum power Voltage

최대 출력에 해당하는 전압. 즉, 최대전력점 순간의 전압 값. (단위 : V)

• 부하전류(I_L) : load current(I_L)

특정 온도와 일조량에서 태양광 발전 장치의 출력 단자에 연결한 부하에 공급되는 전류. (단위 : A)

• 부하 전압(V_L) : load voltage(V_L)

특정 온도와 일조량에서 태양광 발전 장치 출력 단자에 연결한 부한의 단자 사이에 걸리는 전압.(단위 : V)

• 부하 전력(P_L) : load power(P_L)

특정 온도와 일조량에서 태양광 발전 장치의 두 출력 단자에 연결한 부하에 공급되는 전력.(단위 : W)

• (출력) 전류 온도 계수(α) : current temperature coefficient(α)

태양광 발전 소자에서 pn 접합을 이루는 부분의 온도가 변화할 때 단락 전류가 변하는 양.(단위 : A/°C) [경우에 따라서는 %/°C로 나타내기도 한다]

• (출력) 전압 온도 계수(β) : voltage terperature coefficient(β)

태양광 발전 소자에서 pn 접합부의 온도가 1°C 변화할 때 개방 전압이 변화하는 양이다.(단위 : V/°C) [경우에 따라서는 %/°C로 나타내기도 한다]

■ 햇볕 (일조)

• 조사강도 : irradiance

단위 면적당 광원으로부터 단위 시간에 조사되는 에너지. 방사 조도라는 용어는 어법에 맞지 않는 말이다.(단위 : W/m^2)

• 시험 조사 강도(G_t) : test irradiance(G_t)

시험에 이용되는 빛의 조사 강도로서, 기준 소자로 측정한다.(단위 : W/m^2)

• 조사량 : irradiation

어떤 일정 기간 동안 조사 강도를 적산한 값(단위 : J/m^2)

• 햇볕 (일조) : insolation, solar radiation

지표면에 도달하는 태양의 복사 에너지. 그 성분에 따라서 다음과 같이 부른다.

a) 직달 일조 (direct insolation) : 태양으로부터 지표에 직접 도달하는 햇볕
b) 산란 일조 (diffuse insolation) : 태양광선이 대기를 통과하는 동안에 공기분자, 구름, 연무(aerosol) 입자 등으로 인하여 산란되어 도달하는 햇볕.
c) 수평면 일조 (global insolation) : 직달 햇볕과 산란 햇볕을 합쳐 일컫는 말이며, 전일조라고도 한다.

• 일조 강도(G) : (solar) irradiance(G)

단위 시간 동안 표면의 단위 면적에 입사되는 태양 에너지.(단위 : W/m^2)

• 일조량(H) : irradiation(H)

규정된 일정 기간(1시간, 1일, 1주, 1월, 1년 등)의 일조 강도(햇볕의 세기)를 적산한 값. 일조 강도화 같이 직달, 산란, 수평면, 경사면 등의 접두어를 붙인다. 수평면 일조량은 전일조량이라고도 한다.(단위 : J/m^2, 또는 MJ/m^2, kWh/m^2 등)

• 총 일조량(H_r) : total irradiation(H_r)

경사면에서 규정된 시간 동안의 전체 일조 강도를 적산한 값.(단위 : J/m^2)

• 직달 일조 강도 : direct (solar) irradiance

직달 일조의 조사 강도. 대향각(subtend angle) 8.7×10^{-2} rad(5°)의 범위 안에서, 태양의 광구(sun's disk)와 주변부(circumsolar region)로부터 단위 면적에 조사되는 햇빛의 강도이다. 태양광선에 연직인 법선면의 조사 강도를 가리키며, 이를 명시할 필요가 있을 때는 법선면 직달 일조 강도 또는 법선면 직달 조사 강도라고 한다. 측정에는 직달 일조계를 사용하며, 측정한 직달 일조 강도 값에는 태양의 주변광 성분도 포함된다.(단위 : W/m^2)

• 직달 일조량 : diret (solar) irradiation

규정된 시간 동안 조사되는 직달 일조 강도를 적산한 값.(단위 : J/m^2)

• 산란 일조 강도 : diffuse (solar) irradiance

산란 일조의 조사 강도. 전체 하늘(전천)로부터 복사된 단위 면적당 일조 강도에서 직달 일조가 기여한 부분을 제외한 양으로, 수평면에서 측정한 산란광의 조사 강도를 가리킨다. 수평면이라는 것을 명시하여 수평면 산란 일조 강도 또는 수평면 산란 조사 강도라고도 한다.

측정에는 차폐 띠(shield band) 또는 차폐 판(shield disk)을 붙인 전일조계를 사용한다. 천공 일조 강도라고 부르기도 한다.(단위 : W/m^2)

• 산란 일조량 : diffuse (solar) irradiation

규정된 시간 동안의 산란 일조 강도를 적산한 값(단위 : J/m^2)

• 전일조 강도 또는 수평면 (전) 일조 강도 : global (solar) irradiance

수평면 직달 일조 강도와 수평면 산란 일조 강도의 합이다. 단위 면적의 수평면에 입사되는 전체 일조 강도 = 직달 일조 강도 (수평면)+산란 일조 강도 (수평면). 측정에는 수평면 일조계를 사용한다.(단위 : W/m^2)

■ 태양광 발전 소자의 특성 평가

• 표준 시험 조건 (STC) : standard test conditions (STC)

태양광 발전 모듈이나 태양전지 시험의 조건이며, 태양전지(태양전지 셀)와 태양광 발전 모듈 특성을 측정할 때의 기준으로 사용되는 다음의 상태를 말한다.

a) 태양전지 온도 : 25°C
b) 스펙트럼 조성 : 기준 태양광(AM 1.5 조건)
c) 조사 강도(일조 강도) : 1,000 W/m^2

• 기준 태양광 : reference solar radiation(standard sunlight)

태양전지와 모듈의 출력 특성을 공통의 조건에서 나타내기 위하여 조사되는 햇볕의 강도와 조사량 및 스펙트럼 조성을 규정한 가상적인 태양광. 기준 태양광의 스펙트럼 조성 (스펙트럼 조사 강도 분포, 다음 항목 참조)는

대기 상태가 다음과 같고

가강수량 (비나 눈으로 내릴 수 있는 수분의 양) : 1.42 cm
대기의 오존 함유량 : 0.34 cm
혼탁도(에서) : 0.27
대기 질량 정수(AM) : 1.5

측정 조건이

지면 반사율 : 0.2
수평면에 대한 측정면의 기울기 : 37°C

일 때, 일조 강도인 햇볕을 의미한다. 기준 태양광의 스펙트럼 조성은 태양전지와 모듈 출력 특성 측정과 비교의 기준이 된다.

• 기준 태양광 스펙트럼 조성 또는 기준 스펙트럼 조사 강도 분포 : reference spectral irradiance distridution

IEC Std 60904-3의 〈표-1〉에 정의되어 있는 기준 태양광의 파장별 조성 즉, 파장별 스펙트럼 조사 강도, 스펙트럼 광자 조사 강도 및 적산 조사 강도의 표.

• **기준 태양전지 또는 기준 전지** : reference solar cell, reference cell

일조 강도를 측정하거나 모의 태양광원(인공 태양, solar simulator)의 조사강도 준위를 기준 태양광의 스펙트럼 조성(reference solar spectral distribution)에 준하여 맞추는데 사용하는 특별히 교정한 태양전지, 즉, 태양전지와 태양광발전모듈의 전류-전압 특성을 측정할 때 측정용 광원의 조사 강도를 기준광의 조사강도(1,000 W/m^2)로 환산하기 위하여 사용하는 태양전지이며, 피측정 태양전지나 모듈과 상대적으로 같은 스펙트럼 응답 특성을 가진 태양전지이다. 피측정 태양전지와 같은 기판을 사용하여 같은 제조 조건에서 만든 것 중에서 고르는 것을 원칙으로 하며, 태양전지 온도의 제어와 수광면 보호를 위하여 규정된 용기 안에 장착하여 측정법에 규정된 기준 태양광에서 단락 전류 값을 교정(값매김)하여 사용한다. 기준 태양전지는 그 교정 방법에 따라서 다음에 보이는 1차 기준 태양전지와 2차 기준 태양전지로 나눈다.

a) **1차 기준 태양전지** : primary reference solar cell

1차 기준 태양전지는 표준 세계 복사 기준(standard World Fadiometric Reference, WRR)을 충족시키는 복사계(radiometer)나 표준 검출기(standard detector)를 기반으로 교정한 기준 태양전지로서, 태양전지의 단락 전류 값을 그 스펙트럼 응답 특성과 기준 태양광의 스펙트럼 조성을 토대로 교정하여 표시해 놓은 것이다.

b) **2차 기준 태양전지** : secondary reference solar cell

2차 시준 태양전지는 자연 태양광 또는 모의 태양광원의 조건에서 즉, 자연 태양광 아래에서 또는 모의 태양광원(인공 태양, solar simulator) 아래에서 1차 기준 태양전지에 대하여 교정한 기준 태양전지이다. 1차 기준 태양전지에 대하여 교정한 기준 태양전지이다. 1차 기준 태양전지를 기준으로 하여 교정한 태양전지를 말한다.

• **기준 태양전지 모듈 또는 기준 모듈** : reference solar cell module, reference module

태양전지 모듈의 특성을 비교 측정할 때 기준으로 사용하는, 피측정 모듈과 같은 종류 또는 스펙트럼 응답이 유사한 태양전지 모듈. 모의 태양광원(인공 태양)의 조사 강도를 기준 태양광이 조사되는 경우와 동등하게 맞추기 위하여 사용된다.

• **기준 태양전지 소모듈** : reference solar cell submodule

1차 기준 태양전지를 이용하여 모의 태양광원(인공 태양)이나 자연 태양광 아래에서 교정한 태양전지 소모듈.

• **모의 기준 비정질 (규소) 태양전지 ; pseudo reference amorphous(silicon) solar cell**

특성이 안정된(빛을 받아도 특성이 열화되지 않는, stabilized) 태양전지(예를 들면, 결정질 규소 태양전지)에 광학 필터를 부착하여 그 스펙트럼 응답 특성이 비정질 규소 태양전지와 유사하게 만든 기준 태양전지.

• **임의 시험 조건 ; optional test conditions**

태양전지 시험에서 일조 강도는 1,000 W/m^2에서 교정한 기준 소자를 이용하여 측정하고, 태양전지 온도는 임의의 외기 조건일 때 간편하게 측정할 때의 시험조건.

• **태양전지 온도(T_j) ; cell temperature, junction temperature(T_j)**

직접 태양전지와 접촉시킨 열 감지기로 측정하거나 개방 전압 측정이나 열수지(theramal balance) 계산으로부터 구한 태양전지 접합부의 온도, 이렇게 구한 태양전지 온도는 빛이 입사되는 면의 온도와 그다지 차이가 나지 않는다.(단위 : °C)

• **공칭 태양전지 동작 온도(NOCT) : nominal operating cell temperature(NOCT)**

태양시로 정오에 일조 강도 800 W/m^2, 주위 기온 20 °C, 풍속 1 m/s인 기준 조건일 때 모듈을 이루는 태양전지의 동작 온도.

즉, 모듈이표준 기준 환경(Standard Reference Environment, SRE)에 있는 조건에서 전기적으로 회로 개방 상태이고 햇빛이 연직으로 입사되는 개방형 선반식 가대(open rack)에 설치되어 있는 모듈 내부 태양전지의 평균 평형 온도(접합부의 온도)(단위 : °C)

• **등가 태양전지 온도(ECT) ; equivalent cell temperature(ECT)**

태양광 발전 소장(태양전지, 모듈, 한 가지 모듈로만 이루어진 어레이) 전체가 모두 같은 온도에서 균일하게 동작한다고 할 수 있는 경우에, 측정된 소자의 전기적 출력을 낼 수 있는 접합부의 온도.(단위 : °C)

• **모듈 면적 : module area**

겉 테두리(frame)까지를 포함하여 모듈을 정면에서 투영한 면적.

• **모듈 (표면) 온도(T_m) ; module (surface) temperature(T_m)**

모듈을 구성하는 단위 태양전지의 온도가 모두 같게 되었을 때, 모듈 뒷면의 평균 온도, 모듈 중앙부에 있는 단위 태양전지(셀)의 온도로 대체해도 된다.(단위 : °C)

• **태양전지 면적 : solar cell area**

태양전지의 면적. 태양전지의 변환 효율을 산출할 때 사용하는 중요한 수치이다. 종전에는 전체 수광 면적과 유효 수광 면적(전체 태양전지 면적 – 전극면적)으로 나누어 변환 효율과 참 변환 효율을 따로 구하여 사용하였다. 그러나 유리 기판을 사용한 태양전지나 집광형 태양전지 등의 출현으로 그 변환 효율을 정확히 표시하기 위하여 다음의 태양전지 면적 정의를 도입하였으며, 이와 같은 면적의 정의를 모듈에 적용하는 경우도 있다.

a) 총면적(total area)

정면에서 투영하거나 또는 반사시키는 방법으로 측정한 태양전지의 천체 면적/ 보통 태양전지 면적이라고 부르며, 이를 기반으로 한 변환 효율이 가장 쓰기에 편리하다.

b) 개구 면적(aperture area)

유리 기판 등의 태양전지를 둘러싸는 물질을 통하여 빛이 돌아 들어가지 않도록 마스크(mask)로 가려서 전극을 포함한 태양전지 전체 면적이 마스크의 안쪽(열린 부분)에 오도록 했을 때, 마스크 안쪽의 태양전지 면적. 단, 마스크로 가려도 출력에 영향이 없는 경우에는 반드시 가릴 필요는 없다.

c) 지정 조사 면적(designated illumination area)

집광형 태양전지 등에서 주위 전극 등을 포함하는 부분을 마스크로 가리고 지정된 부분만 빛을 받게 할 때의 태양전지 면적. 단, 마스크로 가려도 출력에 영향이 없는 경우에는 반드시 가릴 필요는 없다.

• **스펙트럼 조사 강도 또는 분광 조사 강도(E_λ) : spectral irradiance(E_λ)**

다수의 파장 성분을 가지고 조사되는 빛에서 특정 파장 성분만을 분리하여 나타낸 것으로서, 특정 파장의 단위 스펙트럼 선폭(띠 너비, bandwidth : $\Delta\lambda$)당의 조사 강도. 표시 단위는 면적과 스펙트럼 선폭의 단위를 취하는 방법에 따라 $W/(m^2 \cdot \mu m)$이나 $W/(m^2 \cdot nm)$ 등이 사용된다(앞의 것 N_λ을 뒤의 것을 E_λ로 구분하거나, 드물게는 $\Delta\lambda$를 명시하고 W/m^2로 표시하는 경우도 있다). 파장의 함수로 도시한 것을 스펙트럼 조사 강도 분포(spectral irradiance distribution)라고 부른다.(단위 : $W/[m^2 \cdot \mu m]$)

• **스펙트럼 조사 강도 분포 또는 분광 조사 강도 분포 : spectral irradiance distribution**

파장의 함수로 도시한 스펙트럼 조사 강도(분광 조사 강도).(단위 : $W/[m^2 \cdot \mu m]$)

- **유효 조사면** : effective irradiated area

모의 태양광원 규정에 정해져 있는 시방을 만족시키도록 빛이 조사되는 면.

- **경사각** : tilt angle

태양전지 모듈(또는 어레이)을 설치할 때, 수평면(지면)과 모듈 면이 이루는 각도.

- **입사각** : angle of incidence

직달 햇빛과 햇빛을 받는 모듈 면(active surface)의 법선 사이의 각도. 범위에서 법선과 태양의 방향이 일치(모듈 면에 수직으로 입사)할 때를 0°로 한다.(단위 : rad)

- **개구각** : aperture angle(view angle)

직달 일조계의 수광부 중심에서 바라볼 때, 원통의 개구부가 펼치는 각도의 절반. 전체 각도로 표시하는 경우도 있기 때문에 주의해야 한다. 시야(또는 시야각 : field fo view, FOV)라고도 한다.

- **집광비** : concentration ratio

태양광을 오목 거울이나 프레넬(Fresnel) 렌즈 등을 사용하여 집광했을 때의 조사 강도와 집광하지 않았을 때의 조사 강도 비이며, 집광형 태양전지의 집광 정도를 나타내는 변수. 엄밀하게는 에너지 밀도 집광비라고 하며, 단순히 개구면적과 집광부 면적의 비로 정의하기도 한다. 기하학적 집광비와 집광계의 광학적 효율을 곱한 것과 같다.

- **열점** : hot spot

태양광 발전 모듈에 조사되는 햇볕이 국부적으로 가려지거나, 태양전지의 특성 편차나 일부 태양전지의 결함과 특성 열화, 또는 결선 등의 모듈 회로 결함으로 인한 출력 불균형 때문에 역 바이어스가 발생하여 모듈 온도가 국부적으로 상승하는 현상.

■ 평가 기기

- **모의 태양광원** : solar simulator

시험 목적에 따라 요구되는 빛의 강도와 균일도 및 스펙트럼 합계도를 가진 태양전지 조사 광원, 옥내에서 태양전지 특성 시험과 신뢰성 시험 등을 하기 위하여 사용된다. 장치의 구성은 광원으로 제논(Xenon)이나 할로겐 등 또는 금속 할로겐화물 등(metal halide lamp)이 사용되며, 대기 질량 정수 보정을 위한 여광 장치와 조합 렌즈 계통으로 이루어진다. 인공 태양이라고도 부른다.

- **복사계** : radiometer

표준 전구나 절대 복사계를 이용하여 교정한 열전대 (열전쌍, thermocouple) 또는 열전퇴(열전대의 묶음, thermopile)를 사용한 파장 의존성이 없는 열감지형 복사계.

- **절대 복사계** : absolute radiometer

복사계를 구성하는 요소의 물리 상수(예를 들면 구성 요소의 열용량, 온도 계수, 열전도율, 비열, 밀도, 흡수면의 스펙트럼 흡수 특성 등)가 이미 알려져 있고, 물리 법칙을 기반으로 하여 복사 에너지의 절대량을 직접 측정하거나 계산으로 구할 수 있는 복사계.

- **수평면 일조계 또는 전일조계** : pyranometer

수평면에서 전일조 일조 강도를 [또는, 차폐 띠나 판을 이용하여 산란 일조 강도를] 측정하기 위하여 일반적으로 사용하는 복사계. 즉, 수평면의 전일조 강도 또는 임의의 각도로 기울어진 경사면에서 지면으로부터 반사되는 빛까지를 포함한 경사면 일조 강도를 측정하는데 사용하는 복사계이다.

임의 각도 경사면의 총 일조 강도(total irradiance)를 측정하는 데도 사용할 수 있으며, 이런 경우에는 전방으로부터 반사된 복사로 인한 성분이 포함된다.

- **직달 일조계** : pyrheliometer, normal incidence pyrheliometer(NIP)

직달 일조 강도를 측정하기 위하여 사용하는, 시준기(collimator)가 갖춰져 있는 복사계, 연직 입사 직달 일조계(nomal incidence pyrheliometerm NIP)라고도 부르며, 태양 광구의 시반경과 가까운 개구각을 가진 경통의 바닥에 수광면이 경통에 대하여 연직인 감지기를 붙이고, 경통의 입구로 입사되는 법선면 직달 일조 강도(direct normal irradiance)를 강조하는 일조계이다.

제4판

알기쉬운 태양광발전

초판발행 | 2011년 2월 28일
4판 2쇄발행 | 2024년 7월 28일

지 은 이 | 박종화
발 행 인 | 이성범
발 행 처 | 문운당
주 소 | 서울시 종로구 혜화로5길 16 (명륜1가 45-3)
출판등록 | 1962년 7월 4일 제 1-139
전 화 | (02)762-6010
팩 스 | 영업 (02)745-0265 / 편집 (02)762-8758
홈페이지 | http://munundang.co.kr
이 메 일 | munun2@daum.net

ISBN 979-11-5692-698-6 93550

* 저자와의 협의에 의하여 인지를 생략합니다.

정가 26,000원